全国电力行业"十四五"规划教材
高等教育构建新型电力系统系列教材

 普通高等教育"十一五"国家级规划教材

 中国电力教育协会高校电气类专业精品教材

高电压技术

HIGH VOLTAGE TECHNIQUE

第四版

浙江大学　赵智大　**主编**
清华大学　吴维韩　**主审**

中国电力出版社
CHINA ELECTRIC POWER PRESS

内 容 提 要

本书为全国电力行业"十四五"规划教材、普通高等教育"十一五"国家级规划教材、中国电力教育协会高校电气类专业精品教材。本书内容包括电介质的电气强度、电气设备绝缘试验、电力系统过电压与绝缘配合、新输电系统所推进的高电压技术四篇共十二章,着重介绍高电压技术最基本的理论概念和工程应用中的关键问题,并适度反映现代高电压技术领域的新进展。从第二版开始,本书首创将"特高压交流输电"和"直流输电中的高电压技术问题"纳入课程和教材内容。本书配套有教学课件和部分习题答案,读者可通过扫描封面二维码获得。

本书为高等学校"电气工程"一级学科各专业学生在学习高电压技术课程时的教材,也可供电力、电工领域的科技人员参考。

图书在版编目(CIP)数据

高电压技术/赵智大主编 . —4 版 . —北京:中国电力出版社,2020.11(2024.12 重印)
"十三五"普通高等教育本科规划教材 电气工程及其自动化专业系列教材
ISBN 978 - 7 - 5198 - 4908 - 5

Ⅰ.①高… Ⅱ.①赵… Ⅲ.①高电压-技术-高等学校-教材 Ⅳ.①TM8

中国版本图书馆 CIP 数据核字(2020)第 157178 号

出版发行:中国电力出版社
地 址:北京市东城区北京站西街 19 号(邮政编码 100005)
网 址:http://www.cepp.sgcc.com.cn
责任编辑:陈 硕(010 - 63412532)
责任校对:黄 蓓 王海南
装帧设计:赵姗姗
责任印制:吴 迪

印 刷:三河市航远印刷有限公司
版 次:1999 年 5 月第一版 2020 年 11 月第四版
印 次:2024 年 12 月北京第四十六次印刷
开 本:787 毫米×1092 毫米 16 开本
印 张:22.25
字 数:550 千字
定 价:56.00 元

版 权 专 有 侵 权 必 究

本书如有印装质量问题,我社营销中心负责退换

前　言

　　自从我国于 2005 年领先世界进入特高压交、直流输电的工程实践阶段以来，已经过去 15 年。时至今日，我国已以令世界震惊的速度建成 9 项 1000kV 特高压交流输电工程和 13 项±800kV、1 项±1100kV 特高压直流输电工程，并已将此项新技术推向国外的工程建设（如巴西美丽山水电输出工程等）。毋庸置疑，我国已成为世界领先的特高压交直流输电技术强国。

　　为了适应客观形势的发展，本书在 2006 年问世的第二版中即增设两章分别介绍新输电方式（直流输电和特高压输电）所推进的高电压技术问题。本书第三版于 2013 年问世以来，至今也已印刷 15 次（第 22～36 次印刷），主编者秉承与时俱进、紧跟技术进展、配合新工程建设的理念，在每次印刷前，都要作新的增删和修改。累积至今，在即将推出新的第四版之际，主编者又邀请浙江大学的周浩教授和徐政教授参编，周浩教授和他的研究生们十余年来从事特高压交、直流输电技术方面的研究，并在国内外出版专著（参考文献［21］、［30］）介绍他们和我国在这一领域的研究成果和工程经验。周浩教授对本书第十二章第六节作了修改充实。徐政教授则为本书新增了"柔性直流输电"内容，以适应我国已建成投产的"昆柳龙"和正在建设中的"白鹤滩—江苏"这两项特高压混合型直流（同时采用柔性直流和常规直流）输电工程的诞生（参阅表 12-2）。徐政教授及其团队是我国最早研究推动并首先出版专著（参考文献［22］）探讨此项新技术的著名学者和研究团队。

　　本书第四版仍由清华大学吴维韩教授任主审，对于他为提高本书质量所作出的重要贡献和花费的精力，对于电力规划设计总院李勇伟教授级高工、广东东莞市供电局罗瑞彬副总工、四川德阳供电公司聂男峰工程师为本书的编写所提供的新资料、新信息和宝贵经验，本人均在此谨致衷心的感谢！

赵智大

2020 年 10 月浙大求是园

第一版前言

本书系根据全国高等学校电力工程类专业教学指导委员会制订的《高电压技术课程教学基本要求》和该委员会高压组讨论通过的教材编写大纲编写的，为电力类各专业学生在学习本课程时的教科书。

限于篇幅，本书对电介质击穿的详细过程、电气设备的具体绝缘结构、高电压试验的实际操作等方面的内容作了较多的压缩，其目的是为了腾出篇幅着重阐述有关的基础理论和基本物理概念，并适当顾及工程应用中的关键问题。

在编写过程中，除了以主编多年来在浙江大学讲授本课程时的讲稿和讲义作为基础外，也参考了国内外不少有关教材和资料，其中主要者列于参考文献中。

本书第一版的参编者有清华大学张仁豫教授（第一章第八节）、西安交通大学邱毓昌教授（第二章第五节）、湖南大学刘炳尧教授（第三章、第四章）。

本书第一版由上海交通大学李福寿教授担任主审，他为提高书稿质量付出了大量精力和劳动，提出了不少宝贵意见；西安交通大学严璋教授、浙江大学叶蜚誉教授、张守义教授、周浩教授、徐瑞德副教授亦对本书的编写和出版提供了宝贵的支持和帮助。在此向他们表示衷心的感谢。

书中难免有不妥和错误之处，恳请读者给予批评指正。

主编者

1998 年 12 月

第二版前言

本书自 1999 年问世以来，为国内许多高校所选用，2002 年获全国普通高校优秀教材二等奖。截止到 2005 年的 6 年中，已重印 9 次。现应有关院校师生和出版社的要求，重新修订增补后再版。

在本书再版之际，主编愿再次强调指出：远距离大功率输电的需求始终是提高输电电压和推动高电压技术不断进展的首要动力。在我国电力工业以世界上史无前例的速度迅猛发展的过程中，出现了采用某些新的输电方式和技术的必要性，其中最重要的是高压直流输电和特高压交流输电，它们已经或即将在我国出现和发展，并提出了一系列新的高电压技术问题，有待我们去掌握和解决，从而大大扩展和充实了传统的高电压技术（严格说来，它只能称之为"交流高电压技术"）的范畴和内涵。在高校教材中对此作适度的反映和充实，显然是完全必要和合适的。正因为如此，在本书新版中增加了相应的两章（第十一、十二章），尽可能精练扼要地介绍这方面的内容。

本书第二版由清华大学吴维韩教授担任主审，他为提高书稿质量付出了宝贵精力和劳动，清华大学陈水明教授也对本书的修订增补提出了宝贵意见和帮助，特在此一并表示衷心的感谢。

赵智大

2006 年 5 月浙大求是园

第三版前言

由于始终深信我国是世界上为数不多的亟须发展特高压交、直流输电技术的国家之一，本书主编从 20 世纪 80 年代开始在浙江大学开设的"高电压技术专题"课程中单独设立"特高压交流输电"一章介绍此项技术；又为相关专业的研究生开设了"直流输电中的高电压技术"一课。正是由于有了这两项教学实践作为基础，本书主编才能在我国于 2005 年开始大规模启动"特高压交、直流输电"的工程实践后，及时地在 2006 年问世的本书第二版中就新增了第四篇（新输电方式所推进的高电压技术）来专门介绍这两方面内容，使本书成为在国内外已出版的同类教材中首先全面涵盖高压/超高压/特高压交、直流输电中的高电压技术问题的教材。这一创新性尝试既适应了近年来特高压交、直流输电技术在我国飞跃发展的新局面，也得到众多高校和电力行业的高压同行们的肯定和欢迎。许多高校选用本书作为指定教材，不少电力企业也使用本书作为有关科技人员进修补课的培训教材，在不长的期间内，已累计重印 21 次。

在多次重印的过程中，主编曾陆续进行了一些修改和增补。为了进一步改善和充实教材内容，在编撰本书第三版时又作了下列改动和修订：

（1）有鉴于电晕放电在超/特高压输电领域所具有的重要性，在第三版中改写和充实了相关章节的内容，更详细地介绍和探讨电晕放电及其各种派生效应以及它们对环境的影响问题。

（2）对"潜供电弧及其熄灭问题"有长期深入研究的武汉大学陈维贤教授为第三版教材改写了第十一章第六节中的相关内容。

（3）自从 2005 年我国大规模开始特高压交、直流输电技术的工程实践以来，已取得了长足的进展和积累了一批宝贵的实践经验，其中比较成熟和稳定的新成果被及时和适度地充实到教材内容中。

（4）再增列一些对学习本课程富有启发性和深化作用的习题和思考题。

本书第三版仍由清华大学吴维韩教授担任主审，对于他为提高书稿质量所花费的精力和所做出的重要贡献，对于武汉大学陈维贤教授的参编和所提供的精彩书稿，对于电力规划设计总院李勇伟教授级高工在特高压交、直流输电线路设计方面所提供的新信息和宝贵经验，主编一并在此致以诚挚的感谢。

赵智大

2013 年 2 月浙大求是园

目　录

第四篇　新输电系统所推进的高电压技术

绪　　论

　　高电压技术的发展始于 20 世纪初期，至今已成为电工学科的一个重要分支，它主要研讨高电压（强电场）下的各种电气物理问题。

　　高电压技术的进展始终与大功率远距离输电的需求密切相关，现代交流电力系统的输电电压早已由高压（HV）提高到超过 220kV 的超高压（EHV），发展到 20 世纪 90 年代，世界上最高的交、直流输电电压已分别达到 750kV（735kV 和 765kV 亦属同一等级）和 ±600kV。我国在当时作为装机容量和年发电量均居世界第二位的电力大国，也已建成规模巨大的 500kV 交流输电系统，更于 2005 年在西北地区（其原有交流输电系统的电压为 330kV）建成我国第一条 750kV 输电线路；而在直流输电方面，我国原来就以建成投运多条 ±500kV 直流输电线路而领先世界。但是，由于国土辽阔、经济规模巨大、动力资源与用电中心相距遥远，我国还是世界上少数几个有必要发展 1000kV 或更高的特高压交流（UHVAC）和 ±800kV 或更高的特高压直流（UHVDC）输电技术的国家之一。2005 年，我国开始了规模宏大的特高压交、直流输电技术的研发和工程实践；至 2023 年底，已建成投运两座世界一流的特高压试验研究基地，14 项 1000kV 特高压交流输电工程，16 条 ±800kV 和 1 条 ±1100kV 特高压直流输电线路，并且还有若干特高压交、直流输电工程正在建设中。我国已成为世界上交、直流输电电压最高、输送容量最大、送电距离最远的输电大国。早在 2013 年底，我国即已超过美国成为世界上发电装机容量和年发电量最大的国家。

　　对于电气类专业的学生来说，学习本课程的主要目的是学会正确处理电力系统中过电压与绝缘这一对矛盾。电力系统的设计、建设和运行都要求工程技术人员在各种电介质和绝缘结构的电气特性、电力系统中的过电压及其防护措施、绝缘的高电压试验等方面具有必要的知识，这些问题彼此密切相关，一起构成了高电压技术的主体内容。为了说明电力系统与高电压技术的密切关系，不妨以高压架空输电线路的设计为例，在图 0-1 中列出种种与高电压技术直接相关的工程问题。

　　事实上，在目前电气类专业的教学计划中，"高电压技术"是唯一研讨电力系统过电压和绝缘问题的一门课程，而且本课程的有些部分（例如电介质的电气特性、分布参数电路中的行波理论等）还具有专业基础知识的性质，实属强电方面各个专业学生知识结构中不可或缺的组成部分。

　　另外，也应指出：从 20 世纪 60 年代开始，高电压技术加强了与其他学科的相互渗透和联系，在这个过程中，高电压技术一方面不断汲取其他科技领域的新成果，促进了自身的更新和发展；另一方面也使高电压技术方面的新进展、新方法更广泛地应用到诸如大功率脉冲技术、激光技术、核物理、等离子体物理、生态与环境保护、生物学、医学、高压静电工业应用等科技领域，显示出强大的活力和潜力。

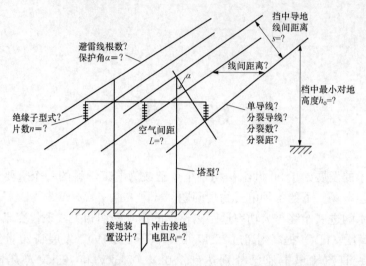

图 0-1 高压架空输电线路设计中的高电压技术问题

电介质的电气强度

物质按其导电性可分为导电性能良好的"导体"、导电性能很弱的"电介质（Dielectric）"或"绝缘（Insulation）"，以及导电性能居中的"半导体"。电介质可简称"介质"，有些人常使用"绝缘介质"一词，这是很不恰当的，因为介质就是绝缘，不存在导电介质，只有导电媒质。至于何时应使用"介质"或是"绝缘"，得视不同场合加以选择：当侧重注意材料的介电性能［如介电常数（即电容率）、电阻率、介质损耗等］时，通常可选用"介质"一词；当侧重材料的绝缘性能（如结构形态、工艺过程、使用寿命、产品价格等）时，较多选用"绝缘"一词。在许多场合，二者是可以通用的，但不宜将它们叠加一起，使用"绝缘介质""介质绝缘"之类的名词。

电介质按其物质形态，又可分为气体介质、液体介质和固体介质。不过在实际绝缘结构中所采用的往往是由几种电介质联合构成的组合绝缘，例如电气设备的外绝缘往往由气体介质（空气）和固体介质（绝缘子）联合组成，而内绝缘则较多地由固体介质和液体介质联合组成。

一切电介质的电气强度都是有限的，超过某种限度，电介质就会逐步丧失其原有的绝缘性能，甚至演变成导体。

在电场的作用下，电介质中出现的电气现象可分为两大类：

（1）在弱电场下（当电场强度比击穿场强小得多时），主要是极化、电导、介质损耗等；

（2）在强电场下（当电场强度等于或大于放电起始场强或击穿场强时），主要有放电、闪络、击穿等。

第一章　气体放电的基本物理过程

绝大多数电气设备都在不同程度上以不同的形式利用气体介质作为绝缘材料。大自然为我们免费提供了一种相当理想的气体介质——空气。架空输电线路各相导线之间、导线与地线之间、导线与杆塔之间的绝缘都利用了空气；高压电气设备的外绝缘也利用了空气。

在空气断路器中，压缩空气被用作绝缘媒质和灭弧媒质。在某些类型的高压电缆（充气电缆）和高压电容器中，特别是在现代的气体绝缘组合电器（GIS）中，更采用压缩的高电气强度气体（如 SF_6）作为绝缘。

假如气体中不存在带电粒子，气体是不导电的。但实际上，由于外界电离因子（宇宙线和地下放射性物质的高能辐射线等）的作用，地面大气层的空气中不可避免地存在一些带电粒子（每立方厘米体积内有 500～1000 对正、负带电粒子），但即使如此，空气仍不失为相当理想的电介质（电导很小、介质损耗很小，且仍有足够的电气强度）。

在一定条件下，气体中也会出现放电现象，甚至完全丧失其作为电介质而具有的绝缘特性。在本课程中，研究气体放电的主要目的为：①了解气体在高电压（强电场）的作用下逐步由电介质演变成导体的物理过程；②掌握气体介质的电气强度及其提高的方法。

第一节　带电粒子的产生和消失

为了说明气体放电过程，先必须了解气体中带电粒子产生、运动、消失的过程和条件。

一、带电粒子在气体中的运动

（一）自由行程长度

当气体中存在电场时，其中的带电粒子将具有复杂的运动轨迹，它们一方面与中性的气体粒子（原子或分子）一样，进行着混乱热运动，另一方面又将沿着电场作定向漂移（见图 1-1）。

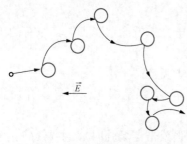

图 1-1　电子在有电场的
　　　气体中的运动轨迹

各种粒子在气体中运动时都会不断地互相碰撞，任一粒子在 1cm 的行程中所遭遇的碰撞次数与气体分子的半径和密度有关。单位行程中的碰撞次数 Z 的倒数 λ 即为该粒子的平均自由行程长度。

实际的自由行程长度是一个随机量，并具有很大的分散性。粒子的自由行程长度等于或大于某一距离 x 的概率为

$$P(x) = \mathrm{e}^{-\frac{x}{\lambda}} \tag{1-1}$$

可见，实际自由行程长度等于或大于平均自由行程长度 λ 的概率为 36.8%。

由于电子的半径或体积要比离子或气体分子小得多，所以电子的平均自由行程长度要比离子或气体分子大得多。由气体动力学可知，电子的平均自由行程长度为

$$\lambda_e = \frac{1}{\pi r^2 N} \tag{1-2}$$

式中　r——气体分子的半径；

N——气体分子的密度。

由于 $N = \dfrac{p}{kT}$，代入式（1-2）即得

$$\lambda_e = \frac{kT}{\pi r^2 p} \tag{1-3}$$

式中 p——气压，Pa；

T——气温，K；

k——波尔兹曼常数，$k=1.38\times10^{-23}$J/K。

在大气压和常温下，电子在空气中的平均自由行程长度的数量级为 10^{-5}cm。

（二）带电粒子的迁移率

带电粒子虽然不可避免地要与气体分子不断地发生碰撞，但在电场力的驱动下，仍将沿着电场方向漂移，其速度 v 与场强 E 成正比，其比例系数 $k=v/E$ 称为迁移率，它表示该带电粒子在单位场强（1V/m）下沿电场方向的漂移速度。

由于电子的平均自由行程长度比离子大得多，而电子的质量比离子小得多，更易加速，所以电子的迁移率远大于离子。

（三）扩散

气体中带电粒子和中性粒子的运动还与粒子的浓度有关。在热运动的过程中，粒子会从浓度较大的区域运动到浓度较小的区域，从而使每种粒子的浓度分布均匀化，这种物理过程称为扩散。气压越低或温度越高，则扩散进行得越快。电子的热运动速度大、自由行程长度大，所以其扩散速度也要比离子快得多。

二、带电粒子的产生

产生带电粒子的物理过程称为电离，它是气体放电的首要前提。

气体原子中的电子沿着原子核周围的圆形或椭圆形轨道围绕带正电的原子核旋转。在常态下，电子处于离核最近的轨道上，因为这样势能最小。当原子获得外加能量时，一个或若干个电子有可能转移到离核较远的轨道上去，这个现象称为激励，产生激励所需的能量（激励能）等于该轨道和常态轨道的能级差。激励状态存在的时间很短（如 10^{-8}s），电子将自动返回常态轨道上去，这时产生激励时所吸收的外加能量将以辐射能（光子）的形式放出。如果原子获得的外加能量足够大，电子还可跃迁至离核更远轨道上去，甚至摆脱原子核的约束而成为自由电子，这时原来中性的原子发生了电离，分解成两种带电粒子——电子和正离子，使基态原子或分子中结合最松弛的那个电子电离出来所需的最小能量称为电离能。

表 1-1 列出了某些常见气体的激励能和电离能之值，它们通常以电子伏（eV）表示。由于电子的电荷 q_e 恒等于 1.6×10^{-19}C，所以有时亦可采用激励电位 U_e(V)和电离电位 U_i(V)来代替激励能和电离能，以便在计算中排除 q_e 值。

表 1-1			某些气体的激励能和电离能		单位：eV
气体	激励能 W_e	电离能 W_i	气体	激励能 W_e	电离能 W_i
N_2	6.1	15.6	CO_2	10.0	13.7
O_2	7.9	12.5	H_2O	7.6	12.8
H_2	11.2	15.4	SF_6	6.8	15.6

原子先经过激励阶段，然后再接着发生电离的现象称为分级电离。显然，这时所需的外加能量可小于让原子直接电离所需的电离能 W_i。

引起电离所需的能量可通过不同的形式传递给气体分子，诸如光能、热能、机械（动）能等，对应的电离过程称为光电离、热电离、碰撞电离等。

（一）光电离

频率为 ν 的光子能量为

$$W = h\nu \tag{1-4}$$

式中　h——普朗克常数，$h = 6.63 \times 10^{-34} \text{J} \cdot \text{s} = 4.13 \times 10^{-15} \text{eV} \cdot \text{s}$。

发生空间光电离的条件应为

$$h\nu \geqslant W_\text{i}$$

或者

$$\lambda \leqslant \frac{hc}{W_\text{i}} \tag{1-5}$$

式中　λ——光的波长，m；

　　　c——光速 $= 3 \times 10^8 \text{m/s}$；

　　　W_i——气体的电离能，eV。

通过式（1-5）的计算可知，各种可见光都不能使气体直接发生光电离，紫外线也只能使少数几种电离能特别小的金属蒸汽发生光电离，只有那些波长更短的高能辐射线（如 X 射线、γ 射线等）才能使气体发生光电离。

应该指出：在气体放电中，能导致气体光电离的光源不仅有外界的高能辐射线，而且还可能是气体放电本身，例如在后面将要介绍的带电粒子复合的过程中，就会放出辐射能而引起新的光电离。

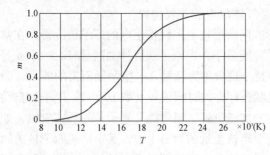

图 1-2　空气的电离度 m 与温度 T 的关系曲线

（二）热电离

在常温下，气体分子发生热电离的概率极小。气体中已发生电离的分子数与总分子数的比值 m 称为该气体的电离度。图 1-2 是空气的电离度与温度的关系曲线，可以看出：只有在温度超过 10 000K 时（如电弧放电的情况），才需要考虑热电离；而在温度达到 20 000K 左右时，几乎全部空气分子都已处于热电离状态。

（三）碰撞电离

在电场中获得加速的电子在和气体分子碰撞时，可以把自己的动能转给后者而引起碰撞电离。

电子在电场强度为 E 的电场中移过 x 的距离时所获得的动能为

$$W = \frac{1}{2}mv^2 = q_\text{e}Ex$$

式中　m——电子的质量；

　　　q_e——电子的电荷量。

如果 W 等于或大于气体分子的电离能 W_i，该电子就有足够的能量去完成碰撞电离。由此可以得出电子引起碰撞电离的条件应为

$$q_\text{e}Ex \geqslant W_\text{i} \tag{1-6}$$

电子为造成碰撞电离而必须飞越的最小距离 $x_\text{i} = \dfrac{W_\text{i}}{q_\text{e}E} = \dfrac{U_\text{i}}{E}$（式中 U_i 为气体的电离电位，在数值上与以 eV 为单位的 W_i 相等），x_i 的大小取决于场强 E，增大气体中的场强将

使 x_i 值减小，可见提高外加电压将使碰撞电离的概率和强度增大。

碰撞电离是气体中产生带电粒子的最重要的方式。应该强调的是，主要的碰撞电离均由电子完成，离子碰撞中性分子并使之电离的概率要比电子小得多，所以在分析气体放电发展过程时，往往只考虑电子所引起的碰撞电离。

（四）电极表面的电离

除了前面所说的发生在气体中的空间电离外，气体中的带电粒子还可能来自电极表面上的电离。

电子从金属表面逸出需要一定的能量，称为逸出功。各种金属的逸出功是不同的，见表 1-2。

表 1-2 　　　　　　　　　　　**某些金属的逸出功 （eV）**

金属	逸出功	金属	逸出功	金属	逸出功
铝（Al）	1.8	铁（Fe）	3.9	氧化铜（CuO）	5.3
银（Ag）	3.1	铜（Cu）	3.9	铯（Cs）	0.7

将表 1-2 与表 1-1 作比较，就可看出：金属的逸出功要比气体分子的电离能小得多，这表明金属表面电离比气体空间电离更易发生。在不少场合，阴极表面电离（亦可称电子发射）在气体放电过程中起着相当重要的作用。随着外加能量形式的不同，阴极的表面电离可在下列情况下发生：

（1）正离子撞击阴极表面：正离子所具有的能量为其动能与势能之和，其势能等于气体的电离能 W_i。通常正离子的动能不大，如忽略不计，那么只有在它的势能等于或大于阴极材料的逸出功的两倍时，才能引起阴极表面的电子发射。因为首先要从金属表面拉出一个电子使之和正离子结合成一个中性分子，正离子才能释放出全部势能而引起更多的电子从金属表面逸出。比较一下表 1-1 与表 1-2 中的数据，不难看出，这个条件是可能满足的。

（2）光电子发射：高能辐射线照射阴极时，会引起光电子发射，其条件是光子的能量应大于金属的逸出功。由于金属的逸出功要比气体的电离能小得多，所以紫外线已能引起阴极的表面电离。

（3）热电子发射：金属中的电子在高温下也能获得足够的动能而从金属表面逸出，称为热电子发射。在许多电子和离子器件中常利用加热阴极来实现电子发射。

（4）强场发射（冷发射）：当阴极表面附近空间存在很强的电场时（10^6 V/cm 数量级），也能使阴极发射电子。一般常态气隙的击穿场强远小于此值，所以在常态气隙的击穿过程中完全不受强场发射的影响；但在高气压下，特别是在压缩的高电气强度气体的击穿过程中，强场发射也可能会起一定的作用；而在真空的击穿过程中，它更起着决定性作用。

三、 负离子的形成

当电子与气体分子碰撞时，不但有可能引起碰撞电离而产生出正离子和新电子，而且也可能会发生电子与中性分子相结合而形成负离子的情况，这种过程称为附着。

某些气体分子对电子有亲和性，因而在它们与电子结合成负离子时会放出能量（电子亲和能），而另一些气体分子要与电子结成负离子时却必须吸收能量。前者的亲和能为正值，这些易于产生负离子的气体称为电负性气体。亲和性愈强的气体分子愈易俘获电子而变成负离子。

应该指出：负离子的形成并没有使气体中的带电粒子数改变，但却能使自由电子数减少，因而对气体放电的发展起抑制作用。空气中的氧气和水汽分子对电子都有一定的亲和性，但还不是太强；而后面将要介绍的某些特殊的电负性气体（如 SF_6）对电子具有很强的亲和性，其电气强度远大于一般气体，因而被称为高电气强度气体。

四、带电粒子的消失

气体中带电粒子的消失可有下述几种情况：

（1）带电粒子在电场的驱动下做定向运动，在到达电极时，消失于电极上而形成外电路中的电流；

（2）带电粒子因扩散现象而逸出气体放电空间；

（3）带电粒子的复合。

当气体中带异号电荷的粒子相遇时，有可能发生电荷的传递与中和，这种现象称为复合，它是与电离相反的一种物理过程。复合可能发生在电子和正离子之间，称为电子复合，其结果是产生了一个中性分子；复合也可能发生在正离子和负离子之间，称为离子复合，其结果是产生了两个中性分子。上述两种复合都会以光子的形式放出多余的能量，这种光辐射在一定条件下能导致其他气体分子的电离，使气体放电出现跳跃式的发展。

带电粒子的复合强度与正、负带电粒子的浓度有关，浓度越大，则复合也进行得越激烈。每立方厘米的常态空气中经常存在着 500～1000 对正、负带电粒子，它们是外界电离因子（高能辐射线）使空气分子发生电离和产生出来的正、负带电粒子又不断地复合所达到的一种动态平衡。

第二节 电 子 崩

气体放电的现象和发展规律与气体的种类、气压的大小、气隙中的电场形式、电源容量等一系列因素有关。无论何种气体放电都一定有一个电子碰撞电离导致电子崩的阶段，它在所加电压（电场强度）达到某一数值（见图 1-3 中的 U_b）时开始出现。

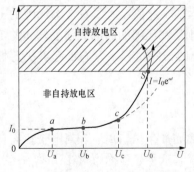

图 1-3 气体放电的伏安特性曲线

前面已经提到，各种高能辐射线（外界电离因子）会引起阴极的表面光电离和气体中的空间光电离，从而使空气中存在一定浓度的带电粒子。因而在气隙的两端电极上施加电压时，即可检测到微小的电流。图 1-3 表示实验所得的平板电极间（均匀电场）气体中的电流 I 与所加电压 U 的关系（伏安特性）曲线。在曲线的 $\overset{\frown}{0a}$ 段，I 随 U 的提高而增大，这是由于电极空间的带电粒子向电极运动的速度加快而导致复合数的减少所致。当电压接近 U_a 时，电流趋于饱和值 I_0，因为这时由外界电离因子所产生的带电粒子几乎能全部抵达电极，所以电流值仅取决于电离因子的强弱而与所加电压的大小无关。饱和电流 I_0 之值很小，在没有人工照射的情况下，电流密度的数量级仅为 $10^{-19}\,\mathrm{A/cm^2}$，即使采用石英灯照射阴极，其数量级也不会超过 $10^{-12}\,\mathrm{A/cm^2}$，可见这时气体仍处于良好的绝缘状态。但当电压提高到 U_b 时，电流又开始随电压的升高而增大，这是由于气隙中开始出现碰撞电离和电子崩。电子崩的形成和带电粒子在电子崩中的分布如图 1-4 所示，设外界电离因子在阴极附近产生了一个初始电子，如果空间的电场强度足够大，该电子在向阳极运动时就会引起碰撞电离，产生出一个新电子，初始电子和新电子继续向阳极运动，又会引起新的碰撞电离，产生出更多的电子。依此类推，电子数将按几何级数不断增多，像雪崩似的发展，因而这种急剧增大的空间电子流被称为电子崩。

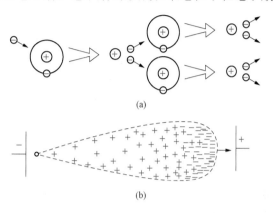

图 1-4　电子崩示意图
(a) 电子崩的形成；(b) 带电粒子在电子崩中的分布

为了分析碰撞电离和电子崩所引起的电流，需要引入一个系数——电子碰撞电离系数 α，它表示一个电子沿电场方向运动 1cm 的行程中所完成的碰撞电离次数平均值。在图 1-5 所示的平板电极（均匀电场）气隙中，设外界电离因子每秒钟使阴极表面发射出来的初始电子数为 n_0，由于碰撞电离和电子崩的结果，在它们到达 x 处时，电子数已增加为 n，这 n 个电子在 $\mathrm{d}x$ 的距离中又会产生出 $\mathrm{d}n$ 个新电子。根据碰撞电离系数 α 的定义，可得

$$\mathrm{d}n = \alpha n \mathrm{d}x$$

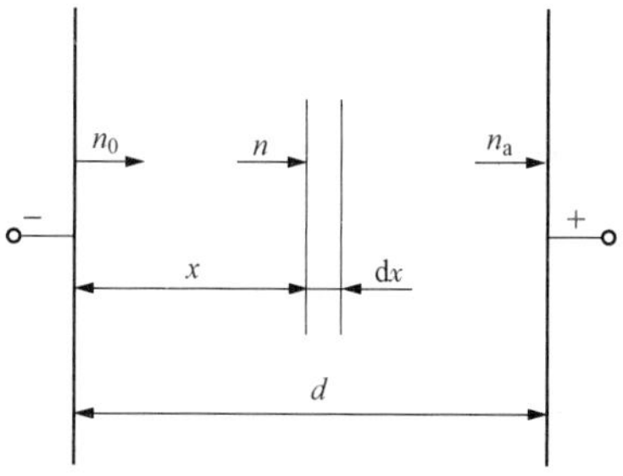

分离变数并积分之，可得

$$n = n_0 \mathrm{e}^{\int_0^x \alpha \mathrm{d}x}$$

对于均匀电场来说，气隙中各点的电场强度相同，α 值不随 x 而变化，所以上式可写成

$$n = n_0 \mathrm{e}^{\alpha x}$$

抵达阳极的电子数应为

$$n_\mathrm{a} = n_0 \mathrm{e}^{\alpha d} \qquad (1-7)$$

图 1-5　均匀电场中的电子崩计算

式中　d——极间距离。

途中新增加的电子数或正离子数应为

$$\Delta n = n_\mathrm{a} - n_0 = n_0 (\mathrm{e}^{\alpha d} - 1) \qquad (1-8)$$

将式 (1-7) 的等号两侧乘以电子的电荷 q_e，即成电流关系式

$$I = I_0 \mathrm{e}^{\alpha d} \qquad (1-9)$$

其中，$I_0 = n_0 q_\mathrm{e}$，即图 1-3 中由外界电离因子所造成的饱和电流 I_0。

式 (1-9) 表明：虽然电子崩电流按指数规律随极间距离 d 增大而增大，但这时放电还不能自持，因为一旦除去外界电离因子（令 $I_0 = 0$），I 即变为零。

下面再来探讨一下碰撞电离系数 α。如果电子的平均自由行程长度为 λ_e，则在它运动

过 1cm 的距离内将与气体分子发生 $1/\lambda_e$ 次碰撞，不过并非每次碰撞都会引起电离，前面已指出：只有电子在碰撞前已在电场方向运动了 $x_i\left(=\dfrac{U_i}{E}\right)$ 的距离时，才能积累到足以引起碰撞电离的动能（它等于气体分子的电离能 W_i），由式（1 - 1）可知，实际自由行程长度等于或大于 x_i 的概率为 $e^{-\frac{x_i}{\lambda_e}}$，所以它也就是碰撞时能引起电离的概率。根据碰撞电离系数 α 的定义，即可写出

$$\alpha = \frac{1}{\lambda_e}e^{-\frac{x_i}{\lambda_e}} = \frac{1}{\lambda_e}e^{-\frac{U_i}{\lambda_e E}} \tag{1 - 10}$$

由式（1 - 3）可知，电子的平均自由行程长度 λ_e 与气温 T 成正比，与气压 p 成反比，即

$$\lambda_e \propto \frac{T}{p}$$

当气温 T 不变时，式（1 - 10）即可改写为

$$\alpha = Ap e^{-\frac{Bp}{E}} \tag{1 - 11}$$

其中，A、B 是两个与气体种类有关的常数。

由式（1 - 11）不难看出：①电场强度 E 增大时，α 急剧增大；②p 很大（即 λ_e 很小）或 p 很小（即 λ_e 很大）时，α 值都比较小。这是因为 λ_e 很小（高气压）时，单位长度上的碰撞次数很多，但能引起电离的概率很小；反之，当 λ_e 很大（低气压或真空）时，虽然电子很易积累到足够的动能，但总的碰撞次数太少，因而 α 也不大。可见在高气压和高真空的条件下，气隙都不易发生放电现象，即具有较高的电气强度。

第三节　自持放电条件

正如图 1 - 3 中的曲线所示，当气隙上所加电压大于 U_c 时，实测所得电流 I 随电压 U 的增大不再遵循 $I = I_0 e^{ad}$ 的规律，而是更快一些，可见这时又出现了促进放电的新因素，这就是正离子开始显露其影响。

在电场的作用下，正离子向阴极运动，由于它的平均自由行程长度较短，不易积累动能，所以很难使气体分子发生碰撞电离。但当它们撞击阴极时却有可能引起表面电离而拉出电子，部分电子和正离子复合，其余部分则向着阳极运动和引起新的电子崩。

可以设想一下，如果电压（电场强度）足够大，初始电子崩中的正离子能在阴极上产生出来的新电子数等于或大于 n_0，那么即使除去外界电离因子的作用（$n_0 = 0$，$I_0 = 0$），放电也不会停止，即放电仅仅依靠已经产生出来的电子和正离子（它们的数目均取决于电场强度）就能维持下去，这就变成自持放电了。

从上面的概念出发，可以推求出自持放电的条件如下。

令 γ 表示一个正离子撞击到阴极表面时产生出来的二次自由电子数，设阴极表面在单位时间内发射出来的电子数为 n_c，按式（1 - 7），它们在到达阳极时将增加为 n_a，其表达式为

$$n_a = n_c e^{ad} \tag{1 - 12}$$

n_c 包括了两部分电子，一部分是外界电离因子所造成的 n_0，另一部分是前一秒钟产

生出来的正离子在阴极上造成的二次电子发射。当放电达到某种平衡状态时，每秒从阴极上逸出的电子数均为 n_c，则上述第二部分的二次电子数应等于 $\gamma n_c(e^{ad}-1)$，而

$$n_c = n_0 + \gamma n_c(e^{ad}-1)$$

将式（1-12）代入上式，可得

$$\frac{n_a}{e^{ad}} = n_0 + \gamma \frac{n_a}{e^{ad}}(e^{ad}-1)$$

整理后可得

$$n_a = n_0 \frac{e^{ad}}{1-\gamma(e^{ad}-1)}$$

等式两侧均乘以电子的电荷 q_e，即可得

$$I = I_0 \frac{e^{ad}}{1-\gamma(e^{ad}-1)} \tag{1-13}$$

由式（1-13）可知：如果忽略正离子的作用，即令 $\gamma=0$，上式就变成 $I=I_0e^{ad}$，即为式（1-9）。如果 $1-\gamma(e^{ad}-1)=0$，那么即使除去外界电离因子（$I_0=0$），I 亦不等于零，即放电能维持下去。

可见自持放电条件应为

$$\gamma(e^{ad}-1)=1 \tag{1-14}$$

式（1-14）包含的物理意义为：一个电子从阴极到阳极途中因电子崩而造成的正离子数为 $e^{ad}-1$，这批正离子在阴极上造成的二次自由电子数应为 $\gamma(e^{ad}-1)$，如果它等于 1，就意味着那个初始电子有了一个后继电子，从而使放电得以自持。

正离子表面电离系数 γ 之值与阴极材料、气体种类有关。某些气体在低气压下的 γ 值见表 1-3。应该指出：阴极的表面状况（光洁度、污染程度等）对 γ 值也有一定的影响。

放电由非自持转为自持时的电场强度称为起始场强，相应的电压称为起始电压。在比较均匀的电场中，它们往往就是气隙的击穿场强和击穿电压（即起始电压等于击穿电压）；而在不均匀电场中，电离过程仅仅存在于气隙中电场强度等于或大于起始场强的区域，即使放电已能自持，但整个气隙仍未击穿。可见在不均匀电场中，起始电压低于击穿电压，电场越不均匀，二者的差值就越大。

表 1-3 某些气体在低气压下的 γ 值

气体种类 阴极材料	H_2	空气	N_2
铝	0.095	0.035	0.10
铜	0.050	0.025	0.066
铁	0.061	0.020	0.059

在不均匀电场中，各点的电场强度 E 不一样，所以各处的 α 值也不同，在这种情况下，上面的自持放电条件应改写成

$$\gamma(e^{\int_0^d a dx}-1)=1 \tag{1-15}$$

把电子崩和阴极上的 γ 过程作为气体自持放电的决定性因素是汤逊理论的基础，它只能适用于低气压、短气隙的情况 $[pd<26.66\text{kPa}\cdot\text{cm}(200\text{mmHg}\cdot\text{cm})]$，因为在这种条件下不会出现以后将要介绍的流注现象。

上述过程可以用图 1-6 中的图解加以概括，当自持放电条件得到满足时，就会形成图解中闭环部分所示的循环不息的状态，放电就能自己维持下去，而不再依赖外界电离因子的作用了。

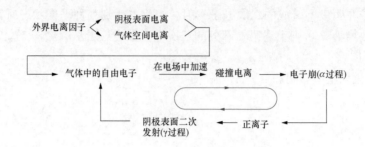

图 1 - 6　低气压、短气隙情况下的气体放电过程

自持放电起始电压就是图 1 - 3 中 S 点所对应的电压 U_0。当所加电压达到 U_0 时，在不均匀电场中，可以出现稳定的电晕放电；而在均匀电场或稍不均匀电场中，将发生整个气隙的击穿，这时气体介质变成了导体，完全丧失了原有的绝缘性能。

达到自持放电后的放电型式和特性取决于所加电压的类型、电场形式、外电路参数、气压和电源容量等条件。在低气压（不超过数千帕）时出现的是辉光放电，这时每一电子崩都导致初始电子的增多，它们又引发新的电子崩，所以在低气压下的气体放电具有多电子崩的特征。放电过程充满了整个电极空间，这时由于新一轮初始电子的产生主要依靠阴极上的二次电子发射，因而阴极材料对气隙击穿电压值有相当显著的影响。在常压或高气压下，如外电路阻抗较大、电源容量不大时，将转为火花放电，其具体转化过程将在本章第六节中介绍；如外电路阻抗不大、电源容量足够大时，将出现电弧放电。

在一个电极或两个电极具有很小的曲率半径（比极间距离小得多）的极不均匀电场中，当外加电压达到自持放电起始电压时，在小曲率半径的电极附近将出现电晕放电，其电流虽不大，但伴有蓝紫色的晕光。

第四节　起始电压与气压的关系

利用汤逊理论的自持放电条件 $\gamma(e^{\alpha d} - 1) = 1$ 以及碰撞电离系数 α 与气压 p、电场强度 E 的关系式（当气温 T 不变时），并考虑均匀电场中自持放电起始场强 $E_0 = \dfrac{U_0}{d}$（式中 U_0 为起始电压），即可得出下面的关系式

$$U_0 = \frac{B(pd)}{\ln \left[\dfrac{A(pd)}{\ln\left(1 + \dfrac{1}{\gamma}\right)} \right]} \tag{1 - 16}$$

由于均匀电场气隙的击穿电压 U_b 等于它的自持放电起始电压 U_0，所以上式表明：U_0 或 U_b 是气压和极间距离的乘积（pd）的函数，即

$$U_b = f(pd) \tag{1 - 17}$$

式（1 - 17）所示规律在汤逊理论提出之前就已由物理学家巴申从实验中得出，所以通常称为巴申定律，$U_b = f(pd)$ 曲线称为巴申曲线。它表明：如果在改变极间距离 d 的同时，也相应地改变气压 p，而使 pd 的乘积保持不变，则极间距离不等的气隙的击穿电压

却彼此相等。

实验得出的结果如图 1-7 所示，击穿电压 U_b 具有极小值是不难理解的。设 d 不变，而改变气压 p，则从前面式（1-11）的讨论中已知，在 p 很大或 p 很小时，碰撞电离系数 α 都较小，可见击穿电压都较高。由此可知，提高气压或降低气压到高度真空，都能提高气隙的击穿电压。这一概念具有十分重要的实用意义。

应该指出，上述巴申定律是在气温 T 保持不变的条件下得出的。在气温 T 并非恒定的情况下，式（1-17）应改写为

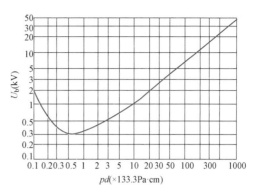

图 1-7　均匀电场中空气的巴申曲线

$$U_b = F(\delta d) \tag{1-18}$$

其中

$$\delta = \frac{p}{T}\frac{T_s}{p_s} = 2.9\frac{p}{T} \tag{1-19}$$

式中　δ——气体的相对密度，即实际气体密度与标准大气条件（$p_s = 101.3\mathrm{kPa}$，$T_s = 293\mathrm{K}$）下的密度之比。

第五节　气体放电的流注理论

高电压技术所面对的往往不是前面所说的低气压、短气隙的情况，而是高气压（101.3kPa 或更高）、长气隙的情况 $[pd \gg 26.66\mathrm{kPa} \cdot \mathrm{cm}（200\mathrm{mmHg} \cdot \mathrm{cm}）]$。前面介绍的汤逊放电理论不能适用于这种场合。以大自然中最宏伟的气体放电现象——雷电放电为

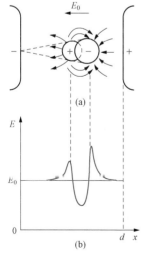

图 1-8　电子崩中的空间电荷在均匀电场中造成的畸变

例，它发生在两块雷云之间或雷云与大地之间，这时不存在金属阴极，因而与阴极上的 γ 过程和二次电子发射根本无关。

气体放电的流注理论也是以实验为基础的，它考虑了高气压、长气隙情况下不容忽视的若干因素对气体放电过程的影响，其中主要有以下几方面。

一、空间电荷对原有电场的影响

如图 1-4 所示，电子崩中的电子由于其迁移率远大于正离了，所以绝大多数电子都集中在电子崩的头部，向正离子则基本上停留在产生时的原始位置上，因而其浓度是从尾部向头部递增的，所以在电子崩的头部集中着大部分正离子和几乎全部电子［如图 1-8（a）所示］。这些空间电荷在均匀电场中所造成的电场畸变，如图 1-8（b）所示。可见在出现电子崩空间电荷之后，原有的均匀场强 E_0 发生了很大的

变化，在电子崩前方和尾部处的电场都增强了，而在这两个强场区之间出现了一个电场强度很小的区域，但此处的电子和正离子的浓度却最大，因而是一个十分有利于完成复合的区域，结果是产生强烈的复合并辐射出许多光子，成为引发新的空间光电离的辐射源。

二、空间光电离的作用

汤逊理论没有考虑放电本身所引发的空间光电离现象，而这一因素在高气压、长气隙的击穿过程中起着重要的作用。上面所说的初始电子崩（简称初崩）头部成为辐射源后，就会向气隙空间各处发射光子而引起光电离，如果这时产生的光电子位于崩头前方和崩尾附近的强场区内，那么它们所造成的二次电子崩将以更大得多的电离强度向阳极发展或汇入崩尾的正离子群中。这些电离强度和发展速度远大于初始电子崩的新放电区（二次电子崩）以及它们不断汇入初崩通道的过程被称为流注。

流注理论认为：在初始阶段，气体放电以碰撞电离和电子崩的形式出现，但当电子崩发展到一定程度后，某一初始电子崩的头部积聚到足够数量的空间电荷，就会引起新的强烈电离和二次电子崩，这种强烈的电离和二次电子崩是由于空间电荷使局部电场大大增强以及发生空间光电离的结果，这时放电即转入新的流注阶段。流注的特点是电离强度很大和传播速度很快（超过初崩发展速度 10 倍以上），出现流注后，放电便获得独立继续发展的能力，而不再依赖外界电离因子的作用，可见这时出现流注的条件也就是自持放电条件。

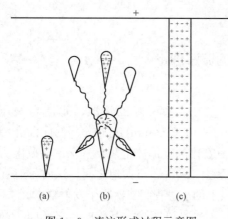

图 1 - 9　流注形成过程示意图

图 1 - 9 表示初崩头部放出的光子在崩头前方和崩尾后方引起空间光电离并形成二次崩以及它们和初崩汇合的流注过程。二次崩的电子进入初崩通道后，便与正离子群构成了导电的等离子通道，一旦等离子通道短接了两个电极，放电即转为火花放电或电弧放电。

出现流注的条件是初崩头部的空间电荷数量必须达到某一临界值。对均匀电场来说，其自持放电条件应为

$$e^{ad} = 常数$$

或　　　　　　$$ad = 常数 \qquad (1 - 20)$$

实验研究所得出的常数值为

$$ad \approx 20 \qquad (1 - 21)$$

或　　　　　　$$e^{ad} \approx 10^8 \qquad (1 - 22)$$

可见初崩头部的电子数要达到 10^8 时，放电才能转为自持（出现流注）。

如果电极间所加电压正好等于自持放电起始电压 U_0，那就意味着初崩要跑完整个气隙，其头部才能积聚到足够的电子数而引起流注，这时的放电过程如图 1 - 10 所示。其中图 1 - 10（a）表示初崩跑完整个气隙后引发流注；图 1 - 10（b）表示出现流注的区域从阳极向阴极方向推移；图 1 - 10（c）为流注放电所产生的等离子通道短接了两个电极，气隙被击穿。

如果所加电压超过了自持放电起始电压 U_0，那么初崩不需要跑完整个气隙，其头部电子数即已达到足够的数量，这时流注将提前出现和以更快的速度发展，如图 1 - 9 所示。

流注理论能够说明汤逊理论所无法解释的一系列在高气压、长气隙情况下出现的放电现象，诸如：这时放电并不充满整个电极空间，而是形成一条细窄的放电通道；有时放电通道呈曲折和分枝状；实际测得的放电时间远小于正离子穿越极间气隙所需的时间；击穿电压值与阴极的材料无关；等等。不过亦应强调指出：这两种理论各适用于一定条件下的放电过程，不能用一种理论来取代另一种理论。在 pd 值较小的情况下，初始电子不可能在穿越极间距离时完成足够多的碰撞电离次数，因而难以积聚到式（1-22）所要求的电子数，这样就不可能出现流注，放电的自持就只能依靠阴极上的 γ 过程了。

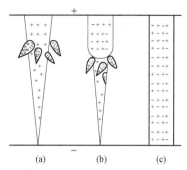

图 1-10　从电子崩到流注的转换

第六节　不均匀电场中的放电过程

一、稍不均匀电场和极不均匀电场的放电特征

均匀电场是一种少有的特例，在实际电力设施中常见的是不均匀电场。按照电场的不均匀程度，不均匀电场又可分为稍不均匀电场和极不均匀电场。前者的放电特性与均匀电场相似，一旦出现自持放电，便一定立即导致整个气隙的击穿。高压试验室中用来测量高电压的球隙和全封闭组合电器中的分相母线筒都是典型的稍不均匀电场实例。极不均匀电场的放电特性则与此大不相同，这时由于电场强度沿气隙的分布极不均匀，因而当所加电压达到某一临界值时，曲率半径较小的电极附近空间的电场强度首先达到了起始场强值 E_0，在这个局部区域先出现碰撞电离和电子崩，甚至出现流注。这种仅仅发生在强场区（小曲率半径电极附近空间）的局部放电称为电晕放电，它以环绕该电极表面的蓝紫色晕光作为外观上的特征。开始出现电晕放电时的电压称为电晕起始电压。当外加电压进一步增大时，电晕区亦随之扩大，放电电流也从微安级增大到毫安级，但该气隙总的来说仍保持着绝缘状态，还没有被击穿。

要将稍不均匀电场与极不均匀电场明确地加以区分是比较困难的。为了表示各种结构的电场不均匀程度，可引入一个电场不均匀系数 f，它等于最大电场强度 E_{max} 和平均电场强度 E_{av} 的比值，即

$$f = \frac{E_{max}}{E_{av}} \qquad\qquad (1-23)$$

$$E_{av} = \frac{U}{d}$$

式中　U——电极间的电压；

d——极间距离。

根据放电的特征（是否存在稳定的电晕放电），可将电场用 f 值作大致的划分：$f=1$ 为均匀电场；$f<2$ 时为稍不均匀电场；而 $f>4$ 以上，就明显地属于极不均匀电场的范畴了。

二、电晕放电

在 220kV 以上的超高压输电线路上，特别是在坏天气条件下，其导线表面会呈现一种淡紫色的辉光，并伴有"咝咝"作响的噪声和臭氧的气味。这种现象就是电晕放电（简称电晕）。

电晕是局部放电的一种，其特点在于它一定触及一个电极或两个电极，而一般所称的局部放电可以发生在电极表面，也可以存在于两极之间的某一空间而不触及任一电极。

电晕放电可以是极不均匀电场气隙击穿过程的第一阶段，也可以是长期存在的稳定放电形式。存在稳定电晕放电是极不均匀电场中气体放电的一大特点，因为在均匀或稍不均匀电场中，一旦某处出现电晕，它将迅速导致整个气隙的击穿，而不可能长期稳定地存在电晕放电现象。

开始出现电晕放电时的电晕起始电压 U_c 虽然也可从理论上求得，但由于它的影响因素很多，这种推算相当繁复和不精确，所以通常利用实验的方法来求取，然后根据电极表面电场强度 E 与所加电压 U 的关系，推导出相应的计算电晕起始场强 E_c 的经验公式。

以输电线路的导线为例，在半径为 r 的单根导线离地高度为 h 的情况下，导线表面电场强度 E 与对地电压 U 的关系为

$$E = \frac{U}{r \ln \dfrac{2h}{r}} \qquad (1-24)$$

对于两根线间距离为 D、半径为 r 的平行导线来说，如线间电压为 U，则

$$E = \frac{U}{2r \ln \dfrac{D}{r}} \qquad (1-25)$$

在众多研究者所提出的经验公式中，皮克公式是流传较广的，它的电晕起始场强 E_c 近似计算式为

$$E_c = 30m\delta \left(1 + \frac{0.3}{\sqrt{r\delta}}\right) \quad (\text{kV/cm}) \qquad (1-26)$$

式中　　m——导线表面粗糙系数，光滑导线的 $m \approx 1$，绞线的 $m \approx 0.8 \sim 0.9$；

δ——空气相对密度；

r——导线半径，cm。

在雨、雪、雾等坏天气时，导线表面会出现许多水滴，它们在强电场和重力的作用下，将克服本身的表面张力而被拉成锥形，从而使导线表面的电场发生变化，结果在较低的电压和表面电场强度下就会出现电晕放电。

电晕放电会产生多种派生效应，包括电晕损耗、谐波电流和非正弦电压、无线电干扰、可闻噪声、空气的有机合成等。当然，探讨电晕放电及其派生效应问题最有实用价值的场合应为超/特高压输电线路，因为只有在这种场合，电能损耗才比较可观，环境影响也显得严重而且广泛。所以下面的探讨、分析均将以此作为典型对象。对于线路设计和环境评估而言，影响最大的派生效应是电晕损耗、无线电干扰和可闻噪声三项。

1. 电晕损耗（Corona Loss，CL）

电晕放电所引起的光、声、热等效应及使空气发生化学反应，都会消耗一些能量，电晕损耗当然会对线路的输电效率产生一定的影响。

电晕损耗的大小会受到大气条件和线路结构参数两方面的影响。在雨、雪、雾等坏天气时，电晕起始电压 U_c 降低，电晕损耗大增。

最早出现和最常用的近似计算交流输电线路每相导线电晕功率损耗的经验公式为皮克公式，即

$$P_c = \frac{241}{\delta}(f+25)\sqrt{\frac{r}{D}}(U-U_0)^2 \times 10^{-5} \quad (\text{kW/km}) \tag{1-27}$$

式中　f——电源频率，Hz；

　　　δ——空气的相对密度；

　　　r——起晕导线的半径，cm；

　　　D——线间距离，cm；

　　　U——导线上所加相电压，kV；

　　　U_0——与电晕起始电压 U_c 相近的一个计算用临界电压，kV。

皮克为获取这一经验公式而进行实验时，所用的导线半径、输电电压等都没有达到现代超高压输电线路的参数范围，所以这一公式对于现代超高压大直径导线的情况不甚适用。其他研究者也曾提出过各种不同的计算公式，但现在实际上已不再采用此类公式估算线路的电晕损耗，而是采用在试验线路上按实际的线路结构参数、实际的导线表面场强、实际的气象条件进行实测，并将得到的实测数据整理成一系列曲线图表，用来进行工程计算。线路运行时的损耗包括 I^2R 损耗和电晕损耗，如线路持续运行于满负荷状态，其年平均电晕损耗通常远小于 I^2R 损耗。

2. 无线电干扰（Radio Interference，RI）

输电线路产生的无线电干扰主要由导线、绝缘子和线路金具等的电晕放电所引起。在电晕放电过程中，电离、电子崩和流注不断产生、消失和重新出现所造成的放电脉冲所形成的高频电磁波会在无线电频率的宽广频段范围内造成干扰，包括无线电干扰（RI）和电视干扰（TVI）；还有可能对频率范围为 $30\sim500\text{kHz}$ 的载波通信和信号传输产生干扰。

由于电晕放电强度会因天气的不同而变化，在坏天气时，电晕放电明显变强，所以无线电干扰电平会随天气的变化而有很大的差异。此外，RI 还与线路结构参数有关，包括导线的分裂数、子导线半径、相间距离、导线对地高度等。

超高压线路的无线电干扰问题在 20 世纪 60 年代末随着大批 500kV 线路投运而开始引起人们的注意。在出现 RI 与 TVI 的情况下，一个关键的问题是要使接收器与输电线路的横向距离保持多大，才能使产生的噪声水平足够小，以保证令人满意的接收质量。

关于输电线路的 RI 限值，至今仍未制定出统一的国际标准。GB/T 15707—2017《高压交流架空输电线路无线电干扰限值》规定的 RI 限值以 0.5MHz 为参考频率，距边相导线在地上垂直投影外侧 20m 为参考距离，具体取值见表 1-4。

表 1-4　　　　　　　　我国的无线电干扰限值（0.5MHz，20m）

线路电压等级（kV）	110	220~330	500
RI 限值（dB）	46	53	55

750kV 和 1000kV 交流输电线路的 RI 限值当时没有条件包含在内。

3. 可闻噪声（Audible Noise，AN）

把 Audible Noise 译作"可听噪声"实在是一个很大的失误，因为它强调的不是"听"（listen），而是"听到"（hear），表示这是人耳所能听到的噪声，所以应该译作"可闻噪声"或"音频噪声"。

当导线上出现电晕时，超高压线路就会产生可闻噪声。当然坏天气时的可闻噪声也会较响。

电晕放电所产生的正、负离子被周期性变化的交变电场所吸引或排斥，它们的运动使声压波的频率和幅值等于工频电压波的 2 倍。此外，可闻噪声相当宽的频谱是由于离子随机运动的结果，如图 1-11 所示。

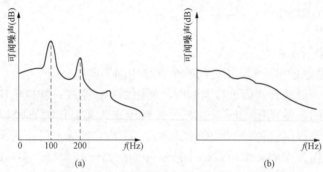

图 1-11　交、直流输电线路所产生的可闻噪声频谱

(a) 交流线路；(b) 直流线路

从"心理声学"的观点看，可闻噪声是一个相当严重的问题，有可能会导致居住在线路附近的人感到烦躁和不安，甚至引起失眠或精神疾患。这个问题也是随着 20 世纪 60 年代在美国投运 500kV 超高压线路才引起关注和成为一个社会问题的，所以在设计和建设线路时，必须将它控制在规定的范围内。

线路所产生的可闻噪声主要由下列因素决定：

(1) 导线表面电场强度；

(2) 导线分裂数；

(3) 子导线的半径；

(4) 大气条件；

(5) 从导线到测量点之间的横向距离。

以后将会看到，可闻噪声将成为选择特高压交、直流输电线路导线和确定线路走廊宽度时的决定性因素。而对于超高压线路来说，起决定作用的往往还是"无线电干扰"。

各国对可闻噪声的限值规定有些不同，例如，美国的限制水平为 55dB（A）；我国采用的水平与此相近（参阅 GB 3096—2008《声环境质量标准》）。

综上所述，对线路设计和电磁环境评估来说，一般认为：对超高压线路而言，控制因素通常为无线电干扰，而对特高压线路而言，控制因素变成可闻噪声。那么，为什么电晕损耗通常只作为校核因素，而不是控制因素？这是因为 RI 与 AN 都有自己的极限值，输电电压越高，干扰当然越严重，但它们的限值不能相应提高，所以一定要采取技术措施（如增大分裂导线的分裂数，增大子导线的直径，增大线路走廊宽度等）来保证上述限值不被突破。而电晕损耗不存在某种限值，当线路输送容量很大时，即使电晕损耗较大，只要所占百分比不大，仍是可以接受的。

要防止或减轻电晕放电的危害，最根本的途径显然是设法限制和降低导线的表面电场强度。通常在选择导线的结构和尺寸时，应使好天气时的电晕损耗相当小，甚至接近于零，对无线电和电视的干扰亦应限制到容许水平以下。对于超高压和特高压线路来说，为了满足上述要求，所需的导线直径往往大大超过按经济电流密度所选得的数值，虽然可以采用扩径导线或空芯导线来解决这个矛盾，但更加合适的措施是采用分裂导线，即每相都用若干根直径较小的平行子导线来替换大直径单导线。当分裂数超过两根时，这些子导线通常被布置在一个圆的内接正多边形的顶点上。

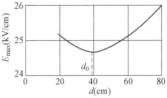

图 1 - 12　分裂导线表面最大电场强度与分裂距的关系曲线

　　上述分裂导线的表面电场强度不仅与分裂数和子导线的直径有关，而且也与子导线之间的距离（分裂距）d 值有关，在某一最佳值 d_0 时，导线表面最大电场强度 E_{max} 会出现一极小值，如图 1 - 12 所示。$E_{max} = f(d)$ 具有这样的变化规律是不难理解的，因为当 d 值很小时，几乎并在一起的几根子导线和一根总截面积相等的单导线差别不大（如果 $d = 0$，就完全变成一根单导线了）；反之，如果 d 值很大，那么各根子导线相互之间的电场屏蔽作用很弱，每根子导线都接近于一根单导线，而子导线的直径却远小于总截面积相等的单导线的直径，所以子导线表面的电场强度反而变得更大了。由此可知，一定存在某一最佳的分裂距，此时的导线表面最大电场强度值最小。

　　应该指出，在实际确定 d 值时并不仅仅以 E_{max} 最小作为唯一的准则。由于增大 d 值有利于减小线路的电感、增大线路的电容，从而增加线路的输送功率，所以在实际工程中，往往把 d 值取得比 E_{max} 最小所对应的 d_0 值稍大一些，例如 45cm 左右。从图 1 - 12 中的曲线可知，当 d 偏离 d_0 不多时，E_{max} 的变化不大。

　　对于 330～750kV 的超高压线路来说，按额定电压的不同，通常取分裂数为 2～6。但对 1000kV 及以上的特高压线路来说，就将不可避免地采用更多的分裂数了（如取分裂数为 8 或更大）。关于特高压交流线路上的电晕放电和超/特高压直流输电线路上的直流电晕以及它们产生的环境影响问题将在第十一、十二章中另作阐述，此处从略。

　　至于 220kV 及以下的输电线路，由于电晕放电所引起的损耗和干扰都不严重，所以没有必要采用结构比较复杂的分裂导线来代替单导线。

　　顺便指出，在交流线路上采用分裂导线有两个重要作用：

　　(1) 减小导线表面的最大场强 E_{max}，提高导线的电晕起始电压 U_0，减轻电晕各种派生效应的负面影响。

　　(2) 减小导线的电抗，提高交流电力系统运行稳定性，增大线路的输电容量。

　　但对直流线路来说，采用分裂导线只有第一个作用，而没有第二个作用。再加上直流线路上的电晕所产生的各种派生效应的负面影响均较交流线路为轻，所以在直流线路上采用分裂导线时，其分裂数可取得比同电压等级的交流线路少一些。

　　最后，在列举电晕放电所引起的种种危害性之后，也应提及它有利的一面。例如在输电线路上传播的过电压波将因电晕而衰减其幅值和降低其波前陡度；电晕放电还在静电除尘器、静电喷涂装置、臭氧发生器等工业设施中获得广泛的应用。

三、　极不均匀电场中的放电过程

　　在极不均匀电场中，虽然放电一定从曲率半径较小的那个电极表面（即电场强度最大的地方）开始，而与该电极的极性（电位的正负）无关，但后来的放电发展过程、气隙的电气强度、击穿电压等都与该电极的极性有很密切的关系。换言之，极不均匀电场中的放电存在明显的极性效应。

决定极性要看表面电场较强的那个电极所具有的电位符号，所以在两个电极几何形状不同的场合，极性取决于曲率半径较小的那个电极的电位符号（如"棒—板"气隙的棒极电位），而在两个电极几何形状相同的场合（如"棒—棒"气隙），则极性取决于不接地的那个电极上的电位。

下面以电场最不均匀的"棒—板"气隙为例，从流注理论的概念出发，说明放电的发展过程和极性效应。

1. 正极性

棒极带正电位时，棒极附近强场区内的电晕放电将在棒极附近空间留下许多正离子（电子崩头部的电子到达棒极后即被中和），如图 1 - 13（a）所示。这些正离子虽朝板极移动，但速度很慢而暂留在棒极附近，如图 1 - 13（b）所示。这些正空间电荷削弱了棒极附近的电场强度，而加强了正离子群外部空间的电场，如图 1 - 13（c）所示。因此，当电压进一步提高，随着电晕放电区的扩展，强场区亦将逐渐向板极方向推进，因而放电的发展是顺利的，直至气隙被击穿。

2. 负极性

棒极带负电位时，如图 1 - 14（a）所示。这时电子崩将由棒极表面出发向外发展，崩头的电子在离开强场（电晕）区后，虽不能再引起新的碰撞电离，但仍继续往板极运动，而留在棒极附近的也是大批正离子，如图 1 - 14（b）所示。这时它们将加强棒极表面附近的电场而削弱外围空间的电场，如图 1 - 14（c）所示。所以，当电压进一步提高时，电晕区不易向外扩展，整个气隙的击穿将是不顺利的，因而这时气隙的击穿电压要比正极性时

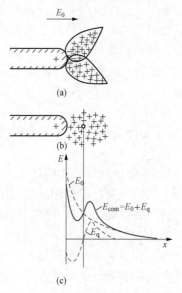

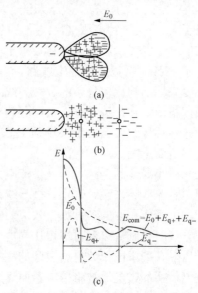

图 1 - 13 正极性"棒—板"气隙中的电场畸变
E_0—原电场；E_q—空间电荷附加电场；
E_{com}—合成电场

图 1 - 14 负极性"棒—板"气隙中的电场畸变
E_0—原电场；E_q—空间电荷附加电场；
E_{com}—合成电场

高得多，完成击穿过程所需的时间也要比正极性时长得多。

输电线路和电气设备外绝缘的空气间隙大都属于极不均匀电场的情况，所以在工频高电压的作用下，击穿均发生在外加电压为正极性的那半周内；在进行外绝缘的冲击高压试验时，也往往施加正极性冲击电压，因为这时的电气强度较低。

当气隙较长（如极间距离大于 1m 时），在放电发展过程中，流注往往不能一次就贯通整个气隙，而出现逐级推进的先导放电现象。这时在流注发展到足够长度后，会出现新的强电离过程，通道的电导大增，形成先导通道，从而加大了头部前沿区域的电场强度，引起新的流注，导致先导进一步伸展、逐级推进。当所加电压达到或超过该气隙的击穿电压时，先导将贯通整个气隙而导致主放电和最终的击穿，这时气隙接近于被短路，完全丧失了绝缘性能。在长气隙的流注通道中存在大量的电子和正离子，它们在电场中不断获得动能，但不一定都能在碰撞中性分子时引起电离，有很大一部分能量在碰撞中会转为中性分子的动能，所以此处气体温度将大大升高而可能出现热电离。热电离在先导放电和主放电阶段均有重要的作用。

在本课程中，不再详细探讨长气隙从电晕放电→先导放电→主放电，最后完成整个气隙击穿的过程细节，不过知道长气隙的放电有这样几个阶段还是有必要的。

第七节　放电时间和冲击电压下的气隙击穿

一、放电时间

完成气隙击穿的三个必备条件为：①足够大的电场强度或足够高的电压；②在气隙中存在能引起电子崩并导致流注和主放电的有效电子；③需要有一定的时间，让放电得以逐步发展并完成击穿。

完成击穿所需的放电时间是很短的（以微秒计），如果气隙上所加的是直流电压、工频交流电压等持续作用的电压，则达到上述第三个条件根本不成问题；但如所加的是变化速度很快、作用时间很短的冲击电压（用来模拟电力系统中的过电压波），则因其有效作用时间亦以微秒计，所以放电时间就变成一个重要因素了。

让我们来看一下，放电时间有哪些组成部分，受哪些因素的影响，具有何种特性。

设在一气隙上施加图 1-15 所示电压，它从零迅速上升至峰值 U，然后保持不变。如果令该气隙在持续作用电压下的击穿电压为 U_s（称为静态击穿电压），那么当所加电压从零上升到 U_s 这一段时间 t_1 内，击穿过程尚未开始，因为这时电压还不够高。实际上，时间达到 t_1 后，击穿过程也不一定立即开始，因为这时气隙中可能尚未出现有效电子，从 t_1 开始到气隙中出现第

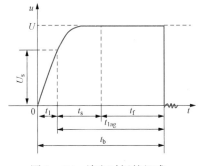

图 1-15　放电时间的组成

一个有效电子所需的时间称为统计时延 t_s，这里所说的有效电子系指能引起电子崩并最终导致击穿的电子。由于有效电子的出现是一个随机事件，取决于许多偶然因素，因而等候有效电子的出现所需的时间具有统计性。出现有效电子后，击穿过程才真正开始，这时该电

子将引起碰撞电离，形成电子崩，发展到流注和主放电，最后完成气隙的击穿。这个过程当然也需要一定的时间，通常称为放电形成时延 t_f，它也具有统计性。

由上述可知，总的放电时间 t_b 由三部分组成，即

$$t_b = t_1 + t_s + t_f \tag{1-28}$$

后面两个分量之和称为放电时延 t_{lag}，即

$$t_{lag} = t_s + t_f \tag{1-29}$$

显然，t_b 和 t_{lag} 也都具有统计性。

放电时间 t_b 和放电时延 t_{lag} 的长短都与所加电压的幅值 U 有关，总的趋势当然是 U 越高，放电过程发展得越快，t_b 和 t_{lag} 越短。

二、冲击电压波形的标准化

由于气隙在冲击电压下的击穿电压和放电时间都与冲击电压的波形有关，所以在求取气隙的冲击击穿特性时，必须先将冲击电压的波形加以标准化，因为只有这样，才能使各种实验结果具有可比性和实用价值。

高压试验室中产生的冲击电压是用来模拟电力系统中的过电压波的，所以在制订冲击电压的标准波形时，应以电力系统绝缘在运行中所受到的过电压波形作为原始依据，并考虑在试验室中产生这种冲击电压的技术难度不要太大，所以一般需要作一些简化和等效处理。

我国所规定的标准冲击电压波形主要有下列几种：

1. 标准雷电冲击电压波

用来模拟电力系统中的雷电过电压波，采用的是非周期性双指数波，可用图 1-16 所定义的（视在）波前时间 T_1 和（视在）半峰值时间 T_2 来表征（0′为视在原点）。

国际电工委员会（IEC）和我国国家标准的规定为：$T_1 = 1.2\mu s$，容许偏差 $\pm 30\%$；$T_2 = 50\mu s$，容许偏差 $\pm 20\%$。通常写成 $1.2/50\mu s$，并可在前面加上正、负号以标明其极性。有些国家采用 $1.5/40\mu s$ 的标准波，与上述 $1.2/50\mu s$ 标准波基本相同。

2. 标准雷电截波

用来模拟雷电过电压引起气隙击穿或外绝缘闪络后所出现的截尾冲击波，如图 1-17所示。对某些绝缘来说，它的作用要比前面所说的全波更加严酷。

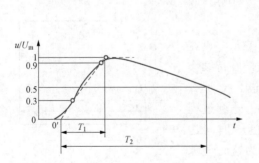

图 1-16 雷电冲击电压波形的标准化

T_1—视在波前时间；T_2—视在半峰值时间；

U_m—冲击电压峰值

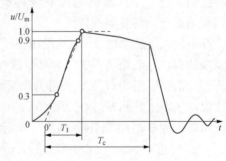

图 1-17 雷电截波

T_1—波前时间；T_c—截断时间

IEC 标准和我国国家标准的规定为：$T_1 = 1.2\mu s$，容许偏差 $\pm 30\%$；$T_c = 2 \sim 5\mu s$。可

写成 $1.2/2\sim5\mu s$。

3. 标准操作冲击电压波

用来等效模拟电力系统中的操作过电压波，一般也采用非周期性双指数波，但它的波前时间和半峰值时间都要比雷电冲击电压波长得多。

IEC 标准和我国标准的规定为 [见图 1-18（a）]：波前时间 $T_{cr}=250\mu s$，容许偏差 $\pm20\%$；半峰值时间 $T_2=2500\mu s$，容许偏差 $\pm60\%$。可写成 $250/2500\mu s$ 冲击波。当在试验中采用上述标准操作冲击波形不能满足要求或不适用时，推荐采用 $100/2500\mu s$ 和 $500/2500\mu s$ 冲击波。此外，还建议采用一种衰减振荡波 [见图 1-18（b）]，其第一个半波的持续时间在 $2000\sim3000\mu s$ 之间，极性相反的第二个半波的峰值约为第一个半波峰值的 80%。

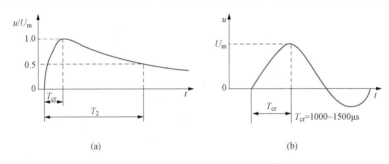

图 1-18　操作冲击试验电压波形

（a）非周期性双指数冲击波；（b）衰减振荡波

T_{cr}—波前时间；T_2—半峰值时间；U_m—冲击电压峰值

三、冲击电压下的气隙击穿特性

在持续作用电压下，每一气隙的击穿电压均为一确定的数值，因而通常都以这一击穿电压值来表征该气隙的击穿特性或电气强度。与此不同，气隙在冲击电压作用下的击穿就要复杂得多了，这时的击穿特性通常采用下面两种表征方法，它们分别应用于不同的场合。

1. 50% 冲击击穿电压（$U_{50\%}$）

如果保持波形不变，而逐渐提高冲击电压的峰值，并将每一档峰值的冲击电压重复作用于某一气隙，就会看到下述现象：当电压还不够高时，虽然多次重复施加冲击电压，该气隙均不会击穿（击穿百分比为零）。这可能是由于电压太低，气隙中电场还太弱，根本不能引起电离过程；也可能是电离过程虽已出现，但这时所需的放电时间还较长，超过了外加电压的有效作用时间，因而来不及完成击穿过程。不过随着电压进一步提高，放电时延变小，因而已有可能出现击穿现象，但由于放电时延和放电时间均具有统计分散性，因而在多次重复施加电压时，有几次可能导致击穿，而另有几次没有发生击穿。随着电压（峰值）继续提高，其中发生击穿的百分比将愈来愈大。最后，当电压（峰值）超过某一数值后，气隙在每次施加电压时都将发生击穿（击穿百分比为 100%）。那么，在这许多电压（峰值）中，究竟应该选用哪一个电压作为该气隙的冲击击穿特性呢？当然，最好是确定出能勉强引发一次击穿的最低电压值，但这个电压很难求得，因为它和重复施加的次数有关。正由于此，在工程实际中广泛采用击穿百分比为 50% 时的电压（$U_{50\%}$）来表征气隙的冲击击穿特性。在以实验方法决定$U_{50\%}$时，当然施加电压的次数越多，结果越准确，但工作量太大。实际上，如果施加 10 次电压中有 4～6 次击穿了，这一电压就可认为是气隙的 50％冲击击穿电压。

在实用上，如果采用$U_{50\%}$来决定应有的气隙长度时，必须考虑一定的裕度，因为当电压低于$U_{50\%}$时，气隙也不是一定不会击穿。应有的裕度大小取决于该气隙冲击击穿电压分散性大小。在均匀和稍不均匀电场中，冲击击穿电压的分散性很小，其$U_{50\%}$与静态击穿电压U_s几乎相同。$U_{50\%}$与U_s之比称为冲击系数β，均匀和稍不均匀电场下的$\beta\approx1$。在极不均匀电场中，由于放电时延较长，其冲击系数β均大于 1，冲击击穿电压的分散性也较大，其标准偏差可取 3％。

2. 伏秒特性

由于气隙的击穿存在时延现象，所以其冲击击穿特性最好用电压和时间两个参量来表示，这种在"电压—时间"坐标平面上形成的曲线，通常称为伏秒特性曲线，它表示该气隙的冲击击穿电压与放电时间的关系。

伏秒特性通常用实验的方法得出，具体做法如下。

保持冲击电压的波形不变（如在 $1.2/50\mu s$ 标准雷电冲击电压波下），逐渐提高冲击电压的峰值。当电压还不很高时，击穿一般发生在波尾；当电压很高时，击穿百分比达到100％，放电时间大大缩短，击穿可发生在波头部分。在波头击穿时（见图 1 - 19 中的点3），无疑应取击穿瞬间的电压值作为该气隙的击穿电压；而在波尾击穿时，如亦取击穿瞬间的电压值作为该气隙的击穿电压显然是不合理的，因为这一电压值并无特殊意义，正确的做法应是取该冲击电压的峰值作为击穿电压，如图 1 - 19 中点 1 和点 2 所示。假如在每一档电压重复施加于气隙时其放电时间均相同（或以多个放电时间的平均值作为放电时间），那就可以得出图 1 - 19 所示的伏秒特性曲线。

实际上，放电时间均具有统计分散性，所以在每一电压下可得出一系列放电时间，可见伏秒特性实际上是一个以上、下包线为界的带状区域，如图 1 - 20 所示。显然，利用这样的伏秒特性带来解决工程实际问题是不方便的，因而通常采用将平均放电时间各点相连所得出的平均伏秒特性或 50％伏秒特性曲线来表征一个气隙的冲击击穿特性。

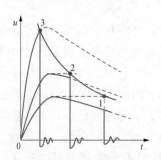

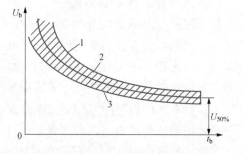

图 1 - 19　伏秒特性曲线的绘制方法示意图
（虚线表示所加的原始冲击电压波形）

图 1 - 20　伏秒特性带与 50％伏秒特性
1—上包线；2—50％伏秒特性；3—下包线

下面再探讨一下各种气隙的伏秒特性形状：由于气隙的放电时间都不会太长（若干微秒），所以随着时间的延伸，一切气隙的伏秒特性最后都将趋于平坦（这时击穿电压不再受放电时间的影响），但是特性曲线变平的时间却与气隙的电场形式有很大的关系：

均匀或稍不均匀电场的放电时延（间）短，因而其伏秒特性很快就变平了（如在 $1\mu s$ 处）；而极不均匀电场的放电时延（间）较长，因而其伏秒特性到达变平点的时间也就较长了。二者的比较如图 1-21 所示。

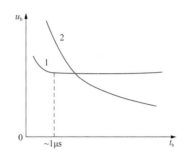

图 1-21　均匀电场和不均匀电场气隙的伏秒特性比较（二者的极间距离和静态击穿电压均不同）
1—均匀电场；2—不均匀电场

用伏秒特性来表征一个气隙的冲击击穿特性显然是比较全面和准确的，但要通过实验方法来求得伏秒特性是相当繁复的，工作量很大。此外，在不少情况下，不一定需用伏秒特性，而只要用某一特定的冲击击穿电压值（一般采用前面介绍的 50% 冲击击穿电压）就可以了。

第八节　沿面放电和污闪事故

在本章的最后，将介绍一种特殊的气体放电——沿面放电，即沿着固体介质表面发展的气体放电现象。沿面放电通常是指固体介质表面比较干净时的情况。沿面放电有可能发展为跨接两极的闪络，沿着污染表面发展的闪络（简称污闪）虽然亦属沿面放电，但这时的放电机理与表面干净时有很大的不同，而且污闪电压要低得多，甚至可能在工作电压下发生，严重影响电力系统的安全运行，因而日益受到重视。

一、沿面放电的一般概念

一切带电导体都不可能悬浮在大气中，而必须用固体绝缘装置将它们悬挂起来（例如用绝缘子串悬挂输电导线）或支撑起来（如用支柱绝缘子支撑母线）。当带电导体需要穿过墙壁或电气设备的油箱时，也要用穿墙套管或设备套管加以固定和绝缘。这些固体绝缘装置（各类绝缘子）既在机械上起固定作用，又在电气上起绝缘作用。它们都处于气体介质（一般为空气）的包围之中，往往是一个电极接高电压，另一个电极接地。两极之间绝缘功能的丧失有两种可能：其一是固体介质本身的击穿，另一是沿着固体介质表面发生闪络。由于大多数绝缘子以电瓷、玻璃等硅酸盐材料制成，所以沿着它们的表面发生放电或闪络时，一般不会导致绝缘子的永久性损坏。电力系统的外绝缘（除各种绝缘子的外露部分外，还有各种空气间隙）一般均为自恢复绝缘，因为绝缘子闪络或空气间隙击穿后，只要切除电源，它们的绝缘性能都能很快地自动彻底恢复。与之相反的是大多数电气设备的内绝缘均属非自恢复绝缘，一旦发生击穿，即意味着不可逆转地丧失绝缘性能。

试验表明：沿固体介质表面的闪络电压不但要比固体介质本身的击穿电压低得多，而且也比极间距离相同的纯气隙的击穿电压低不少。可见，一个绝缘装置的实际耐压能力并非取决于固体介质部分的击穿电压，而取决于它的沿面闪络电压，所以后者在确定输电线路和变电站外绝缘的绝缘水平时起着决定性作用。应该注意的是，这不仅涉及表面干燥、清洁时的特性，还应考虑表面潮湿、污染时的特性，显然，在后一种情况下的沿面闪络电压必然降得更低。在设计工作中，往往需要知道各种绝缘子的干闪络电压（包括在雷电冲击、操作冲击和运行电压下）、湿闪络电压（包括在操作冲击和运行电压下）和污秽闪络电压（主要指运行电压下）。

二、沿面放电的类型与特点

固体介质与气体介质交界面上的电场分布状况对沿面放电的特性有很大的影响。界面电场分布可分为三种典型情况，如图 1 - 22 所示。

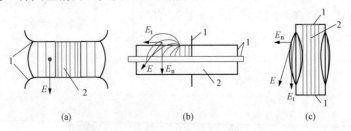

图 1 - 22　典型的界面电场形式
(a) 均匀电场；(b) 界面上有强垂直分量 E_n 的极不均匀电场；
(c) 界面上垂直分量 E_n 很弱的极不均匀电场
1—电极；2—固体介质

（1）固体介质处于均匀电场中，且界面与电力线平行，如图 1 - 22（a）所示。这种情况在工程实际中是少见的，但在实际结构中会遇到不少固体介质处于稍不均匀电场中，且界面与电力线大致平行的情况，此时的沿面放电特性与均匀电场中的情况有许多相似之处。

（2）固体介质处于极不均匀电场中，且界面电场的垂直分量 E_n 比平行于表面的切线分量 E_t 要大得多，图 1 - 22（b）所示的套管就属于这种情况。

（3）固体介质处于极不均匀电场中，但大部分界面上的电场切线分量 E_t 大于垂直分量 E_n，图 1 - 22（c）所示的支柱绝缘子就属于这种情况。

下面就上述三种情况分别介绍其沿面放电的特性。

1. 均匀和稍不均匀电场中的沿面放电

在图 1 - 22（a）的平板电极 1 间放入一块固体介质 2 后，因界面与电力线平行，粗看起来似乎固体介质的存在并不影响原来的电场分布，其实不然。插入这块固体介质后，沿面闪络电压仍然要比纯空气间隙的击穿电压降低很多，这表明原先的均匀电场还是发生了畸变，主要原因如下：

（1）固体介质与电极表面接触不良，存在小缝隙。这时由于固体介质的介电常数 ε 远大于空气的介电常数 ε_0，因而小缝隙中的电场强度可达到很大的数值，小缝隙内将首先发生放电，所产生的带电粒子沿着固体介质的表面移动，畸变了原有电场。为了消除小缝隙中的放电，可采用在与电极接触的固体介质表面上喷涂导电粉末的办法。

（2）大气中的潮气吸附到固体介质的表面而形成薄水膜，其中的离子受电场的驱动而沿着介质表面移动，电极附近的表面上积聚的电荷较多，使电压沿介质表面的分布变得不均匀，因而降低了闪络电压。这种影响显然与大气的湿度有关，但也与固体介质吸附水分的性能有关。瓷和玻璃等为亲水性材料，影响就较大；石蜡、硅橡胶等为憎水性材料，影响就较小。此外，离子的移动和电荷的积聚都是需要时间的，所以在工频电压下闪络电压降低较多，而在雷电冲击电压下降低得很少。

（3）固体介质表面电阻的不均匀和表面的粗糙不平也会造成沿面电场的畸变。

2. 极不均匀电场且具有强垂直分量时的沿面放电

如图 1 - 22（b）所示，套管中的固体介质 2（瓷套）处于极不均匀电场中，而且电场强度垂直于介质表面的分量要比切线分量大得多。可以看出，接地的法兰 1 附近的电力线密集、电场最强，不仅有切线分量，还有强垂直分量。

当所加电压还不高时，法兰附近即首先出现电晕放电，如图 1 - 23（a）所示。随着外加电压的升高，放电区逐渐变成由许多平行的火花细线组成的光带，如图 1 - 23（b）所示，火花细线的长度随电压的升高而增大，但此时放电通道中的电流密度还不大、压降较大，伏安特性仍具有上升的特征，所以仍属于辉光放电的范畴。当电压超过某一临界值后，放电性质发生变化，个别细线突然迅速伸长，转变为分叉的树枝状明亮火花通道，如图 1 - 23（c）所示。这种树枝状

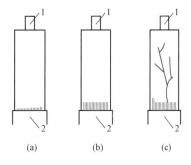

图 1 - 23　沿套管表面放电示意图
(a) 电晕放电；(b) 细线状辉
光放电；(c) 滑闪放电
1—导杆；2—法兰

火花并不固定在一个位置上，而是在不同位置上交替出现，所以称为滑闪放电。滑闪放电通道中的电流密度已较大，压降较小，其伏安特性具有下降的特征。达到这个阶段后，电压的微小升高就会导致火花的急剧伸长，所以电压再升高一些，放电火花就将到达另一电极，完成表面气体的完全击穿，称为沿面闪络或简称"闪络"。通常沿面闪络电压比滑闪放电电压高得不多。

从辉光放电转变到滑闪放电的机理如下：辉光放电时的火花细线中因碰撞电离而存在大量带电粒子，它们在很强的电场垂直分量的作用下，将紧贴着固体介质表面运动，从而使某些地方发生局部的温度升高。当电压增大到足以使局部温升引起气体分子的热电离时，火花通道内的带电粒子数剧增、电阻骤降、亮度大增，火花通道头部的电场强度变得很大，火花通道迅速向前延伸，这就是滑闪放电。其以气体分子的热电离作为特征，只发生在具有强垂直分量的极不均匀电场的情况下。当滑闪放电火花中的一支短接了两个电极时，即出现沿面闪络。

3. 极不均匀电场中垂直分量很弱时的沿面放电

以图 1 - 22（c）所示的支柱绝缘子为例，这时沿瓷面的电场切线分量 E_t 较强，而垂直分量 E_n 很弱。这种绝缘子的两个电极之间的距离较长，其间的固体介质（电瓷）本身是根本不可能被击穿的，可能出现的只有沿面闪络。

与前面两种情况相比，这时的固体介质处于极不均匀电场中，因而其平均闪络场强显然要比均匀电场时低得多；但另一方面，由于界面上的电场垂直分量很弱，因而不会出现热电离和滑闪放电。这种绝缘子的干闪络电压基本上随极间距离的增大而提高，其平均闪络场强大于前一种有滑闪放电的情况。

三、 沿面放电电压的影响因素和提高方法

1. 沿面放电电压的影响因素

（1）固体介质材料。各种不同材料表面的工频闪络电压与极间距离的关系曲线如图1-24所示，主要取决于该材料的亲水性或憎水性。

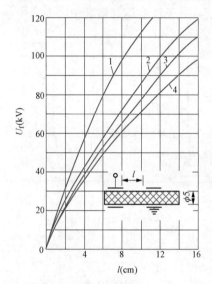

图1-24　不同材料表面的工频闪络
电压峰值与极间距离的关系曲线
1—纯空气间隙；2—石蜡；3—胶木纸筒；
4—瓷和玻璃

当表面干燥洁净时，其值是很大的。

导杆与瓷套内表面之间存在空气隙，由于瓷的介电常数远大于空气的介电常数，所以气隙中的电场强度很大，很容易先出现放电，一般应在瓷套的内壁上喷铝，消除气隙两侧的电位差，从而防止气隙中出现放电现象。在工频工作电压的作用下，在导杆与法兰两极之间流动的主要是电容电流，它们要沿着瓷套表面经过 R_s 流到各处的 C_0，因而表面各处的电流不等，越靠近法兰电流越大，单位长度上的压降也大，这就使套管表面上的电压分布更不均匀。在法兰附近，电场强度大，其垂直分量也大，因而此处容易发生滑闪放电。为了防止过早出现滑闪放电，应减小比电容 C_0 之值，其方法是加

（2）电场形式。在同样的表面闪络距离下，均匀与稍不均匀电场中的沿面放电电压无疑也是最高的。在界面电场主要为切线分量的极不均匀电场中，沿面闪络电压比同样距离的纯空气间隙的击穿电压降低得较少，因而采取措施提高其沿面放电电压的可能幅度也不大。

具有强垂直分量的绝缘子（如套管）的主要问题是会出现滑闪放电，这使得它的闪络电压比距离相同的纯空气间隙的击穿电压低得多，而且单靠增大极间距离的办法，不能有效地提高其闪络电压，只有采取防止或推迟出现滑闪放电的措施才能收到效果。

2. 沿面放电电压的提高方法

下面试以一实心瓷套管为例来说明提高沿面放电电压的方法。图1-25中，T 为导杆，D 为瓷套，F 为法兰；d 为瓷套壁厚；C_0 为瓷体的比电容，它取决于瓷体的介电常数 ε_r 和壁厚；G_r 为瓷套的体积电导，其值很小，一般可忽略不计；R_s 为瓷套的表面电阻，

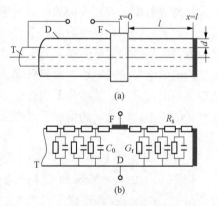

图1-25　实心瓷套管及其等效电路图
（a）外形；（b）等效电路

大法兰处瓷套的外直径和壁厚。如果在法兰处电场较强的瓷套外表面上涂半导体漆或半导体釉，使此处压降逐渐减小，也能防止滑闪放电过早出现，从而提高沿面闪络电压。不过对于额定电压大于 35 kV 的高压套管来说，这些方法仍不够，还必须采用能调节径向和轴向电场分布的电容式套管和绝缘性能更好的充油式套管，才能满足要求。

四、 固体介质表面有水膜时的沿面放电

输电线路和变电站中所用的绝缘子大多在户外运行，因而其表面在运行中会受到雨、露水、雾、雪、风等的侵袭和大气中污秽物质的污染，其结果是沿面放电电压显著降低。绝缘子表面有湿污层时的沿面闪络电压称为污闪电压，将在后面再作专门探讨，此处所要讨论的则是洁净的瓷面或玻璃表面被雨水淋湿时的沿面放电，相应的电压称为湿闪电压。

为了避免整个绝缘子表面都被雨水所淋湿，设计时都要为绝缘子配备若干伞裙。例如盘形悬式绝缘子的伞裙下表面不会被雨水直接淋湿，但仍有可能被落到下一个伞裙上的雨水所溅湿。又如图 1-26 所示，棒形支柱绝缘子除了最上面的一个伞裙的上表面会全部淋湿外，下面各伞裙的上表面都只有一部分被淋湿，而且全部伞裙的下表面及瓷柱也不会被雨水直接淋湿，只可能有少量的回溅雨水。可见绝缘子表面上的水膜大都是不均匀和不连续的。有水膜覆盖的表面电导大，无水膜处的表面电导小，绝大部分外加电压将由干表面（例如图 1-26 中的 BCA' 段）来承受。当电压升高时，或者空气间隙 BA' 先击穿，或者干表面 BCA' 先闪络，但结果都是形成 ABA' 电弧放电通道，出现一连串的 ABA' 通道就造成整个绝缘子的完全闪络。如果雨量特别大，伞上的积水像瀑布似的往下流，伞缘间亦有

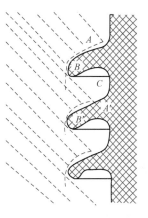

图 1-26 棒形支柱绝缘子在雨下的可能闪络途径

可能被雨水所短接而构成电弧通道，绝缘子也将发生完全的闪络。可见绝缘子在雨下有三种可能的闪络途径：①沿着湿表面 AB 和干表面 BCA' 发展；②沿着湿表面 AB 和空气间隙 BA' 发展；③沿着湿表面 AB 和水流 BB' 发展。

在第一种情况下，被工业区的雨水（其电导率约为 $0.01S/m$）淋湿的绝缘子的湿闪电压只有干闪电压的 $40\%\sim50\%$，如果雨水电导率更大，湿闪电压还会降得更低。在第二种情况下，空气间隙 BA' 中只有分散的雨滴，气隙的击穿电压降低不多，雨水电导率的大小也没有多大影响，绝缘子的湿闪电压也不会降低太多。在第三种情况下，伞裙间的气隙被连续的水流所短接，湿闪电压将降到很低的数值，不过这种情况只出现在倾盆大雨时。在设计绝缘子时，为了保证它们有较高的湿闪电压，对各级电压的绝缘子应有的伞裙数、伞的倾角、伞裙直径、伞裙伸出长度与伞裙间气隙长度之比均应仔细考虑、合理选择。

五、 绝缘子染污状态下的沿面放电

线路和变电站的外绝缘在运行中除了要承受电气应力和机械应力外，还会受到环境应力的作用，其中包括雨、露、霜、雪、雾、风等气候条件和工业粉尘、废气、自然盐碱、灰尘、鸟粪等污秽物的污染。外绝缘被污染的过程一般是渐进的，但有时也可能是急速的。

染污绝缘子表面上的污层在干燥状态下一般不导电，在出现疾风骤雨时将被冲刷干净，但在遇到毛毛雨、雾、露等不利天气时，污层将被水分所湿润，电导大增，在工作电压下的泄漏电流大增。电流所产生的焦耳热，既可能使污层的电导增大，又可能使水分蒸发、污层变干而减小其电导。例如悬式绝缘子铁脚和铁帽附近的污层中电流密度较大，污

层烘干较快，先出现干区或干带。干区的电阻比其余湿污层的电阻大得多（甚至可大几个数量级），因此整个绝缘子上的电压几乎都集中到干区上，一般干区的宽度不大，所以电场强度很大。如果电场强度已足以引起表面空气的碰撞电离，在铁脚和铁帽周围即开始电晕放电或辉光放电，出现蓝紫色细线，由于此时泄漏电流较大，电晕或辉光放电很易直接转变为有明亮通道的电弧，不过这时的电弧还只存在于绝缘子的局部表面，故称局部电弧。随后弧足支撑点附近的湿污层被很快烘干，这意味着干区的扩大，电弧被拉长，若此时电压尚不足以维持电弧的燃烧，电弧即熄灭。再加上交流电流每一周波都有两次过零，更促使电弧呈现"熄灭—重燃"或"延伸—收缩"的交替变化。一圈干带意味着多条并联的放电路径，当一条电弧因拉长而熄灭时，又会在另一条距离较短的旁路上出现，所以就外观而言，好像电弧在绝缘子的表面上不断地旋转。

在雾、露天气时，污层湿润度不断增大，泄漏电流也随之逐渐变大，在一定电压下能维持的局部电弧长度亦不断增加，绝缘子表面上这种不断延伸发展的局部电弧现象俗称爬电。一旦局部电弧达到某一临界长度时，弧道温度已很高，弧道的进一步伸长就不再需要更高的电压，而是自动延伸直至贯通两极，完成沿面闪络。

在上述污秽放电过程中，局部电弧不断延伸直至贯通两极所必需的外加电压值只要能维持弧道就够了，不像干净表面的闪络需要有很大的电场强度来使空气发生碰撞电离才能实现。可见染污表面的闪络与干净表面的闪络具有不同的过程、不同的放电机理。这就是为什么有些已经通过干闪和湿闪试验、放电电压梯度可达每米数百千伏的户外绝缘，一旦染污受潮后，在工作电压梯度只有每米数十千伏的情况下却发生了污闪的原因。

总之，绝缘子的污闪是一个受到电、热、化学、气候等多方面因素影响的复杂过程，通常可分为积污、受潮、干区形成、局部电弧的出现和发展等四个阶段，采取措施抑制或阻止其中任一阶段的发展和完成，就能防止污闪事故的发生。

积污是发生污闪的根本原因，一般来说，积污现象在城市地区要比农村地区严重，城市地区中又以靠近化工厂、火电厂、冶炼厂等重污源的地方最为严重。

污层受潮或湿润主要取决于气象条件，例如在多雾、常下毛毛雨、易凝露的地区，容易发生污闪。不过有些气象条件也有有利的一面，例如风既是绝缘子表面积污的原因之一，也是吹掉部分已积污秽的因素；大雨更能冲刷上表面的积污，反溅到下表面的雨水也能使附着的可溶盐流失一部分，此即绝缘子的"自清洗作用"。而长期干旱会使积污严重，一旦出现不利的气象条件（雾、露、毛毛雨等）就易引起污闪。

干区出现的部位和局部电弧发展、延伸的难易，均与绝缘子的结构形状有密切的关系，这是绝缘子设计所要解决的重要问题之一。

总之，电力系统外绝缘的污闪事故，随着环境条件的恶化和输电电压的提高而不断加剧。例如在新中国成立初期仅在东北地区因工厂较多、线路运行电压较高而出现过一些污闪事故；但近年来随着工业的高速发展和环境条件的恶化，全国各个区域电网都曾多次发生严重的污闪事故，造成极大损失。

统计表明：污闪的次数虽然不像雷击闪络那样多，但它造成的后果却要严重得多。这是因为：雷击闪络仅发生在一点，且转瞬即逝，外绝缘闪络引起跳闸后，其绝缘性能迅速自恢复，因而自动重合闸往往能取得成功，不会造成长时间的停电；而在发生污闪时，由于一个区域内的绝缘子积污、受潮状况是差不多的，所以容易发生大面积多点污闪事故，自动重合闸成功率远低于雷击闪络时的情况，因而往往导致事故的扩大和长时间停电。就经济损失而言，污闪在各类事故中居首位，所以目前普遍认为，污闪是电力系统安全运行的大敌，在电力系统外绝缘水平的选择中所起作用越来越重要。

电力系统外绝缘表面的积污程度与所在地区的环境污秽程度当然是有关系的，但并非同一事物。我们所注意的主要是外绝缘表面的积污程度，但也不单纯指沉积的污秽物的多少，而是指表面污层的导电程度。换言之，污秽度除了与积污量有关外，还与污秽的化学成分有关。通常采用"等值附盐密度"（简称"等值盐密"）来表征绝缘子表面的污秽度，它指的是每平方厘米表面上沉积的等值氯化钠（NaCl）毫克数。实际上，绝缘子表面所积污秽的成分是很复杂的，有些是遇水即分解导电的电解质，有些是根本不导电的惰性物质。电解质中的盐类成分也是多种多样的，其中 NaCl 往往只占 10% 左右，比较多的是 $CaSO_4$（有时可高达 60% 左右），此外，还有许多别的盐类，如 $CaCl_2$、$MgCl$、KCl 等。所谓"等值盐密法"就是用 NaCl 来等值表示表面上实际沉积的混合盐类，等值的方法是：除铁脚铁帽的黏合水泥面上的污秽外，把所有表面上沉积的污秽刮下或刷下，溶于 300ml 的蒸馏水中，测出其在 20℃ 水温时的电导率（如实际水温不是 20℃，可按公式换算）；然后在另一杯 20℃、300mL 的蒸馏水中加入 NaCl，直到其电导率等于混合盐溶液的电导率时，所加入的 NaCl 毫克数，即为等值盐量，再除以绝缘子的表面积，即可得出"等值盐密"（mg/cm^2）。用等值盐密来表征污秽度具有平均的性质（因实际上表面各处的积污状况是不均匀的），但它比较直观和简单，不需要特别的仪器设备。

测污秽度的目的是为了划分污区等级，决定不同污区内户外绝缘应有的绝缘水平，决定清扫周期。我国系按下列三方面的因素来划分污区等级的：①污源；②气象条件；③等值盐密。前两个因素又可统称为"污湿特征"。

GB/T 26218.1—2020《污秽条件下使用的高压绝缘子的选择和尺寸确定　第 1 部分：定义、信息和一般原则》[2] 中规定的污秽等级及其对应的盐密值如表 1-5 所示。从 0 级到 Ⅳ 级，污秽程度逐级增大，其中 0 级为清洁区，Ⅳ 级为特别严重污秽区。

表 1-5　线路和发电厂、变电站污秽等级

污秽等级	污湿特征	盐密（mg/cm^2）	
		线路	发电厂、变电站
0	大气清洁地区及离海岸盐场 50km 以上无明显污染地区	≤0.03	—
Ⅰ	大气轻度污染地区，工业区和人口低密集区，离海岸盐场 10～50km 地区。在污闪季节中干燥少雾（含毛毛雨）或雨量较多时	>0.03～0.06	≤0.06
Ⅱ	大气中等污染地区，轻盐碱和炉烟污秽地区，离海岸盐场 3～10km 地区，在污闪季节中潮湿多雾（含毛毛雨）但雨量较少时	>0.06～0.10	>0.06～0.10
Ⅲ	大气污染较严重地区，重雾和重盐碱地区，离海岸盐场 1～3km 地区，工业与人口密度较大地区，离化学污源和炉烟污秽 300～1500m 的较严重污秽地区	>0.10～0.25	>0.10～0.25
Ⅳ	大气特别严重污染地区，离海岸盐场 1km 以内，离化学污源和炉烟污秽 300m 以内的地区	>0.25～0.35	>0.25～0.35

六、污闪事故的对策

随着环境污染的加重、电力系统规模的不断扩大以及对供电可靠性的要求越来越高，防止电力系统中发生污闪事故已成为十分重要的课题。在现代电力系统中实际采用的防污闪措施主要有以下几项。

1. 调整爬距（增大泄漏距离）

由于污闪是污染绝缘子表面上局部电弧逐步延伸的结果，在一定电压下，能够维持的局部电弧长度是有限的（存在一临界值），因此在判断外绝缘的爬电距离（简称爬距，或称泄漏距离）是否足够，必须与所加电压的高低联系起来考虑，所以常用"爬电比距"（或称"泄漏比距"）λ这一指标来表示染污外绝缘的绝缘水平。所谓爬电比距系指外绝缘"相—地"之间的爬电距离（cm）与系统最高工作（线）电压（kV，有效值）之比。不过，在此前很长一段时间内，习惯上均取系统额定（线）电压作为基准进行计算，亦即以每千伏额定电压所具有的爬电距离厘米数作为爬电比距。表 1 - 6 中列出了 GB/T 16434—1996 所规定的各级污区应有的爬电比距值，为便于比较，表中还同时列出了以系统额定电压为基准的爬电比距值。由于爬电比距值是以大量实际运行经验为基础而规定出来的，所以一般只要遵循规定的爬电比距值来选择绝缘子串的总爬电距离和片数，照理说就能保证必要的运行可靠性。

表 1 - 6 各污秽等级所要求的爬电比距值 λ

污秽等级	爬电比距（cm/kV）			
	线路		发电厂、变电站	
	220kV 及以下	330kV 及以上	220kV 及以下	330kV 及以上
0	1.39 (1.60)	1.45 (1.60)	—	—
I	1.39～1.74 (1.60～2.00)	1.45～1.82 (1.60～2.00)	1.60 (1.84)	1.60 (1.76)
II	1.74～2.17 (2.00～2.50)	1.82～2.27 (2.00～2.50)	2.00 (2.30)	2.00 (2.20)
III	2.17～2.78 (2.50～3.20)	2.27～2.91 (2.50～3.20)	2.50 (2.88)	2.50 (2.75)
IV	2.78～3.30 (3.20～3.80)	2.91～3.45 (3.20～3.80)	3.10 (3.57)	3.10 (3.41)

注 括号内的数据为以系统额定电压为基准的爬电比距值。

但是，如果电力系统在实际运行中出现不应有的污闪事故，应即重新复核污秽等级定得是否正确，在必要时应调整爬距（增大泄漏距离）、加强绝缘。对于输电线路上的耐张绝缘子串来说，这不难实现，只要增加串中绝缘子片数即可达到目的；但对于悬垂串来说，其总串长是受限制的（否则风偏时的空气间距不够），在增加片数有困难时可换用每片爬距较大的耐污型绝缘子或改用 V 形串来固定导线。

2. 定期或不定期清扫

清除绝缘子表面上所沉积的污秽，显然也是对付污闪的有效措施之一。最常见的是采用干布擦拭的方法，但其清扫质量不甚理想，且必须停电进行，劳动量大，费用也不少。

在有些电网中，采用高压喷水枪进行水冲刷，可以停电进行，也可以带电冲洗，但在后一种情况时必须特别注意安全。用水冲洗比起干擦来虽有明显的优越性，但必须要有水源，而且水的电导率还不能过大，这在实际输电线路上往往难以实现。但变电站的条件较好，用水冲洗一般困难不大，冲洗装置可以是固定式或可移式的。此外，有些耐污绝缘子的结构形式经特殊设计，使其表面形状具有较好的"自清扫性能"。

3. 涂料

发生污闪不仅要先积污，而且还要在不利的气象条件下使污层受潮变成导电层。如果在绝缘子表面涂上一层憎水性材料，那么落到绝缘子表面的水分就不会形成连续水膜而以孤立的水珠形式出现。这时污层电导不大、泄漏电流很小，不易形成逐步延伸的局部电弧，亦即不会导致污闪。目前用得较多的憎水性涂料为硅油或硅脂，效果很好，但价格昂贵，有效期不长（仅半年左右），所以往往仅采用于变电站中。近年采用的室温硫化硅橡胶（RTV）涂料，即使涂上近十年，其憎水性仍很好，可长期不必清扫或更新，所以比较理想。

4. 半导体釉绝缘子

这种绝缘子的釉层有一定的导电性，因而一直有一个比普通绝缘子表面泄漏电流为大的表面电导电流流过，使绝缘子表面温度略高于周围环境温度，因而污层不易吸潮，积污也会较少。此外，釉层电导还能缓解干区电场集中现象，使干区不易出现局部电弧，电压沿整个绝缘子串的分布也会变得比较均匀一些。总之，线路绝缘的耐污性能将得到改善。存在的问题是釉层易被腐蚀和老化，这影响了它更广泛的应用。

5. 新型合成绝缘子

合成绝缘子开始出现于20世纪60年代末期，随后发展很快。各国制造的线路合成绝缘子在结构上大同小异，其基本部件均为芯棒（承受机械负荷，同时亦为内绝缘）、伞套（护套和伞裙，保护芯棒免受环境和大气影响的外绝缘）和金属连接附件等，图1-27即为它的结构示意图。玻璃钢芯棒是用玻璃纤维束经树脂浸渍后通过引拔模加热固化而成，有很高的抗拉强度。迄今为止，最理想的伞套材料仍为硅橡胶，它有很高的电气强度、很强的憎水性和很好的耐污性能。此外，它在高、低温下的稳定性也很好。

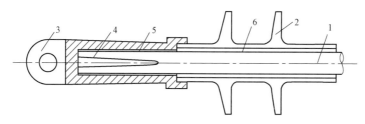

图1-27 棒型合成绝缘子的结构示意图

1—芯棒；2—护套；3—金属附件；4—楔子；5—黏结剂；6 填充层

与通常使用的瓷绝缘子相比，新型合成绝缘子具有一系列突出的优点：

（1）质量轻（仅相当于瓷绝缘子的1/10左右），从而可大大节省运输、安装、运行检修等方面的工作量和费用；

（2）抗拉、抗弯、耐冲击负荷（包括枪弹）等机械性能都很好；

（3）电气绝缘性能好，特别是在严重污染和大气潮湿的情况下的绝缘性能十分优异；

（4）耐电弧性能也很好。

这些重要优点使这种新型绝缘子获得越来越广泛的应用，并成为防污闪的重要措施。此前影响它获得更大推广的因素主要有：①价格还比较昂贵；②老化问题。随着材料与工艺的进展，目前其价格已与瓷或玻璃绝缘子基本持平；可以预期，今后随着对其老化特性的进一步掌握和改进，这种绝缘子必将获得越来越多的采用。

合成绝缘子在我国电力系统中采用较晚，但发展速度很快。时至今日，我国交直流输电线路上装用的合成绝缘子数量均领先于世界。

第二章　气体介质的电气强度

在工程实践中，常常会遇到必须对气体介质（主要是空气和 SF_6 气体）的电气强度（通常以击穿场强或击穿电压来表示）做出定量估计的情况。例如在选择架空输电线路和变电站的各种空气间距值时，在确定电气设备外绝缘的尺寸和安装条件时，在设计气体绝缘组合电器的内绝缘结构时，都需要掌握气体介质的电气强度及其各种影响因素，了解提高气体介质电气强度的途径和措施。

了解气体放电的基本物理过程，显然有助于分析、说明各种气隙在各种高电压下的击穿规律和实验结果。由于气体放电的发展过程比较复杂、影响因素很多，因而要想用理论计算的方法来求取各种气隙的击穿电压是相当困难和不可靠的。所以通常都采用实验的方法来求取某些典型电极所构成的气隙（如"棒—板"、"棒—棒"、"球—球"、同轴圆筒等）的击穿特性，以满足工程实用的需要。

气隙的电气强度首先取决于电场形式。近似地说，在常态的空气中要引起碰撞电离、电晕放电等物理过程所需要的电场强度约为 30kV/cm。可见在均匀或稍不均匀电场中空气的击穿场强即为 30kV/cm 左右；而在极不均匀电场的情况下，局部区域的电场强度达到 30kV/cm 左右时，就会在该区域先出现局部的放电现象（电晕），这时其余空间的电场强度还远远小于 30kV/cm，如果所加电压再稍作提高，放电区域将随之扩大，甚至转入流注和导致整个气隙的击穿，这时空气间隙的平均场强仍远远小于 30kV/cm，可见气隙的电场形式对击穿特性有着决定性的影响。

其次，气隙的击穿特性与所加电压的类型也有很大的关系。在电力系统中，有可能引起空气间隙击穿的作用电压波形及持续时间是多种多样的，但可归纳为四种主要类型，即工频交流电压、直流电压、雷电过电压波和操作过电压波。相对于气隙击穿所需时间（以 μs 计）而言，工频交流电压随时间的变化是很慢的，在这样短的时间段内，可以认为它没有什么变化，和直流电压相似，故二者可统称为稳态电压，以区别于存在时间很短、变化很快的冲击电压。气隙在稳态电压作用下的击穿电压即为静态击穿电压 U_s。

由于试验设备、测试方法、试验条件等方面的差异，各个高电压试验室和不同研究者所得到的气隙击穿特性实验结果不尽相同，其中有一些甚至差别较大。但通过长期的相互交流、联合测试、互相校核，国际上已大致达成共识，某些击穿特性实验结果已在世界范围内获得广泛认可和采用。

第一节　均匀和稍不均匀电场气隙的击穿特性

一、　均匀电场气隙的击穿特性

均匀电场只有一种，那就是消除了电极边缘效应的平板电极之间的电场。在工程实践中很少遇到极间距离很大的均匀电场气隙，因为在这种情况下，为了消除电极边缘效应，必须将电极的尺寸选得很大，这是不现实的。因此，对于均匀电场气隙，通常只有极间距离不大时的击穿电压实测数据。

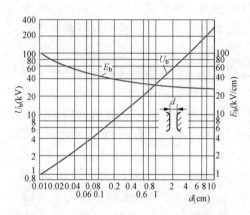

图 2-1　均匀电场空气间隙的击穿电压
峰值 U_b 与极间距离 d 的关系

均匀电场的两个电极形状完全相同且对称布置，因而不存在极性效应。此外，均匀电场中各处的电场强度均相等，击穿所需的时间极短，因而它在直流、工频和冲击电压作用下的击穿电压实际上都相同，而且击穿电压的分散性很小，伏秒特性很快就变平，冲击系数 $\beta=1$。

图 2-1 为实验所得到的均匀电场空气间隙的击穿电压特性。它也可以用下面的经验公式来表示

$$U_b = 24.55\delta d + 6.66\sqrt{\delta d} \quad (kV) \quad (2-1)$$

式中　U_b——击穿电压峰值，kV；

$\quad\quad\quad d$——极间距离，cm；

δ——空气相对密度［见式 (1-19)］。

式 (2-1) 完全符合巴申定律，因为它也可改写成 $U_b = f(\delta d)$。

相应的平均击穿场强

$$E_b = \frac{U_b}{d} = 24.55\delta + 6.66\sqrt{\delta/d} \quad (kV/cm) \quad (2-2)$$

由图 2-1 或式 (2-2) 可知，随着极间距离 d 的增大，击穿场强 E_b 稍有下降，在 $d=1\sim10cm$ 的范围内，其击穿场强约为 30kV/cm。

二、　稍不均匀电场气隙的击穿特性

前面已经提到，就气体放电基本特征而言，稍不均匀电场与均匀电场相似，而与极不均匀电场有很大的差别。稍不均匀电场中也不可能存在稳定的电晕放电，一旦出现局部放电，即导致整个气隙的击穿。此外，它的冲击系数也接近于 1，即它的冲击击穿电压与工频击穿电压及直流击穿电压基本上也是相等的。

最重要的稍不均匀电场实例为球间隙（高电压试验中用来测量高电压幅值的球隙测压器）和同轴圆筒（高压标准电容器和气体绝缘组合电器中的分相封闭母线筒等）。

由两个直径相同的球电极构成的气隙中，电场不均匀度随着球间距离 d 与球极直径 D 之比 (d/D) 的增大而增加。图 2-2 为球隙击穿电压特性曲线的一例。可以看出，当极间

距离 $d < D/4$ 时，由于周围物体对球隙中的电场分布影响很小，且电场相当均匀，因而其击穿特性与上述均匀电场相似，直流、工频交流以及冲击电压下的击穿电压大致相同。但当 $d > D/4$ 时，电场不均匀度增大，大地对球隙中电场分布的影响加大，因而平均击穿场强变小，击穿电压的分散性增大。为了保证测量的精度，球隙测压器一般应在 $d \leqslant D/2$ 的范围内工作。

下面再看一下同轴圆筒的情况。如果取同轴圆筒的外筒内半径 $R = 10\text{cm}$，而改变内筒外半径 r 之值，那么这一气隙的电晕起始电压 U_c 和击穿电压 U_b 随内筒外半径 r 而变化的规律如图 2-3 所示。当 r 很小 $\left(\dfrac{r}{R} < 0.1 \right)$ 时，气隙属于不均匀电场，击穿前先出现电晕，且 U_c 值很小，而击穿电压 U_b 远大于 U_c。当 $\dfrac{r}{R} > 0.1$ 时，气隙已逐渐转变为稍不均匀电场，$U_b \approx U_c$，击穿前不再有稳定的电晕放电，且击穿电压的极大值出现在 $\dfrac{r}{R} \approx 0.33$ 时。通常在绝缘设计中将 $\dfrac{r}{R}$ 之比选在 $0.25 \sim 0.4$ 的范围内。

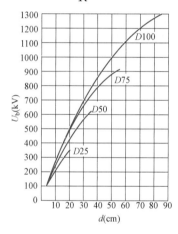

图 2-2 不同直径 D 的球隙击穿电压
峰值 U_b 与球间距离 d 的关系

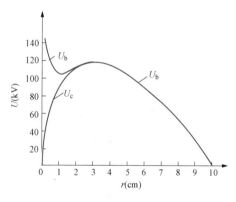

图 2-3 同轴圆筒气隙的电晕起始电压 U_c
和击穿电压 U_b（均指峰值）与内筒外半径 r
的关系曲线（当内筒为负极性时）

第二节 极不均匀电场气隙的击穿特性

在各种各样的极不均匀电场气隙中，"棒—棒"气隙具有完全的对称性，而"棒—板"气隙具有最大的不对称性。实测表明，其他类型的极不均匀电场气隙的击穿特性均处于这两种极端情况的击穿特性之间，因而对于实际工程中遇到的各种极不均匀电场气隙来说，均可按其电极的对称程度分别选用"棒—棒"或"棒—板"这两种典型气隙的击穿特性曲线来估计其电气强度。例如在估算"导线—导线"气隙的击穿电压时不妨沿用"棒—棒"气隙的击穿特性，而在估算"导线—大地"气隙的击穿电压时应采用"棒—板"气隙的试验数据。

实测还表明，当极间距离不大时，棒间隙（"棒—棒"和"棒—板"气隙的统称）的击穿电压与棒极端面的具体形状（如针尖、平面、半球形等）有一定的关系，特别是在"棒—板"气隙的棒极带正极性时。但当极间距离较大时，棒极端面的具体形状对气隙的击穿电压就没有明显的影响了，故可统称为棒极，而无需再细分了。

下面就着重介绍一下"棒—棒"和"棒—板"这两种典型气隙的实验结果。

一、直流电压

不对称的极不均匀电场（如"棒—板"气隙）在直流电压下的击穿具有明显的极性效应，其原因可参阅第一章第六节中的分析。

图 2-4 给出了实验所得"棒—板"和"棒—棒"气隙在极间距离还不大时的直流击穿电压特性曲线。可以看出："棒—板"气隙在负极性时的击穿电压大大高于正极性时的击穿电压。在这一实测范围内（不大于 10cm），负极性下的直流击穿场强约为 20kV/cm，而正极性下只有 7.5kV/cm 左右，相差很大。"棒—棒"气隙的极性效应不明显，可忽略不计，其击穿特性介于上述"棒—板"气隙在两种极性下的击穿特性之间。

随着超高压直流输电技术的发展，有必要掌握极间距离更大得多的棒间隙的直流击穿特性。图 2-5 即为"棒—板"长气隙实验结果一例，这时负极性下的平均击穿场强降至 10kV/cm 左右，而正极性下只有约 4.5kV/cm，都比均匀电场中的击穿场强（约 30kV/cm）小得多了。

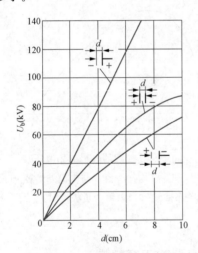

图 2-4　"棒—板"和"棒—棒"
气隙的直流击穿电压特性曲线
U_b—击穿电压；d—极间距离

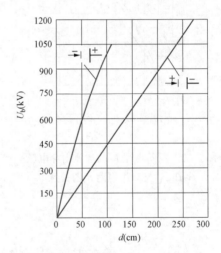

图 2-5　"棒—板"长气隙的
直流击穿电压特性曲线

二、工频交流电压

在工频交流电压下测量气隙的击穿电压时，通常是将电压慢慢升高，直至发生击穿。升压的速率一般控制在每秒升高预期击穿电压值的 3% 左右。在这样的情况下，"棒—板"气隙的击穿总是发生在棒极为正极性的那半周的峰值附近，可见其工频击穿电压的峰值一定与正极性直流击穿电压相近，甚至稍小，这可以解释为：棒极附近空间电场会因上一半波电压所遗留下来的电荷而加强。

　　"棒—棒"气隙的工频击穿电压要比"棒—板"气隙高一些，因为相对而言，"棒—棒"气隙的电场要比"棒—板"气隙稍为均匀一些（后者的最大场强区完全集中在棒极附近，而前者则由两个棒极来分担）。

　　图 2-6 是空气中棒间隙的工频击穿电压与气隙长度的关系曲线，可以看出，在气隙长度 d 不超过 1m 时，"棒—棒"与"棒—板"气隙的工频击穿电压几乎一样，但在 d 进一步增大后，二者的差别就变得越来越大了。

　　图 2-7 是长气隙更长时的试验数据，为了进行比较，图中同时绘有"导线—导线"和"导线—杆塔"空气间隙的试验结果。从图中可以看出，随着气隙长度的增大，"棒—板"气隙的平均击穿场强明显降低，即存在"饱和"现象。显然，这时再增大"棒—板"气隙的长度，已不能有效地提高其工频击穿电压。

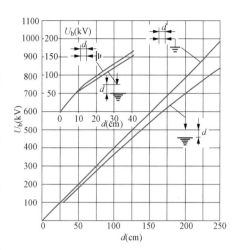

图 2-6　棒间隙的工频击穿电压
有效值与气隙长度的关系曲线

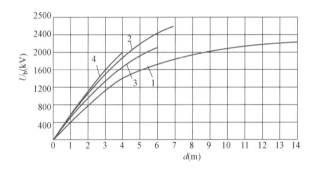

图 2-7　各种长气隙的工频击穿特性曲线
1—"棒—板"气隙；2—"棒—棒"气隙；
3—"导线—杆塔"气隙；4—"导线—导线"气隙

　　各种气隙的工频击穿电压的分散性一般不大，其标准偏差 σ 值不会超过 3%。

三、雷电冲击电压

　　由于极不均匀电场中的放电时延较长，其冲击系数通常均显著大于 1，冲击击穿电压的分散性也较大，其标准偏差 σ 值可取为 3%。在 50% 击穿电压下，击穿通常发生在冲击电压的波尾部分。

　　在 1.5/40μs 的雷电冲击电压的作用下，"棒—棒"和"棒—板"气隙的 50% 雷电冲击击穿电压与极间距离 d 的关系试验结果如图 2-8 所示；长气隙的试验结果如图 2-9 所示。对于 1.2/50μs 标准冲击电压波来说，这两幅图中的曲线也是适用的。由图可见，"棒—板"气隙的冲击击穿电压具有明显的极性效应，棒为正极性时的击穿电压要比棒为负极性时的数值低得多。"棒—棒"气隙也有不大的极性效应，这是因为大地的影响，使不接地的那支棒极附近的电场增强的缘故。同时还可以看到，"棒—棒"气隙的击穿特性亦介于"棒—板"气隙两种极性的击穿特性之间。

　　除了采用上述各图中的试验曲线以外，棒间隙的工频击穿电压和雷电冲击 50% 击穿电压也可利用表 2-1 中的经验公式求得。

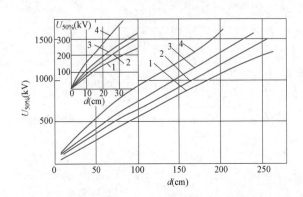

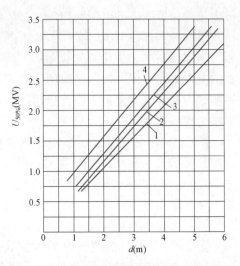

图 2 - 8 "棒—棒"和"棒—板"气隙的 50%
雷电冲击击穿电压与极间距离的关系

1—"棒—板"，正极性；2—"棒—棒"，正极性；

3—"棒—棒"，负极性；4—"棒—板"，负极性

图 2 - 9 "棒—板"与"棒—棒"
长气隙的雷电冲击击穿特性

1—"棒—板"，正极性；2—"棒—棒"，正极性；

3—"棒—棒"，负极性；4—"棒—板"，负极性

表 2 - 1　　　　空气中棒间隙的工频击穿电压（幅值）和雷电冲击 50%击穿电压
的近似计算公式（标准大气条件，极间距离 $d > 40cm$）

气　隙	电压类型	近似计算公式 $(d，cm；U_b，kV)$	气　隙	电压类型	近似计算公式 $(d，cm；U_b，kV)$
棒—棒	工频交流	$U_b = 70 + 5.25d$	棒—板	工频交流	$U_b = 40 + 5d$
	正极性雷电冲击	$U_{50\%} = 75 + 5.6d$		正极性雷电冲击	$U_{50\%} = 40 + 5d$
	负极性雷电冲击	$U_{50\%} = 110 + 6d$		负极性雷电冲击	$U_{50\%} = 215 + 6.7d$

四、　操作冲击电压

电力系统中各种操作过电压的波形是多种多样的，为了模拟它们对电气设备绝缘的作用，就要在高电压试验室中产生相应的操作冲击电压。在选择标准操作冲击电压的波形时，不但要注意它与实际操作过电压波的等效性，而且应考虑在试验室内产生这种波形的操作冲击电压不会太复杂和太困难。前面已经提到，目前我国和一些别的国家采用的是图 1 - 17（a）所示的±250/2500μs 标准操作冲击波形。

在 1960 年以前，各国对于操作冲击波下的气体放电、沿面闪络和绝缘击穿均未给予足够的重视，人们长期认为它们与工频交流电压作用下的相应特性基本相同，其击穿电压应介于雷电冲击击穿电压和工频击穿电压之间，一般可引入一操作冲击系数 β_s 将操作过电压折算成等效的工频电压，然后只要对绝缘进行比较简便的工频高压试验就可以了。但是，随着电力系统输电电压等级的不断提高，操作过电压下的绝缘问题变得越来越突出，各国对绝缘在操作冲击电压下的电气特性进行了深入的研究，结果发现了一系列有别于施加工频交流电压和雷电冲击电压时的特点，并确认在额定电压大于 220kV 的超高压输电系统中，应按操作过电压下的电气特性进行绝缘设计，而超高压电气设备的绝缘也应采用

操作冲击电压来进行高压试验，即不宜像一般高压电气设备那样用工频交流电压作等效性试验。以本节所探讨的极不均匀电场长气隙来说，操作冲击电压下的击穿就具有下列特点：

（1）操作冲击电压的波形对气隙的电气强度有很大的影响，图2-10中的实验结果表明，气隙的50％操作冲击击穿电压$U_{50\%(s)}$与波前时间T_{cr}的关系曲线呈"U"形，在某一最不利的波前时间T_c（可称之为临界波前时间）下，$U_{50\%(s)}$出现极小值$U_{50\%(min)}$。上述T_c之值随气隙长度d的增加而增大，在工程实际中所遇到的d值范围内，T_c值处于$100\sim500\mu s$之间，这也是把标准操作冲击电压波的波前时间T_{cr}选为$250\mu s$的主要原因之一。在图2-10中，一条虚线曲线表示不同长度气隙的$U_{50\%(min)}$与T_c的关系。

上述现象不难利用前面所介绍的气体放电理论加以解释：任何气隙击穿过程的完成都需要一定的时间，当冲击电压的波前上升很快时（即T_{cr}较小），击穿电压将超过静态击穿电压U_s较多，即击穿电压较高；当波前上升得很慢时（即T_{cr}较大），极不均匀电场长气隙中的冲击电晕和空间电荷层都有足够的时间来形成和发展，从而使棒极附近的电场变得较小，整个气隙中的电场分布变得比较均匀一些，从而使击穿电压也稍有提高。当

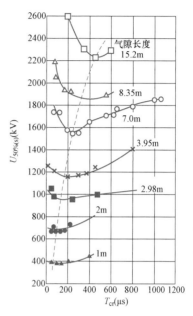

图2-10　"棒—板"气隙正极性
50％操作冲击击穿电压与
波前时间的关系

T_{cr}处于$100\sim500\mu s$这一时间段内，气隙的击穿最易发生，因为对于完成击穿来说，作用时间已足够长了，而对于空间电荷层的形成和电场分布的调整来说，时间仍不够充分，所以此时的击穿电压最低。

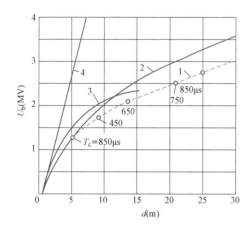

图2-11　"棒—板"气隙正极性50％
冲击击穿电压和工频击穿电压
1—在不同T_c值下得出的$U_{50\%(min)}$；
2—＋250/2500μs操作冲击电压波；
3—工频交流电压；4—＋1.2/50μs雷电冲击电压波

（2）虽然操作冲击电压的变化速度和作用时间均介于工频交流电压和雷电冲击电压之间，但气隙的操作冲击击穿电压非但远低于雷电冲击击穿电压，在某些波前时间范围内，甚至比工频击穿电压还要低。换言之，在各种类型的作用电压中，以操作冲击电压下的电气强度为最小。在确定电力设施的空气间距时，必须考虑这一重要情况。

图2-11为"棒—板"气隙在正极性操作冲击波和雷电冲击波下的50％击穿电压及工频击穿电压的实验结果。应该注意，其中50％操作冲击击穿电压极小值$U_{50\%(min)}$（曲线1）是在不同的临界波前时间T_c下得出的，因而用虚线表示，并标出对应的T_c值。

图2-11中曲线1所表示的50％操作冲击击

穿电压极小值 $U_{50\%(\min)}$ 可用下面的经验公式求得

$$U_{50\%(\min)} = \frac{3.4 \times 10^3}{1 + \dfrac{8}{d}} \quad \text{(kV)} \tag{2-3}$$

式中　d——气隙长度，m。

式（2-3）适用于 $d=2\sim15\text{m}$ 的场合。当 $d>15\text{m}$ 时，可改用下式计算

$$U_{50\%(\min)} = (1.4 + 0.055d) \times 10^3 \quad \text{(kV)} \tag{2-4}$$

式（2-4）在 $d=15\sim27\text{m}$ 时能和实验结果很好地吻合。

利用上面的经验公式可求得 $d=10\text{m}$ 时的气隙平均击穿场强已不到 2kV/cm；而当 $d=20\text{m}$ 时，更降至 1.25kV/cm。这种平均击穿场强随气隙长度加大而降低的现象也就是下面将要介绍的击穿特性随气隙长度增大而出现的"饱和"现象。

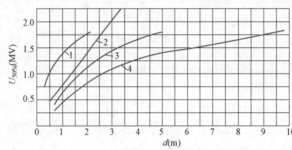

图 2-12　棒间隙在操作冲击电压（500/5000μs）
下的击穿特性

1—（−）棒—板；2—（−）棒—棒；

3—（+）棒—棒；4—（+）棒—板

（3）极不均匀电场长气隙的操作冲击击穿特性具有显著的"饱和"特征，如图 2-12 所示。除了负极性"棒—棒"气隙外，其他棒间隙的操作冲击击穿特性的"饱和"特征都十分明显，而它们的雷电冲击击穿特性却基本上都是线性的（参阅图 2-8 和图 2-9）。电气强度最差的正极性"棒—板"气隙的"饱和"现象也最为严重，尤其是在气隙长度大于 5～6m 以后，这对发展特高压输电技术来说，是一个极其不利的制约因素。

（4）操作冲击电压下的气隙击穿电压和放电时间的分散性都要比雷电冲击电压下大得多（即前者的伏秒特性带较宽）。此时极不均匀电场气隙的相应标准偏差 σ 值可达 5%～8%。

第三节　大气条件对气隙击穿特性的影响及其校正

前面介绍的不同气隙在各种电压下的击穿特性均对应于标准大气条件和正常海拔高度。由于大气的压力、温度、湿度等条件都会影响空气的密度、电子自由行程长度、碰撞电离及附着过程，所以也必然会影响气隙的击穿电压。海拔高度的影响亦与此类似，因为随着海拔高度的增加，空气的压力和密度均下降。正由于此，在不同大气条件和海拔高度下所得出的击穿电压实测数据都必须换算到某种标准条件下才能互相进行比较。

我国的国家标准[3]所规定的标准大气条件为：

压力 $p_0 = 101.3\text{kPa}$（760mmHg）；

温度 $t_0 = 20℃$ 或 $T_0 = 293\text{K}$；

绝对湿度 $h_0 = 11\text{g/m}^3$。

在实际试验条件下的气隙击穿电压 U 与标准大气条件下的击穿电压 U_0 之间可以通过

相应的校正因数进行如下换算

$$U = K_1 K_2 U_0 \tag{2-5}$$

式中　K_1——空气密度校正因数；

　　　K_2——湿度校正因数。

式（2-5）不仅适用于气隙的击穿电压，也适用于外绝缘的沿面闪络电压。在进行高压试验时，也往往要根据实际试验时的大气条件，将试验标准中规定的标准大气条件下的试验电压值换算为实际应加的试验电压值。

下面分别讨论各个校正因数的取值。

一、对空气密度的校正

空气密度与压力和温度有关。由式（1-19）可知，空气的相对密度

$$\delta = 2.9 \frac{p}{T}$$

式中　p——气压，kPa；

　　　T——温度，K。

在大气条件下，气隙的击穿电压随 δ 的增大而提高。实验表明，当 δ 处于 $0.95 \sim 1.05$ 的范围内时，气隙的击穿电压几乎与 δ 成正比，即此时的空气密度校正因数 $K_1 \approx \delta$，因而

$$U \approx \delta U_0 \tag{2-6}$$

当气隙不很长（如不超过1m）时，上式能足够准确地适用于各种电场形式和各种电压类型下作近似的工程估算。

研究表明：对于更长的空气间隙来说，击穿电压与大气条件变化的关系，并不是一种简单的线性关系，而是随电极形状、电压类型和气隙长度而变化的复杂关系。除了在气隙长度不大、电场也比较均匀，或长度虽大、但击穿电压仍随气隙长度呈线性增大（如雷电冲击电压）的情况下，式（2-6）仍可适用外，其他情况下的空气密度校正因数应按下式求取

$$K_1 = \delta^m \tag{2-7}$$

式中指数 m 与电极形状、气隙长度、电压类型及其极性有关，具体取值可参考有关国家标准[4]的规定。

二、对湿度的校正

正如上一章"负离子的形成"一段中所介绍的那样，大气中所含的水汽分子能俘获自由电子而形成负离子，这对气体中的放电过程显然起着抑制作用，可见大气的湿度越大，气隙的击穿电压也会增高。不过在均匀和稍不均匀电场中，放电开始时，整个气隙的电场强度都较大，电子的运动速度较快，不易被水汽分子所俘获，因而湿度的影响就不太明显，可以忽略不计。例如用球隙测量高电压时，只需要按空气相对密度校正其击穿电压就可以了，而不必考虑湿度的影响。但在极不均匀电场中，湿度的影响就很明显了，这时可以用下面的湿度校正因数来加以修正

$$K_2 = K^w \tag{2-8}$$

式中，因数 K 取决于试验电压类型，并且是绝对温度 h 与空气相对密度 δ 之比（h/δ）的

函数；指数 w 之值则取决于电极形状、气隙长度、电压类型及其极性。它们的具体取值均可参考有关的国家标准[4]。

三、对海拔高度的校正

我国幅员辽阔，有不少电力设施（特别是输电线路）位于高海拔地区。随着海拔高度的增大，空气变得逐渐稀薄，大气压力和相对密度减小，因而空气的电气强度也将降低。

海拔高度对气隙的击穿电压和外绝缘的闪络电压的影响可利用一些经验公式求得。我国国家标准[3]规定：对于安装在海拔高于 1000m、但不超过 4000m 处的电力设施外绝缘，如在平原地区进行耐压试验，其试验电压 U 应为平原地区外绝缘的试验电压 U_p 乘以海拔校正因数 K_a，即

$$U = K_a U_p \tag{2-9}$$

而

$$K_a = \frac{1}{1.1 - H \times 10^{-4}} \tag{2-10}$$

式中　H——安装点的海拔，m。

第四节　提高气体介质电气强度的方法

为了缩小电力设施的尺寸，总希望将气隙长度或绝缘距离尽可能取得小一些，为此就得采取措施来提高气体介质的电气强度。从实用角度出发，要提高气隙的击穿电压不外乎采用两条途径：一是改善气隙中的电场分布，使之尽量均匀；二是设法削弱或抑制气体介质中的电离过程。

一、改进电极形状以改善电场分布

电场分布越均匀，气隙的平均击穿场强也就越大。因此，可以通过改进电极形状（增大电极的曲率半径、消除电极表面的毛刺、尖角等）的方法来减小气隙中的最大电场强度、改善电场分布、提高气隙的击穿电压。

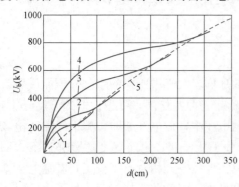

图 2-13　"球—板"气隙的工频击穿
电压有效值与气隙长度的关系
1—球极直径 $D=12.5$cm；2—$D=25$cm；3—$D=50$cm；
4—$D=75$cm；5—"棒—板"气隙（虚线）

利用屏蔽来增大电极的曲率半径是一种常用的方法。以电气强度最差的"棒—板"气隙为例，如果在棒极的端部加装一只直径适当的金属球，就能有效地提高气隙的击穿电压。图 2-13 表明采用不同直径屏蔽球时的效果，例如在极间距离为 100cm 时，采用一直径为 75cm 的球形屏蔽极就可使气隙的击穿电压约提高 1 倍。

许多高压电气装置的高压出线端（如电气设备高压套管导杆上端）具有尖锐的形状，往往需要加装屏蔽罩来降低出线端附近空间的最大场强，提高电晕起始电压。屏蔽罩的形状和尺寸应选得使其电晕起始电压 U_c 大于装置的

最大对地工作电压 $U_{g \cdot max}$，即

$$U_c > U_{g \cdot max} \tag{2-11}$$

最简单的屏蔽罩当然是球形屏蔽极，它的半径 R 可按下式选择

$$R = \frac{U_{g \cdot max}}{E_c} \tag{2-12}$$

式中　E_c——电晕放电起始场强。

在超高压输电线路上应用屏蔽原理来改善电场分布以提高电晕起始电压的实例有：超高压线路绝缘子串上安装的保护金具（均压环），超高压线路上采用的扩径导线等。

二、利用空间电荷改善电场分布

由于极不均匀电场气隙被击穿前一定先出现电晕放电，所以在一定条件下，还可以利用放电本身所产生的空间电荷来调整和改善空间的电场分布，以提高气隙的击穿电压。以"导线—平板"或"导线—导线"气隙为例，当导线直径减小到一定程度以后，气隙的工频击穿电压反而会随着导线直径的减小而提高，出现所谓"细线效应"。其原因在于细线的电晕放电所形成的均匀空间电荷层，能改善气隙中的电场分布，导致击穿电压的提高；而在导线直径较大时，由于导线表面不可能绝对光滑，所以在整个表面发生均匀的总体电晕之前就会在个别局部先出现电晕和刷形放电，因此其击穿电压就与"棒—板"或"棒—棒"气隙相近了。

三、采用屏障

由于气隙中的电场分布和气体放电的发展过程都与带电粒子在气隙空间的产生、运动和分布密切有关，所以在气隙中放置形状和位置合适、能阻碍带电粒子运动和调整空间电荷分布的屏障，也是提高气体介质电气强度的一种有效方法。

屏障用绝缘材料制成，但它本身的绝缘性能无关紧要，重要的是它的密封性（拦住带电粒子的能力）。它一般安装在电晕间隙中，其表面与电力线垂直。

屏障的作用取决于它所拦住的与电晕电极同号的空间电荷，这样就能使电晕电极与屏障之间的空间电场强度减小，从而使整个气隙的电场分布均匀化。虽然这时屏障与另一电极之间的空间电场强度反而增大了，但其电场形状变得更像两块平板电极之间的均匀电场（见图 2-14），所以整个气隙的电气强度得到了提高。

有屏障气隙的击穿电压与该屏障的安装位置有很大的关系。以图 2-15 所示的"棒—板"气隙为例，最有利的屏障位置在 $x = \left(\frac{1}{5} \sim \frac{1}{6} \right) d$ 处，这时该气隙的电气强度在正极性直流时可增加为 2～3 倍；但当棒为负极性时，即使屏障放在最有利的位置，也只能略为提高气隙的击穿电压（如 20%），而在大多数位置上，反而使击穿电压有个同程度的降低。不过在工频电压下，由于击穿一定发生在棒为正极性的那半周，所以设置屏障还是很有效的。如果是"棒—棒"气隙，两个电极都将发生电晕放电，所以应在两个电极附近都安装屏障，方能收效。

在冲击电压下，屏障的作用要小一些，因为这时积聚在屏障上的空间电荷较少。

显然，屏障在均匀或稍不均匀电场的场合就难以发挥作用了。

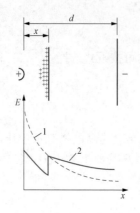
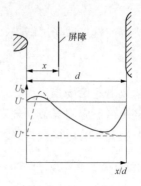

图 2 - 14　在"正棒—负板"气隙
中设置屏障前后的电场分布
1—无屏障；2—有屏障

图 2 - 15　屏障的安装位置对"棒—板"
气隙直流击穿电压的影响
U^+ 和 U^-—没有屏障时该气隙在正、负极
性下的直流击穿电压；虚线—棒为
正极性；实线—棒为负极性

四、采用高气压

在常压下空气的电气强度是比较低的，约为 30kV/cm。即使采取上述各种措施来尽可能改善电场，其平均击穿场强也不可能超越这一极限，可见常压下空气的电气强度要比一般固体和液体介质的电气强度低得多。但是，如果把空气加以压缩，使气压大大超过 0.1MPa（1atm），那么它的电气强度也能得到显著的提高。这主要是因为提高气压可以大大减小电子的自由行程长度，从而削弱和抑制了电离过程。如能在采用高气压的同时，再以某些高电气强度气体（如后面要介绍的 SF_6 气体）来替代空气，那就能获得更好的效果。

图 2 - 16 为不同气压的空气和 SF_6 气体、电瓷、变压器油、高真空等的电气强度比较。从图上可以看出：2.8MPa 的压缩空气具有很高的击穿电压，但采用这样高的气压会对电气设备外壳的密封性和机械强度提出很高的要求，往往难以实现。如果用 SF_6 来代替空气，为了达到同样的电气强度，只要采用 0.7MPa 左右的气压就够了。

五、采用高电气强度气体

在众多的气体中，有一些含卤族元素的强电负性气体［如六氟化硫（SF_6）、氟利昂（CCl_2F_2）等］的电气强度特别高（比空气高得多），因而可称之为高电气强度气体。采用这些气体来替换空气，当然可以大大提高气隙的击穿电压，甚至在空气中混入一部分这样的气体也能显著提高其电气强度。

应该指出，这一类气体要在工程上获得实际应用，单靠其电气强度高是不够的，它们还必须满足某些其他方面的要求，诸如：①液化温度要低（这样才能同时采

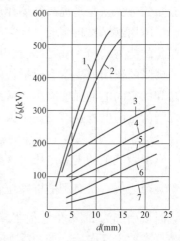

图 2 - 16　某些电介质在均匀电场
中的击穿电压与极间距离的关系
1—空气，气压为 2.8MPa；
2—SF_6，0.7MPa；3—高真空；
4—变压器油；5—电瓷；6—SF_6，
0.1MPa；7—空气，0.1MPa

用高气压）；②良好的化学稳定性，该气体在出现放电时不易分解、不燃烧或爆炸、不产生有毒物质；③生产不太困难，价格不过于昂贵。

能同时满足上述各种要求的气体是很少的，目前工程上唯一获得广泛应用的高电气强度气体只有 SF_6 及其混合气体，SF_6 气体除了具有很高的电气强度以外，还具备优异的灭弧能力，其他有关的技术性能也相当好。利用 SF_6 气体作为绝缘媒质和灭弧媒质制成的各种电气设备和封闭式组合电器具有一系列突出的优点，例如大大节省占地面积和空间体积、运行安全可靠、简化安装维护等，因而发展前景十分广阔。

有鉴于 SF_6 气体和气体绝缘电气设备的特殊重要性，在下一节将专门就此作更详细的介绍。

六、 采用高真空

采用高度真空也可以减弱气隙中的碰撞电离过程而显著提高气隙的击穿电压。如果完全以第一章中所介绍的气体放电理论来解释高真空中的击穿过程，所得出的击穿电压将极高（这时电子穿越极间距离时很难碰撞到中性分子，难以引起足够多的碰撞电离），但是实际情况并非如此，从前面的图 2-16 可以看到：在极间距离较小时，高真空（曲线 3）的电气强度的确很高，甚至可以超过压缩的 SF_6 气体，但在极间距离增大时，电压提高较慢，其电气强度明显低于压缩气体（曲线 1、2）的击穿场强，这表明此时高真空的击穿机理已发生了变化，出现了新的物理过程，因而不能再简单地用前面的气体放电理论来说明了。

真空击穿研究表明：在极间距离较小时，高真空的击穿与阴极表面的强场发射有关，它所引起的电流会导致电极局部发热而释放出金属气体，使真空度下降而引起击穿；在极间距离较大时，击穿将由所谓"全电压效应"而引起，这时随着极间距离和击穿电压的增大，电子从阴极飞越真空抵达阳极时能积累到很大的动能，这些高能电子轰击阳极表面时会释放出正离子和光子，它们又将加强阴极上的表面电离。这样反复作用会产生出越来越多的电子流，使电极局部气化而导致间隙的击穿，这就是所谓"全电压效应"。正由于此，随着极间距离的增大，平均击穿场强将变得越来越小。真空间隙的击穿电压与电极材料、表面光洁度和洁净度（包括所吸附气体的数量和种类）等多种因素有关，因而分散性很大。

在电气设备中实际采用高真空作为绝缘媒质的情况还不多，主要因为在各种设备的绝缘结构中大都还要采用各种固体或液体介质，它们在真空中都会逐渐释出气体，使高真空难以长期保持。目前高真空仅在真空断路器中得到实际应用，真空不但绝缘性能较好，而且还具有很强的灭弧能力，所以用于配电网中的真空断路器还是很合适的。

第五节　六氟化硫和气体绝缘电气设备

六氟化硫（SF_6）气体在 20 世纪 60 年代才开始作为绝缘媒质和灭弧媒质使用于某些电气设备（最先是断路器）中。时至今日，它已是除空气外应用得最广泛的气体介质了。

SF_6 的电气强度约为空气的 2.5 倍，而其灭弧能力更高达空气的 100 倍以上，所以在超高压和特高压的范畴内，已完全取代绝缘油和压缩空气而成为唯一的断路器灭弧媒质了。

目前 SF₆ 气体不仅应用于某些单一的电气设备（例如 SF₆ 断路器、气体绝缘变压器等）中，而且被广泛采用于将多种变电设备集于一体并密封在充 SF₆ 气体的容器之内的封闭式气体绝缘组合电器（Gas Insulated Switchgear，GIS）和充气管道输电线等装置中。在超高压和特高压输电领域中，GIS 更显示出常规开关设备无法与之相比的优势。

一、六氟化硫的绝缘性能

包括 SF₆ 在内的卤化物气体之所以具有特别高的电气强度，主要是因为这些气体都具有很强的电负性，容易俘获自由电子而形成负离子（电子附着过程），电子变成负离子后，其引起碰撞电离的能力就变得很弱，因而削弱了放电发展过程。

应该强调指出：电场的不均匀程度对 SF₆ 电气强度的影响远比对空气的为大。具体来说，与均匀电场中的击穿电压相比，SF₆ 在极不均匀电场中击穿电压下降的程度比空气要大得多。换言之，SF₆ 优异的绝缘性能只有在电场比较均匀的场合才能得到充分的发挥，所以在设计以 SF₆ 气体作为绝缘的各种电气设备时，应尽可能使气隙中的电场均匀化，采用屏蔽等措施以消除一切尖角处的极不均匀电场，使 SF₆ 优异的绝缘性能得到充分的利用。

（一）均匀和稍不均匀电场中 SF₆ 的击穿

在分析电负性气体中的碰撞电离和放电过程时，除了考虑第一章中所说的 α 过程外，还应计及电子附着过程，它可用一个与电子碰撞电离系数 α 的定义相似的电子附着系数 η 来表示。η 的定义是一个电子沿电场方向运动 1cm 的行程中所发生的电子附着次数平均值。可见在电负性气体中的有效碰撞电离系数 $\bar{\alpha}$ 应为

$$\bar{\alpha} = \alpha - \eta \tag{2-13}$$

参照式（1-7），可写出均匀电场中的电子崩增长规律

$$n_a = n_0 e^{(\alpha - \eta)d} \tag{2-14}$$

式中　n_0——阴极表面处的初始电子数；

$\quad\quad n_a$——到达阳极时的电子数。

不过这时应该注意：在一般气体中，正离子数等于新增的电子数；而在电负性气体中，正离子数等于新增的电子数与负离子数之和。所以在汤逊理论中不能将式（1-14）中的 α 简单地用 $\alpha - \eta$ 来代替而得出电负性气体的自持放电条件。由于强电负性气体在实用中所处条件均属于流注放电的范畴，所以这里不再讨论其汤逊自持放电条件，而直接探讨其流注自持放电条件。为此，可参照式（1-20）写出均匀电场中电负性气体的流注自持放电条件为

$$(\alpha - \eta)d = K \tag{2-15}$$

实验研究表明，对于 SF₆ 气体，常数 $K = 10.5$，相应的击穿电压为

$$U_b = 88.5pd + 0.38 \quad (\text{kV}) \tag{2-16}$$

式中　p——气压，MPa；

$\quad\quad d$——极间距离，mm。

在工程应用中，通常 $pd > 1\text{MPa·mm}$，所以式（2-16）可近似地写成

$$U_b \approx 88.5pd \quad (kV) \tag{2-17}$$

式（2-16）和式（2-17）均表明，在均匀电场中 SF_6 气体的击穿也遵循巴申定律。

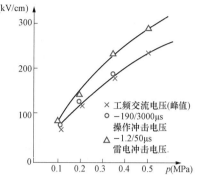

它在 0.1MPa（1atm）下的击穿场强 $E_b = \dfrac{U_b}{d} \approx$ 88.5kV/cm，几乎是空气的 3 倍。

前面已经提到，在气体绝缘电气设备中最常见的是稍不均匀电场气隙，例如同轴圆筒间的气隙。图 2-17 给出 $R/r=1.67\sim4.06$ 的同轴圆筒中 SF_6 的击穿场强 E_b 与气压 p 的关系曲线，可见击穿场强并不与气压成正比，而是增加得少一些。

在稍不均匀电场中，极性对于气隙击穿电压的影响与极不均匀电场中的情况是相反的，此时负极性下的击穿电压反而比正极性时低 10% 左右。冲击系数很小，雷电冲击时约为 1.25，操作冲击时更小，只有 1.05~1.1。

图 2-17　同轴圆筒气隙中 SF_6 的击穿场强 E_b 与气压 p 的关系（$t=20℃$）

（二）极不均匀电场中 SF_6 的击穿

在极不均匀电场中，SF_6 气体的击穿有异常现象，主要表现在两个方面：首先是工频击穿电压随气压的变化曲线存在"驼峰"；其次是驼峰区段内的雷电冲击击穿电压明显低于静态击穿电压，其冲击系数可低至 0.6 左右，如图 2-18 所示。

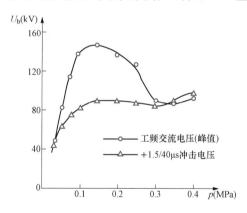

图 2-18　"针—球"气隙（针尖曲率半径 1mm，球直径 100mm，极间距离 30mm）中 SF_6 气体的工频击穿电压（峰值）与正极性冲击击穿电压的比较

虽然驼峰曲线在压缩空气中也存在，但一般要在气压高达 1MPa 左右才开始出现，而在 SF_6 气体中，驼峰常出现在 0.1~0.2MPa 的气压下，即在工作气压以下。因此，在进行绝缘设计时应尽可能设法避免极不均匀电场的情况。

极不均匀电场中 SF_6 气体击穿的异常现象与空间电荷的运动有关。我们知道，空间电荷对棒极的屏蔽作用会使击穿电压提高，但在雷电冲击电压的作用下，空间电荷来不及移动到有利的位置，故其击穿电压低于静态击穿电压；又气压提高时空间电荷扩散得较慢，因此在气压超过 0.1~0.2 MPa 时，屏蔽作用减弱，工频击穿电压会下降。

（二）影响击穿场强的其他因素

气体绝缘电气设备的设计场强值远低于理论击穿场强，这是因为有许多影响因素会使它的击穿场强下降。此处仅介绍其中两种主要影响因素，即电极表面缺陷和导电微粒。

1. 电极表面缺陷

图 2-19 表示电极表面粗糙度 R_a 对 SF_6 气体电气强度 E_b 的影响，可以看出：GIS 的工作气压越高，则 R_a 对 E_b 的影响越大，因而对电极表面加工的技术要求也越高。

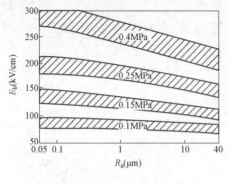

图 2-19　电极表面粗糙度对 SF$_6$
气体电气强度的影响

电极表面粗糙度大时，表面突起处的局部电场强度要比气隙的平均电场强度大得多，因而可在宏观上平均场强尚未达到临界值时就诱发放电和击穿。

除了表面粗糙度外，电极表面还会有其他零星的随机缺陷，电极表面积越大，这类缺陷出现的概率也越大。所以电极表面积越大，SF$_6$ 气体的击穿场强越低，这一现象被称为"面积效应"。

2. 导电微粒

设备中的导电微粒有两大类，即固定微粒和自由微粒。前者的作用与电极表面缺陷相似，而后者因会在极间跳动而对 SF$_6$ 气体的绝缘性能产生更大的不利影响。

二、 六氟化硫理化特性方面的若干问题

气体要作为绝缘媒质应用于工程实际，不但应具有高电气强度，而且还要具备良好的理化特性。SF$_6$ 气体是唯一获得广泛应用的强电负性气体的原因即在于此。

下面就 SF$_6$ 气体实际应用中与理化特性有关的几个主要问题作简要介绍。

（一）液化问题

现代 SF$_6$ 高压断路器的气压在 0.7MPa 左右，而 GIS 中除断路器外其余部分的充气压力一般不超过 0.45MPa。如果 20℃时的充气压力为 0.75MPa（相当于断路器中常用的工作气压），则对应的液化温度约为−25℃；如果 20℃时的充气压力为 0.45MPa，则对应的液化温度为−40℃。可见一般不存在液化问题，只有在高寒地区才需要对断路器采取加热措施，或采用 SF$_6$−N$_2$ 混合气体来降低液化温度。

（二）毒性分解物

纯净的 SF$_6$ 气体是无毒惰性气体，180℃以下时它与电气设备中材料的相容性与氮气相似。但 SF$_6$ 的分解物有毒，并对材料有腐蚀作用，因此必须采取措施以保证人身和设备的安全。

使 SF$_6$ 气体分解的原因有三，即电子碰撞、热和光辐射。在电气设备中引起分解的原因主要是前两种，它们均因放电而出现。大功率电弧（断路器触头间的电弧或 GIS 等设备内部的故障电弧）的高温会引起 SF$_6$ 气体的迅速分解，而火花放电、电晕或局部放电也会引起 SF$_6$ 气体的分解。

为了消除气体绝缘电气设备中的毒性气体生成物，通常采用吸附剂，它有两方面的作用，即吸附分解物和吸收水分。常用的吸附剂有活性氧化铝和分子筛，通常吸附剂的放置量不小于 SF$_6$ 气体质量的 10%。

（三）含水量

在 SF$_6$ 气体内所含的各种杂质或杂质组合中，危害性最大的是水分，因为它的存在会影响气体分解物，且会与 HF 形成氢氟酸，引起材料的腐蚀和导致机械故障，还会在低温时引起固体介质表面凝露，使闪络电压急剧降低。因此，无论在验收新气体时或对运行中的气体绝缘设备进行监督时，都对含水量的测量和控制给予很大的重视。表 2-2 是我国对电气设备中 SF$_6$ 气体的含水量容许值的规定。

为了控制运行设备内 SF_6 气体中的含水量，应避免在高湿度气候条件下进行装配工作，安装前所有部件都要经过干燥处理以免在运行中释放出水分。此外，必须保证良好的密封，否则会使设备内的 SF_6 气体泄漏到大

表 2-2 我国电气设备中 SF_6 气体的水分
容许含量(体积比)容许值

隔室	有电弧分解物的隔室	无电弧分解物的隔室
交接验收值	$\leqslant 150 \times 10^{-6}$	$\leqslant 500 \times 10^{-6}$
运行容许值	$\leqslant 300 \times 10^{-6}$	$\leqslant 1000 \times 10^{-6}$

气中去，而大气中的水汽也会渗入设备内（大气中水汽的分压远高于设备内部水汽的分压）。

三、 SF_6 混合气体

虽然 SF_6 气体有良好的电气特性和化学稳定性，但其价格较高、液化温度还不够低，且对电场不均匀度太敏感，所以目前国内外都在研究 SF_6 混合气体，以期在某些场合用 SF_6 混合气体来代替纯 SF_6 气体。

研究表明：以常见的廉价气体如 N_2、CO_2 或空气与 SF_6 气体组成混合气体时，即使加入少量的 SF_6 就能使这些常见气体的电气强度有很大的提高，但继续增加 SF_6 的含量，上述电气强度的增大会出现饱和趋势。这是因为少量的 SF_6 分子已能起俘获电子而形成负离子的作用。

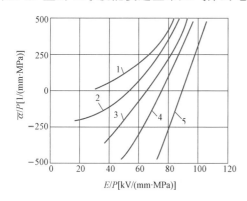

图 2-20 SF_6-N_2 混合气体中的
$\bar{\alpha}/P = f(E/P)$ 关系曲线

1—纯 N_2；2—SF_6 含量为 10%；3—SF_6 含量为 25%；4—SF_6 含量为 50%；5—纯 SF_6

目前已获工业应用的是 SF_6-N_2 混合气体，主要用作高寒地区断路器的绝缘媒质和灭弧媒质，采用的混合比通常为 50%：50%（或 60%）：40%。所谓混合比是指两种气体成分的体积比，也就是两种气体分压之比。图 2-20 给出 SF_6-N_2 气体在不同混合比时有效电离系数 $\bar{\alpha}$ 随电场强度的变化曲线。可以看出，在 SF_6 含量减小时，在同一 E/P 值下的 $\bar{\alpha}/P$ 值变大，但这时 $\bar{\alpha}/P = f(E/P)$ 曲线的斜率也在减小，这表明混合气体的电气强度对电场的敏感度减低了，亦说明混合气体对电极表面缺陷和导电微粒等因素也不会像纯 SF_6 气体那样敏感。

图 2-21 为 SF_6 含量不同时 SF_6-N_2 混合气体的击穿场强与纯 SF_6 气体的击穿场强（RES）之比。当 SF_6 含量 x 超过 0.1 时，SF_6-N_2 混合气体的 RES 可近似地表示为

$$RES = x^{0.18} \tag{2-18}$$

由于混合气体的绝缘性能和灭弧能力均稍逊于纯 SF_6 气体，所以充混合气体的设备的工作气压常需再提高 0.1 MPa，但因此时的 SF_6 分压要比充纯 SF_6 时的工作气压低得多，所以不会出现液化问题，即采用混合气体可使液化温度明显降低。

在用气量很大的长管道输电线中，如用 SF_6-N_2 混合气体代替纯 SF_6 气体，可取得很大的经济效益，

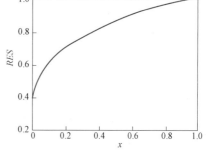

图 2-21 SF_6-N_2 混合气体的 RES
与 SF_6 含量 x 的关系

因为即使需将工作气压提高 0.1MPa，在 50%的混合比下，仍可使气体的费用减少约 40%。

四、气体绝缘电气设备

（一）封闭式气体绝缘组合电器（GIS）

GIS 由断路器、隔离开关、接地开关、互感器、避雷器、母线、连线和出线终端等部件组合而成，全部封闭在充 SF_6 气体的金属外壳中。

与传统的敞开式配电装置相比，GIS 具有下列突出优点：

（1）大大节省占地面积和空间体积，额定电压越高，节省得越多。以占地面积为例，额定电压为 U_N（kV）的 GIS 与敞开式配电装置占地面积之比 k 可用下式做粗略的估计

$$k = \frac{10}{U_N} \tag{2-19}$$

两者所占空间体积之比，要比上式中的 k 值更小。可见 GIS 特别适用于深山峡谷中水电站的升压变电站、城区高压配电网的地面或地下变电站等场合，因为在这些情况下，高昂的征地费用和土建费用将使 GIS 的综合经济指标优于较常规的敞开式装置。

（2）运行安全可靠。GIS 的金属外壳是接地的，既可防止运行人员触及带电导体，又可使设备的运行不受污秽、雨雪、雾露等不利的环境条件的影响。

（3）有利于环境保护，使运行人员不受电场和磁场的影响。

（4）安装工作量小、检修周期长。

（二）气体绝缘电缆（GIC）

气体绝缘电缆与充油电缆相比具有下列优点：

（1）电容量小。GIC 的电容量只有充油电缆的 1/4 左右，因此其充电电流小、临界传输距离长。

（2）损耗小。常规充油电缆常因介质损耗较大而难以用于特高压，而 GIC 的绝缘充的是 SF_6 气体，介质损耗要小得多。

（3）能用于大落差场合。

（三）气体绝缘线路（GIL）

气体绝缘线路是将导体封装在充以压缩高强度气体（SF_6 或其混合气体）的管道里的输电线路。它是 GIS 的一种衍生产品，具有安全可靠、输电容量大、环境影响小等优点，在某些场合（如跨越江河或海峡），可用来取代电力电缆或架空线。例如，我国的"淮南—南京—上海"1000kV 交流输电线在跨越长江时就采用了此种线路。

（四）气体绝缘变压器

气体绝缘变压器（GIT）与传统的油浸变压器相比，有以下主要优点：

（1）GIT 是防火防爆型变压器，特别适用于城市高层建筑的供电和用于地下矿井等有防火防爆要求的场合。

（2）气体传递振动的能力比液体小，所以 GIT 的噪声小于油浸变压器。

（3）气体介质不会老化，简化了维护工作。

除了以上所介绍的气体绝缘电气设备外，SF_6 气体还日益广泛地应用到一些其他电气设备中，诸如：气体绝缘开关柜、环网供电单元、中性点接地电阻器、中性点接地电抗器、移相电容器、标准电容器等。

第三章　液体和固体介质的电气特性

液体介质和固体介质广泛用作电气设备的内绝缘。应用得最多的液体介质是变压器油，而成分相似、但品质更高的电容器油和电缆油也分别用于电力电容器和电力电缆中。用作内绝缘的固体介质最常见的有绝缘纸、纸板、云母、塑料等，而用于制造绝缘子的固体介质有电瓷、玻璃和硅橡胶等。

电介质的电气特性，主要表现为它们在电场作用下的导电性能、介电性能和电气强度，它们分别以四个主要参数，即电导率 γ（或绝缘电阻率 ρ）、介电常数 ε、介质损耗角正切 $\tan\delta$ 和击穿电场强度（以下简称击穿场强）E_b 来表示。液体和固体介质的电气特性虽各有特点，但大致相似，而它们与气体介质就有很大的差别了。

在本章中，将扼要介绍液体和固体介质的主要电气参数的基本概念，以及它们在温度、湿度、电场强度、频率、电压类型等因素影响下的变化规律。

第一节　液体和固体介质的极化、 电导和损耗

一切电介质在电场的作用下都会出现极化、电导和损耗等电气物理现象。不过气体介质的极化、电导和损耗都很微弱，一般均可忽略不计。所以真正需要注意的只有液体和固体介质在这些方面的特性。

一、 电介质的极化

电介质的极化是电介质在电场作用下，其束缚电荷相应于电场方向产生弹性位移现象和偶极子的取向现象。这时电荷的偏移大都是在原子或分子的范围内作微观位移，并产生电矩（即偶极矩）。

电介质极化的强弱可用介电常数的大小来表示，它与该电介质分子的极性强弱有关，还受到温度、外加电场频率等因素的影响。具有极性分子的电介质称为极性电介质，而由中性分子构成的电介质称为中性电介质。前者是即使没有外电场的作用其分子本身也具有电矩的电介质。

实测表明，两个结构、尺寸完全相同的电容器，如在极间放置不同的电介质，它们的电容量将是不同的。以图 3 - 1 所示的最简单的平行平板电容器为例，如极间为真空，其电容量为

$$C_0 = \frac{Q_0}{U} = \frac{\varepsilon_0 A}{d} \tag{3-1}$$

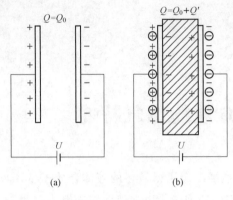

图 3-1　极化现象

(a) 极间为真空；(b) 极间放置固体介质

式中　ε_0——真空的介电常数 $=8.86\times10^{-14}$ F/cm;

　　　A——极板面积，cm^2;

　　　d——极间距离，cm。

当极板间放置了固体介质时，电容量将增大为

$$C=\frac{Q_0+Q'}{U}=\frac{\varepsilon A}{d} \qquad (3-2)$$

式中　ε——介质的介电常数。

介质的相对介电常数

$$\varepsilon_r=\frac{C}{C_0}=\frac{Q_0+Q'}{Q_0}=\frac{\varepsilon}{\varepsilon_0} \qquad (3-3)$$

ε_r 是综合反映电介质极化特性的一个物理量。在表 3-1 中列出了若干常用电介质在 $20℃$ 时工频电压下的 ε_r 值。气体介质由于密度很小，其 ε_r 接近于 1，而液体和固体介质的 ε_r 大多在 2～6 之间。

表 3-1　　　　　　　　　　　常用电介质的 ε_r 值（工频，20℃）

材 料 类 别		名　　称	ε_r
气体介质 （标准大气条件下）	中　性	空　气 氮　气	1.000 58 1.000 60
	极　性	二氧化硫	1.009
液体介质	弱极性	变压器油 硅有机液体	2.2 2.2～2.8
	极　性	蓖麻油 氯化联苯	4.5 4.6～5.2
	强极性	酒精 水	33 81
固体介质	中性或 弱极性	石　蜡 聚苯乙烯 聚四氟乙烯 松　香 沥　青	2.0～2.5 2.5～2.6 2.0～2.2 2.5～2.6 2.6～2.7
	极　性	纤维素 胶　木 聚氯乙烯	6.5 4.5 3.0～3.5
	离子性	云　母 电　瓷	5～7 5.5～6.5

用于电容器的绝缘材料，显然希望选用 ε_r 大的电介质，因为这样可使单位电容的体积减小和质量减轻。但其他电气设备中往往希望选用 ε_r 较小的电介质，这是因为较大的 ε_r 往往和较大的电导率相联系，因而介质损耗也较大。采用 ε_r 较小的绝缘材料还可减小电缆的充电电流、提高套管的沿面放电电压等。

在高压电气设备中常将几种绝缘材料组合在一起使用，这时应注意各种材料的 ε_r 值之间的配合。因为在工频交流电压和冲击电压下，串联的多层电介质中的电场强度分布与各

层电介质的 ε_r 成反比。

最基本的极化形式有电子式极化、离子式极化和偶极子极化三种，另外还有夹层极化和空间电荷极化等。现简要介绍如下：

（一）电子式极化

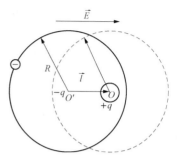

在外电场 $\vec{E}$ 的作用下，介质原子中的电子运动轨道将相对于原子核发生弹性位移，如图 3 - 2 所示。这样一来，正、负电荷作用中心不再重合而出现感应偶极矩 $\vec{m}$，其值为 $\vec{m} = q \vec{l}$（矢量 $\vec{l}$ 的方向为由 $-q$ 指向 $+q$）。这种极化称为电子式极化或电子位移极化。

图 3 - 2　电子式极化

电子式极化存在于一切电介质中，它有两个特点：①完成极化所需的时间极短，约 10^{-15} s，故其 ε_r 值不受外电场频率的影响；②它是一种弹性位移，一旦外电场消失，正、负电荷作用中心立即重合，整体恢复中性。所以这种极化不产生能量损耗，不会使电介质发热。温度对这种极化影响不大，只是在温度升高时，电介质略有膨胀，单位体积内的分子数减少，引起 ε_r 稍有减小。

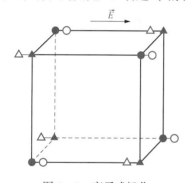

图 3 - 3　离子式极化

●、▲—分别为极化前正、负离子位置；○、△—分别为极化后正、负离子位置

（二）离子式极化

固体无机化合物大多属离子式结构，如云母、陶瓷等。无外电场时，晶体的正、负离子对称排列，各个离子对的偶极矩互相抵消，故平均偶极矩为零。在出现外电场后，正、负离子将发生方向相反的偏移，使平均偶极矩不再为零，介质呈现极化，如图 3 - 3 所示。这就是离子式极化，或称离子位移极化。在离子间束缚较强的情况下，离子的相对位移是很有限的，没有离开晶格，外电场消失后即恢复原状，所以它亦属弹性位移极化，几乎不引起损耗。所需时间也很短，约 10^{-13} s，所以其 ε_r 也几乎与外电场的频率无关。

温度对离子式极化有两种相反的影响，一方面离子间的结合力会随温度的升高而减小，从而使极化程度增强；另一方面，离子的密度将随温度的升高而减小，使极化程度减弱。通常前一种影响较大一些，所以其 ε_r 一般具有正的温度系数。

（三）偶极子极化

有些电介质的分子很特别，具有固有的电矩，即正、负电荷作用中心永不重合，这种分子称为极性分子，这种电介质称为极性电介质，例如胶木、橡胶、纤维素、蓖麻油、氯化联苯等。

每个极性分子都是偶极子，具有一定电矩，但当不存在外电场时，这些偶极子因热运动而杂乱无序地排列着，如图 3 - 4（a）所示，宏观电矩等于零，因而整个介质对外并不表现

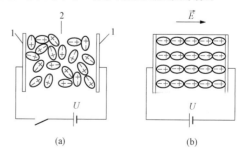

图 3 - 4　偶极子极化

（a）无外电场时；（b）有外电场时

1—电极；2—电介质（极性分子）

出极性。出现外电场后，原先排列杂乱的偶极子将沿电场方向转动，作较有规则的排列，如图3-4（b）所示（实际上，由于热运动和分子间束缚电场的存在，不是所有的偶极子都能转到与电场方向完全一致），因而显示出极性。这种极化称为偶极子极化或转向极化，它是非弹性的，极化过程要消耗一定的能量（极性分子转动时要克服分子间的作用力，可想象为类似于物体在一种黏性媒质中转动需克服阻力），极化所需的时间也较长，在$10^{-10}\sim 10^{-2}$s的范围内。由此可知，极性电介质的ε_r值与电源频率有较大的关系，频率太高时偶极子将来不及转动，因而其ε_r值变小，如图3-5所示。其中ε_{r0}相当于直流电场下的相对介电常数，$f>f_1$以后偶极子将越来越跟不上电场的交变，ε_r值不断下降；当$f=f_2$时，偶极子已完全不跟着电场转动了，这时只存在电子式极化，ε_r减小到$\varepsilon_{r\infty}$。在常温下，极性液体电介质的$\varepsilon_r\approx 3\sim 6$。

温度对极性电介质的ε_r值有很大的影响。温度升高时，分子热运动加剧，阻碍极性分子沿电场取向，使极化减弱，所以通常极性气体介质均具有负的温度系数。但对极性液体和固体介质来说，关系比较复杂：当温度很低时，由于分子间的联系紧密（如液体介质的黏度很大），偶极子转动比较困难，所以ε_r也很小。可见液体、固体介质的ε_r在低温下先随温度的升高而增大，以后当热运动变得较强烈时，ε_r又开始随温度的上升而减小，如图3-6所示。

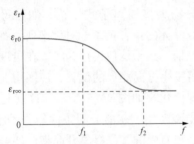 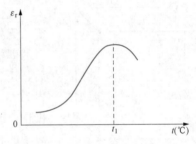

图3-5　极性液体电介质的
ε_r与频率f的关系

图3-6　极性液体、固体介质的
ε_r与温度t的关系

（四）夹层极化

高压电气设备的绝缘结构往往不是采用某种单一的绝缘材料，而是使用若干种不同电介质构成组合绝缘。此外，即使只用一种电介质，它也不可能完全均匀和同质，例如内部含有杂质等。凡是由不同介电常数和电导率的多种电介质组成的绝缘结构，在加上外电场后，各层电压将从开始时按介电常数分布逐渐过渡到稳态时按电导率分布。在电压重新分配的过程中，夹层界面上会积聚起一些电荷，使整个介质的等效电容增大，这种极化称为夹层介质界面极化，或简称夹层极化。

下面以最简单的平行平板电极间的双层电介质为例对这种极化作进一步的说明。如图3-7所示，以ε_1、γ_1、C_1、G_1、d_1和U_1分别表示第一

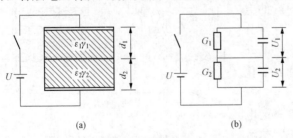

图3-7　直流电压作用于双层介质
（a）示意图；（b）等效电路

层电介质的介电常数、电导率、等效电容、等效电导、厚度和分配到的电压；而第二层的相应参数为 ε_2、γ_2、C_2、G_2、d_2 和 U_2。两层的面积相同，外加直流电压为 U。

设在 $t=0$ 瞬间合上开关，两层电介质上的电压分配将与电容成反比，即

$$\left.\frac{U_1}{U_2}\right|_{t=0} = \frac{C_2}{C_1} \qquad (3-4)$$

这时两层介质的分界面上没有多余的正空间电荷或负空间电荷。

到达稳态后（设 $t \to \infty$），电压分配将与电导成反比，即

$$\left.\frac{U_1}{U_2}\right|_{t\to\infty} = \frac{G_2}{G_1} \qquad (3-5)$$

在一般情况下，$C_2/C_1 \neq G_2/G_1$，可见有一个电压重新分配的过程，亦即 C_1、C_2 上的电荷要重新分配。

设 $C_1 < C_2$，而 $G_1 > G_2$，则

$$t = 0 \text{ 时}, U_1 > U_2$$
$$t \to \infty \text{ 时}, U_1 < U_2$$

可见，随着时间 t 的增加，U_1 下降而 U_2 增高，总的电压 U 保持不变。这意味着 C_1 要通过 G_1 放掉一部分电荷，而 C_2 要通过 G_1 从电源再补充一部分电荷，于是分界面上将积聚起一批多余的空间电荷，这就是夹层极化所引起的吸收电荷，电荷积聚过程所形成的电流称为吸收电流。由于这种极化涉及电荷的移动和积聚，所以必然伴随能量损耗，而且过程较慢，一般需要几分之一秒、几秒、几分钟，甚至几小时，所以这种极化只有在直流和低频交流电压下才能表现出来。

为便于比较，将上述各种极化列成表 3-2 进行比较。

表 3-2 电介质极化种类及比较

极化种类	产生场合	所需时间	能量损耗	产生原因
电子式极化	任何电介质	10^{-15} s	无	束缚电子运行轨道偏移
离子式极化	离子式结构电介质	10^{-13} s	几乎没有	离子的相对偏移
偶极子极化	极性电介质	$10^{-10} \sim 10^{-2}$ s	有	偶极子的定向排列
夹层极化	多层介质的交界面	10^{-1} s～数小时	有	自由电荷的移动

二、电介质的电导

任何电介质都不可能是理想的绝缘体，它们内部总是或多或少地具有一些带电粒子（载流子），例如可迁移的正、负离子以及电子、空穴和带电的分子团。在外电场的作用下，某些联系较弱的载流子会产生定向漂移而形成传导电流（电导电流或泄漏电流）。换言之，任何电介质都不同程度地具有一定的导电性，只不过其电导率很小而已，而表征电介质导电性能的主要物理量即为电导率 γ 或其倒数——电阻率 ρ。

按载流子的不同，电介质的电导可分为离子电导和电子电导两种，前者以离子为载流子，而后者以自由电子为载流子。由于电介质中自由电子数极少，电子电导通常都非常微弱；如果在一定条件下（如加上很强的电场），电介质中出现了可观的电子电导电流，则意味着该介质已被击穿。在正常情况下，电介质的电导主要是离子电导，这同金属导体的

电导主要依靠自由电子有本质的区别。离子电导又可分为本征（固有）离子电导和杂质离子电导。在中性或弱极性电介质中，主要是杂质离子电导，可见在纯净的非极性电介质中，电导率是很小的，亦即电阻率 ρ 很大，可高达 $10^{17} \sim 10^{19}\,\Omega \cdot cm$；而极性电介质因具有较大的本征离子电导，其电阻率就小得多了（$10^{10} \sim 10^{14}\,\Omega \cdot cm$）。

在液体介质中，还存在一种电泳电导，其载流子为带电的分子团，通常是乳化状态的胶体粒子（如绝缘油中的悬浮胶粒）或细小水珠，它们吸附电荷后变成了带电粒子。

工程上使用的液体电介质通常只具有工业纯度，其中仍含有一些固体杂质（纤维、灰尘等）、液体杂质（水分等）和气体杂质（氮气、氧气等），它们往往是弱电场下液体介质中载流子的主要来源。

当温度升高时，分子离解度增大，液体的黏度减小，所以液体介质中的离子数增多，迁移率增大，可见其电导将随温度的上升而急剧增大。

固体介质的电导除了体积电导外，还存在表面电导，后者取决于固体介质表面所吸附的水分和污秽，受外界因素的影响很大。在测量固体介质的体积电导时，应尽量排除表面电导的影响，为此应清除表面上的污秽。烘干水分，并在测量接线上采取一定的措施。

固体和液体介质的电导率 γ 与温度 T 的关系均可近似地表示为

$$\gamma = Ae^{-\frac{B}{T}} \tag{3-6}$$

式中　A，B——常数，均与介质的特性有关，但固体介质的常数 B 通常比液体介质的 B
　　　　　　　值大得多；

　　　　T——绝对温度，K。

式（3-6）表明，电介质的电导率随温度按指数规律上升，所以在测量电介质的电导或绝缘电阻时必须注意温度。

三、电介质损耗

（一）电介质损耗的基本概念

在电场作用下没有能量损耗的理想电介质是不存在的，实际电介质中总有一定的能量损耗，包括由电导引起的损耗和某些有损极化（如偶极子极化、夹层极化等）引起的损耗，总称电介质损耗（简称介质损耗）。

在直流电压的作用下，电介质中没有周期性的极化过程，只要外加电压还没有达到引起局部放电的数值，介质中的损耗将仅由电导所引起，所以用体积电导率和表面电导率两个物理量就已能充分说明问题，不必再引入介质损耗这个概念了。

如图 3-8（a）、（b）所示，在交流电压下，流过电介质的电流 $\dot{I}$ 包含有功分量 $\dot{I}_R$ 和无功分量 $\dot{I}_C$，即

$$\dot{I} = \dot{I}_R + \dot{I}_C$$

图 3-8（c）绘出了此时的电压、电流相量图，可以看出，此时的介质功率损耗

$$P = UI\cos\varphi = UI_R = UI_C\tan\delta = U^2\omega C_p\tan\delta \tag{3-7}$$

式中　ω——电源角频率；

　　　　φ——功率因数角；

　　　　δ——介质损耗角。

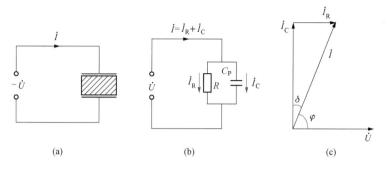

图 3 - 8　介质在交流电压下的等效电路和相量图
（a）示意图；（b）等效电路；（c）相量图

介质损耗角 δ 为功率因数角 φ 的余角，其正切 $\tan\delta$ 又可称为介质损耗因数，常用百分数（%）来表示。

采用介质损耗 P 作为比较各种绝缘材料损耗特性优劣的指标显然是不合适的，因为 P 值的大小与所加电压 U、试品电容量 C_p、电源频率 ω 等一系列因素都有关系，而式（3-7）中的 $\tan\delta$ 却是一个仅仅取决于材料损耗特性，而与上述种种因素无关的物理量。正由于此，通常均采用介质损耗角正切 $\tan\delta$ 作为综合反映电介质损耗特性优劣的一个指标，测量和监控各种电气设备绝缘的 $\tan\delta$ 值已成为电力系统中绝缘预防性试验的最重要项目之一。

有损介质更细致的等效电路如图 3-9（a）所示，图中 C_1 代表介质的无损极化（电子式和离子式极化），C_2—R_2 代表各种有损极化，而 R_3 则代表电导损耗。在这个等效电路加上直流电压时，电介质中流过的将是电容电流 i_1、吸收电流 i_2 和传导电流 i_3。电容电流 i_1 在加压瞬间数值很大，但迅速下降到零，是一极短暂的充电电流；吸收电流 i_2 则随加电压时间增长而逐渐减小，比充电电流的下降要慢得多，约经数十分钟才衰减到零，具体时间长短取决于绝缘的种类、不均匀程度和结构；传导电流 i_3 是唯一长期存在的电流分量。这三个电流分量加在一起，即得出图 3-10 中的总电流 i，它表示在直流电压作用下，流过绝缘的总电流随时间而变化的曲线，称为吸收曲线。

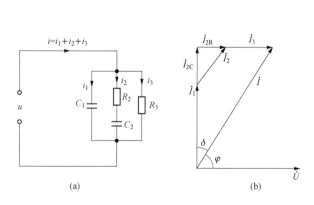

图 3 - 9　电介质的三支路等效电路和相量图
（a）等效电路；（b）相量图

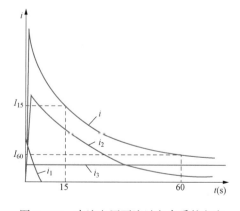

图 3 - 10　直流电压下流过电介质的电流

如果施加的是交流电压 $\dot{U}$，那么纯电容电流 $\dot{I}_1$、反映吸收现象的电流 $\dot{I}_2$ 和电导电流 $\dot{I}_3$ 都将长期存在，而总电流 $\dot{I}$ 等于三者的相量和。

反映有损极化或吸收现象的电流 $\dot{I}_2$ 又可分解为有功分量 $\dot{I}_{2R}$ 和无功分量 $\dot{I}_{2C}$，如图 3 - 9（b）所示。

上述三支路等效电路可进一步简化为电阻、电容的并联等效电路或串联等效电路。若介质损耗主要由电导所引起，常采用并联等效电路；如果介质损耗主要由极化所引起，则常采用串联等效电路。

1. 并联等效电路

如果把图 3 - 9 中的电流归并成由有功电流和无功电流两部分组成，即可得图 3 - 8（b）所示的并联等效电路，图中 C_p 代表无功电流 I_C 的等效电容、R 则代表有功电流 I_R 的等效电阻。其中

$$I_R = I_3 + I_{2R} = \frac{U}{R}$$

$$I_C = I_1 + I_{2C} = U\omega C_p$$

介质损耗角正切 $\tan\delta$ 等于有功电流和无功电流的比值，即

$$\tan\delta = \frac{I_R}{I_C} = \frac{U/R}{U\omega C_p} = \frac{1}{\omega C_p R} \tag{3 - 8}$$

此时电路的功率损耗为

$$p = \frac{U^2}{R} = U^2 \omega C_p \tan\delta \tag{3 - 9}$$

可见与式（3 - 7）所得介质损耗完全相同。

2. 串联等效电路

上述有损电介质也可用一只理想的无损耗电容 C_s 和一个电阻 r 相串联的等效电路来代替，如图 3 - 11（a）所示。

由图 3 - 11（b）的相量图可得

$$\tan\delta = \frac{Ir}{I/\omega C_s} = \omega C_s r \tag{3 - 10}$$

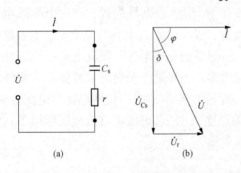

图 3 - 11　电介质的简化串联等效电路及相量图
(a) 简化串联等效电路；(b) 相量图

由于 $r = \dfrac{\tan\delta}{\omega C_s}$，$I = U_{Cs}\omega C_s = U\cos\delta \cdot \omega C_s$，

所以电路的功率损耗为

$$p = I^2 r = (U\cos\delta \cdot \omega C_s)^2 \frac{\tan\delta}{\omega C_s} = U^2 \omega C_s \tan\delta \cos^2\delta$$

因为介质损耗角 δ 值一般很小，$\cos\delta \approx 1$，所以

$$P \approx U^2 \omega C_s \tan\delta \tag{3 - 11}$$

用两种等效电路所得出的 $\tan\delta$ 和 P 理应相同，所以只要把式（3 - 9）与式（3 - 11）加以比较，即可得 $C_s \approx C_p$，说明两种等效电路中的电容值几乎相同，可以用同一电容 C 来表示。另外，由式（3 - 8）和式（3 - 10）可得 $\dfrac{r}{R} \approx \tan^2\delta$，可见 $r \ll R$（因为 $\tan\delta \ll 1$），所以串联等效电路中的电阻 r 要比并联等效电路中的电阻 R 小得多。

（二）气体、液体和固体介质的损耗

1. 气体介质损耗

气体分子间的距离很大，相互间的作用力很弱，所以在极化过程中不会引起损耗。如果外加电场还不足以引起电离过程，则气体中只存在很小的电导损耗（其 $\tan\delta < 10^{-8}$）。

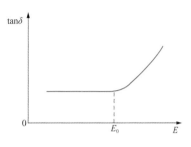

不过当气体中的电场强度达到放电起始场强 E_0 时，气体中将发生局部放电，这时损耗将急剧增大，如图 3 - 12 所示。这种情况常发生在固体或液体介质中含有气泡的场合，因为固体和液体介质的 ε_r 都要比气体介质的 ε_0 大得多，所以即使外加电压还不高时，气泡中即可能出现很大的电场强度而导致局部放电。这里使用的术语是局部放电而不是电晕放电，主要是因为后者通常仅指发生在小曲率半径金属电极表面附近的局部放电，而此处气泡可能远离电极。

图 3 - 12　气体介质的 $\tan\delta$ 与电场强度的关系

2. 液体介质损耗

中性和弱极性液体介质（如变压器油）的极化损耗很小，其损耗主要由电导引起，因而其损耗率 P_0（单位体积电介质中的功率损耗）可用下式求得

$$P_0 = \gamma E^2 \quad (\text{W/cm}^3) \tag{3 - 12}$$

式中　γ——电介质的电导率，S/cm；

　　　E——电场强度，V/cm。

由于 γ 与温度有指数关系［参阅式（3 - 6）］，故 P_0 也将以指数规律随温度的上升而增大。例如变压器油在 20℃时的 $\tan\delta \leqslant 0.5\%$，70℃时 $\tan\delta \leqslant 2.5\%$。电缆油和电容器油的性能更好一些，例如高压电缆油在 100℃时的 $\tan\delta \leqslant 0.15\%$。

极性液体介质（如蓖麻油、氯化联苯等）除了电导损耗外，还存在极化损耗。它们的 $\tan\delta$ 与温度的关系要复杂一些，如图 3 - 13 所示。图中的曲线变化可以这样来解释：在低温时，极化损耗和电导损耗都较小；随着温度的升高，液体的黏度减小，偶极子转向极化增强，电导损耗也在增大，所以总的 $\tan\delta$ 亦上升，并在 $t = t_1$ 时达到极大值；在 $t_1 < t < t_2$ 的范围内，由于分子热运动的增强妨碍了偶极子沿电场方向的有序排列，极化强度反而随温度的上升而减弱，由于极化损耗的减小超过了电导损耗的增加，所以总的 $\tan\delta$ 曲线随 t 的升高而下降，并在 $t = t_2$ 时达到极小值。在 $t > t_2$ 以后，由于电导损耗随温度急剧上升、极化损耗不断减小而退居次要地位，因而 $\tan\delta$ 就将随 t 的上升而持续增大了。

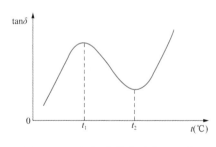

图 3 - 13　极性液体介质的 $\tan\delta$ 与温度的关系

极性液体介质的 ε 和 $\tan\delta$ 与电源角频率 ω 的关系如图 3 - 14 所示。当 ω 较小时，偶极子的转向极化完全能跟上电场的交变，极化得以充分发展，此时的 ε 也最大。但此时偶极子单位时间的转向次数不多，因而极化损耗很小，$\tan\delta$ 也小，且主要由电导损耗引起。如

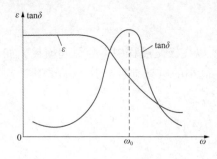

图 3-14　极性液体介质的 ε 和 $\tan\delta$
与角频率 ω 的关系曲线

ω 减至很小时，$\tan\delta$ 反而又稍有增大，这是因为电容电流减小的结果。随着 ω 的增大，当转向极化逐渐跟不上电场的交变时，ε 开始下降，但由于转向频率增大仍会使极化损耗增加、$\tan\delta$ 增大。一旦 ω 大到偶极子完全来不及转向时，ε 值变得最小而趋于某一定值，$\tan\delta$ 也变得很小，因为这时只存在电子式极化了。在这样的变化过程中，一定有一个 $\tan\delta$ 的极大值，其对应的角频率为 ω_0。

3. 固体介质损耗

固体介质种类较多，它们的损耗情况也比较复杂，现分别介绍如下。

（1）无机绝缘材料。在电气设备中常用的这一类材料有云母、陶瓷、玻璃等，它们都是离子式结构的晶体材料，但又可分为结晶态（云母、陶瓷等）和无定形态（玻璃等）两大类。

云母是一种优良的绝缘材料，结构紧密，不含杂质时没有显著的极化过程，所以在各种频率下的损耗均主要因电导而引起，而它的电导率又很小（20℃时为 $10^{-16} \sim 10^{-15}$ S/cm），即使在高温下也不大（180℃时为 $10^{-14} \sim 10^{-13}$ S/cm）。云母的介质损耗小、耐高温性能好，所以是理想的电机绝缘材料。云母的缺点是机械性能差，所以一定要先用黏合剂和增强材料加工成云母制品，然后才能付诸实用。

电工陶瓷（简称电瓷）既有电导损耗，也有极化损耗。常温下它的电导很小（20℃时为 $10^{-15} \sim 10^{-14}$ S/cm）；20℃和50Hz下电瓷的 $\tan\delta = 2\% \sim 5\%$。含有大量玻璃相的普通电瓷的 $\tan\delta$ 较大，而以结晶相为主的超高频电瓷的 $\tan\delta$ 很小。

玻璃也具有电导损耗和极化损耗，总的介质损耗大小与玻璃的成分有关，含碱金属氧化物（Na_2O、K_2O 等）的玻璃损耗较大，加入重金属氧化物（BaO、PbO 等）能使碱玻璃的损耗下降一些。

（2）有机绝缘材料。它们又可分为非极性和极性两大类。

聚乙烯、聚苯乙烯、聚四氟乙烯等都是非极性有机电介质，如果不含极性杂质，它们都只有电子式极化，损耗取决于电导。它们的"$\tan\delta$—温度"特性由"电导率—温度"特性来决定，$\tan\delta$ 与频率的关系很小。例如在 $-80 \sim +100$℃的温度范围内，聚乙烯的 $\tan\delta$ 变化范围只有 $0.01\% \sim 0.02\%$，这种优良的绝缘特性可保持到高频的情况，再加上它具有很高的化学稳定性、具有弹性、不吸潮、机械加工简便等优点，使它成为很好的固体介质，可用来制造高频电缆、海底电缆、高频电容器等。聚乙烯的缺点是耐热性能较差，温度较高时会软化变形。

聚氯乙烯、纤维素、酚醛树脂、胶木、绝缘纸等均属于极性有机电介质，显著的极化损耗使这一类电介质具有较大的介质损耗，它们的 $\tan\delta$ 为 $0.1\% \sim 1.0\%$，甚至更大。其"$\tan\delta$—温度"及"$\tan\delta$—频率"关系均与前面介绍过的极性液体介质相似。

在表 3-3 中列出了某些常用的液体和固体电介质在工频电压下20℃时的 $\tan\delta$ 值。

表 3-3　　　　　　工频电压下 20℃时，某些液体和固体电介质的 $\tan\delta$ 值（%）

电 介 质	$\tan\delta$	电 介 质	$\tan\delta$
变压器油	0.05~0.5	聚乙烯	0.01~0.02
蓖麻油	1~3	交联聚乙烯	0.02~0.05
沥青云母带	0.2~1	聚苯乙烯	0.01~0.03
电 瓷	2~5	聚四氟乙烯	<0.02
油浸电缆纸	0.5~8	聚氯乙烯	5~10
环氧树脂	0.2~1	酚醛树脂	1~10

第二节　液体介质的击穿

一旦作用于固体和液体介质的电场强度增大到一定程度时，在介质中出现的电气现象就不再限于前面介绍的极化、电导和介质损耗了。与气体介质相似，液体和固体介质在强电场（高电压）的作用下，也会出现由介质转变为导体的击穿过程。在本节和下一节将先后介绍液体和固体介质的击穿理论、击穿过程特点和影响其电气强度的因素。

液体介质主要有天然的矿物油和人工合成油两大类，此外还有蓖麻油等植物油。目前用得最多的是从石油中提炼出来的矿物绝缘油，通过不同程度的精炼，可得出分别用于变压器、高压开关电器、套管、电缆及电容器等设备中的变压器油、电缆油和电容器油等。用于变压器中的绝缘油同时也起散热媒质的作用，用于某些断路器中的绝缘油有时也兼作灭弧媒质，而用于电容器中的绝缘油也同时起贮能媒质的作用。

工程中实际使用的液体介质并不是完全纯净的，往往含有水分、气体、固体微粒和纤维等杂质，它们对液体介质的击穿过程均有很大的影响。因此，本节中除了介绍纯净液体介质的击穿机理外，还将探讨工程用绝缘油的击穿特点。

一、纯净液体介质的击穿理论

关于纯净液体介质的击穿机理有各种理论，主要可分为两大类，即电子碰撞电离理论和气泡击穿理论，前者亦称电击穿理论。

1. 电子碰撞电离理论

当外电场足够强时，在阴极产生的强场发射或因肖特基效应发射的电子将被电场加速而具有足够的动能，在碰撞液体分子时可引起电离，使电子数倍增，形成电子崩。与此同时，由碰撞电离产生的正离子将在阴极附近集结形成空间电荷层，增强了阴极附近的电场，使阴极发射的电子数增多；当外加电压增大到一定程度时，电子崩电流会急剧增大，从而导致液体介质的击穿。

纯净液体介质的电击穿理论与气体放电汤逊理论中 α、γ 的作用有些相似。但是液体的密度比气体大得多，电子的平均自由行程很小，积累能量比较困难，必须大大提高电场强度才能开始碰撞电离，所以纯净液体介质的击穿场强要比气体介质高得多（约高一个数量级）。

由电击穿理论可知：纯净液体的密度增加时，击穿场强会增大；温度升高时液体膨胀，击穿场强会下降；由于电子崩的产生和空间电荷层的形成需要一定时间，当电压作用时间很短时，击穿场强将提高，因此液体介质的冲击击穿场强高于工频击穿场强（冲击系数 $\beta > 1$）。

2. 气泡击穿理论

实验证明液体介质的击穿场强与其静压力密切相关，这表明液体介质在击穿过程的临界阶段可能包含着状态变化，这就是液体中出现了气泡。因此，有学者提出了气泡击穿机理。

在交流电压下，串联介质中电场强度的分布是与介质的 ε_r 成反比的。由于气泡的 ε_r 最小（约等于1），其电气强度又比液体介质低很多，所以气泡必先发生电离。气泡电离后温度上升、体积膨胀、密度减小，这促使电离进一步发展。电离产生的带电粒子撞击油分子，使它又分解出气体，导致气体通道扩大。如果许多电离的气泡在电场中排列成气体小桥，击穿就可能在此通道中发生。

如果液体介质的击穿因气体小桥而引起，那么增加液体的压力，就可使其击穿场强有所提高。因此，在高压充油电缆中总要加大油压，以提高电缆的击穿场强。

二、 工程用变压器油的击穿过程及其特点

气泡击穿理论依赖于气泡的形成、发热膨胀、气泡通道扩大并积聚成小桥，有热的过程，属于热击穿的范畴。这一理论可推广到其他悬浮物体引起的击穿，用来解释工程用变压器油的击穿过程。

工程用变压器油是含有杂质的，这不仅是因为完全清除油中杂质极其困难，还因为油和大气接触时会逐渐氧化、并从大气中吸收气体和水分；况且在设备制造过程中也还会有杂质混入，例如纸或布等纤维脱落到油中；在运行中油质劣化也会分解出气体、水分和聚合物。这些杂质的介电常数和电导率均与变压器油不同，从而会畸变油中电场分布，影响油的击穿场强。

由于水和纤维的 ε_r 很大，很易沿电场方向极化定向，并排列成杂质小桥。这时会发生两种情况：

（1）如果杂质小桥尚未接通电极，则纤维等杂质与油串联，由于纤维的 ε_r 大以及含水分纤维的电导大，使其端部油中电场强度显著增高并引起电离，于是油分解出气体，气泡扩大，电离增强，这样下去必然会出现由气体小桥引起的击穿。

（2）如果杂质小桥接通电极，因小桥的电导大而导致泄漏电流增大，发热会促使水分汽化，气泡扩大，发展下去也会出现气体小桥，使油隙发生击穿。

工程用变压器油的击穿有如下特点：在均匀电场中，当工频电压升高到某值时油中可能出现一个火花放电，但旋即消失（即这个火花没有引起油隙击穿），油又恢复其电气强度；电压再增油中又可能出现火花，但可能又旋即消失；这样反复多次，最后才会发生稳定的击穿。

这种自恢复现象是因小桥引起火花放电后，由于纤维被烧掉、水滴汽化、油扰动以及油具有一定的灭弧能力等原因而使杂质小桥遭到破坏，造成火花放电熄灭。

判断变压器油的质量，主要依靠测量其电气强度、tanδ 和含水量等。其中最重要的试验项目是用标准油杯测量油的工频击穿电压（如测 5 次，取其平均值）。我国采用的标准油杯如图 3 - 15 所示，极间距离为 2.5mm，电极是直径等于 25mm 的圆盘形铜电极，为了减弱边缘效应，电极的边缘加工成半径为 2.5mm 的半圆，可见极间电场基本上是均匀的。

我国规定不同电压等级电气设备中所用变压器油的电气强度应符合表 3 - 4 的要求。

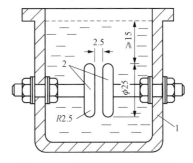

图 3 - 15 我国采用的标准油杯
（单位：mm）
1—绝缘杯体；2—黄铜电极

表 3 - 4 　　　　　　　变压器油的电气强度要求　　　　　　　单位：kV

额定电压等级	用标准油杯测得的工频击穿电压有效值		额定电压等级	用标准油杯测得的工频击穿电压有效值	
	新油	运行中的油		新油	运行中的油
15 及以下	≥25	≥20	330	≥50	≥45
20～35	≥35	≥30	500	≥60	≥50
63～220	≥40	≥35			

由表 3 - 4 可知，变压器油在极距为 2.5mm 的标准油杯中的击穿电压在 20～60kV 之间，相应的击穿场强有效值应为 80～240kV/cm，这要比空气的击穿场强［30kV（峰值）/cm＝21kV（有效值）/cm］高得多。

三、 变压器油击穿电压的影响因素及其提高的方法

1. 水分和其他杂质

水在变压器油中有两种状态：①高度分散，且分布非常均匀，可视为溶解状态；②呈水珠状一滴一滴悬浮在油中，为悬浮状态。悬浮状水滴在油中是十分有害的，因它们在电场作用下将极化而沿电场方向伸长，会畸变油中的电场分布，并可能在电极间连成小桥。图 3 - 16 表示在常温下变压器油的含水量对均匀电场油隙工频击穿电压的影响。当油中含水量达十万分之几时，它对击穿电压就有明显的影响，这意味着油中已出现悬浮状水滴；含水量达 0.02% 时，击穿电压已下降至 10kV，比不含水分时的击穿电压低很多倍；含水量继续增大时，击穿电压下降已不多，这是因为只有一定数量的水分能悬浮于油中，多余的水分会沉淀到油的底部，但这对油的绝缘性能也是非常有害的。

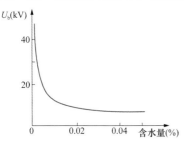

图 3 - 16 常温下变压器油隙的工频击穿电压有效值（标准油杯中）与含水量的关系

当变压器油中还含有其他固体杂质时，击穿电压的下降程度随杂质的种类和数量而异。图 3 - 17 表示这种关系，其油间隙是由一对球电极构成，为稍不均匀电场。纤维的含量即使很少，但对击穿电压就有很大的影响，这是因为纤维是极性介质并且易吸潮，很易

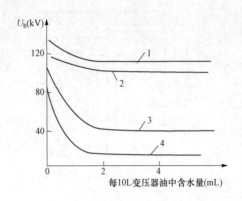

图 3-17　水分、杂质对变压器
油隙击穿电压峰值的综合影响
（球电极直径 12.7mm，球隙距离 3.8mm）
1—纯油；2—含 1.76mg 碳；3—含
0.21mg 纤维；4—含 1.12mg 纤维

沿电场方向极化定向而排列成小桥。从油中分解出来的碳粒却对油的击穿电压影响不大。

2. 油温

变压器油的击穿电压与温度的关系比较复杂，随电场的均匀度、油的品质以及电压类型的不同而异。

均匀电场中变压器油隙的工频击穿电压有效值与温度的关系如图 3-18 所示。曲线 2 为潮湿的油，当温度由 0℃ 开始上升时，一部分水分从悬浮状态转化为害处较小的溶解状态，使击穿电压上升；但在温度超过 80℃ 时，水开始汽化，产生气泡，引起击穿电压下降，从而在 60～80℃ 的范围内出现最大值；在 0～5℃ 时，全部水分转为乳浊状态，导电小桥最易形成，出现击穿电压的最小值；再降低温度，水滴冻结成冰粒，油也将逐渐凝固，使击穿电压提高。曲线 1 是干燥的油，这时随着油温升高，击穿电压略有下降，这符合前述的电子碰撞电离理论。

在极不均匀电场中，随着油温的上升工频击穿电压稍有下降，如图 3-19 所示。电压的下降可用电子碰撞电离理论来说明，水滴等杂质不影响极不均匀电场中的工频击穿电压。

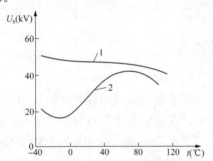

图 3-18　标准油杯中变压器油隙工频
击穿电压有效值与温度的关系
1—干燥的油；2—潮湿的油

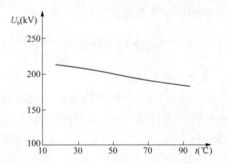

图 3-19　"棒—板"间隙中变压器油隙
工频击穿电压有效值与温度的关系
（间隙距离 25cm）

不论在均匀电场中还是不均匀电场中，随着温度的上升，冲击击穿电压均单调地稍有下降。这也可借助电子碰撞电离理论加以解释，而水滴等杂质的影响很小，因为在冲击电压作用下来不及形成杂质小桥。

3. 电场均匀度

保持油温不变，而改善电场的均匀度，能使优质油的工频击穿电压显著增大，也能大大提高其冲击击穿电压。品质差的油含杂质较多，故改善电场对于提高其工频击穿电压的效果也较差。在冲击电压下，由于杂质来不及形成小桥，故改善电场总是能显著提高油隙的冲击击穿电压，而与油的品质好坏几乎无关。

4. 电压作用时间

油隙的击穿电压会随电压作用时间的增加而下降，加电压时间还会影响油的击穿性质。从图3-20的两条曲线可以看出：在电压作用时间短至几个微秒时击穿电压很高，击穿有时延特性，属电击穿；电压作用时间为数十到数百微秒时，杂质的影响还不能显示出来，仍为电击穿，这时影响油隙击穿电压的主要因素是电场的均匀程度；电压作用时间更长时，杂质开始聚集，油隙的击穿开始出现热过程，于是击穿电压再度下降，为热击穿。

5. 油压的影响

不论电场均匀度如何，工业纯变压器油的工频击穿电压总是随油压的增加而增大，这是因为油中气泡的电离电压增高和气体在油中的溶解度增大的缘故。但经过脱气处理的油，其工频击穿电压就几乎与油压无关。

由于油中气泡等杂质不影响冲击击穿电压，故油压大小也不影响冲击击穿电压。

从以上讨论中可以看出，油中杂质对油隙的工频击穿电压有很大的影响，所以对于工程用油来说，应设法减少杂质的影响，提

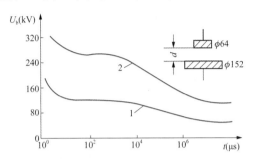

图3-20 变压器油隙击穿电压
峰值与电压作用时间的关系
1—$d=6.35$；2—$d=25.4$（单位：mm）

高油的品质。通常可以采用过滤、防潮、祛气等方法来提高油的品质，在绝缘设计中则可利用"油—屏障"式绝缘（如覆盖层、绝缘层和隔板等）来减少杂质的影响，这些措施都能显著提高油隙的击穿电压。

第三节 固体介质的击穿

在电场作用下，固体介质的击穿可能因电过程（电击穿）、热过程（热击穿）、电化学过程（电化学击穿）而引起。在这一节里将对这些击穿形式和击穿理论作扼要介绍，还将讨论影响固体介质击穿电压的一些主要因素。固体介质击穿后，会在击穿路径留下放电痕迹，如烧穿或熔化的通道以及裂缝等，从而永远丧失其绝缘性能，故为非自恢复绝缘。

实际电气设备中的固体介质击穿过程是错综复杂的，不仅取决于介质本身的特性，还与绝缘结构形式、电场均匀度、外加电压波形和加电压时间以及工作环境（周围媒质的温度及散热条件）等多种因素有关，所以往往要用多种理论来说明其击穿过程。

常用的有机绝缘材料，如纤维材料（纸、布和纤维板）以及聚乙烯塑料等，其短时电气强度很高，但在工作电压的长期作用下，会产生电离、老化等过程，从而使其电气强度大幅度下降。所以，对这类绝缘材料或绝缘结构，不仅要注意其短时耐电特性，而且要重视它们在长期工作电压下的耐电性能。

一、固体介质的击穿理论

1. 电击穿理论

固体介质的电击穿是指仅仅由于电场的作用而直接使介质破坏并丧失绝缘性能的

现象。

固体介质中存在少量处于导带能级的电子（传导电子），它们在强电场作用下加速，并与晶格结点上的原子（或离子）不断碰撞。当单位时间内传导电子从电场获得的能量大于碰撞时失去的能量，则在电子的能量达到了能使晶格原子（或离子）发生电离的水平时，传导电子数将迅速增多，引起电子崩，破坏了固体介质的晶格结构，使电导大增而导致击穿。

在介质的电导（或介质损耗）很小又有良好的散热条件以及介质内部不存在局部放电的情况下，固体介质的击穿通常为电击穿，其击穿场强一般可达 $10^5 \sim 10^6 \mathrm{kV/m}$，比热击穿时的击穿场强高很多，后者仅为 $10^3 \sim 10^4 \mathrm{kV/m}$。

电击穿的主要特征为：击穿电压几乎与周围环境温度无关；除时间很短的情况外，击穿电压与电压作用时间的关系不大；介质发热不显著；电场的均匀程度对击穿电压有显著影响。

2. 热击穿理论

热击穿是由于固体介质内的热不稳定过程造成的。当固体介质较长期地承受电压的作用时，会因介质损耗而发热，与此同时也向周围散热，如果周围环境温度低、散热条件好，发热与散热将在一定条件下达到平衡，这时固体介质处于热稳定状态，介质温度不会不断上升而导致绝缘的破坏。但是，如果发热大于散热，介质温度将不断上升，导致介质分解、熔化、碳化或烧焦，从而发生热击穿。

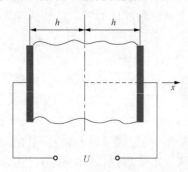

图 3-21　平板状固体介质
的发热和散热示意图

为简单起见，以图 3-21 中的平板状固体介质为例，对热平衡问题进行讨论。设平板电极和介质的面积都足够大，介质以及介质中的电场都是均匀的 $\left(E=\dfrac{U}{2h}\right)$，于是介质发热均匀；介质损耗所产生的热量主要沿垂直于电极的方向（x 轴方向）流向介质表面和平板电极。在这种条件下，固体介质沿厚度 $2h$ 的双向散热可看作是沿厚度 h 的单向散热。

电介质的损耗率（单位体积的功率损耗）

$$P_0 = \gamma E^2 = \frac{f\epsilon_r E^2 \tan\delta}{1.8 \times 10^{12}} \quad (\mathrm{W/cm^3}) \quad (3-13)$$

式中　γ——电介质的电导率，S/cm；

　　　E——电介质中的电场强度，V/cm；

　　　f——外加电场的频率，Hz。

因此，在 $1\mathrm{cm^3}$ 介质中单位时间内产生的热量 $Q_0\ [\mathrm{J/(s \cdot cm^3)}]$ 可直接由上式求得。于是在 x 轴方向厚度为 h、横截面为 $1\mathrm{cm^2}$ 的一条状介质中，单位时间产生的热量为

$$Q_1 = Q_0 h \times 1 \quad (\mathrm{J/s}) \quad (3-14)$$

介质中所产生的热量靠介质表面所接触的电极逸散到周围媒质中去。在单位时间内电极上 $1\mathrm{cm^2}$ 面积所逸出的热量为

$$Q_2 = \sigma(t_s - t_0) \times 1 \quad (\mathrm{J/s}) \quad (3-15)$$

式中　σ——散热系数，J/ (s · cm² · ℃)；

t_s——电极表面的温度,℃;

t_0——周围媒质的温度,℃。

介质的发热和散热与温度的关系可用图 3-22 来表示。由于固体介质的 $\tan\delta$ 随温度按指数规律上升,故 P_0、Q_0 和 Q_1 也随温度按指数规律上升,于是,在三个不同大小的电压($U_1 > U_2 > U_3$)下有相应的发热曲线 1~3,直线 4 为散热曲线。只有当发热和散热处于热平衡状态时,即 $Q_1 = Q_2$ 时,介质才会具有某一稳定的工作温度,不会发生热击穿。

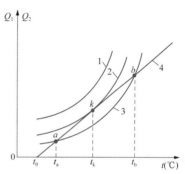

由曲线 1 可以看出,介质在任何温度下都是 $Q_1 > Q_2$,因此在 U_1 作用下必然要发生热击穿。曲线 2 与直线 4 相切于 k 点,它是不稳定的热平衡点,因为当介质温度稍大于 t_k 时介质温度就会不断增加,直至发生热击穿;对应于该曲线的电压 U_2 可看作发生热击穿的临界电压,因 $U > U_2$ 时曲线 2 上移,切点消失,热击穿一定发生。曲线 3 与直线 4 有 a、b 两个交点:a 点是稳定的热平衡点,介质在电压 U_3 作用下可稳定地在 t_a 下工作;b 点是不稳定的热平衡点,因为当介质温度稍大于 t_b 时,在电压 U_3 作用下介质也会发生热击穿。

图 3-22 介质的发热和散热
与温度的关系曲线

以上只是近似的讨论,因为介质各点的温度不会是均匀的,中心处温度最高,靠近电极处温度最低;此外介质中部的热量要经过介质本身才能传导到电极上,这就有一个导热系数和传导距离的问题。虽然如此,仍可得出以下结论:

(1)热击穿电压会随周围媒质温度 t_0 的上升而下降,这时直线 4 会向右移动。

(2)热击穿电压并不随介质厚度成正比增加,因厚度越大,介质中心附近的热量逸出越困难,所以固体介质的击穿场强随 h 的增大而降低。

(3)如果介质的导热系数大,散热系数也大,则热击穿电压上升。

(4)由式(3-13)知,f 或 $\tan\delta$ 增大时都会造成 Q_1 增加,使曲线 1、2、3 向上移动。曲线 2 上移表示临界击穿电压下降。

3. 电化学击穿

固体介质在长期工作电压的作用下,由于介质内部发生局部放电等原因,使绝缘劣化、电气强度逐步下降并引起击穿的现象称为电化学击穿。在临近最终击穿阶段,可能因劣化处温度过高而以热击穿形式完成,也可以因介质劣化后电气强度下降而以电击穿形式完成。

局部放电是介质内部的缺陷(如气隙或气泡)引起的局部性质的放电。局部放电使介质劣化、损伤、电气强度下降的主要原因为:①放电过程产生的活性气体 O_3、NO、NO_2 等对介质会产生氧化和腐蚀作用;②放电过程有带电粒子撞击介质,引起局部温度上升、加速介质氧化并使局部电导和介质损耗增加;③带电粒子的撞击还可能切断分子结构,导致介质破坏。局部放电的这几方面影响,对有机绝缘材料(如纸、布、漆及聚乙烯材料等)来说尤为明显。

电化学击穿电压的大小与加电压时间的关系非常密切,但也因介质种类的不同而异。

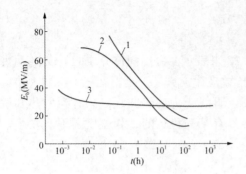

图 3-23 固体介质的击穿场强
与电压作用时间的关系

1—聚乙烯；2—聚四氟乙烯；3—硅有机玻璃云母带

图 3-23 是三种固体介质的击穿场强随电压作用时间而变化的情况：曲线 1、2 下降较快，表示聚乙烯、聚四氟乙烯耐局部放电的性能差；曲线 3 接近水平，表示硅有机玻璃云母带的击穿场强随加电压时间的增加下降很少。可见无机绝缘材料耐局部放电的性能较好。

在电化学击穿中，还有一种树枝化放电的情况，这通常发生在有机绝缘材料的场合。当有机绝缘材料中因小曲率半径电极、微小空气隙、杂质等因素而出现高场强区时，往往在此处先发生局部的树枝状放电，并在有机固体介质上留下纤细的沟状放电通道的痕迹，这就是树枝化放电劣化。

在交流电压下，树枝化放电劣化是局部放电产生的带电粒子冲撞固体介质引起电化学劣化的结果。在冲击电压下，则可能是局部电场强度超过了材料的电击穿场强所造成的结果。

二、 影响固体介质击穿电压的主要因素

影响固体介质击穿电压的因素甚多，现择其主要者介绍如下。

1. 电压作用时间

如果电压作用时间很短（如 0.1s 以下，）固体介质的击穿往往是电击穿，击穿电压当然也较高。随着电压作用时间的增长，击穿电压将下降，如果在加电压后数分钟到数小时才引起击穿，则热击穿往往起主要作用。不过二者有时很难分清，例如在工频交流 1min 耐压试验中的试品被击穿，常常是电和热双重作用的结果。电压作用时间长达数十小时甚至几年才发生击穿时，大多属于电化学击穿的范畴。

在图 3-24 中，以常用的油浸电工纸板为例，以 1min 工频击穿电压（峰值）作为基准值（100%），则纵坐标即为其他加压时间下的击穿电压百分数。电击穿与热击穿的分界点时间在 $10^5 \sim 10^6$ ms 之间，作用时间大于此值后，热过程和电化学作用使得击穿电压明显下降。不过 1min 击穿电压与更长时间（图中达数百小时）的击穿电压相差已不太大，所以通常可将 1min 工频试验电压作为基础来估计固体介质在工频电压作用下长期工作时的热击穿电压。许多有机绝缘材料的短时间电气强度很高，但它们耐局部放电的性能往往很差，以致长时间电气强度很低，这一点必须予以重视。在那些不可能用油浸等方法来消除局部放电的绝缘结构中（如旋转电机），就必须采用云母等耐局部放电性能好的无机绝缘材料。

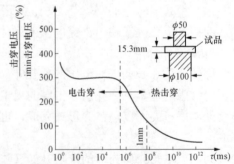

图 3-24 油浸电工纸板的击穿电压与
加电压时间 τ 的关系（25℃时）

2. 电场均匀程度

处于均匀电场中的固体介质，其击穿电压往往较高，且随介质厚度的增加近似地线性升高；若在不均匀电场中，介质厚度增加将使电场更不均匀，于是击穿电压不再随厚度的增加而线性上升。当厚度增加使散热困难到可能引起热击穿时，增加厚度的意义就更小了。

常用的固体介质一般都含有杂质和气隙，这时即使处于均匀电场中，介质内部的电场分布也是不均匀的，最大电场强度集中在气隙处，使击穿电压下降。如果经过真空干燥、真空浸油或浸漆处理，则击穿电压可明显提高。

3. 温度

固体介质在某个温度范围内其击穿性质属于电击穿，这时的击穿场强很高，且与温度几乎无关。超过某个温度后将发生热击穿，温度越高，热击穿电压越低；如果其周围媒质的温度也高，且散热条件又差，热击穿电压将更低。因此，以固体介质作绝缘材料的电气设备，如果某处局部温度过高，在工作电压下即有热击穿的危险。

不同的固体介质其耐热性能和耐热等级是不同的，因此它们由电击穿转为热击穿的临界温度一般也是不同的。

4. 受潮

受潮对固体介质击穿电压的影响与材料的性质有关。对不易吸潮的材料，如聚乙烯、聚四氟乙烯等中性介质，受潮后击穿电压仅下降一半左右；容易吸潮的极性介质，如棉纱、纸等纤维材料，吸潮后的击穿电压可能仅为干燥时的百分之几或更低，这是因电导率和介质损耗大大增加的缘故。

所以高压绝缘结构在制造时要注意除去水分，在运行中要注意防潮，并定期检查受潮情况。

5. 累积效应

固体介质在不均匀电场中以及在幅值不很高的过电压，特别是雷电冲击电压下，介质内部可能出现局部损伤，并留下局部碳化、烧焦或裂缝等痕迹。多次加电压时，局部损伤会逐步发展，这称为累积效应。显然，它会导致固体介质击穿电压的下降。

在幅值不高的内部过电压下以及幅值虽高，但作用时间很短的雷电过电压下，由于加电压时间短，可能来不及形成贯穿性的击穿通道，但可能在介质内部引起强烈的局部放电，从而引起局部损伤。

主要以固体介质作绝缘材料的电气设备，随着施加冲击或工频试验电压次数的增多，很可能因累积效应而使其击穿电压下降。因此，在确定这类电气设备耐压试验时加电压的次数和试验电压值时，应考虑这种累积效应，而在设计固体绝缘结构时，应保证一定的绝缘裕度。

第四节　组合绝缘的电气强度

对高压电气设备绝缘的要求是多方面的，除了必须有优异的电气性能外，还要求有良好的热性能、机械性能及其他物理—化学特性，单一品种的电介质往往难以同时满足这些要求，所以实际的绝缘结构一般不是采用某种单一的绝缘材料，而是由多种电介质组合而成。例如变压器的外绝缘由套管的外瓷套和周围的空气组成，而其内绝缘更是由纸、布、胶木筒、聚合物、变压器油等固体和液体介质联合组成。

组合绝缘结构的电气强度不仅仅取决于所用的各种介质的电气特性，而且还与各种介质的特性相互之间的配合是否得当大有关系。

组合绝缘的常见形式是由多种介质构成的层叠绝缘。在外加电压的作用下，各层介质承受电压的状况必然是影响组合绝缘电气强度的重要因素。各层电压最理想的分配原则是：使组合绝缘中各层绝缘所承受的电场强度与其电气强度成正比。在这种情况下，整个组合绝缘的电气强度最高，各种绝缘材料的利用最合理、最充分。

各层绝缘所承受的电压与绝缘材料的特性和作用电压的类型有关。例如在直流电压下，各层绝缘分担的电压与其绝缘电阻成正比，亦即各层中的电场强度与其电导率成反比；但在工频交流和冲击电压的作用下，各层所分担的电压与各层的电容成反比，亦即各层中的电场强度与其介电常数成反比。由此可见，在直流电压下，应该把电气强度高、电导率大的材料用在电场最强的地方；而在工频交流电压下，应该把电气强度高、介电常数大的材料用在电场最强的地方。

将多种介质进行组合应用时，还应注意一个重要的原则，那就是使它们各自的优缺点进行互补，扬长避短，相辅相成。

但是，实际的绝缘结构往往是很复杂的，上述各项原则常难以同时实现。例如在以浸渍纸作为绝缘的电缆中，电缆纸的介电常数和电气强度都大于矿物油浸渍剂，但在交流电压的作用下，纸层中分到的电场强度反而小于油层中的电场强度，因而是不合理和不利的，但因浸渍处理能消除纸中的空隙、气泡等，所以必须采用这样的工艺措施。相反地，在直流电压作用下，由于这时的电压分布取决于介质的电导率（为反比关系），纸的电导率远小于油的电导率，因而电气强度较大的纸层分担的电场强度也较大，这显然是合理和有利的电压分布状况。

还应指出，在组合绝缘结构中，各部分的温度可能有较大的差异，所以在探讨组合绝缘中的电压分布问题时，还必须注意温度差异对各种绝缘材料电气特性和电压分布的影响。

下面以几种常见的组合绝缘结构为例，分析它们的电气特性和改进措施。

一、"油—屏障"式绝缘

油浸电力变压器主绝缘采用的是"油—屏障"式绝缘结构，在这种组合绝缘中以变压器油作为主要的电介质，在油隙中放置若干个屏障是为了改善油隙中的电场分布和阻止贯通性杂质小桥的形成。一般能将电气强度提高 30%～50%。

在"油—屏障"式绝缘结构中应用的固体介质有三种不同的形式，即覆盖、绝缘层和屏障。

1. 覆盖

紧紧包在小曲率半径电极上的薄固体绝缘层（诸如电缆纸、黄蜡布、漆膜等）称为覆盖，其厚度一般只有零点几毫米，所以不会引起油中电场的改变。由于它能阻止杂质小桥直接接触电极，因而能有效地限制泄漏电流，从而阻碍杂质小桥击穿过程的发展，所以虽然它很薄，但却能显著提高油隙的工频击穿电压，并减小其分散性。

电场越均匀，杂质小桥对油隙击穿电压的影响越大，采用覆盖的效果也越显著。由于采用覆盖花费不多，而收效明显，所以在各种充油的电气设备中都很少采用裸导体。

2. 绝缘层

当覆盖的厚度增大到能分担一定电压时，即成为绝缘层，一般厚度为数毫米到数十毫米。绝缘层不但能像覆盖那样减小油中杂质的有害影响，而且能降低电极表面附近的最大电场强度，大大提高整个油隙的工频击穿电压和冲击击穿电压。变压器中某些线饼或静电屏上包以较厚的绝缘层，都是这个功能。

3. 屏障

如果在油隙中放置尺寸较大，形状与电极相适应，厚度为 1～5mm 的层压纸板（筒）或层压布板（筒）屏障，那么它既能阻碍杂质小桥的形成，又能像气体介质中的屏障那样拦住一部分带电粒子，使原有电场变得比较均匀，从而达到提高油隙电气强度的目的。电场越不均匀，放置屏障的效果越好。

如果用多重屏障将油隙分隔成多个较短的油隙，则击穿场强能提高更多。不过相邻屏障之间的距离也不宜太小，因为这不利于油的循环冷却。此外，屏障的总厚度也不能取得太大，因为固体介质的介电常数比变压器油大，所以固体介质总厚度的增加会引起油中电场强度的增大。通常在设计时控制屏障的总厚度不大于整个油隙长度的 1/3。

在极不均匀电场中采用屏障可使油隙的工频击穿电压提高到无屏障时的 2 倍或更高；在稍为有些不均匀的电场中（如油浸变压器高压绕组与箱壁间），采用屏障也能使击穿电压提高 25％或更多。所以在电力变压器、油断路器、充油套管等设备中广泛采用着"油—屏障"式组合绝缘。当屏障表面与电力线垂直时，效果最好，所以变压器中的屏障往往做成圆筒或角垫圈的形式。

二、 油纸绝缘

电气设备中使用的绝缘纸（包括纸板）纤维间含有大量的空隙，因而干纸的电气强度是不高的，用绝缘油浸渍后，整体绝缘性能即可大大提高。前面介绍的"油—屏障"式绝缘是以液体介质为主体的组合绝缘，采用覆盖、绝缘层和屏障都是为了提高油隙的电气强度。而油纸绝缘（包括以液体介质浸渍的塑料薄膜）则是以固体介质为主体的组合绝缘，液体介质只是用作充填空隙的浸渍剂，因此这种组合绝缘的击穿场强很高，但散热条件较差。

绝缘纸和绝缘油的配合互补，使油纸组合绝缘的击穿场强可达 500～600kV/cm，大大超过了各组成成分的电气强度（油的击穿场强约为 200kV/cm，而干纸只有 100～150kV/cm）。

各种各样的油纸绝缘目前广泛应用于电缆、电容器、电容式套管等电气设备中。这种组合绝缘也有一个较大的缺点，那就是易受污染（包括受潮），特别是在与大气相通的情况下。纤维素是多孔性的极性介质，很易吸收水分。即使经过细致的真空干燥、浸渍处理并浸在油中，它仍将逐渐吸潮和劣化。

三、 组合绝缘中的电场

1. 均匀电场双层介质模型

在组合绝缘中，同时采用多种电介质，在需要对这一类绝缘结构中的电场作定性分析

时，常常采用最简单的均匀电场双层介质模型，如图 3 - 25 所示。在这一模型中，最基本的关系式为

$$\varepsilon_1 E_1 = \varepsilon_2 E_2 \tag{3 - 16}$$

$$U = E_1 d_1 + E_2 d_2 \tag{3 - 17}$$

由此可得

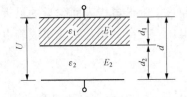

图 3 - 25　均匀电场双层介质模型

$$E_1 = \frac{U}{\varepsilon_1 \left(\dfrac{d_1}{\varepsilon_1} + \dfrac{d_2}{\varepsilon_2} \right)} \tag{3 - 18}$$

$$E_2 = \frac{U}{\varepsilon_2 \left(\dfrac{d_1}{\varepsilon_1} + \dfrac{d_2}{\varepsilon_2} \right)} \tag{3 - 19}$$

如将图 3 - 25 所示模型用于"油—屏障"式绝缘，并令 ε_1、E_1 分别为油的介电常数和油中电场强度，而 ε_2、E_2 分别为屏障的介电常数和屏障中电场强度，即可知 $\varepsilon_2 > \varepsilon_1$，$E_1 > E_2$。

式（3 - 18）可改写成

$$E_1 = \frac{\varepsilon_2 U}{\varepsilon_2 d - (\varepsilon_2 - \varepsilon_1) d_2}$$

可见，在极间距离 $d = d_1 + d_2$ 保持不变的情况下，增大屏障的总厚度 d_2，将使油中的 E_1 增大。也就是在油隙中放置多个屏障，会使油中电场强度显著增大，反而不利。

若将上述模型应用于油纸绝缘，并令 ε_1、E_1 分别为油层的介电常数和电场强度，ε_2、E_2 分别为浸渍纸的介电常数和电场强度，则同样存在 $\varepsilon_2 > \varepsilon_1$，$E_1 > E_2$ 的关系。浸渍纸的电气强度要比油大得多，而作用在纸上的电场强度 E_2 却反而小于油中的电场强度 E_1，可见这时的电场分配状况是不合理的；如果外加的是直流电压，那么电压在两层介质间将按电导率（反比关系）或电阻率（正比关系）分配，由于浸渍纸的电阻率要比油大得多，所以此时的 $E_2 > E_1$，即电场分配状况是合理和有利的。这也是同样的一根电缆在直流下的耐压远高于交流耐压（约为 3 倍）的主要原因之一。

2. 分阶绝缘

超高压交流电缆常为单相圆芯结构，由于其绝缘层较厚，一般采用分阶结构，以减小缆芯附近的最大电场强度。所谓分阶绝缘是指由介电常数不同的多层绝缘构成的组合绝缘，分阶原则是对越靠近缆芯的内层绝缘选用介电常数越大的材料，以达到电场均匀化的目的。例如内层绝缘采用高密度的薄纸（纸的纤维含量高，质地致密），其介电常数较大，击穿场强也较大；外层绝缘则采用密度较低、厚度较大的纸，其介电常数较小，击穿场强也较小。适当选择分阶绝缘的参数，可使各阶绝缘的最大电场强度分别与各自的电气强度相适应，各层的电场分布比较均匀、利用系数彼此接近，从而使各阶绝缘材料的利用更充分些，整体的击穿电压也就更高。

先讨论单相圆芯均匀介质电缆中绝缘的利用系数。如果施加交流电压 U，则其绝缘层中距电缆轴心 r 处的电场 E 可由下式求得

$$E = \frac{U}{r \ln \dfrac{R}{r_0}} \tag{3 - 20}$$

式中　r_0，R——电缆芯线的半径和外电极（金属护套）的半径。

绝缘层中最大电场强度 E_{max} 位于芯线的表面上：

$$E_{max} = \frac{U}{r_0 \ln \dfrac{R}{r_0}} \tag{3-21}$$

而最小电场强度 E_{min} 位于绝缘层的外表面处，令式（3-20）中的 $r=R$，即可求得。而平均电场强度 E_{av} 应为

$$E_{av} = \frac{U}{R - r_0} \tag{3-22}$$

绝缘中平均场强与最大场强之比称为该绝缘的利用系数 η，则此时

$$\eta = \frac{E_{av}}{E_{max}} = \frac{r_0}{R - r_0} \ln \frac{R}{r_0} \tag{3-23}$$

η 值越大，则电场分布越均匀，亦即绝缘材料利用得越充分。平板电容器绝缘的 η 值可视为 1。但对超高压电缆来说，因绝缘层较厚，$R - r_0$ 值较大，如采用一种单一的介质，则 η 值将较小；为提高利用系数，应采用分阶绝缘。

下面以最简单的双层分阶绝缘为例探讨单芯电缆中的电场，如施加的电压仍为 U，靠近芯线的那层绝缘的内半径、外半径和介电常数分别为 r_0、r_2 和 ε_1；r_2 又是靠近外电极那层绝缘的内半径，其外半径和介电常数则分别为 R 和 ε_2，如图 3-26 所示，r_2 又可称为分阶半径。这时分阶绝缘中半径为 r 处的电场强度分别为：

在 $r_0 < r < r_2$ 的范围内

$$E_1 = \frac{U}{r\varepsilon_1 \left(\dfrac{1}{\varepsilon_1} \ln \dfrac{r_2}{r_0} + \dfrac{1}{\varepsilon_2} \ln \dfrac{R}{r_2} \right)} \tag{3-24}$$

在 $r_2 < r < R$ 的范围内

$$E_2 = \frac{U}{r\varepsilon_2 \left(\dfrac{1}{\varepsilon_1} \ln \dfrac{r_2}{r_0} + \dfrac{1}{\varepsilon_2} \ln \dfrac{R}{r_2} \right)} \tag{3-25}$$

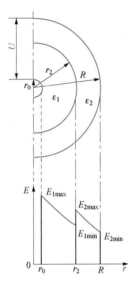

图 3-26　双层分阶绝缘单芯电缆及绝缘中电场分布

令 $r = r_0$ 和 r_2 时，由式（3-24）可得内层绝缘中的最大电场强度 E_{1max} 和最小电场强度 E_{1min}，E_{1max} 位于缆芯表面；令 $r = r_2$ 和 R 时，由式（3-25）可得外层绝缘中的最大电场强度 E_{2max} 和最小电场强度 E_{2min}，E_{2max} 位于分界面上。$\varepsilon_1 > \varepsilon_2$ 时，绝缘中的电场分布示于图 3-26 中。分阶绝缘能使缆芯表面的电场强度降低，且 ε_1 大于 ε_2 越多，降低得也越多。但亦应注意，不可因分阶而过分提高了外层绝缘中的最大电场强度 E_{2max}。

总之，在 r_0 和 R 为定值的情况下，适当选择材料的 ε_1、ε_2 值以及分阶半径 r_2，就能得到所希望的 E_{1max} 和 E_{2max} 值，从而使两层绝缘材料的利用率都较高，于是电缆的整体电气强度就可大大提高。

电缆绝缘的分阶通常采用不同种类的绝缘纸来实现，电缆纸的相对介电常数与纸的密度有关，ε_r 一般为 3.5～4.3；最大的 ε_r 值对应于密度为 1.2g/cm³ 的纸，最小的 ε_r 值对应于密度为 0.85g/cm³ 的纸。一般分阶只做成两层，层数更多的分阶很少采用，仅见于超高压电缆中。例如某些 500kV 电缆中采用 3～5 层分阶，以减小绝缘层的总厚度和电缆的直径。

第二篇

电气设备绝缘试验

现代国民经济对电力供应的依赖性日益增大，电力系统的规模、容量也在不断地扩大，停电事故造成的后果和损失越来越严重，因而对电力系统的安全运行和供电可靠性提出了越来越高的要求。

为了保证电气设备乃至整个电力系统的安全、可靠运行，必须恰当地选择各种电气设备的绝缘（包括绝缘材料和绝缘结构），使之具有一定的电气强度，并且使绝缘在运行过程中保持良好的状态。但是由于种种原因，绝缘往往仍然是电力系统中的薄弱环节，绝缘故障通常是引发电力系统事故的首要原因。

时至今日，电介质理论仍远未完善，各种绝缘材料和绝缘结构的电气性能还不能单依靠理论上的分析计算来解决问题，而必须同时借助于各种绝缘试验来检验和掌握绝缘的状态和性能。实际上，各种试验结果也往往成为绝缘设计的依据和基础。

就其后果而言，绝缘试验可分为非破坏性试验和破坏性试验两大类。非破坏性试验主要检测绝缘除电气强度以外的其他电气性能，是在较低的电压下或用其他不损伤绝缘的方法进行的，具有非破坏性的性质。破坏性试验则检测绝缘的电气强度，如耐压试验和击穿试验，具有破坏性的特征，所加的试验电压很高，以考验绝缘耐受各种过电压的能力，试验过程有可能给被试绝缘带来不可逆转的局部损伤或整体损坏。一般来说，这两类试验之间并没有固定的定量关系，亦即不能根据非破坏性试验所得数据去推断绝缘的耐压水平或击穿电压，反之亦然。所以，为了准确和全面地掌握电气设备绝缘的状态和性能，这两类试验都是不可缺少的。为了避免不必要的损失，一般都将破坏性耐压试验放到非破坏性试验合格通过之后进行。

电气设备绝缘试验对于设备制造厂、电力系统运行部门以及某些电工、电力科研机构来说，都是重要的和必需的。

第四章 电气设备绝缘预防性试验

电气设备绝缘预防性试验已成为保证现代电力系统安全可靠运行的重要措施之一。这种试验除了在新设备投入运行前在交接、安装、调试等环节中进行外，更多的是对运行中的各种电气设备的绝缘定期进行检查和监督，以便及早发现绝缘缺陷，及时更换或修复，防患于未然。

绝缘故障大多因内部存在缺陷而引起，有些绝缘缺陷是在设备制造过程中产生和潜存下来的，还有一些绝缘缺陷则是在设备运行过程中在外界影响因素的作用下逐渐发展和形成的。就其存在的形态而言，绝缘缺陷可分为两大类：

（1）集中性缺陷。例如，绝缘子瓷体内的裂缝、发电机定子绝缘因挤压磨损而出现的局部破损、电缆绝缘层内存在的气泡等。

（2）分散性缺陷。例如，电机、变压器等设备的内绝缘受潮、老化、变质等。

当绝缘内部出现缺陷后，就会在它们的电气特性上反映出来，就可以通过测量这些特性的变化来发现隐藏着的缺陷，然后采取措施消除隐患。这就是进行绝缘预防性试验的主要目的。

由于缺陷种类很多、影响各异，所以绝缘预防性试验的项目也就多种多样，每个项目所反映的绝缘状态和缺陷性质亦各不相同，故同一设备往往要接受多项试验，才能做出比较准确的判断和结论。

表 4-1 中列出了电力系统中主要电气设备的绝缘预防性试验项目。表中直流耐压和交流耐压是为了检验绝缘的电气强度，属破坏性试验的范畴，将放在第五章高电压试验中再作介绍；而其余各项均为非破坏性试验，所用试验电压较低，用不会损伤绝缘的方法测量其某些特性，借以判断绝缘的状态，这一类试验将在本章中介绍。

表 4-1　　　　　　　　　电力系统中主要电气设备的绝缘预防性试验项目

序号	电气设备	试验项目											
		测量绝缘电阻	测量绝缘电阻和吸收比	测量泄漏电流	直流耐压试验并测泄漏电流	测量介质损耗角正切	测量局部放电	油的介质损耗角正切	油中含水量分析	油中溶解气体分析	油的电气强度	测量电压分布	交流耐压试验
1	同步发电机和调相机		✓		✓		✓						✓
2	交流电动机		✓		✓								✓
3	油浸电力变压器		✓	✓		✓	✓	✓	✓	✓	✓		
4	电磁式电压互感器	✓				✓		✓			✓		
5	电流互感器	✓				✓		✓			✓		
6	油断路器	✓		✓							✓		
7	悬式和支柱绝缘子	✓										✓	
8	电力电缆	✓		✓							✓		

注　设备的绝缘预防性试验项目与额定电压等级、绝缘类别等多种因素有关，具体试验项目应参照有关规程的规定执行。

第一节　绝　缘　的　老　化

电气设备的绝缘在长期运行过程中会发生一系列物理变化（如固体介质软化或熔解等形态变化、低分子化合物及增塑剂的挥发等）和化学变化（如氧化、电解、电离、生成新物质等），致使其电气、机械及其他性能逐渐劣化（如电导和介质损耗增大、变脆、开裂等），这种现象统称为绝缘的老化。电气设备的使用寿命一般取决于其绝缘的寿命，而后者与老化过程密切相关，所以如何通过绝缘试验判别其老化程度是十分重要的。

促使绝缘老化的原因很多，主要有热、电和机械力的作用，此外还有水分（潮气）、氧化、各种射线、微生物等因素的作用。它们往往同时存在，彼此影响，相互加强，从而加速老化过程。

一、电介质的热老化

在高温的作用下，电介质在短时间内就会发生明显的劣化，即使温度不太高，但如作用时间很长，绝缘性能也会发生不可逆的劣化，这就是介质的热老化。温度越高，绝缘老化得越快，寿命越短。

耐热性是绝缘材料的一个十分重要的性能指标，通常在工程实用中将固体介质和液体介质按其耐热性划分为若干等级，每一级有自己相应的最高容许工作温度，见表4-2。

表4-2　　　　　　　　　　　　　绝缘材料耐热等级

耐热等级	极限温度（℃）	绝缘材料
O	90	木材、纸、纸板、棉纤维、天然丝；聚乙烯、聚氯乙烯；天然橡胶
A	105	油性树脂漆及其漆包线；矿物油和浸入其中或经其浸渍的纤维材料
E	120	酚醛树脂塑料；胶纸板、胶布板；聚酯薄膜；聚乙烯醇缩甲醛漆
B	130	沥青油漆制成的云母带、玻璃漆布、玻璃胶布板；聚酯漆；环氧树脂
F	155	聚酯亚胺漆及其漆包线；改性硅有机漆及其云母制品及玻璃漆布
H	180	聚酰胺亚胺漆及其漆包线；硅有机漆及其制品；硅橡胶及其玻璃布
C	>180	聚酰胺亚胺漆及薄膜；云母；陶瓷、玻璃及其纤维；聚四氟乙烯

如果实际工作温度超过表4-2中的规定值时，介质将迅速老化，寿命大大缩短。例如"油—屏障"式绝缘和油纸绝缘的耐热性均属A级，如果它们的工作温度超过规定值（105℃）8℃时，寿命约缩短一半，通常将这一关系称为热老化"8℃规则"。对B级绝缘（例如大型电机中的云母制品）和H级绝缘（干式变压器），则分别适用10℃和12℃规则。

固体介质受热后，内部的带电粒子热运动加剧，使介质中出现更多的载流子并且给载流子创造了更好的迁移条件。因而电导增大，极化损耗也增大，总的介质损耗急剧增加，从而使介质温度进一步升高，电导和损耗进一步增大。如果散热条件不良，不但会加速热老化，还可能直接导致热击穿。

液体介质的热老化主要表现为油的氧化，油温越高，氧化速度越快。对于变压器油来说，大约每增高10℃，氧化速度增加一倍。当油温高达115～120℃时，油开始热裂解，这一温度称为油的临界温度。此外，局部过热使变压器油老化的主要原因则是油中会分解出多种能溶于油的微量气体。

二、电介质的电老化

电老化是指在外加高电压或强电场作用下发生的老化。介质电老化的主要原因是介质中出现局部放电。

局部放电引起固体介质腐蚀、老化、损坏的原因如下：

（1）放电产生的带电粒子不断撞击绝缘引起破坏。这些带电粒子可具有10eV的能量，大于高分子的键能（约 $4eV$），所以有可能破坏高分子的结构，造成裂解。

（2）放电能量中有一部分转为热能，而且热量不易散出，结果使绝缘内部温度升高而引起热裂解，还可能因气隙体积膨胀而使材料开裂、分层。

（3）在局部放电区，强烈的离子复合会产生高能辐射线，引起材料分解，例如使高分子材料的分子结构断裂或分子间产生交联。

（4）气隙中如含有氧和氮，放电可产生臭氧和硝酸，是强烈的氧化剂和腐蚀剂，能使纤维、树脂、浸渍剂等材料发生化学破坏。

各种绝缘材料耐局部放电的性能有很大的差别。云母、玻璃纤维等无机材料有很好的耐局部放电能力，在旋转电机等无法采用绝缘油的场合，要想完全消除绝缘中的局部放电是不可能的，所以这时应该采用云母等作为绝缘材料，同时其黏合剂和浸渍剂也应采用耐局部放电性能优良的树脂。

有机高分子聚合物等绝缘材料的耐局部放电的性能就比较差了，因此，它们的长时击穿场强要比短时击穿场强低很多，所以在采用这一类绝缘材料时，应该在设计时把工作场强选得比局部放电起始场强低，以保证设备有足够长的寿命。

绝缘油的电老化主要因局部放电引起油温升高而导致油的裂解和产生出一系列微量气体。此外，油中的局部放电还可能产生聚合蜡状物，它附着在固体介质的表面上而影响散热，加速固体介质的热老化。

三、其他影响因素

机械应力对绝缘老化的速度有很大的影响。例如电机绝缘在制造过程中可能多次受到机械力的作用，在运行过程中又长期受到电动力和机械振动的作用，它们会加速绝缘的老化、缩短电机的寿命。

机械应力过大时还可能使固体介质内部产生裂缝或气隙而导致局部放电。例如瓷绝缘子的老化往往与机械应力有明显的关系，通常悬式绝缘子串中最易损坏的元件是靠近横担的那一片，而该片绝缘子在串中分到的电压并不高，不过受到的机械负荷是最大的。

环境条件对绝缘的老化也有明显的影响，例如紫外线的照射会使包括变压器油在内的一些绝缘材料加速老化，有些绝缘材料不宜用于日晒雨淋的户外条件。对在湿热地区应用的绝缘材料还应注意其抗生物（如霉菌、昆虫等）作用的性能。

第二节 绝缘电阻、吸收比和泄漏电流的测量

绝缘电阻是一切电介质和绝缘结构的绝缘状态最基本的综合性特性参数。

由于电气设备中大多采用组合绝缘和层式结构，故在直流电压下均有明显的吸收现象，使外电路中有一个随时间而衰减的吸收电流。如果在电流衰减过程中的两个瞬间测得两个电流值或两个相应的绝缘电阻值，则利用其比值（称为吸收比）可检验绝缘是否严重受潮或存在局部缺陷。

测量泄漏电流从原理上来说，与测量绝缘电阻是相似的，但它所加的直流电压要高得多，能发现用绝缘电阻表所不能显示的某些缺陷，具有自己的某些特点。

一、双层介质的吸收现象

绝大多数设备绝缘采用的是多种介质分层结构。就基本机理而言，多种介质中的吸收现象与双层介质没有什么两样。为简明计，此处以双层介质为例，分析其吸收特性。双层介质的等效电路见第三章中的图 3-7，不过这里为了方便起见，改用电阻 R_1 和 R_2 来代替该图中的电导 G_1 和 $G_2\left(R_1=\dfrac{1}{G_1}, R_2=\dfrac{1}{G_2}\right)$。

在开关 S 将电路合闸到直流电压 U 时，在电路中最先出现的是电容电流 i_C（它流过 C_1 和 C_2），它很快就衰减到零，如图 3-10 中的曲线 i_1 所示，一般在分析吸收现象时可不予考虑。

为了讨论因吸收现象而出现的过渡过程时，一般取开关 S 合闸作为时间 t 的起点，在 $t=0^+$ 的极短时间内，层间电压分布为

$$U_{10}=U\frac{C_2}{C_1+C_2} \tag{4-1}$$

$$U_{20}=U\frac{C_1}{C_1+C_2} \tag{4-2}$$

达到稳态时（$t\to\infty$），层间电压改为按电阻分配

$$U_{1\infty}=U\frac{R_1}{R_1+R_2} \tag{4-3}$$

$$U_{2\infty}=U\frac{R_2}{R_1+R_2} \tag{4-4}$$

而稳态电流将为电导电流

$$I_g=\frac{U}{R_1+R_2} \tag{4-5}$$

由于存在吸收现象，$U_{10}\neq U_{1\infty}$，$U_{20}\neq U_{2\infty}$，在这个过程中的层间电压变化为

$$u_1=U\left[\frac{R_1}{R_1+R_2}+\left(\frac{C_2}{C_1+C_2}-\frac{R_1}{R_1+R_2}\right)e^{-\frac{t}{\tau}}\right] \tag{4-6}$$

$$u_2=U\left[\frac{R_2}{R_1+R_2}+\left(\frac{C_1}{C_1+C_2}-\frac{R_2}{R_1+R_2}\right)e^{-\frac{t}{\tau}}\right] \tag{4-7}$$

$$\tau=(C_1+C_2)\frac{R_1R_2}{R_1+R_2} \tag{4-8}$$

式中　τ——电路过渡过程的时间常数。

流过双层介质的电流 i 为

$$i=i_{R_1}+i_{C_1}$$

或

$$i=i_{R_2}+i_{C_2}$$

如选用第一个方程式，则

$$i=\frac{u_1}{R_1}+C_1\frac{du_1}{dt}=\frac{U}{R_1+R_2}+\frac{U(R_2C_2-R_1C_1)^2}{(C_1+C_2)^2(R_1+R_2)R_1R_2}e^{-\frac{t}{\tau}} \tag{4-9}$$

式（4-9）中的第一个分量为电导电流 $I_g\left(=\dfrac{U}{R_1+R_2}\right)$，第二个分量即为吸收电流 i_a，即

$$i_a=\frac{U(R_2C_2-R_1C_1)^2}{(C_1+C_2)^2(R_1+R_2)R_1R_2}e^{-\frac{t}{\tau}} \tag{4-10}$$

由式（4-10）可以看出：如果 $R_2C_2 \approx R_1C_1$（即 $C_2/C_1 \approx G_2/G_1$），则吸收电流分量很小，吸收现象不明显，这个结论与第三章介绍过的夹层极化的情况完全一致。

双层介质的电导电流 I_g 和吸收电流 I_a 的波形与图 3-10 中的直线 i_3 和曲线 i_2 相似，此处不再画出。

从式（4-8）和式（4-9）不难看出：当绝缘严重受潮或出现导电性缺陷时，阻值 R_1、R_2 或二者之和显著减小，I_g 大大增加，而 i_a 迅速衰减。

二、 绝缘电阻和吸收比的测量

在绝缘上施加一直流电压 U 时，此电压与出现的电流 i 之比即为绝缘电阻，但在吸收电流分量尚未衰减完毕时，呈现的电阻值是不断变化的，即

$$
\begin{aligned}
R(t) = \frac{U}{i} &= \cfrac{U}{\cfrac{U}{R_1+R_2} + \cfrac{U(R_2C_2-R_1C_1)^2}{(C_1+C_2)^2(R_1+R_2)R_1R_2}e^{-\frac{t}{\tau}}} \\
&= \frac{(C_1+C_2)^2(R_1+R_2)R_1R_2}{(C_1+C_2)^2R_1R_2 + (R_2C_2-R_1C_1)^2e^{-\frac{t}{\tau}}}
\end{aligned}
\tag{4-11}
$$

不过通常所说的绝缘电阻均特指吸收电流 i_a 按指数规律衰减完毕后所测得的稳态电阻值。在式（4-11）中，如令 $t \to \infty$，可得 $R_\infty = R_1+R_2$，即等于两层介质电阻的串联值。

由于测试十分简便，因而利用仪表测量这一稳态绝缘电阻值以判断绝缘状态是应用得最普遍的一种试验方法。它能相当有效地揭示绝缘整体受潮、局部严重受潮、存在贯穿性缺陷等情况，因为在这些情况下，绝缘电阻值显著降低，I_g 将显著增大，而 i_a 迅速衰减。但是这种方法也有自己的不足之处和局限性。例如：

（1）大型设备（如大型发电机、变压器等）的吸收电流很大，延续时间也较长，可达数分钟，甚至更长。这时要测得稳态阻值，就要花较长的时间。

（2）有些设备（如电机），由 I_g 反映的绝缘电阻往往有很大的变化范围，与该设备的体积尺寸（或其容量）大小有密切关系，因而难以给出一定的绝缘电阻判断标准，只能把这一次测得的绝缘电阻值与过去所测得者进行比较来发现问题。

正由于此，对于某些大型被试品（如大容量电机、变压器等），往往用测"吸收比"的方法来代替单一稳态绝缘电阻的测量。其原理如下：如果令 $t=15s$ 和 $t=60s$ 瞬间的两个电流值 I_{15} 和 I_{60}（见图 3-10）所对应的绝缘电阻值分别为 R_{15} 和 R_{60}，则比值

$$
K_1 = \frac{R_{60}}{R_{15}} = \frac{\dfrac{U}{I_{60}}}{\dfrac{U}{I_{15}}} = \frac{I_{15}}{I_{60}}
\tag{4-12}
$$

即为"吸收比"。在一般情况下，R_{60} 已接近于稳态绝缘电阻值 R_∞。

吸收比之值恒大于 1，且 K_1 值越大表示吸收现象越显著、绝缘的性能越好。一旦绝缘受潮，电导电流分量将显著增大，吸收电流衰减很快，在 $t=15s$ 时，I_{15} 已衰减很多，因而 K_1 值减小，其极限值为 1。由于吸收比是同一试品在两个不同时刻的绝缘电阻的比值，所以排除了绝缘结构体积尺寸的影响。

如果绝缘状态良好，吸收现象显著，K_1 值将远大于 1（如不小于 1.3）；反之，当绝缘受潮严重或有大的缺陷时，I_g 显著增大，而 i_a 在 $t=15s$ 时就已衰减得差不多了，因而

K_1 值变小，更接近于 1 了。不过，一概以 $K_1 \geqslant 1.3$ 作为设备绝缘状态良好的标准亦不尽合适，例如油浸变压器有时会出现下述情况：有些变压器的 K_1 虽大于 1.3，但 R 值却较低；有些 $K_1 < 1.3$，但 R 值却很高。所以应将 R 值和 K_1 值结合起来考虑，方能做出比较准确的判断。

在像高电压、大容量电力变压器这样的设备中，吸收现象往往延续很长时间，有时吸收比 K_1 尚不足以反映吸收现象的全过程，这时还可利用"极化指数"作为又一个判断指标。按国际惯例，将 $t = 10\text{min}$ 和 $t = 1\text{min}$ 时的绝缘电阻比值定义为绝缘的极化指数 K_2，即

$$K_2 = \frac{R_{10\text{min}}}{R_{1\text{min}}} \tag{4-13}$$

在吸收比 K_1 不能很好地反映绝缘的真实状态时，建议以极化指数 K_2 来代替 K_1，例如对于 $K_1 < 1.3$ 但绝缘电阻值仍很大的电力变压器，应再测量其极化指数，然后再作判断。

还应指出：某些集中性缺陷虽已发展得相当严重，以致在耐压试验时被击穿，但在此前测得的绝缘电阻、吸收比或极化指数却并不低，这是因为这些缺陷还没有贯通整个绝缘的缘故。可见仅凭绝缘电阻和吸收比或极化指数的测量结果来判断绝缘状态仍是不够可靠的。

测量绝缘电阻最常用的仪表为手摇式绝缘电阻表（俗称兆欧表或摇表）。它包括手摇直流发电机和比率表型的磁电系测量机构两个部分。发电机产生的直流电压有 500、1000、2500、5000V 等规格，通常额定电压为 1000V 以下的被试品用 500V 或 1000V 的绝缘电阻表，而额定电压为 1000V 及以上的被试品要用 2500V 或 5000V 的绝缘电阻表。

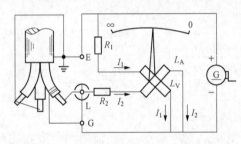

图 4-1 手摇式绝缘电阻表原理接线图

图 4-1 是利用手摇式绝缘电阻表测量三芯电力电缆绝缘电阻的接线图，也表示了仪表的工作原理。它的磁电系测量机构的固定部分包括永久磁铁、极掌和铁芯（图中没有画出），铁芯与磁极间的气隙中有不均匀磁场；可动部分包括电压线圈 L_V 和电流线圈 L_A，它们的绕向相反，但装在同一转轴上，并可带动指针旋转。由于没有弹簧游丝，所以实际上没有反作用力矩，当线圈中没有电流时，该指针可停在任一偏转角 α 的位置上。当摇动发电机产生一直流电压 U 后，电流通过两个线圈，从而在同一磁场中产生不同方向的转动力矩，它们分别为

$$M_1 = I_1 F_1(\alpha), \quad M_2 = I_2 F_2(\alpha)$$

其中 $F_1(\alpha)$、$F_2(\alpha)$ 随指针转动角度 α 而变，与气隙中不均匀分布的磁通密度有关。

力矩差驱使可动部分旋转，直到出现平衡为止，此时 $M_1 = M_2$。故

$$\frac{I_1}{I_2} = \frac{F_2(\alpha)}{F_1(\alpha)} = F(\alpha)$$

或

$$\alpha = f\left(\frac{I_1}{I_2}\right)$$

由于 $I_1 = \dfrac{U}{R_1}$，$I_2 = \dfrac{U}{R_2 + R_x}$（其中 R_x 为试品的绝缘电阻），可得

$$\alpha = f\left(\frac{I_1}{I_2}\right) = f\left(\frac{R_2 + R_x}{R_1}\right) = f(R_x) \qquad (4-14)$$

可见，指针偏转角 α 直接反映 R_x 的大小。

发电机所产生的直流电压 U 的大小与转速有关，由于靠手摇，转速不可能控制得很准确，因而 U 值会有一些变化，但因测量机构采用了流比计原理，所以仪表读数与直流电压 U 的绝对值关系不大，这一点从 $\alpha = f\left(\frac{I_1}{I_2}\right)$ 的关系式中亦可看出。

绝缘电阻表有三个接线端子：线路端子（L）、接地端子（E）和保护（屏蔽）端子（G）。被试绝缘接在端子 L 和 E 之间，而保护端子 G 的作用是使绝缘表面泄漏电流不要流过线圈 L_A，测得的绝缘体积电阻不受绝缘表面状态的影响。图 4-1 还画出了测量三芯电力电缆某相绝缘电阻的接法，这时要分别测量每相芯线对另两相芯线及外皮之间的绝缘电阻，所以另两相芯线应和接地外皮连在一起。

目前应用的还有一类整流电源型绝缘电阻表，它不用手摇发电机，而改用电池或低压工频交流电源来供电，经直流稳压、晶体管振荡器升压和倍压整流后输出所需的直流电压。

三、 泄漏电流的测量

在直流电压下测量绝缘的泄漏电流与上述绝缘电阻的测量在原理上是一致的，因为泄漏电流的大小实际上就反映了绝缘电阻值。但这一试验项目仍具有自己的某些特点，能发现绝缘电阻表法所不能显示的某些绝缘损伤和弱点。例如：

（1）加在试品上的直流电压要比绝缘电阻表的工作电压高得多，故能发现绝缘电阻表所不能发现的某些缺陷，例如分别在 20kV 和 40kV 电压下测量额定电压为 35kV 及以上变压器的泄漏电流值，能相当灵敏地发现瓷套开裂、绝缘纸筒沿面炭化、变压器油劣化及内部受潮等缺陷。

（2）这时施加在试品上的直流电压是逐渐增大的，这样就可以在升压过程中监视泄漏电流的增长动向。此外，在电压升到规定的试验电压值后，要保持 1min 再读出最后的泄漏电流值。在这段时间内，还可观察泄漏电流是否随时间的延续而变大。当绝缘良好时，泄漏电流应保持稳定，且其值很小。

图 4-2 是发电机的几种不同的泄漏电流变化曲线。绝缘良好的发电机，泄漏电流值较小，且随电压呈线性上升，如曲线 1 所示；如果绝缘受潮，电流值变大，但基本上仍随电压线性上升，如曲线 2 所示；曲线 3 表示绝缘中已有集中性缺陷，应尽可能找出原因加以消除；如果在电压尚不到直流耐压试验电压 U_t 的 1/2 时，泄漏电流就已急剧上升，如曲线 4 所示，那么这台发电机甚至在运行电压下（不必出现过电压）就可能发生击穿。

本试验项目所需的设备仪器和接线方式都

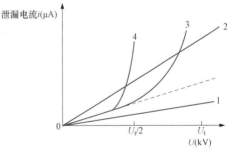

图 4-2 发电机的泄漏电流变化曲线

1—良好绝缘；2—受潮绝缘；

3—有集中性缺陷的绝缘；

4—有危险的集中性缺陷的绝缘

U_t—发电机的直流耐压试验电压

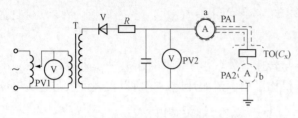

图 4-3　泄漏电流试验接线图

与以后将要介绍的直流高电压试验相似，此处仅先给出简单的试验接线，如图 4-3 所示。其中交流电源经调压器接到试验变压器 T 的初级绕组上，其电压用电压表 PV1 测量；试验变压器输出的交流高压经高压整流元件 V（一般采用高压硅堆）接在稳压电容 C 上，为了减小直流高压的脉动幅度，C 值一般约需 $0.1\mu F$。不过当被试品 TO(C_x) 是电容量较大的发电机、电缆等设备时，也可不加稳压电容。R 为保护电阻，以限制初始充电电流和故障短路电流不超过整流元件和变压器的允许值，通常采用水电阻。整流所得的直流高压可用高压静电电压表 PV2 测得，而泄漏电流则以接在被试品 TO 高压侧或接地侧的微安表来测量。如果被试品的一极固定接地，且接地线不易解开时，微安表可接在高压侧（见图 4-3 中 a 处的 PA1），这时读数和切换量程有些不便，且应特别注意安全；在这一情况下，微安表 PA1 及其接往 TO 的高压连线均应加等电位屏蔽（如图中虚线所示），使这部分对地杂散电流（泄漏电流、电晕电流）不流过微安表 PA1，以减小测量误差。当被试品 TO 的两极都可以做到不直接接地时，微安表就可以接在 TO 低压侧和大地之间（图 4-3 中 b 处的 PA2），这时读数方便、安全，回路高压部分对外界物体的杂散电流入地时都不会流过微安表 PA2，故不必设屏蔽。

测量泄漏电流用的微安表是很灵敏和脆弱的仪表，需要并联一保护用的放电管 V（见图 4-4），当流过微安表的电流超过某一定值时，电阻 R_1 上的压降将引起 V 的放电而达到保护微安表的目的。电感线圈 L 在试品意外击穿时能限制电流脉冲并加速 V 的动作，其值在 $0.1 \sim 1.0$H 的范围内。并联电容 C' 可使微安表的指示更加稳定。为了尽可能减小微安表损坏的可能性，其平时用开关 S 加以短接，只在需要读数时才打开 S。

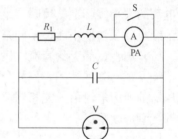

图 4-4　微安表保护回路

第三节　介质损耗角正切的测量

由前面的式（3-7）可知：介质的功率损耗 P 与介质损耗角正切 tanδ 成正比，所以后者是绝缘品质的重要指标，测量 tanδ 值是判断电气设备绝缘状态的一项灵敏有效的方法。例如，套管和电流互感器的 tanδ 若超过了表 4-3 中的数值，就意味着：①电介质严重发热，设备有发生爆炸的危险；②设备绝缘存在严重缺陷，应立即进行检修。

tanδ 能反映绝缘的整体性缺陷（如全面老化）和小电容试品中的严重局部性缺陷。由 tanδ 随电压而变化的曲线，可判断绝缘是否受潮、含有气泡及老化的程度。但是，测量 tanδ 不能灵敏地反映大容量发电机、变压器和电力电缆（它们的电容量都很大）绝缘中的局部性缺陷，这时应尽可能将这些设备分解成几个部分，然后分别测量它们的 tanδ。

表 4-3   套管和电流互感器在 20℃时的 $\tan\delta$（%）最大容许值

电气设备	型 式	额 定 电 压（kV）					
		20～35		63～220		330～500	
		大修后	运行中	大修后	运行中	大修后	运行中
套 管	充油式	3.0	4.0	2.0	3.0	—	—
	油纸电容式	—	—	1.0	1.5	0.8	1.0
	胶纸式	3.0	4.0	2.0	3.0	—	—
	充胶式	2.0	3.0	2.0	3.0	—	—
	胶纸充胶或充油式	2.5	4.0	1.5	2.5	1.0	1.5
电 流 互感器	充油式	3.0	6.0	2.0	3.0	—	—
	充胶式	2.0	4.0	2.0	3.0	—	—
	胶纸电容式	2.5	6.0	2.0	3.0	—	—
	油纸电容式	—	—	1.0	1.5	0.8	1.0

$\tan\delta$ 值的测量，最常用的是高压交流平衡电桥（通常以其发明者命名，称为西林电桥），但亦有采用不平衡电桥（介质试验器）或低功率因数瓦特表进行测量的。这里仅介绍西林电桥法，特别是结合我国电力系统中广泛应用的 QS1 型高压交流电桥的特点，介绍仪表的原理和使用方法。

一、西林电桥基本原理

西林电桥的原理接线如图 4-5 所示，其中被试品以并联等效电路表示。

在交流电压 U 的作用下，调节 R_3 和 C_4，使电桥达到平衡，即通过检流计 P 的电流为零，说明此时 A、B 两点间无电位差，因而

$$\dot{U}_{CA}=\dot{U}_{CB}, \quad \dot{U}_{AD}=\dot{U}_{BD}$$

可得

$$\frac{\dot{U}_{CA}}{\dot{U}_{AD}}=\frac{\dot{U}_{CB}}{\dot{U}_{BD}} \tag{4-15}$$

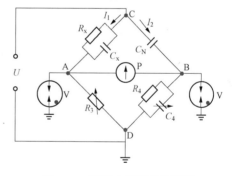

桥臂 CA 和 AD 中流过的电流相同，均为 $\dot{I}_1$；桥臂 CB 和 BD 中流过的电流亦相同，均为 $\dot{I}_2$。所以各桥臂电压之比亦即相应的桥臂阻抗之比，故由式（4-15）可写出

$$\frac{Z_1}{Z_3}=\frac{Z_2}{Z_4} \quad 或 \quad Z_1Z_4=Z_2Z_3 \tag{4-16}$$

图 4-5 西林电桥原理接线图

C_x—等效电容；R_x—等效电阻；R_3—可调的
无感电阻；C_N—高压标准电容器的电容；
C_4—可调电容；R_4—定值无感电阻；
P—交流检流计

式中

$$\left.\begin{array}{l} Z_1=\dfrac{1}{\dfrac{1}{R_x}+j\omega C_x} \\[4mm] Z_2=\dfrac{1}{j\omega C_N} \\[4mm] Z_3=R_3 \\[4mm] Z_4=\dfrac{1}{\dfrac{1}{R_4}+j\omega C_4} \end{array}\right\} \tag{4-17}$$

分别代入式（4-16），并使等式两侧实数部分和虚数部分分别相等，即可求得试品电容 C_x 和等效电阻 R_x 为

$$C_x = \frac{R_4 C_N}{R_3(1 + \omega^2 C_4^2 R_4^2)} \tag{4-18}$$

$$R_x = \frac{R_3(1 + \omega^2 C_4^2 R_4^2)}{\omega^2 C_4 R_4^2 C_N} \tag{4-19}$$

由式（3-8）可知，介质并联等效电路的介质损耗角正切

$$\tan\delta = \frac{1}{\omega C_x R_x} = \omega C_4 R_4 \tag{4-20}$$

如果被试品用 r_x 和 K_x 的串联等效电路表示，则 $Z_1 = r_x + \dfrac{1}{j\omega K_x}$，代入式（4-16）后同样可得到 $\tan\delta = \omega K_x r_x = \omega C_4 R_4$ 的结果。

因为 $\omega = 2\pi f = 100\pi$，如取 $R_4 = \dfrac{10\,000}{\pi}\Omega$，并取 C_4 的单位为 μF，则式（4-20）即简化为

$$\tan\delta = C_4 \tag{4-21}$$

为了读数方便起见，可以将电桥面板上可调电容 C_4 的 μF 值直接标记成被试品的 $\tan\delta$ 值，例如将 $C_4 = 0.006\mu F$ 标成 $\tan\delta = 0.6\%$，余类推。

同时，因为 $\tan\delta \ll 1$，试品的电容 C_x 亦可按式（4-22）求得

$$C_x = \frac{R_4 C_N}{R_3(1 + \tan^2\delta)} \approx \frac{R_4}{R_3} C_N \tag{4-22}$$

可见被试品用串联等效电路表示，也可得出同样的结果。

由于电介质的 $\tan\delta$ 值有时会随着电压的升高而起变化，所以西林电桥的工作电压 U 不宜太低，通常采用 $5\sim10kV$。更高的电压也不宜采用，因为那样会增加仪器的绝缘难度和影响操作安全。

通常桥臂阻抗 Z_1 和 Z_2 要比 Z_3 和 Z_4 大得多，所以工作电压主要作用在 Z_1 和 Z_2 上，因此它们被称为高压臂，而 Z_3 和 Z_4 为低压臂，其作用电压往往只有数伏。为了确保人身和设备安全，在低压臂上并联有放电管（A、B 两点对地），以防止在 R_3、C_4 等需要调节的元件上出现高电压。

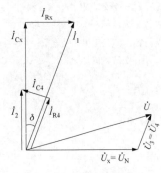

图 4-6 西林电桥平衡时的相量图

电桥达到平衡时的相量图如图 4-6 所示，其中 $\dot{U}_{CD} = \dot{U} = \dot{U}_x + \dot{U}_3 = \dot{U}_N + \dot{U}_4$；$\dot{I}_{Cx}$ 和 $\dot{I}_{Rx}$ 分别为流过 C_x 和 R_x 的电流，$\dot{I}_1 = \dot{I}_{Cx} + \dot{I}_{Rx}$；$\dot{I}_{C4}$ 和 $\dot{I}_{R4}$ 分别为流过 C_4 和 R_4 的电流，$\dot{I}_2 = \dot{I}_{C4} + \dot{I}_{R4}$。由相量图也不难看出

$$\tan\delta = \frac{I_{Rx}}{I_{Cx}} = \frac{I_{C4}}{I_{R4}} = \frac{U_4 \omega C_4}{\dfrac{U_4}{R_4}} = \omega C_4 R_4$$

电桥的平衡是通过 R_3 和 C_4 来改变桥臂电压的大小和相位来实现的。在实际操作中，由于 R_3 和 Z_4 相互之间也有影响，故需反复调节 R_3 和 C_4，才能达到电桥的平衡。

　　上面介绍的是西林电桥的正接线，可以看出，这时接地点放在 D 点，被试品 C_x 的两端均对地绝缘。实际上，绝大多数电气设备的金属外壳是直接放在接地底座上的，换言之，被试品的一极往往是固定接地的。这时就不能用上述正接线来测量它们的 $\tan\delta$，而应改用图 4 - 7 所示的反接线法进行测量。

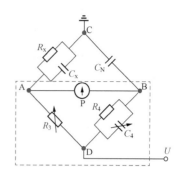

图 4 - 7　西林电桥反接
线原理图

　　在反接线的情况下，电桥调平衡的过程以及所得的 $\tan\delta$ 和 C_x 的关系式，均与正接线时无异。所不同者在于：这时接地点移至 C 点，原先的两个调节臂直接换接到高电压下，这意味着各个调节元件（R_3、C_4）、检流计 P 和后面要介绍的屏蔽网均处于高电位，故必须保证足够的绝缘水平和采取可靠的保护措施，以确保仪器和测试人员的安全。

二、 $\tan\delta$ 测量的影响因素

　　利用西林电桥测量 $\tan\delta$ 的结果会受到一系列外界因素的影响。

　　1. 外界电磁场的干扰影响

　　外界电磁场的干扰包括试验用高压电源和试验现场高压带电体（如变电站内仍在运行的高压母线等）所引起的电场干扰，因为在这些高压源与电桥各元件及其连接线之间存在着杂散电容，产生的干扰电流如流过桥臂就会引起测量误差。

　　另外，在现场测试条件下，电桥往往处于一个相当显著的交变磁场中，这时电桥接线内也会感应出一个干扰电动势，对电桥的平衡产生影响，也将导致测量误差。

　　消除上述两种干扰影响的最简单而有效的办法是将电桥的低压臂和检流计（最好能包括试品 C_x 和标准电容器 C_N 接往电桥 A、B 两点的连线在内）全部用金属屏蔽网和屏蔽电缆线加以屏蔽，这样杂散电容引起的电流将不流过桥臂，从而能基本上消除上述误差。

　　屏蔽系统恒与 D 点相连，在图 4 - 5 的正接线中没有画出，但可知屏蔽此时带地电位；而在图 4 - 7 的反接线中，屏蔽将带高电位，所以屏蔽对地（包括仪器的金属外壳）应有足够的绝缘。

　　2. 温度的影响

　　温度对 $\tan\delta$ 值的影响很大，具体的影响程度随绝缘材料和结构的不同而异。一般来说，$\tan\delta$ 随温度的增高而增大。现场试验时的绝缘温度是不一定的，所以为了便于比较，应将在各种温度下测得的 $\tan\delta$ 值换算到 20℃时的值。应该指出，由于试品内部的实际温度往往很难测定，换算方法也不很准确，故换算后往往仍有较大的误差。所以，$\tan\delta$ 的测量应尽可能在 10～30℃ 的条件下进行。

　　3. 试验电压的影响

　　一般来说，良好的绝缘在额定电压范围内，其 $\tan\delta$ 值几乎保持不变，如图 4 - 8 中的曲线 1 所示。如果绝缘内部存在空隙或气泡时，情况就不同了，当所加电压尚不足以使气泡电离时，其 $\tan\delta$ 值与电压的关系与良好绝缘没有什么差别；但当所加电压大到能引起气泡电离或发生局部放电时，$\tan\delta$ 值即开始随 U 的升高而迅速增大，电压回落时电离要比电压上升时更强一些，因而会出现闭环状曲线，如图 4 - 8 中的曲线 2 所示。如果绝缘受潮，

则电压较低时的 $\tan\delta$ 值就已相当大,电压升高时,$\tan\delta$ 更将急剧增大;电压回落时,$\tan\delta$ 也要比电压上升时更大一些,因而形成不闭合的分叉曲线,如图 4-8 中的曲线 3 所示,主要原因是介质的温度因发热而提高了。

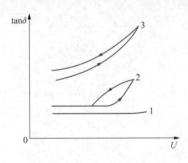

图 4-8 $\tan\delta$ 与试验电压的典型
关系曲线
1—良好的绝缘;2—绝缘中存在气隙;
3—受潮绝缘

求出 $\tan\delta$ 与电压的关系,有助于判断绝缘的状态和缺陷的类型。

4. 试品电容量的影响

对于电容量较小的试品(如套管、互感器等),测量 $\tan\delta$ 能有效地发现局部集中性缺陷和整体分布性缺陷。但对电容量较大的试品(如大中型发电机、变压器、电力电缆、电力电容器等),测量 $\tan\delta$ 只能发现整体分布性缺陷,因为局部集中性缺陷所引起的介质损耗增大值这时只占总损耗的一个很小的部分,因而用测量 $\tan\delta$ 的方法来判断绝缘状态就很不灵敏了。对于可以分解成几个彼此绝缘部分的被试品,可分别测量其各个部分的 $\tan\delta$ 值,能更有效地发现缺陷。

5. 试品表面泄漏的影响

试品表面泄漏电阻总是与试品等效电阻 R_x 并联着,显然会影响所测得的 $\tan\delta$ 值,这在试品的 C_x 较小时尤需注意。为了排除或减小这种影响,在测试前应清除绝缘表面的积污和水分,必要时还可在绝缘表面上装设屏蔽极。

第四节 局部放电的测量

前已提及,绝缘中的局部放电是引起电介质老化的重要原因之一。如果电气设备在正常运行电压下,其绝缘中就已出现局部放电现象,这意味着绝缘内部存在局部性缺陷,而且这种过程必然会在整个运行期间继续发展,达到一定程度后,就会导致绝缘的击穿和损坏。测定电气设备在不同电压下的局部放电强度和发展趋势,就能判断绝缘内是否存在局部缺陷以及介质老化的速度和目前的状态。因而电气设备制造厂和电力系统运行部门都很重视局部放电的检测,它已成为确定产品质量和进行绝缘预防性试验的重要项目之一。其试验内容包括测量视在放电量、放电重复率、局部放电起始电压和熄灭电压,甚至大致确定放电的具体部位。

一、 局部放电基本概念

如图 4-9(a)所示,设在固体或液体介质内部 g 处存在一个气隙(或气泡),C_g 代表该气隙的电容,C_b 代表与该气隙串联的那部分介质的电容,C_a 则代表其余完好部分的介质电容,即可得出图 4-9(b)中的等效电路,其中与 C_g 并联的放电间隙的击穿等效于该气隙中发生的火花放电,Z 则代表对应于气隙放电脉冲频率的电源阻抗。

整个系统的总电容为

$$C = C_a + \frac{C_b C_g}{C_b + C_g} \tag{4-23}$$

在电源电压 $u = U_m \sin\omega t$ 的作用下，C_g 上分到的电压为

$$u_g = \frac{C_b}{C_b + C_g} U_m \sin\omega t$$

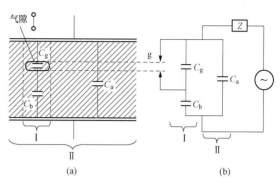

图 4 - 9 绝缘内部气隙局部放电的等效电路
（a）示意图；（b）等效电路

如图 4 - 10（a）中的虚线所示。当 u_g 达到该气隙的放电电压 U_s 时，气隙内发生火花放电，相当于图 4 - 9（b）中的 C_g 通过并联间隙放电；当 C_g 上的电压从 U_s 迅速下降到熄灭电压（亦可称剩余电压）U_r 时，火花熄灭，完成一次局部放电。图 4 - 11 表示一次局部放电从开始到终结的过程，在此期间，出现一个对应的局部放电电流脉冲。这一放电过程的时间很短，约 10^{-8} s 数量级，可认为瞬时完成，画到与工频电压相对应的坐标上，就变成一条垂直短线，如图 4 - 10（b）所示。气隙每放电一次，其电压瞬时下降一个 $\Delta U_g = U_s - U_r$。

随着外加电压的继续上升，C_g 重新获得充电，直到 u_g 又达到 U_s 值时，气隙发生第二次放电，依此类推。

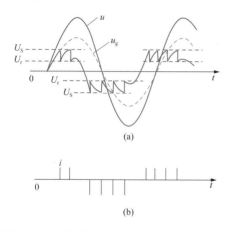

图 4 - 10 局部放电时的电压、电流变化曲线
（a）电压；（b）电流

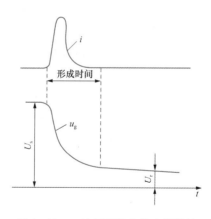

图 4 - 11 一次局部放电的电流脉冲

气隙每次放电所释出的电荷量为

$$q_r = \left(C_g + \frac{C_a C_b}{C_a + C_b}\right)(U_s - U_r) \tag{4-24}$$

因为 $C_a \gg C_b$，所以

$$q_r \approx (C_g + C_b)(U_s - U_r) \tag{4-25}$$

式（4 - 25）中的 q_r 为真实放电量，但因式中的 C_g、C_b、U_s、U_r 都无法测得，因而 q_r 亦难以确定。

气隙放电引起的压降（$U_s - U_r$）将按反比分配在 C_a 和 C_b 上（从气隙两端看，C_a 和 C_b 串联连接），因而 C_a 上的电压变动为

$$\Delta U_a = \frac{C_b}{C_a + C_b}(U_s - U_r) \tag{4-26}$$

这意味着，当气隙放电时，试品两端的电压会下降 ΔU_a，这相当于试品放掉电荷 q，有

$$q = (C_a + C_b)\Delta U_a = C_b(U_s - U_r) \tag{4-27}$$

因为 $C_a \gg C_b$，所以式（4-27）的近似式为

$$q \approx C_a \Delta U_a \tag{4-28}$$

其中，q 称为视在放电量，通常以它作为衡量局部放电强度的一个重要参数。从以上各式可以看到，q 既是发生局部放电时试品电容 C_a 所放掉的电荷，也是电容 C_b 上的电荷增量（$= C_b\Delta U_g$）。由于有阻抗 Z 的阻隔，在上述过程中，电源 u 几乎不起作用。

将式（4-25）与式（4-27）作比较，即得

$$q = \frac{C_b}{C_g + C_b}q_r \tag{4-29}$$

由于 $C_g \gg C_b$，可知视在放电量 q 要比真实放电量 q_r 小得多，但它们之间存在比例关系，所以 q 值也就能相对地反映 q_r 的大小。

顺便指出：在上述交流电压的作用下，只要电压足够高，局部放电在每半个周期内可以重复多次；而在直流电压的作用下，情况就大不相同了，这时电压的大小和极性都不变，一旦内部气隙发生放电，空间电荷会在气隙内建立起反向电场，放电熄灭，直到空间电荷通过介质内部电导相互中和而使反向电场削减到一定程度后，才会出现第二次放电。可见在其他条件相同时，直流电压下单位时间的放电次数要比交流电压时少很多，从而使直流下局部放电引起的破坏作用也远较交流下为小。这也是绝缘在直流下的工作电场强度可以大于交流工作电场强度的原因之一。

除了前面介绍的视在放电量之外，表征局部放电的重要参数尚有如下几项：

（1）放电重复率（N）。亦称脉冲重复率，它是在选定的时间间隔内测得的每秒发生放电脉冲的平均次数，它表示局部放电的出现频度。它与外加电压的大小有关，外加电压增大时，放电次数亦随之增多。

（2）放电能量（W）。通常指一次局部放电所消耗的能量。为简单起见，令 $C_g' = C_g + \dfrac{C_a C_b}{C_a + C_b}$，则脉冲电流

$$i = -C_g'\frac{du_g}{dt}$$

放电能量为

$$W = \int u_g i\,dt = -C_g'\int_{U_s}^{U_r} u_g\,du_g = \frac{1}{2}C_g'(U_s^2 - U_r^2) \tag{4-30}$$

式（4-24）可写成 $q_r = C_g'(U_s - U_r)$，代入式（4-30）可得

$$W = \frac{1}{2}q_r(U_s + U_r) = \frac{1}{2}q\left(\frac{C_g + C_b}{C_b}\right)(U_s + U_r) \tag{4-31}$$

设气隙中开始出现局部放电（$u_g = U_s$）时的外加电压瞬时值为 U_i，它们之间的关系为

$$U_s = \frac{C_b}{C_g + C_b}U_i$$

因而

$$W = \frac{1}{2}q\frac{U_i}{U_s}(U_s + U_r)$$

如设 $U_r \approx 0$，则

$$W = \frac{1}{2}qU_i \tag{4-32}$$

其中，视在放电量 q 和出现局部放电时的外加电压值 U_i（亦称局部放电起始电压）都是可以测得的，因而可立即求得 W 值。

放电能量的大小对电介质的老化速度有显著影响，所以它与上面所说的视在放电量和放电重复率是表征局部放电的三个基本参数。

（3）其他参数。表征局部放电的参数还有平均放电电流、放电的均方率、放电功率、局部放电起始电压（即前面提及的 U_i）和局部放电熄灭电压等。

二、局部放电检测方法

伴随局部放电会出现多种现象，有些属于电气方面的，诸如电流脉冲、介质损耗突然增大、电磁波辐射等；另有一些则属于非电方面的，诸如光、热、噪声、气压变化、化学变化等。利用这些派生现象就可以对局部放电进行检测。

近年来，局部放电的测试技术发展很快，检测方法也很多，具体也可分为电气检测和非电检测两大类。在大多数情况下，非电检测法往往不够灵敏，大多限于定性检测，即只能判断是否存在局部放电，而不能作定量的分析；目前应用得比较广泛和成功的是电气检测法，特别是测量绝缘内部气隙发生局部放电时的电脉冲，不仅可以灵敏地检出是否存在局部放电，还可判定放电强弱程度。

以下简要介绍各种检测方法的基本原理和特点。

（一）非电检测法

1. 噪声检测法

用人的听觉检测局部放电是最原始的方法之一，显然这种方法灵敏度很低，且带有试验人员的主观因素。

后来改用微音器或其他传感器和超声波探测仪等作非主观性的声波和超声波检测，常用作放电定位。

局部放电产生的声波和超声波频谱覆盖面从数十赫到数十兆赫，所以应选频谱中所占分量较大的频率范围作为测量频率，以提高检测的灵敏度。近年来，采用超声波探测仪的情况越来越多，其特点是抗干扰能力相对较强、使用方便，可以在运行中或耐压试验时检测局部放电，适合预防性试验的要求。它的工作原理是：当绝缘内部发生局部放电时，在放电处产生的超声波向四周传播，直达电气设备外壳的表面，在设备外壁贴装压电元件，在超声波的作用下，压电元件的两个端面上会出现交变的束缚电荷，引起端部金属电极上电荷的变化或在外电路中引起交变电流，由此指示设备内部是否发生了局部放电。

2. 光检测法

沿面放电和电晕放电常用光检测法进行测量，且效果很好。

绝缘内部发生局部放电时当然也会释放光子而产生光辐射，本方法所检测的就是局部放电所发出的光量，不过只有在透明介质的情况下才能实现。有时可用光电倍增器或影像亮化器等辅助仪器来增加检测灵敏度。

3. 化学分析法

用气相色谱仪对绝缘油中溶解的气体进行气相色谱分析，是近些年来发展起来的新试验方法，通过分析绝缘油中溶解的气体成分和含量，能够判断设备内部隐藏的缺陷类型。它的优点是能够发现充油电气设备中一些用其他试验方法不易发现的局部性缺陷（包括局部放电）。

例如当设备内部有局部过热或局部放电等缺陷时，其附近的油就会分解而产生烃类及 H_2、CO、CO_2 等气体，它们不断溶解到油中。局部放电所引起的气相色谱特征是 C_2H_2 和 H_2 的含量较大。

此法灵敏度相当高，操作简便，且设备不需停电，适合于在线绝缘诊断，因而获得了广泛应用。

（二）电气检测法

1. 脉冲电流法

此法测量的是视在放电量。当发生局部放电时，试品两端会出现一个几乎是瞬时的电压变化，在检测回路中引起一高频脉冲电流，将它变换成电压脉冲后就可以用示波器等测量其波形或幅值，由于其大小与视在放电量成正比，通过校准就能得出视在放电量（一般单位用 pC）。此法灵敏度高，应用得很广泛，所以后面将再作较详细的探讨。

2. 介质损耗法

局部放电要消耗能量，使介质产生附加损耗。外加电压越高，放电频度越大，附加损耗也就越大。本法就是基于测量这种附加损耗来检测局部放电的，这时一般也可利用西林电桥，测出介质的"$\tan\delta - U$"关系曲线，如果利用图 3-12，那么与曲线开始突然升高处的 E_0 相对应的电压即为局部放电起始电压 U_i。

本法的优点是不需添置专用的测量仪器，操作也较方便。其缺点是灵敏度比脉冲电流法低得多，而且 $\tan\delta$ 随电压而增大的现象也可以因介质受潮等其他因素而引起，要排除这些因素的影响亦非易事。

三、脉冲电流法的测量原理

用脉冲电流法测量局部放电的视在放电量，国际上推荐的有三种基本试验回路，即并联测试回路、串联测试回路和桥式测试回路，分别如图 4-12（a）～（c）所示。

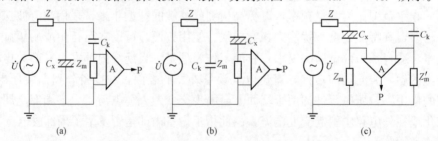

图 4-12 用脉冲电流法检测局部放电的测试回路
(a) 并联测试回路；(b) 串联测试回路；(c) 桥式测试回路

三种回路的基本目的都是使在一定电压作用下的被试品 C_x 中产生的局部放电电流脉冲流过检测阻抗 Z_m，然后把 Z_m 上的电压或 Z_m 及 Z'_m 上的电压差加以放大后送到测量仪器 P（示波器、峰值电压表、脉冲计数器等）上去，所测得的脉冲电压峰值与试品的视在放电量成正比，只要经过适当的校准，就能直接读出视在放电量 q 之值（pC），如果 P 为脉冲计数器，则测得的是放电重复率。

除了长电缆段和带绕组的试品外，一般试品都可以用一集中电容 C_x 来代表。耦合电容 C_k 为被试品 C_x 与检测阻抗 Z_m 之间提供一条低阻抗通路，当 C_x 发生局部放电时，脉冲信号立即顺利耦合到 Z_m 上去；C_k 的残余电感应足够小，而且在试验电压下内部不能有局部放电现象；对电源的工频电压来说，C_k 又起着隔离作用。Z 为阻塞阻抗，它可以让工频高电压作用到被试品上去，但又阻止高压电源中的高频分量对测试回路产生干扰，也防止局部放电脉冲分流到电源中去，所以它实际上就是一只低通滤波器。

并联测试回路［图 4 - 12（a）］适用于被试品一端接地的情况，优点是流过 C_x 的工频电流不流过 Z_m，在 C_x 较大的场合，这一优点尤其重要。串联测试回路［图 4 - 12（b）］适用于被试品两端均对地绝缘的情况，如果试验变压器的入口电容和高压引线的杂散电容足够大，采用这种回路时还可省去电容 C_k。上面两种测试回路均属直测法，第三种桥式测试回路［图 4 - 12（c）］则属于平衡法，试品 C_x 和耦合电容 C_k 的低压端均对地绝缘，检测阻抗则分成 Z_m 及 Z_m'，分别接在 C_x 和 C_k 的低压端与地之间，此时测量仪器 P 测得的是 Z_m 和 Z_m' 上的电压差。平衡法与直测法不同之处仅在于检测阻抗和接地点的布置，但它的抗干扰性能好，这是因为桥路平衡时，外部干扰源在 Z_m 和 Z_m' 上产生的干扰信号基本上相互抵消，工频信号也可相互抵消；而在 C_x 发生局部放电时，放电脉冲在 Z_m 和 Z_m' 上产生的信号却是互相叠加的。

所有上述回路中的阻塞阻抗 Z 和耦合电容 C_k 在所加试验电压下都不能出现局部放电，在一般情况下，希望 C_k 不小于 C_x 以增大检测阻抗上的信号。同时，Z 应比 Z_m 大，使得 C_x 中发生局部放电时，C_x 与 C_k 之间能较快地转换电荷，而从电源重新补充电荷（充电）的过程减慢，以提高测量的准确度。

Z_m 上出现的脉冲电压经放大器 A 放大后送往适当的测量仪器 P，即可得出测量结果。虽然已知测量仪器上测得的脉冲幅值与试品的视在放电量成正比，但要确定具体的视在放电量 q 值，还必须对整个测量系统进行校准（标度），这时需向试品两端注入已知数量的电荷 q_0，记下仪器显示的读数 h_0，即可得出测试回路的刻度因数 $K\left(=\dfrac{q_0}{h_0}\right)$。

第五节 电压分布的测量

在工作电压的作用下，沿着绝缘结构的表面会有一定的电压分布。一般在表面比较清洁时，其分布规律取决于绝缘结构本身的电容和杂散电容；而在表面染污、受潮时，则取决于表面电导。如果某一部分因损坏而导致该处的绝缘电阻急剧下降，则其表面电压分布将有明显的改变。因此通过测量绝缘表面上的电压分布亦能发现某些绝缘缺陷。

作为绝缘预防性试验项目之一，测量电压分布最适用于那些由一系列元件串联组成的绝缘结构。

例如在电力系统中有大量绝缘子在运行。输电线路上的绝缘子串由若干片悬式绝缘子组成，支柱绝缘子柱一般也由多个元件串联构成，高压套管的瓷套也由许多裙边构成。定期测量电压沿着绝缘子各组成元件的分布状况，是电力系统中常见的试验项目之一。

下面以表面比较清洁的悬式绝缘子串为例，分析其电压分布状况，它不但取决于绝缘子本身的电容，而且也受到各元件与地电位物体（铁塔、架空地线、大地等）及高压导线之间的杂散电容的影响。其等效电路如图 4 - 13（a）所示，图中 C 为每片绝缘子的本体电容，其值一般为 40~55pF；C_1 为各元件对地电容；C_2 为各元件与高压导线之间的电容。实际上，各个元件的 C_1 值不是相等的，C_2 值也一样；平均可取 $C_1 \approx 4 \sim 5pF$，$C_2 \approx 0.5 \sim 1pF$。

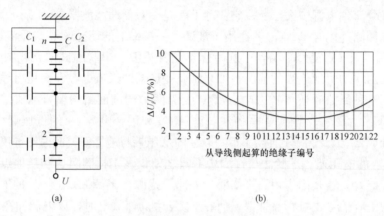

图 4 - 13　输电线路悬式绝缘子串电压分布
(a) 等效电路；(b) 电压分布

假如不存在杂散电容 C_1 和 C_2 的影响，沿串的电压分布应是均匀的，每片绝缘子上的电压 $\Delta U = \dfrac{U}{n}$（式中 n 为绝缘子片数）。

C_1 的影响是造成一定的分流，使最靠近高压导线的那片绝缘子（编号为 1）流过的电流最大，因而分到的电压也最大，其余各片上的电压则依次减小；而 C_2 的影响则正好相反，使最靠近接地端的那片绝缘子（编号为 n）流过的电流最大，因而电压也最高，其余各片上的电压依次减小。由于 $C_1 \gg C_2$，所以 C_1 的影响更大一些，最后电压分布如图 4 - 13（b）所示，最大电压还是出现在 1 号绝缘子上，随着离开导线的距离增大，元件上承受的电压逐渐减小，但由于 C_2 的影响，当接近接地横担时，最后几个元件上的电压会略有回升。绝缘子串越长（串中元件数 n 越多），杂散电容对沿串电压分布的影响也越显著。图 4 - 13（b）所示为一条 500kV 线路绝缘子串上的电压分布，所以显得很不均匀，第 1 片绝缘子上分到的电压 $\Delta U_1 \approx \dfrac{500}{\sqrt{3}} \times 10\% \approx 29$（kV）。实测表明，当绝缘子上的电压超过 22~25kV 时，该片绝缘子上将发生电晕放电，它会引起金属件的腐蚀和严重的无线电干扰，因而是不能容许的。

为了使绝缘子串上的电压分布均匀一些，特别是降低最靠近导线的那几片绝缘子上的电压，可以在绝缘子串与导线连接处装设均压金具（或称保护金具）。因为均压金具能增大 C_2 值，有利于补偿 C_1 的影响，所以能有效地改善沿串电压分布，特别是大大降低最靠近导线的那几片绝缘子上的电压，如图 4 - 14 所示。在现代，一般只对额定电压大于 220kV 的超高压线路的绝缘子串加装均压金具。

根据正常的电压分布曲线和实测结果，就能判断绝缘子是否劣化或损坏。如果某一片绝缘子的实测电压低于标准值的一半时，即可认定该片为劣化绝缘子（称为低值或零值绝缘子）。例如图 4-15 中的曲线 2 表明第 3 片为低值绝缘子。

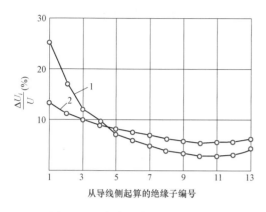

图 4-14　线路绝缘子串电压分布
1—无均压金具时；2—装均压金具时

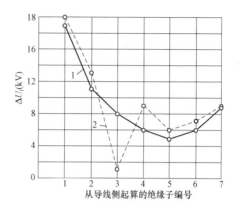

图 4-15　绝缘子串电压分布的比较
1—正常的电压分布；2—实际测得的电压分布

为了测量线路绝缘子串电压分布或检出串中的零值绝缘子，在电力系统中使用着多种工具，诸如短路叉、可调火花间隙测杆、自爬式检零工具等。此外，这种方法在其他场合也可应用，例如对多元件支柱绝缘子柱、多段式高压避雷器、高压瓷套表面、发电机线棒表面等，都可进行电压分布的测量，测量方法还有电阻分布测杆、音响式测杆、静电电压表法等。

第六节　绝缘状态的综合判断

前面介绍的绝缘预防性试验中的种种非破坏性试验项目，对揭示绝缘中的缺陷和掌握绝缘性能的变化趋势，各具一定的功能，也各有局限性。即使是同一试验项目用于不同设备时的效果也不尽相同，因此通常不能孤立地根据某一项试验结果对绝缘状态下结论，而必须将各项试验结果联系起来进行综合分析，并考虑被试品的特点和特殊要求，方能做出正确的判断。

显然，如果某一被试品的各项试验（包括第五章中介绍的耐压试验）均顺利通过，各项指标均符合有关标准、规程的要求，一般就可认为其绝缘状态良好，可以继续运行。

如果有个别试验项目不合格，达不到规程的要求，这时宜用"三比较"的办法来处理：①与同类型设备作比较，因为同类型设备在同样条件下所得的试验结果应大致相同，若差别悬殊就可能存在问题；②在同一设备的三相试验结果之间进行比较，若有一相结果相差达 50% 以上时，该相很可能存在缺陷；③与该设备技术档案中的历年试验所得数据作比较，若性能指标有明显下降的情况，即应警惕出现新缺陷的可能性。

为了以较小的工作量获得最好的效果，每种电气设备应做的试验项目要根据它们的特点和运行经验精心选择（参阅表 4-1）。至于试验周期，应根据各种设备绝缘的运行条件、劣化速度、以往的运行经验、环境条件的变化周期、试验工作量的大小等多种因素加以确定。

对于正确判断电气设备绝缘质量和状态来说，前面介绍的非破坏性试验项目和第五章将要介绍的几种耐压试验都是重要的，它们不能相互取代，而只能是优势互补，成为绝缘预防性试验不可或缺的组成部分。我们应该对各种试验方法的适用范围、有效性和局限性有全面的了解。

第五章 绝缘的高电压试验

时至今日，高电压绝缘方面的理论还远未完善，有许多高电压技术问题仍必须通过实际试验来解决，例如前面第二、三章中引用的一系列电介质电气强度特性曲线几乎都是在国内外高电压试验室中所得出的成果。可见高电压试验技术在高电压技术领域中占有很重要的地位。

电气设备的绝缘在运行中除了长期受到工作电压（工频交流电压或直流电压）的作用外，还会受到电力系统中可能出现的各种过电压的作用，所以在高压试验室内应能产生出模拟这些作用电压的试验电压（工频交流高压、直流高压、雷电冲击高压、操作冲击高压等），用以考验各种绝缘耐受这些高电压作用的能力。由于输电电压和相应的试验电压在不断提高，要获得各种符合要求的试验用高电压越来越困难，这是高电压试验技术发展中首先需要解决的问题。

与非破坏性试验相比，绝缘的高电压试验具有直观、可信度高、要求严格等特点，但因其具有破坏性试验的性质，所以一般都放在非破坏性试验项目合格通过之后进行，以避免或减少不必要的损失。

本章将介绍产生各种试验电压的高压试验设备、各种高电压的测量方法以及绝缘高电压试验的接线和实施方法。

第一节 工频高电压试验

工频高电压试验不仅仅为了检验绝缘在工频交流工作电压下的性能，在许多场合也用来等效地检验绝缘对操作过电压和雷电过电压的耐受能力，以免除进行操作冲击和雷电冲击高压试验所遇到的设备仪器和试验技术上的繁复和困难。

一、 工频高电压的产生

高压试验室中的工频高电压通常采用高压试验变压器或其串级装置来产生。但对电缆、电容器等电容量较大的被试品，可采用串联谐振回路来获得试验用的工频高电压。

工频高电压不仅可用于绝缘的工频耐压试验，而且也广泛应用于气隙工频击穿特性、电晕放电及其派生效应、静电感应、绝缘子的干闪、湿闪及污闪特性、带电作业等试验研究中。工频高压装置不但是高压试验室中最基本的设备，而且也是产生其他类型高电压的设备的基础部件。

1. 高压试验变压器

试验变压器大多为油浸式，在工作原理上与电力变压器没有什么不同，但在工作条件和结构方面则具有一系列特点：

（1）由于需要产生的工频电压很高，因而试验变压器本身应有很好的绝缘。但因它们都在高压试验室内工作，不像电力变压器那样会受到雷电和操作过电压的作用，所以试验变压器的绝缘裕度不需要取得太大。例如 500～750kV 试验变压器的绝缘 5min 试验电压仅比其额定电压高 10%～15%。这样小的绝缘裕度必然要求在试验过程中严格防止和限制过电压的出现。

（2）试验变压器的容量一般是不大的，因为在试验中，被试品放电或击穿前，只需要供给被试品的电容电流；如果被试品被击穿，开关会立即切断电源，不会出现长时间的短路电流。可见试验变压器高压侧电流 I 和额定容量 P 都主要取决于被试品的电容，表达式为

$$I = 2\pi fCU \times 10^{-3} \quad (A) \tag{5-1}$$

$$P = 2\pi fCU^2 \times 10^{-3} \quad (kVA) \tag{5-2}$$

式中　C——被试品的电容和试验变压器本身的电容，μF；

　　　U——试验电压，kV；

　　　f——电源频率，Hz。

为了满足大多数被试品的试验要求，250kV 以上试验变压器的高压侧额定电流取为 1A，例如 500kV 试验变压器的额定容量一般为 500kVA。不过对于某些特殊被试品和某些特殊的试验项目，需要把试验变压器的额定电流选得比 1A 大得多。此外，用于对绝缘子进行湿闪或污闪试验的试验变压器还应具有较小的漏抗，因为要在绝缘子表面建立起电弧放电过程，变压器应能供给 5～15A（有效值）的短路电流。

（3）由于试验变压器的额定电压很高而容量不大，因而它的油箱本体不大，而其高压套管又长又大，这是它外观上的一个特点。按照高压套管的数量，可将试验变压器分为两种类型，一种是单套管式，其高压绕组的一端接地，另一端输出额定全电压 U，如图 5-1（a）所示，这时它的高压绕组和套管对铁芯和油箱的绝缘均应按耐受全电压 U 的要求来设计；另一种是双套管式，其高压绕组的中点与铁芯、油箱相连，两端各经一只套管引出，也是一端接地，另一端输出全电压 U。但应该注意的是，这时由于铁芯和油箱均带上 $\frac{1}{2}U$ 的电压，所以油箱不能放在地上，而必须按一半全电压对地绝缘起来，如图 5-1（b）所示。

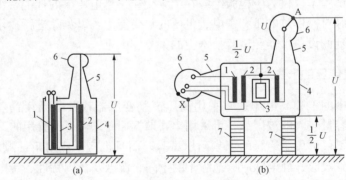

图 5-1　试验变压器的接线与结构示意图

(a) 单套管式；(b) 双套管式

1—低压绕组；2—高压绕组；3—铁芯；4—油箱；5—套管；6—屏蔽极；7—绝缘支柱

双套管式的优点是用两只额定电压只有 $\frac{1}{2}U$ 的套管来代替一只额定电压为 U 的套管，用油箱外部的绝缘支柱来减轻变压器内绝缘的设计要求 $\left(\text{绝缘水平亦降至}\frac{1}{2}U\right)$。当全电压 U 很高时，这样做可以大大降低试验变压器和套管的制造难度和价格。单套管试验变压器的额定电压一般不超过 300kV，而双套管试验变压器的最高额定电压已达 750kV。

（4）试验变压器连续运行时间不长，发热较轻，因而不需要有复杂的冷却系统。但由于试验变压器的绝缘裕度很小、散热条件又较差，所以一般在额定电压或额定功率下只能作短时运行。例如 500kV 试验变压器在额定电压 U 下只能连续工作 30min，只有在 $\frac{2}{3}U$ 的电压下才能长期运行。

（5）与电力变压器相比，试验变压器的漏抗较大，短路电流较小，因而可降低绕组机械强度方面的要求，以节省制造费用。

（6）试验变压器所输出的电压应尽可能是正、负半波对称的正弦波形，实际上要做到这一点是相当困难的。一般采取的措施是：①采用优质铁芯材料；②采用较小的设计磁通密度；③选用适宜的调压供电装置；④在试验变压器的低压侧跨接若干滤波器（如 3 次、5 次谐波滤波器）。

2. 试验变压器串级装置

当所需的工频试验电压很高（如超过 750kV）时，再采用单台试验变压器来产生就不恰当了，因为变压器的体积和质量近似地与其额定电压的三次方成比例，而其绝缘难度和制造价格甚至增加得更多。所以在 $U \geqslant 1000kV$ 时，几乎没有例外地采用若干台试验变压器组成串级装置来满足要求，这在技术上和经济上都更加合理。数台试验变压器串级连接的办法就是将它们的高压绕组串联起来，使它们的高压侧电压叠加后得到很高的输出电压，而每台变压器的绝缘要求和结构可大大简化，减轻绝缘难度，降低总价格。

最常用的串级连接方式是自耦式连接，这时高一级变压器的励磁电流由前一级变压器高压绕组的一部分（可称之为累接绕组）来供给。图 5-2 表示的是一套由两台单套管试验变压器组成的串级装置示意图。

T1 的高压绕组 2 的一端和油箱相连（接地），而另一端再接上一只特殊的励磁（累接）绕组，用来给 T2 的低压绕组 4 供电，T2 的油箱与 T1 高压绕组 2 的输出端同电位（对地电压为 U_2），所以必须用绝缘支柱 Z 将 T2 的油箱对地绝缘起来。由于 T2 的低压绕组的对地电位也被抬高到 U_2，因而 T2 的内绝缘（高、低压绕组之间及高压绕组对铁芯、油箱之间的绝缘）水平也仅需 U_2，而不是输出电压 U（$=2U_2$），这就大大减小了 T2 的内绝缘和高

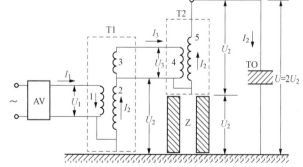

图 5-2　由两台单套管试验变压器组成并由
累接绕组来供电的串级装置示意图

1—T1 的低压绕组；2—T1 的高压绕组；3—累接绕组；
4—T2 的低压绕组；5—T2 的高压绕组
T1—第 1 级试验变压器；T2—第 2 级试验变压器；
AV—调压器；TO—被试品；Z—绝缘支柱

压套管的绝缘难度。虽然 T2 的油箱带上高电压 U_2，但这不难用绝缘支柱 Z 来加以解决。

应该指出，虽然这时两台试验变压器的初级电压相同（$U_1 = U_3$），次级电压也相同（均为 U_2），但它们的容量和高压绕组结构都不同，因而不能互换位置。

T2 的容量为

$$P_2 = U_3 I_3 = U_2 I_2$$

T1 的容量为

$$P_1 = U_1 I_1 = U_2 I_2 + U_3 I_3 = 2 U_2 I_2$$

整套串级装置的制造容量为

$$P = P_1 + P_2 = 3 U_2 I_2$$

串级装置的输出容量却只有

$$P' = 2 U_2 I_2$$

因而装置的容量利用率

$$\eta = \frac{P'}{P} = \frac{2 U_2 I_2}{3 U_2 I_2} = \frac{2}{3}$$

不难求出 n 级串级装置的容量利用率为

$$\eta = \frac{2}{n+1} \tag{5-3}$$

式中　n——串级装置的级数。

由式（5-3）可见，级数越多，试验变压器的台数越多，容量利用率也越低。这是串级装置的固有缺点，因而通常很少采用 $n > 3$ 的方案。

为了说明采用双套管试验变压器组装串级装置以获取更高工频试验电压的方法，在图 5-3 中绘出了由采用带累接绕组的双套管试验变压器组装而成的 2250kV 串级装置。图中还注明各级变压器的油箱、输出端和绝缘支柱各段的对地电压。目前国内外利用这种串级连接方法和结构方式已建成多套输出电压达 $2250 \times (3 \times 750)$kV 的工频高压串级装置，甚至出现了 $3000 \times (3 \times 1000)$kV 串级装置，它们的容量利用率已降至 $\eta = \frac{2}{3+1} = 0.5$。

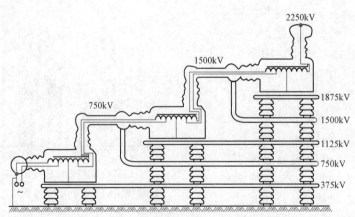

图 5-3　由带累接绕组的 750kV 双套管试验变压器组成的
2250kV 三级串级装置示意图

二、　工频高压试验的基本接线图

以试验变压器或其串级装置作为主设备的工频高压试验（包括耐压试验）的基本接线如图5-4所示。

由于试验变压器的输出电压必须能在很大的范围内均匀地加以调节，所以它的低压绕组应由一调压器来供电。调压器应能按规定的升压速度连续、平稳地调节电压，使高压侧电压在0～U的范围内变化。常用的调压供电装置有自耦变压器、感应调压器、移卷调压器和电动—发电机组，它们分别适用于不同的场合。

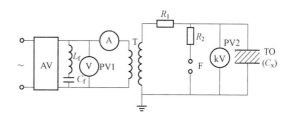

图5-4　工频高压试验的基本接线图

AV—调压器；PV1—低压侧电压表；T—工频高压装置；R_1—变压器保护电阻；TO—被试品；R_2—测量球隙保护电阻；PV2—高压静电电压表；F—测量球隙；L_f—C_f—谐波滤波器

试验变压器高压侧的电压可以用高压静电电压表PV2或测量球隙F来测量。球隙同时还能起防止因操作失误而出现过高电压的作用，为此可将其放电电压整定在（1.1～1.15）U的数值上，而让PV2承担测量高压的任务。

工频耐压试验的实施方法如下：按规定的升压速度提升作用在被试品TO上的电压，直到等于所需的试验电压U_t为止，这时开始计算时间；为了让有缺陷的试品绝缘来得及发展局部放电或完全击穿，达到U_t后还要保持一段时间，一般取1min就够了；如果在此期间没有发现绝缘击穿或局部损伤（可通过声响、分解出气体、冒烟、电压表指针剧烈摆动、电流表指示急剧增大等异常现象作出判断）的情况，即可认为该试品的工频耐压试验合格通过。

第二节　直 流 高 电 压 试 验

在被试品的电容量很大的场合（例如长电缆段、电力电容器等），用工频交流高电压进行绝缘试验时会出现很大的电容电流，这就要求工频高压试验装置具有很大的容量［见式（5-2）］，但这往往是很难做到的。这时常用直流高电压试验来代替工频高电压试验。

此外，随着高压直流输电技术的发展，出现了越来越多的直流输电工程，因而必然需要进行多种内容的直流高电压试验。

还应指出，直流高电压在其他科技领域也有广泛的应用，其中包括高能物理（加速器）、电子光学、X射线学以及多种静电应用（如静电除尘、静电喷漆、静电纺纱等）。

一、　直流高电压的产生

为了获得直流高电压，高压试验室中通常采用将工频高电压经高压整流器而变换成直流高电压的方法，而利用倍压整流原理制成的直流高压串级装置（或称串级直流高压发生器）能产生出更高的直流试验电压。

（一）高压整流器

高压整流器是直流高压装置中必不可少的部件。从历史上来看，曾采用过机械整流器和电子管整流器（高压整流管），但自从出现了额定反峰电压高达 $200\sim300kV$ 的高压硅整流器后，其他类型的高压整流器均已被淘汰。

为了说明高压整流器的工作条件和对它的技术要求，可利用图 5 - 5 中最简单的半波整流回路。

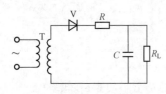

图 5 - 5　半波整流回路

T—高压试验变压器；V—高压整流器；C—滤波电容器；R—限流（保护）电阻；R_L—负载电阻

高压整流器最主要的技术参数应该是：

（1）额定整流电流：整流电流系指通过整流器的正向电流在一个周期内的平均值。对高压硅整流器来说，通常规定其额定整流电流为在室温和自然对流冷却条件下的容许整流电流值。

（2）额定反峰电压：当整流器阻断时，其两端容许出现的最高反向电压峰值称为额定反峰电压。

参阅图 5 - 5，如果电路空载（$R_L=\infty$），则在充电完毕后，电容 C 上的直流电压 U_C 将近似等于变压器高压侧交流电压的幅值 U_m，而整流器两端承受的反向电压 u_d 应为 U_C 和变压器高压侧电压之和，即

$$u_d = U_C + U_m \sin\omega t = U_m(1 + \sin\omega t)$$

可见最大反向电压 $U_d=2U_m$。所以在选择整流器时，应使其额定反峰电压大于滤波电容器上可能出现的最大电压的 2 倍，否则就会出现整流器的反向击穿或闪络。

为了制成额定反峰电压为 $200\sim300kV$ 的高压硅整流器，需要采用若干 $100\sim500kV$ 高压硅堆，而每个硅堆又由许多硅元件串联组成，因而必然存在电压沿硅堆和沿硅元件的分布问题，为了改善电压分布，在硅堆上都并联有均压电容和均压电阻，只要参数选得适当，均压效果将是显著的。

让我们再回到图 5 - 5 中的回路，当接有负载时（$R_L\neq\infty$），电容 C 上的整流电压的最大值 U_{max} 将不可能再等于 U_m，而是要比它低一个 ΔU；在整流器处于截止状态时，电容 C 上的电压也不再保持恒定，将因向 R_L 放电而逐渐下降，直至某一最小值 U_{min} 为止，因为这时第二个周期的充电过程开始了，这样一来就出现了电压脉动现象，其幅度为 δU。ΔU 和 δU 的定义可用图 5 - 6 清楚地加以说明。

整流回路的基本技术参数有三：

（1）额定平均输出电压

$$U_{av} \approx \frac{U_{max} + U_{min}}{2}$$

（2）额定平均输出电流

$$I_{av} = \frac{U_{av}}{R_L}$$

（3）电压脉动系数（亦称纹波系数）

$$S = \frac{\delta U}{U_{av}} \qquad\qquad (5-4)$$

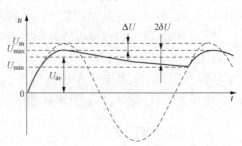

图 5 - 6　半波整流回路有负载时的输出电压波形

式中　δU——电压脉动幅度，$\delta U = \dfrac{U_{\max} - U_{\min}}{2}$。

对于半波整流回路，它可以近似地用下式求得

$$\delta U = \frac{U_{\text{av}}}{2fR_{\text{L}}C}$$

由上式可知，负载电阻 R_{L} 越小（负载越大），输出电压的脉动幅度越大；而增大滤波电容 C 或提高电源频率 f，均可减小电压脉动。一般要求直流高压试验装置的电压脉动系数 S 不大于 5%，但某些特殊用途直流高压装置的要求要高得多。

（二）倍压整流回路

采用前面介绍的半波整流回路或普通的桥式全波整流电路能够获得的最高直流电压都等于电源交流电压的幅值 U_{m}，但在电源不变的情况下，采用倍压整流回路即可获得 $(2\sim3)U_{\text{m}}$ 的直流电压。

图 5-7 表示三种倍压整流回路，前两种可获得等于 $2U_{\text{m}}$ 的直流电压，而后一种可获得等于 $3U_{\text{m}}$ 的直流电压。

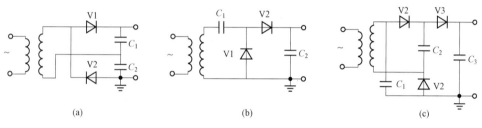

图 5-7　几种倍压整流回路

在图 5-7（a）中，电源在正半波期间经整流器 V1 向电容器 C_1 充电，负半波时则经 V2 向 C_2 充电，最后 C_1 和 C_2 上的电压均可达 U_{m}，它们叠加起来即可在输出端获得 $2U_{\text{m}}$ 的直流电压。这种倍压整流回路实质上是两个半波整流回路的叠加。

在图 5-7（b）中，电源在负半波期间经 V1 向 C_1 充电，而正半波期间电源与 C_1 串联起来经 V2 向 C_2 充电，所以最后 C_2 上也可获得 $2U_{\text{m}}$ 的直流电压。

图 5-7（c）所示的三倍压整流电路实质上是由图 5-7（b）所示的电路演变而来，可获得等于 $3U_{\text{m}}$ 的直流电压。

前面所说的也都是空载时的情况，当接上负载电阻后，输出电压也会出现电压降落（ΔU）和电压脉动（δU）的现象。

（三）串级直流高压发生器

利用图 5-7（b）中的倍压整流电路作为基本单元，多级串联起来即可组成一台串级直流高压发生器，如图 5-8 所示。这时合上电源后，各级电容上的电压由下而上逐渐地增大，在理想情况下最后可获得的空载输出电压等于 $2nU_{\text{m}}$（其中 n 为级数）。这种串级装置的实际充电过程是很复杂的，为了便于理解，可利用图 5-9 所示的直流电源 $+E$ 和 $-E$ 经切换开关 S 给各台电容器充电的过程来加以说明。

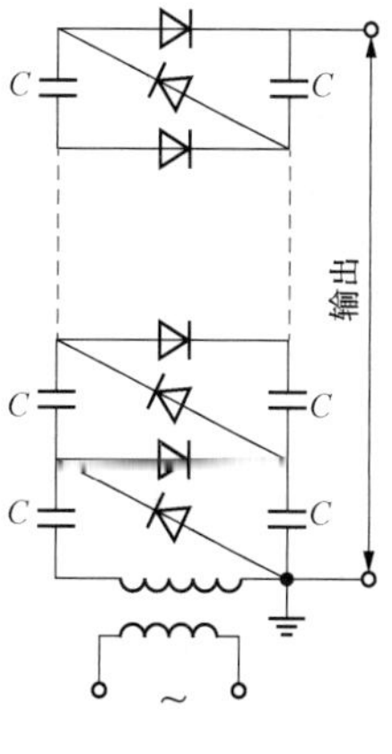

图 5-8　串级直流高压发生器原理图

图 5-9 中有两个极性相反的直流充电电源＋E 和－E；S1、S2 和 S3 为联动的切换开关，轮番地换接到Ⅰ、Ⅱ两种位置上；为简单计，设 $C_1=C_2=C_3=C_4$。当各开关第一次投向位置"Ⅰ"时，电源－E 对 C_1 充电，使 C_1 上的电压升为 E；当各开关切换到位置"Ⅱ"时，电源＋E 和 C_1 串联起来对 C_2 充电，C_2 可充电到 E，此时 C_1 上的电压降为零；当开关第二次接到位置"Ⅰ"上时，电源－E 重新给已放电的 C_1 充电，使它的电压又恢复到 E，与此同时，C_2 也对 C_3 放电，使 C_3 上的电压升到 $0.5E$，而 C_2 上的电压由 E 也降为 $0.5E$（因为 $C_2=C_3$）。当开关又回到位置"Ⅱ"时，电源＋E 和电压已恢复为 E 的 C_1 又串联起来对 C_2 充电，使它的对地电压由 $0.5E$ 上升到 $1.25E$（利用 C_2 获得补充的电荷与 C_1 失去的电荷相等以及 C_2 上的电压等于电源电压 E 与 C_1 上的电压之和的关系，即可求得）；与此同时，C_3 也对 C_4 放电，使后者的电压升至 $0.25E$。如此轮番充电，最后将使 C_2 和 C_4 上的电压都达到 $2E$，而装置的输出总电压将为 $4E$。图 5-9 所示装置的级数为 2，如果级数增为 n，最后可得到的输出电压将为 $2nE$。

实际装置的电源为交流电压，它相当于图 5-9 中极性相反的两个直流电源和切换开关 S1；两只反向的整流元件则可代替上述电路中的切换开关 S2 和 S3，于是图 5-9 就可转化为图 5-10，这就成为实用的两级串级直流高压发生器了。在负半波，V1 和 V3 导通，电源和右侧电容器 C_2 给左侧的电容器 C_1 和 C_3 充电；在正半波，V2 和 V4 导通，电源和左侧电容器串联起来给右侧电容器 C_2 和 C_4 充电。空载时，图中各节点最后达到的稳态对地电压分别为

$$u_1 = U_m \sin\omega t \quad （变化范围为 +U_m \sim -U_m）$$
$$u_2 = U_m(1+\sin\omega t) \quad （变化范围为 0 \sim +2U_m）$$
$$u_3 = 2U_m$$
$$u_4 = U_m(3+\sin\omega t) \quad （变化范围为 +2U_m \sim +4U_m）$$
$$u_5 = 4U_m$$

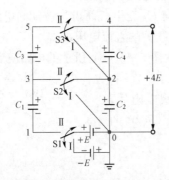

图 5-9 通过切换直流电源给电
容器逐级充电而获得直流高电压

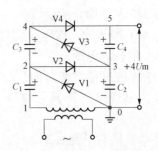

图 5-10 两级串级直流高
压发生器原理接线图

要想获得更高的直流电压，只需要增加级数就可以了，图 5-8 为 n 级串级直流高压发生器的原理接线，最后能得到的理想空载输出电压为 $2nU_m$。

在实际装置中，由于要限制负载突然击穿时出现的短路电流和某些电容器发生击穿时流过高压硅整流器的过电流，保护整流器不致损坏，所以还必须在装置输出端接一外保护

电阻 R_0，在每一高压硅整流器上串接限流电阻 R_1，如图 5-11 所示。

在电力系统现场试验所用的直流高压装置中，往往采用数千赫甚至更高频率的交流电源（用晶体管振荡器产生），以减小整套装置的尺寸和质量，使之便于运输和在现场使用。

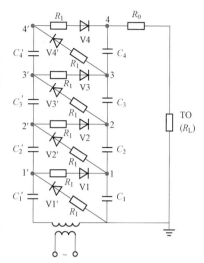

图 5-11　串级直流高压发生器接线图

二、直流高压试验的特点和应用范围

以直流高压发生器为主设备的直流高压试验（包括耐压试验和测量泄漏电流）的基本接线与前一章中的泄漏电流试验接线（见图 4-3）相似，不过在试验电压较高时，要用直流高压发生器来代替其中的整流电源部分。如图 5-12 所示，高压静电电压表 PV 的量程不够，可改用球隙测压器 F、高值电阻串接微安表或高阻值直流分压器等方法来测量直流高电压。

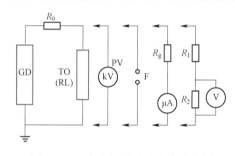

图 5-12　直流高压试验接线示意图

GD—直流高压发生器；TO—被试品

最常见的直流高压试验为某些交流电气设备（油纸绝缘高压电缆、电力电容器、旋转电机等）的绝缘预防性试验项目之一的直流耐压试验。与交流耐压试验相比，直流耐压试验具有下列特点：

（1）试验中只有微安级泄漏电流，试验设备不需要供给试品的电容电流，因而试验设备的容量较小。特别是采用高压硅堆作为整流元件后，整套直流耐压试验装置的体积、质量减小得更多，便于运到现场进行试验。

（2）在试验时可以同时测量泄漏电流，由所得的"电压—电流"曲线能有效地显示绝缘内部的集中性缺陷或受潮，提供有关绝缘状态的补充信息。

（3）用于旋转电机时，能使电机定子绕组的端部绝缘也受到较高电压的作用，这有利于发现端部绝缘中的缺陷。

（4）在直流高压下，局部放电较弱，不会加快有机绝缘材料的分解或老化变质，在某种程度上带有非破坏性试验的性质。

（5）在直流试验电压下，绝缘内的电压分布由电导决定，因而与交流运行电压下的电压分布不同，所以它对交流电气设备绝缘的考验不如交流耐压试验那样接近实际。

对于绝大多数组合绝缘来说，它们在直流电压下的电气强度远高于交流电压下的电气强度，因而交流电气设备的直流耐压试验必须提高试验电压，才能具有等效性。例如额定电压 U_N 低于 10kV 的交流油纸绝缘电缆的直流试验电压高达（5~6）U_N，而 U_N 为 10~35kV 的此类电缆的直流试验电压亦达（4~5）U_N。其加电压的时间也要延长到 10~15min。如果在此期间，泄漏电流保持不变或稍有降低，就表示绝缘状态令人满意，试验合格通过。

除了上述直流耐压试验外，直流高压装置还理所当然地被用来对直流输电设备进行各种直流高压试验，诸如各种典型气隙的直流击穿特性，超高压直流输电线上的直流电晕及其各种派生效应，各种绝缘材料和绝缘结构在直流高电压下的电气性能，各种直流输电设备的直流耐压试验等。

此外，正如本节开始时所指出，直流高电压在其他科技领域也正在获得越来越广泛的应用。

第三节 冲击高电压试验

由于冲击高电压试验对试验设备和测试仪器的要求高、投资大，测试技术也比较复杂，所以在绝缘预防性试验中通常不列入冲击耐压试验。但为了研究电气设备在运行中遭受雷电过电压和操作过电压的作用时的绝缘性能，在许多高压试验室中都装设了冲击电压发生器，用来产生试验用的雷电冲击电压波和操作冲击电压波。许多高压电气设备在出厂试验、型式试验时或大修后都必须进行冲击高压试验。

一、冲击电压发生器

它也是高压试验室的基本设备之一，随着输电电压的不断提高，冲击电压发生器所产生的电压也必须相应提高，方能满足试验要求。世界上最大的冲击电压发生器的标称电压已高达 7200kV，甚至更高。

（一）基本回路

第一章中曾经介绍，供试验用的标准雷电冲击全波采用的是非周期性双指数波，其可表示为

$$u(t) = A(e^{-\frac{t}{\tau_1}} - e^{-\frac{t}{\tau_2}}) \qquad (5-5)$$

式中　τ_1——波尾时间常数；

　　　τ_2——波前时间常数。

它由两个指数函数叠加而成，如图 5-13 所示。

如果不要求获得幅值很大的冲击电压，那么在试验室里产生这样的冲击波形并不困难。

在式（5-5）中，通常 $\tau_1 \gg \tau_2$，所以在波前范围内，$e^{-\frac{t}{\tau_1}} \approx 1$，式（5-5）可近似地写成

$$u(t) \approx A(1 - e^{-\frac{t}{\tau_2}}) \qquad (5-6)$$

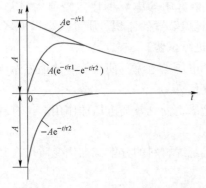

图 5-13　双指数函数冲击电压波

其波形如图 5-14 所示。这个波形与图 5-15 所示的直流电源 U_0 经电阻 R_1 向电容器 C_2 充电时 C_2 上的电压波形完全相同，可见利用图 5-15 中的回路就可以获得所需的冲击电压波前。

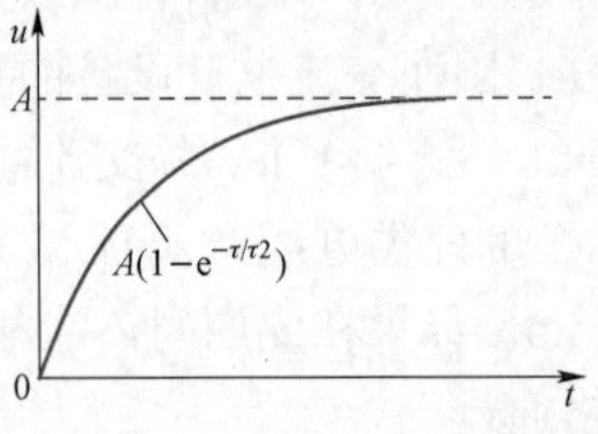

与此类似，在波尾范围内，$e^{-\frac{t}{\tau_2}} \approx 0$，式（5-5）可近似地写成

$$u(t) \approx Ae^{-\frac{t}{\tau_1}} \qquad (5-7)$$

其波形如图 5-13 中最上面的一条曲线所示。这个波形与

图 5-14　式（5-6）的波形图

106

图 5 - 16 所示的充电到 U_0 的电容器 C_1 对电阻 R_2 放电时的电压波形完全相同，可见利用图 5 - 16 中的简单回路就可以获得所需的冲击电压波尾。

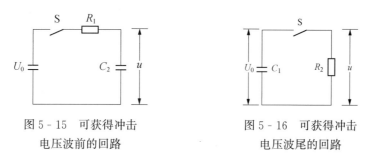

图 5 - 15　可获得冲击
电压波前的回路

图 5 - 16　可获得冲击
电压波尾的回路

为了获得完整的波形，只要将图 5 - 15 和图 5 - 16 中的两个回路结合起来而组成的回路（见图 5 - 17）就可达到目的。

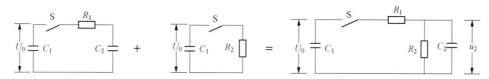

图 5 - 17　可获得完整冲击电压波的合成回路

用充电到 U_0 的电容器 C_1 来替换图 5 - 15 中的直流电源 U_0 并不影响获取所需的冲击电压全波波形，但会使所得冲击电压的幅值 U_{2m} 小于 U_0。因为 C_1 的电容量总是有限的，在它向 C_2 和 R_2 放电的同时，自本身的电压亦从 U_0 往下降。开关 S 合闸前，C_1 上的电荷量为 C_1U_0；S 合闸后，在波头范围内，C_1 经 R_2 放掉的电荷很少，如予以忽略，则 C_1 在分给 C_2 一部分电荷后，C_1 和 C_2 上的电压最大可达 U_{2m}，它和各个参数的关系如下

$$U_{2m} \approx \frac{C_1}{C_1 + C_2} U_0 \tag{5 - 8}$$

此外，由于 R_1 的存在，R_2 上的电压 U_{2m} 还要打一个折扣，其值为 $\frac{R_2}{R_1 + R_2}$，所以最后能得到的冲击电压幅值

$$U_{2m} \approx \frac{C_1}{C_1 + C_2} \times \frac{R_2}{R_1 + R_2} U_0 \tag{5 - 9}$$

如果将 R_1 移到 R_2 的后面去，即可得出图 5 - 18 中的回路，它能得到的冲击电压幅值 U_{2m} 基本上不受 R_1 上电压降落的影响，因而适用式（5 - 8）。

将 $\frac{U_{2m}}{U_0} = \eta$ 称为放电回路的利用系数或效率。可以看出，图 5 - 18 回路的利用系数比图 5 - 17 中的回路要大一些，所以图 5 - 18 的回路被称为高效率回路，其 η 值可达 0.9 以上，而图 5 - 17 的回路为低效率回路，其 η 值只有 0.7～0.8。为了满足其他方面的要求，实际冲击电压发生器往往采用图 5 - 19 所示的回路，这时 R_1 被拆成 R_{11} 和 R_{12} 两部分，分置在 R_2 的前后，其中 R_{11} 为阻尼电阻，主要用来阻尼回路中的寄生振荡；R_{12} 专门用来调节波前时间 T_1，因而称为波前电阻，其阻值可调。这种回路的 η 值显然介于上面两种回路之间，可近似地用下式求得

$$\eta \approx \frac{C_1}{C_1 + C_2} \times \frac{R_2}{R_{11} + R_2} \qquad (5 - 10)$$

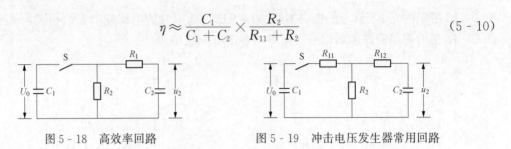

图 5 - 18　高效率回路　　　　　　　　图 5 - 19　冲击电压发生器常用回路

（二）多级冲击电压发生器的工作原理

利用上述几种回路虽然都能得到波形符合要求的雷电冲击电压全波，但能获得的最大冲击电压幅值却很有限，因为受到整流器和电容器额定电压的限制，单级冲击电压发生器能产生的最高电压一般不超过 200～300kV。但冲击高电压试验所需要的冲击电压往往高达数兆伏，因而也要采用多级叠加的方法来产生波形和幅值都能满足需要的冲击高电压波。

图 5 - 20 为多级冲击电压发生器的原理接线图，它的基本工作原理可概括为"**并联充电，串联放电**"，具体过程如下。

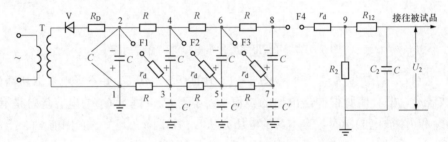

图 5 - 20　多级冲击电压发生器的原理接线图

1. 充电过程

这种回路由充电状态转变为放电过程是利用一系列火花球隙来实现的，它们在充电过程中都不被击穿，因而所在支路呈开路状态，这样图 5 - 20 的接线可简化成图 5 - 21 中的充电过程等效电路。

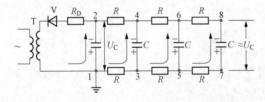

图 5 - 21　冲击电压发生器充电过程等效电路

这时各级电容器 C 经数目不等的充电电阻 R 并联地由电压为 U_C 的整流电源充电，但由于充电电阻的数目各异，各台电容器上的电压上升速度是不同的，最前面的 C 充电最快，最后面的 C 充电最慢。不过在充电时间足够长时，全部电容器，都几乎能充电到电压 U_C，因而点 2、4、6、8 的对地电位均为 $-U_C$，而点 1、3、5、7 均为地电位。按图 5 - 21 中整流器 V 的接法，所得到的电压将为负极性，要改变极性是很容易的，只要将 V 的接法调换一下就可以了。

电阻 R 虽称为"充电电阻"，但其实它们在充电过程中没有什么作用，如取它们的阻值为零，各台电容器 C 的充电速度反而更快。不过以后将会看到，这些充电电阻在放电过程中却起着十分重要的作用，而且其阻值要足够大（如数万欧姆），而对其阻值稳定性的要求并不太高。

2. 放电过程

一旦第一对火花球隙 F1 被击穿，各级球隙 F2、F3、F4 均将迅速依次击穿，各台电容器被串联起来，发生器立即由充电状态转为放电过程，因此第一对球隙 F1 被称为"点火球隙"。

这时由于各级充电电阻 R 有足够大的阻值，因而在短暂的放电过程中，可以近似地把各个 R 支路看成开路。这样一来，图5-20的接线又可近似地简化成图5-22所示的放电过程等效电路。

理解发生器如何从充电转为放电过程的关键在于分析作用在各级火花球隙上的电压值。当 F1 在 U_C 的作用下击穿时，立即将点2和点3连接起来（阻尼电阻 r_d 的阻值很小），因而点3的对地电位立即从此前的零变成 $-U_C$（点

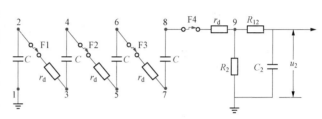

图 5-22 冲击电压发生器放电过程等效电路

2 的电位），点4的电位相应地变成 $-2U_C$，而点5的对地电位一时难以改变。因为此时 F2 尚未击穿，点5的电位改变取决于该点的对地杂散电容 C'，通过 F1、r_d 和点3～点5之间的那只充电电阻 R 由第一级电容 C 进行充电，由于 R 值很大，能在点3和点5之间起隔离作用，使点5上的 C' 充电较慢，暂时仍保持着原来的零电位。这样一来，作用在火花球隙 F2 上的电位差将为 $2U_C$，F2 将很快击穿。依此类推，F3 和 F4 亦将分别在 $3U_C$ 和 $4U_C$ 的电位差下依次加速击穿。这样一来，全部电容 C 将串联起来对波尾电阻 R_2 和波前电容 C_2 进行放电，使被试品上受到幅值接近于"$-4U_C\eta$"的负极性冲击电压波的作用（其中 η 为发生器的利用系数）。

这里还需要特别说明几点：

（1）各级电容 C 在串联起来对 R_2 和 C_2 放电的同时，也在图5-20中所有三角形闭合小回路内（如 1—C—2—F1—r_d—3—R—1）进行附加的放电，其结果是使 C 上的电压降低，好在此处的充电电阻 R 的阻值足够大，减轻了这些附加放电的不利影响，使 C 上基本上仍保持着接近于 $-U_C$ 的电压。可见，无论从隔离相邻各点（如点1与点3）的作用来看，还是从减轻附加放电的不利影响来看，R 值都必须足够大。

（2）由于各级球隙 F1～F4 上击穿前出现的电压是逐级增大的，所以通常将各级球隙的极间距离也整定成逐渐增大。

（3）把阻尼电阻 R_{11} 分散到各级中去（r_d），无论从发生器的元件安装结构上来考虑，还是从阻尼各种杂散参数构成的附加回路（如 1—C—2—F1—r_d—3—C'—地—1）中的寄生振荡来考虑，都是合适的。

冲击电压发生器的启动方式有两种。一种是自启动方式，这时只要将点火球隙 F1 的极间距离调节到使其击穿电压等于所需的充电电压 U_C，当 F1 上的电压上升到等于 U_C 时，F1 即自行击穿，启动整套装置。可见，这时输出的冲击电压高低主要取决于 F1 的极间距离，提高充电电源的电压，只能加快充电速度和增大冲击波的输出频度，而不能提高输出电压。另一种启动方式是使各级电容器充电到一个略低于 F1 击穿电压的电压水平上，处于准备动作的状态，然后利用点火装置产生一点火脉冲，送到点火球隙 F1 中的一个辅助

间隙上使之击穿并引起 F1 主间隙的击穿，以启动整套装置。不论采用何种启动方式，最重要的问题是保证全部球隙均能跟随 F1 的点火作同步击穿。

图 5 - 22 中的等效电路可进一步简化成图 5 - 19 所示的回路，各参数之间有下列关系

$$\left.\begin{array}{l} C_1 = \dfrac{C}{n} \\[2mm] R_{11} = nr_{\mathrm{d}} \\[2mm] U_{2\mathrm{m}} \approx nU_{\mathrm{C}} \end{array}\right\} \qquad (5 - 11)$$

式中 n——发生器的级数。

由于多方面的考虑（如提高各个元件的利用率，提高发生器的利用系数，使整体结构尽可能紧凑、美观等），实际的多级冲击电压发生器的接线方式和结构型式可以是多种多样的，但它们的基本工作原理均相同。

（三）冲击电压发生器的近似计算

下面就以图 5 - 19 中的回路为基础，近似分析输出电压波形与回路元件参数之间的关系。

在近似计算中应作某些必要的简化，例如在决定波前时，不妨忽略 R_2 的存在，这时 C_2 上的电压

$$u_2(t) \approx U_{2\mathrm{m}}\left(1 - \mathrm{e}^{-\frac{t}{\tau_2}}\right) \qquad (5 - 12)$$

波前时间常数

$$\tau_2 = (R_{11} + R_{12})\frac{C_1 C_2}{C_1 + C_2}$$

因为 $C_1 \gg C_2$，所以可近似地认为

$$\tau_2 \approx (R_{11} + R_{12})C_2 \qquad (5 - 13)$$

根据冲击电压视在波前时间 T_1 的定义（见图 5 - 23）可知：当 $t = t_1$ 时，$u_2(t_1) = 0.3U_{2\mathrm{m}}$；当 $t = t_2$ 时，$u_2(t_2) = 0.9U_{2\mathrm{m}}$。即

$$0.3U_{2\mathrm{m}} = U_{2\mathrm{m}}\left(1 - \mathrm{e}^{-\frac{t_1}{\tau_2}}\right)$$

或 $\qquad \mathrm{e}^{-\frac{t_1}{\tau_2}} = 0.7 \qquad (5 - 14)$

又 $\qquad 0.9U_{2\mathrm{m}} = U_{2\mathrm{m}}\left(1 - \mathrm{e}^{-\frac{t_2}{\tau_2}}\right)$

或 $\qquad \mathrm{e}^{-\frac{t_2}{\tau_2}} = 0.1 \qquad (5 - 15)$

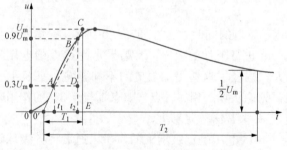

图 5 - 23 冲击电压波形的定义
$0'$—视在原点；T_1—（视在）波前时间；
T_2—（视在）半峰值时间

将式（5 - 14）除以式（5 - 15），可得

$$t_2 - t_1 = \tau_2 \ln 7$$

由图 5 - 23 中 $\triangle ABD$ 与 $\triangle 0'CF$ 相似，可得出

$$\frac{T_1}{t_2 - t_1} = \frac{U_{2\mathrm{m}}}{0.9U_{2\mathrm{m}} - 0.3U_{2\mathrm{m}}} = \frac{1}{0.6}$$

所以

$$T_1 = \frac{t_2 - t_1}{0.6} = \frac{\tau_2 \ln 7}{0.6} \approx 3(R_{11} + R_{12})C_2 \qquad (5 - 16)$$

此外，在决定半峰值时间 T_2 时，不妨忽略 R_{11} 和 R_{12} 的作用，而近似地认为 C_1 和 C_2 并联起来对 R_2 放电，这时 C_2 上的电压 u_2 可表示为

$$u_2(t) \approx U_{2m} e^{-\frac{t}{\tau_1}} \tag{5-17}$$

波尾时间常数

$$\tau_1 \approx R_2(C_1 + C_2) \tag{5-18}$$

根据视在半峰值时间 T_2 的定义（见图 5 - 23）可知，当 $t=T_2$ 时，$u_2(t)=\dfrac{U_{2m}}{2}$，即

$$U_{2m} e^{-\frac{T_2}{\tau_1}} = \frac{U_{2m}}{2}$$

化简后得

$$T_2 = \tau_1 \ln 2 \approx 0.7 R_2(C_1 + C_2) \tag{5-19}$$

以上推得的冲击电压波形与回路参数之间的近似关系式不仅适用于雷电冲击电压波，而且也适用于后面要介绍的操作冲击电压波。利用这些关系式，即可由所要求的试验电压波形（如 $1.2/50\mu s$）求出各个回路参数值；或者反过来，由已知的回路参数求出所得的冲击电压波形。不过在前一种情况时，由于已知的只有两个波形参数（即 T_1 和 T_2），而待求的放电回路参数有 5 个，所以必须先确定其中的 3 个参数：通常 C_1 和 C_2 是根据实际情况预先选定的（如根据所要求的冲击放电能量选定 C_1），而且为了保证发生器有足够大的利用系数，通常取 $C_1 \geqslant (5{\sim}10) C_2$；$R_{11}$（$=nr_d$）是各级阻尼电阻之和，在保证不出现寄生振荡的前提下，R_{11} 的阻值应尽可能取得小一些，一般有几十欧姆就够了，而在高效率回路的情况下，$R_{11}=0$。

对冲击电压发生器回路作更精确的计算也不是很困难的，但即使采用精确计算法求得的结果，也只能作为参考，因为有不少杂散参数（电感、电容等）的影响，是很难准确地加以估计的。真正的波形还得依靠实测，并以其结果为依据进一步调整回路参数（要改变波前时间 T_1 可调节波前电阻 R_{12}，要改变半峰值时间 T_2 可调节波尾电阻 R_2），直到获得所需的试验电压波形为止。

除了上述雷电冲击全波外，国家标准规定带绕组的变压器类设备还要用图 1 - 16 中的标准冲击截波进行耐压试验，以模拟运行条件下因气隙或绝缘子在雷电过电压下发生击穿或闪络时出现的雷电截波对绕组绝缘的作用。

在试验室内产生雷电冲击截波的原理十分简单，只要在被试品上并联一个适当的截断间隙，让它在雷电冲击全波的作用下击穿，作用在被试品上的就是一个截波。但真正实现起来却很不容易，因为标准截波对截断时间 T_c 有一定要求（$T_c=2{\sim}5\mu s$）。要想使 T_c 符合要求，必须精确地调节间隙距离，这要通过多次试放电才能达到。用棒间隙作为截断间隙，其截断时间的分散性太大，很难满足要求；用简单的球间隙作为截断间隙，T_c 的分散性虽小，但击穿时间很短，截断只能出现在波前或波峰处，不可能发生在波尾，因而也不能满足试验要求。为此人们曾提出过不少专门的截断装置，对它们的要求是放电分散性小和能准确控制截断时间。图 5 - 24 表示采用三电极针孔球隙和延时回路的截断装置工作原理图，球隙主间隙 F 的自放电电压被整定得略高于发生器送出的全波电压，在全波电压加到截断间隙的同时，从分压器分出某一幅值的启动电压脉冲，经过延时回

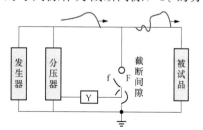

图 5 - 24　采用三电极针孔球隙和延时回路的截断装置工作原理图

路 Y 再送到下球的辅助触发间隙 f 上去，f 击穿后将立即引发主间隙 F 的击穿而形成截波。延时回路可采用延时电缆段，调节电缆的长度即可改变主间隙的击穿时刻和冲击全波的截断时间。

当试验电压很高时，可采用多对串联的球隙来代替单一的球隙，这样可减小球极的直径、缩减整套截波装置的体积。

二、操作冲击试验电压的产生

国家标准规定，额定电压大于 220kV 的超高压电气设备在出厂试验、型式试验中，不能像 220kV 及以下的高压电气设备那样以工频耐压试验来等效取代操作冲击耐压试验。后者所用的标准操作冲击电压波及其产生方法可分为两大类。

（一）非周期性双指数冲击长波

国家标准规定的标准波形为 $250/2500\mu s$，如图 1-17（a）所示，它特别适合于进行各种气隙的操作冲击击穿试验（在这种波形的操作波下，气隙的电气强度最低）。这种操作冲击波通常均利用现成的冲击电压发生器来产生，从原理上来说，与产生雷电冲击波时没有什么不同，但由于此时的波前时间 T_{cr} 和半峰值时间 T_2 都显著增长了，因此在选择发生器的电路形式和元件参数时，应特别考虑下列问题：

（1）为了大大拉长波前，或在回路中串接外加电感 L，或将电路中 R_1 的阻值显著加大，但这样做都会使发生器的利用系数 η 明显降低，故更需采用高效率回路（即便如此，其 η 值一般也只有 $0.5\sim0.6$）。可见，一台冲击电压发生器能产生的最大操作波输出电压远远小于能产生的最大雷电波输出电压。

（2）在进行操作波回路参数的计算时，需要注意两点：一是不能用前面介绍的雷电波时的近似计算法来计算操作波回路参数，否则将带来很大的误差；二是要考虑充电电阻 R 对波形和发生器效率的影响，由于这时波前电阻 R_1 和波尾电阻 R_2 的值都已显著增大，而充电电阻 R 不能跟着加大（因对充电速度和各级电容 C 充电的不均匀度有影响），因而 R 对放电过程的影响相对增大。

（二）衰减振荡波

为了产生这种操作冲击试验电压［见图 1-17（b）］，可采用图 5-25 中国际电工委员会（IEC）所推荐的一种操作波发生装置，它主要利用现成的高压试验变压器来实现。

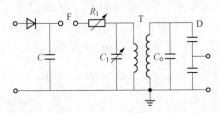

图 5-25　利用高压试验变压器的操作
冲击波发生装置

C—主电容；R_1 和 C_1—调波电阻和电容；
C_0—被试品电容；T—变压器；D—分压器

主电容 C 预先由整流电源充电到某一电压 U_0，然后让它通过球隙 F 的击穿而对试验变压器的一次（低压）绕组放电，这样在变压器的二次（高压）绕组上便能因电磁感应基本上按变比生出高压操作波。具体波形可利用 R_1 和 C_1 加以调节，这时应先用较低的充电电压，把波形调好，然后再根据所需的试验电压值，提高充电电压 U_0，获得高压操作波。这种操作波及其产生方法特别适用于电力变压器的现场试验，因为它容许省去高压试验变压器，而电力变压器既是被试品，又起试验变压器的作用。图 5-25 中其他器件体积都不大，不难运输到现场再组装起来进行试验。

三、 绝缘的冲击高压试验方法

电气设备内绝缘的雷电冲击耐压试验采用 3 次冲击法，即对被试品施加 3 次正极性和 3 次负极性雷电冲击试验电压（$1.2/50\mu s$ 全波）。对变压器和电抗器类设备的内绝缘，还要再进行雷电冲击截波（$1.2/2\sim5\mu s$）耐压试验，它对绕组绝缘（特别是其纵绝缘）的考验往往比雷电冲击全波试验更加严格。

在进行内绝缘冲击全波耐压试验时，应在被试品上并联一球隙，并将它的放电电压整定得比试验电压高 15％～20％（变压器和电抗器类被试品）或 5％～10％（其他被试品）。因为在冲击电压发生器调波过程中，有时会无意地出现过高的冲击电压，造成被试品的不必要损伤，这时并联球隙就能发挥保护作用。

进行内绝缘冲击高压试验时的一个难题是如何发现绝缘内的局部损伤或故障，因为冲击电压的作用时间很短，有时在绝缘内遗留下非贯通性局部损伤，很难用常规的测试方法揭示出来。例如电力变压器绕组匝间和线饼间绝缘（纵绝缘）发生故障后，往往没有明显的异样。目前用得最多的监测方法是拍摄变压器中性点处的电流示波图，并将所得示波图与在完好无损的同型变压器中摄得的典型示波图，以及存在人为制造的各种故障时摄下的示波图作比较，据此常常不仅能判断损伤或故障的出现，而且还能大致确定它们所在的地点，这就大大简化了随后的变压器检视时寻找故障点的工作。

电力系统外绝缘的冲击高压试验通常可采用 15 次冲击法，即对被试品施加正、负极性冲击全波试验电压各 15 次，相邻两次冲击的时间间隔应不小于 1min。在每组 15 次冲击的试验中，如果击穿或闪络的次数不超过 2 次，即可认为该外绝缘试验合格。

内、外绝缘的操作冲击高压试验的方法与雷电冲击全波试验完全相同。

第四节　高电压测量技术

为了进行各种高电压试验，除了要有能产生各种试验电压的高压设备外，还必须要有能测量这些高电压的仪器和装置。

在电力系统中，广泛应用电压互感器配上低压电压表来测量高电压，但这种测量方法在高电压试验室中用得很少，特别是在测量很高的电压时，它既不经济也不方便；当需要测量的是直流电压或冲击电压时，它更无能为力。不过也应指出，在试验室条件下广泛应用的高压静电电压表、峰值电压表、球隙测压器、高压分压器等仪器、装置也不能取代电压互感器用于电力系统中。

从目前高电压测量技术所达到的水平出发，国际电工委员会的推荐标准和我国的国家标准都规定，除了某些特殊情况外，高电压测量的误差一般应控制在±3％以内。当被测电压很高时，要达到这个要求其实并不容易，所以要对测量系统的每一环节的误差都要严加控制。

一、 高压静电电压表

在两个特制的电极间加上电压 u，电极间就会受到静电力 f 的作用，而且 f 的大小与

u 的数值有固定的关系，因而设法测量 f 的大小或它所引起的可动极板的位移或偏转就能确定所加电压 u 的大小。利用这一原理制成的仪表即为静电电压表，它可以用来测量低电压，也可以在高电压测量中得到应用。

如果采用的是消除了边缘效应的平板电极，那么应用静电场理论，很容易求得 f 与 u 的关系式，并可得知

$$f \propto u^2 \text{ 或 } u \propto \sqrt{f}$$

但仪表不可能反映力的瞬时值 f，而只能反映其平均值 F。

如果 u 是按正弦函数作周期性变化的交流电压，则电极在一个周期 T 内所受到的作用力平均值 F 与交流电压的有效值 U 的平方成正比，或者反过来

$$U \propto \sqrt{F} \tag{5-20}$$

即静电电压表用于交流电压时，测得的是它的有效值。

如果测量的是图 5-6 所示的带脉动的直流电压，则静电电压表测得的电压近似等于整流电压的平均值 U_{av}。

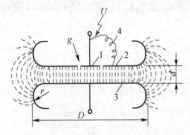

图 5-26　高压静电电压表极板
结构示意图

1—可动电极；2—保护电极；
3—固定电极；4—连接线

显然，静电电压表不能测量一切冲击电压。

为了尽可能减小极间距离 d 和仪表体积，极间应采用均匀电场，所以高压静电电压表的电极均采用消除了边缘效应的平板电极。如图 5-26 所示，圆形的可动电极 1 位于保护电极 2 的中心部位，二者之间只隔着很小的空隙 g，连接线 4 使电极 1 和电极 2 具有相同的电位。为保证边缘电场不会影响到电极 1 和电极 3 工作面之间电场的均匀性，固定电极 3 和保护电极 2 的外直径 D 相对于它们之间的距离 d 来说要取得比较大，而它们的边缘也应具有足够大的曲率半径 r 以避免出现电晕放电。

静电电压表的优点是内阻抗特别大，因此在接入电路后几乎不会改变被试品上的电压，几乎不消耗什么能量，这是它的突出优点；能直接测量相当高的交流和直流电压，在大气中工作的高压静电电压表的量程上限处于 $50 \sim 250\text{kV}$ 的范围内；电极处于压缩 SF_6 气体中的高压静电电压表的量程上限可提高到 $500 \sim 600\text{kV}$，如果要测量更高的电压，就只好和分压器配合使用了。

二、峰值电压表

在不少场合，只需要测量高电压的峰值，例如绝缘的击穿就仅仅取决于电压的峰值。现已制成的产品有交流峰值电压表和冲击峰值电压表，它们通常均与分压器配合起来使用。

交流峰值电压表的工作原理可分为两类。

1. 利用整流电容电流来测量交流高压

参阅图 5-27（a），当被测电压 u 随时间而变化时，流过电容 C 的电流 $i_c = C\dfrac{\mathrm{d}u}{\mathrm{d}t}$。在 i_c 的正半波，电流经整流元件 V1 及检流计 P 流回电源。如果流过 P 的电流平均值为 I_{av}，那么它与被测电压的峰值 U_m 之间存在下面的关系

$$U_{\mathrm{m}} = \frac{I_{\mathrm{av}}}{2Cf} \qquad (5 \text{-} 21)$$

式中　C——电容器的电容量；

　　　f——被测电压的频率。

2. 利用电容器充电电压来测量交流高压

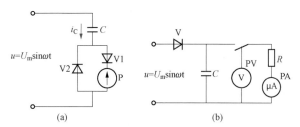

图 5 - 27　峰值电压表原理接线图

(a) 利用整流电容电流测量；(b) 利用电容器充电电压测量

参阅图 5 - 27（b），幅值为 U_{m} 的被测交流电压经整流器 V 使电容 C 充电到某一电压 U_{d}，它可以用静电电压表 PV 或用电阻（R）串联微安表 PA 测得。如用后一种测量方法，则被测电压的峰值

$$U_{\mathrm{m}} = \frac{U_{\mathrm{d}}}{1 - \dfrac{T}{2RC}} \qquad (5 \text{-} 22)$$

式中　T——交流电压的周期，s；

　　　C——电容器的电容量；

　　　R——串联电阻的阻值。

在 $RC \geqslant 20T$ 的情况下，式（5 - 22）的误差不大于 2.5%。

以冲击峰值电压表和冲击分压器联用亦可测量冲击电压的峰值 U_{m}。冲击峰值电压表的基本原理与图 5 - 27（b）所示的方法相同，但因交流电压是重复波形，且波形的延续时间（周期）较长，而冲击电压是速变的一次过程，所以用作整流充电的电容器 C 的电容量要大大减小，以便它能在很短的时间内一次充好电。在选用冲击峰值电压表时，要注意其响应时间是否适合于被测波形的要求，并应使其输入阻抗尽可能大一些，以免因峰值表的接入影响到分压器的分压比而引起测量误差。

利用峰值电压表，可直接读出冲击电压的峰值，与用球隙测压器测峰值相比，可大大简化测量过程。但是被测电压的波形必须是平滑上升的，否则就会产生误差。

峰值电压表所用的指示仪表可以是指针式表计，也可以是具有存储功能的数字式电压表，在后一种情况下，可以得到稳定的数字显示。

三、球隙测压器

球隙测压器是唯一能直接测量高达数兆伏的各类高电压峰值的测量装置。它由一对直径相同的金属球构成，测量误差为 2%～3%，所以已能满足大多数工程测试的要求。

它的工作原理基于一定直径（D）的球隙在一定极间距离（d）时的放电（击穿）电压为一定值。

1. 球隙的优点

为什么要选择球隙而不是别的气隙（如更简单的棒间隙）来作为高电压的测量工具呢？这是因为球隙中的电场在极间距离不大$\left(\text{如} \dfrac{d}{D} \leqslant 0.75\right)$时为稍不均匀电场，与其他不均匀电场气隙相比，它具有下列优点：

（1）击穿时延小，伏秒特性在 1μs 左右即已变平，放电电压的分散性小，具有比较稳定的放电电压值和较高的测量精度；

（2）由于稍不均匀电场的冲击系数 $\beta \approx 1$，它的 50% 冲击放电电压与静态（交流或直流）放电电压的幅值几乎相等，可以合用同一张放电电压表格或同样的放电电压特性曲线族（见图 2-2）；

（3）由于湿度对稍不均匀电场的放电电压影响较小，因而采用球隙来测量电压可以不必对湿度进行校正。

在一定球极直径 D 的情况下，随着极间距离 d 的增大，$\dfrac{d}{D}$ 之比达到某一数值（如 0.75）后，球隙电场即逐渐由稍不均匀电场转变为不均匀电场，因而上述种种优点亦将逐渐丧失。可见随着被测电压值的增大，球隙距离亦将加大，这时为了保持其稍不均匀电场的特性，就必须相应采用直径更大的球极，目前普遍采用的球极直径为 2～200cm，分为 14 档。直径超过 2m 的球很少采用，因为大球极的制造越来越困难，价格很高，占用试验室空间太多，还不如改用其他测量方法（如分压器）更为恰当。

消除了边缘效应的平板电极间的电场为均匀电场，它当然也具有上述球隙的种种优点，那么为什么不采用卷边平板电极来作为高电压的测量工具呢？

首先，球隙的放电一般都发生在两球间距离最近的一小块面积不大的球面范围内，因而只要对这一小块球面的加工光洁度提出很高的要求就可以了。如采用平板电极，为保证极间电场的均匀性，在被测电压很高、极距很大时，平板电极的直径势必也要很大，比同样极距的球隙直径大得多。从理论上来说，放电可能发生在整个板面上的任何一点，因而整个极板平面都是工作面，都要求很高的加工光洁度；而平板边沿为消除边缘效应而卷起的部分更给加工增加了难度。

其次，为了保证测量的精度，球隙的安装只要求对准球心，并使两个球心的连线或垂直于地面或平行于地面即可；而平板电极在安装时，除了要求对准轴线外，还要使两个大面积平板电极始终精确地保持平行，这显然是很困难的。

总之，在所有类型的气隙中，采用球隙是最理想的解决方案。

2. 球隙的放电电压

若已知直径 D 和极间距离 d，球隙的放电电压虽然也能从理论上推得计算公式，但因存在某些难以准确估计的影响因素，所得结果往往不能满足测量精度的要求。在实用上，通常均通过实验的方法得出不同球隙的放电电压数据，为了使用的方便，它们被制成表格或曲线备用。其中最具权威性和应用得最广泛的是国际电工委员会综合比较了各国高压试验室所得实验数据后编制而成的标准球隙放电电压表（见附录 A），其中冲击放电电压系指它的 50% 放电电压。

当 $\dfrac{d}{D} > 0.5$ 时，放电电压的准确度已较差，故在附录 A 各表中数字上加括号；当 $\dfrac{d}{D} > 0.75$ 时，准确度更差，故各表中不再列出其放电电压值。表中数据只适用于标准大气条件（101.3kPa，293K），在其他气压和温度时的放电电压应乘以校正系数 K 来进行换算

$$U = KU_0 \tag{5-23}$$

式中　U_0——标准大气条件下的球隙放电电压；

　　　U——实际大气条件下的球隙放电电压；

K——与空气相对密度 δ 有关的校正系数［与式（2-5）中的空气密度校正因数 K_1 相似］，可由表 5-1 查得。

表 5-1　　　　　　　　　　校正系数 K 与空气相对密度 δ 的关系

δ	0.70	0.75	0.80	0.85	0.90	0.95	1.00	1.05	1.10	1.15
K	0.72	0.77	0.82	0.86	0.91	0.95	1.00	1.05	1.09	1.13

为了保证测量所要求的精度，国际电工委员会标准和我国国家标准还对测量用球隙的结构、布置、连接和使用均作了严格的规定，其中包括适当的球杆、操动机构、绝缘支持物、高压引线、与周围物体及对地、对天花板的距离等。对球面的光洁程度和曲率更有严格的要求。

球隙在高压试验时的接入方式如图 5-28 所示。图中 R_1 为限流电阻，当被试品或球隙击穿时，它既限制流过试验装置的电流，也限制流过球隙 F 的电流；R_2 为球隙测压器的专用保护电阻，主要防止球隙在持续作用电压下放电时，虽然已有 R_1 的限流作用，但流过球隙的电流仍过大，又未能及时切断，从而使两球的工作面被放电火花所灼伤。不过在测量冲击电压时，一般不希望接有 R_2，因为这时电压的变化速率 $\dfrac{\mathrm{d}u}{\mathrm{d}t}$ 很大，流过

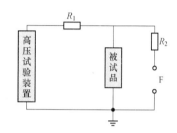

图 5-28　球隙在高压试验时的接入方式示意图

球隙的电容电流 $C_\mathrm{F}\dfrac{\mathrm{d}u}{\mathrm{d}t}$ 也较大（C_F 为两球间的电容），会在 R_2 上造成一定压降，使作用在球隙上的电压与被试品上的电压不一致，引起较大的误差。

用球隙测量工频电压时，应取连续三次放电电压的平均值，相邻两次放电的时间间隔一般不应小于 1min，以便在每次放电后让气隙充分地去电离，各次击穿电压与平均值之间的偏差不应大于 3％。

用球隙测量冲击电压时，应通过调节极距 d 来达到 50％放电概率，此时被测电压即等于球隙在这一距离时的 50％冲击放电电压，具体数值可以从附录 A 的表中查得。确定 50％的放电概率常用 10 次加压法，即对球隙加上 10 次同样的冲击电压，如有 4～6 次发生了放电，即可认为已达到 50％的放电概率。这种方法比较简单但准确度较低，因为球隙的冲击放电具有分散性，在同样的条件下，再施加 10 次冲击电压，可能放电概率就不同了。

不仅球隙测量要用 50％放电电压，所有自恢复绝缘，只要它的放电分散情况符合正态分布规律，都采用 50％放电电压。为了得到比较准确的结果，通常可用下述两种方法来确定球隙或其他自恢复绝缘的 50％冲击放电电压。

（1）多级法。根据试验需要，或固定电压值，逐级调节球隙距离；或固定球隙距离，逐级改变所加冲击电压的幅值。通常取级差等于预估值的 2％左右，每级施加电压的次数不少于 6 次，求得此时的近似放电概率 P（％），这样做上 4～5 级，即可得到放电概率 P 与所加电压 U（或球隙距离 d）的关系曲线（见图 5-29），从而得出 $P=50$％时的 $U_{50\%}$（或 $d_{50\%}$）。

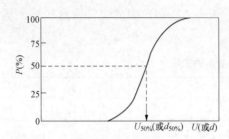

图 5 - 29　放电概率 P（％）与所加电压
U 或极间距离 d 的关系

（2）升降法。预先估计一个大致的 50％击穿电压 $U'_{50\%}$，并取 $U'_{50\%}$ 的 2％～3％作为级差 ΔU。先以 $U'_{50\%}$ 作为初试电压加在气隙上，如未引起击穿，则下次施加的电压升为 $U'_{50\%} + \Delta U$，如在 $U'_{50\%}$ 下已引起击穿，则下次施加的电压降为 $U'_{50\%} - \Delta U$，依此类推，每次加电压都遵循这样的规律，即凡是加压引起击穿，则下次加压比上次低 ΔU，凡是加压未引起击穿，则下次加压比上次高 ΔU。这样反复加压 20～40 次，分别统计各级电压 U_i 的加压次数 n_i，然后得 50％冲击击穿电压 $U_{50\%}$，即

$$U_{50\%} = \frac{\sum U_i n_i}{\sum n_i} \tag{5 - 24}$$

式中　　$\sum n_i$ ——加压总次数。

统计加压总次数时应注意：如果第一次加 $U'_{50\%}$ 未引起击穿，则从后来首先引起击穿的那一次开始统计；如果第一次加 $U'_{50\%}$ 即引起击穿，则要从后来首先未发生击穿的那一次开始统计。

四、高压分压器

当被测电压很高时，不但高压静电电压表无法直接测量，就是球隙测压器亦将无能为力，因为球极的直径不能无限增大（一般不超过 2m）。当需要用示波器测量电压的波形时，也不能直接将很高的被测电压引到示波器的现象极板上去。总之，在这些场合采用高压分压器来分出一小部分电压，然后利用静电电压表、峰值电压表、高压脉冲示波器等测量仪器进行测量，是最合理的解决方案。

对一切分压器最重要的技术要求有两点：①分压比的准确度和稳定性（幅值误差要小）；②分出的电压与被测高电压波形的相似性（波形畸变要小）。

分压器按照用途的不同，可分为交流高压分压器、直流高压分压器和冲击高压分压器等；按照分压元件的不同，又可分为电阻分压器、电容分压器、阻容分压器三种类型。

每一分压器均由高压臂和低压臂组成，在低压臂上得到的就是分给测量仪器的低电压 u_2，总电压 u_1 与 u_2 之比 $\dfrac{u_1}{u_2}$ 称为分压器的分压比（N）。

下面就以高压分压器加上高压脉冲示波器组成的测量系统为例，对各种分压器作简要的介绍和分析。

1. 电阻分压器

电阻分压器的高、低压臂均为电阻，如图 5 - 30 所示。理想情况下的分压比

$$N = \frac{u_1}{u_2} = \frac{R_1 + R_2}{R_2} \tag{5 - 25}$$

图中的放电管或放电间隙 F 是起保护作用的，以免电压表超量程。

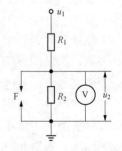

图 5 - 30　电阻分压器
结构原理

118

高压臂 R_1 通常用康铜、锰铜或镍铬电阻丝以无感绕法制成，它的高度应能耐受最大被测电压的作用而不会发生沿面闪络。

当测量直流高电压时，只能用电阻分压器，但它不仅仅用于直流电压的测量，而且也可以用来测量交流高电压和 1MV 以下的冲击电压。

用于测量稳态（交流、直流）电压时，电阻分压器的阻值不能选得太小，否则会使直流高压装置和工频高压装置供给它的电流太大，电阻本身的热损耗也太大，以致阻值因温升而变化，增加测量误差；但阻值也不能选得太大，否则由于工作电流过小而使电晕电流、绝缘支架的泄漏电流所引起的误差变大。一般选择其工作电流在 0.5～2.0mA 之间，实际上常选 1mA。

用于测量交流高电压时，由于对地杂散电容的不利影响，不但会引起幅值误差，还会引起相位误差。被测电压越高，分压器本身的阻值越大，对地杂散电容越大，出现的误差也越大。因此通常在被测交流电压大于 100kV 时，大多采用电容分压器，而不用电阻分压器。

用来测量雷电冲击电压的电阻分压器的阻值应比测量稳态电压的电阻分压器小得多，这是因为雷电冲击电压的变化很快，即 $\dfrac{du}{dt}$ 很大，因而对地杂散电容的不利影响要比交流电压时大得多，结果是引起幅值误差和波形畸变。因而冲击电阻分压器的阻值往往只有 10～20kΩ，即使屏蔽措施完善者也只能增大到 40kΩ 左右。

在高压试验室中，分压器一般都放在冲击电压发生器的附近，而出于安全等方面的原因，测量仪器（如高压脉冲示波器）通常均放在控制测试室内，二者往往相距数十米，其间的连线通常采用高频同轴电缆，以避免输出波形在这段距离内受到周围电磁场的干扰。如果示波器要由冲击发生器送出的启动脉冲去启动，这段电缆（如 100～200m）还能起时延电缆的作用，使被测现象在示波器启动后再到达现象极板，以便能录到完整的波形。在电缆终端处要并联一个阻值等于电缆波阻抗 Z 的匹配电阻 R，以避免冲击波在终端处的反射（见图 5-31）。这时分压器低压臂电阻 R_2 与匹配电阻 R（＝Z）并联存在，所以低压臂的等效电阻变成 $R_2' = \dfrac{R_2 Z}{R_2 + Z}$。

2. 电容分压器

用于测量交流高电压和冲击高电压的电容分压器的结构原理如图 5-32 所示，这时 C_1 为高压臂，C_2 为低压臂。

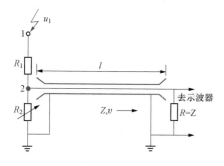

图 5-31　电阻分压器测量回路

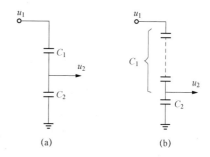

图 5-32　电容分压器

（a）集中式电容分压器；（b）分布式电容分压器

在工频交流电压的作用下，流过 C_1 和 C_2 的电流均为 i_C，因而

$$u_2 = \frac{i_C}{\omega C_2}$$

$$u_1 = \frac{i_C}{\omega C_1} + \frac{i_C}{\omega C_2} = \frac{i_C}{\omega}\left(\frac{C_1 + C_2}{C_1 C_2}\right)$$

故分压比

$$N = \frac{u_1}{u_2} = \frac{C_1 + C_2}{C_1} \qquad (5\text{-}26)$$

通常 $C_1 \ll C_2$，所以 $u_2 \ll u_1$，大部分电压降落在 C_1 上，从而实现了用低压仪器测量高电压的目的。

电容分压器高压臂的电容量较小，但要耐受绝大部分作用电压，因而它是电容分压器的主要部件。实际的电容分压器可按其 C_1 构成的不同而分为：

（1）集中式电容分压器〔见图 5-32（a）〕，高压臂仅采用一只气体绝缘高压标准电容器，常用的气体介质有 N_2、CO_2、SF_6 及其混合气体。目前我国已能生产电压高达 1200kV 的高压标准电容器。

（2）分布式电容分布器〔见图 5-32（b）〕，高压臂由多只电容器单元串联组成，要求每个单元的杂散电感和介质损耗尽可能小，理想状况为纯电容；低压臂电容器 C_2 的电容量较大，而耐受电压不高，通常采用高稳定性、低损耗、杂散电感小的云母、空气或聚苯乙烯电容器。

测量冲击高电压大多采用上面所说的分布式电容分压器，高压臂串联电容器组的总电容量为 C_1。它的测量回路可有不同的方案，图 5-33 为其中的一种。

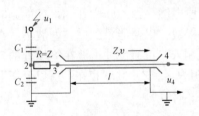

图 5-33　电容分压器测量回路一例

应该注意，这时不能再像电阻分压器那样在电缆终端处跨接一个阻值等于电缆波阻抗 Z 的匹配电阻 R，因为电缆的波阻抗一般只有数十欧姆，低值电阻 R 如跨接在电缆段的终端，将使 C_2 很快放电，从而使测到的波形畸变、幅值变小。图 5-33 所示的解决方案为在电缆始端入口处串接一个阻值等于 Z 的电阻 R，可见这时进入电缆并向终端传播的电压波 u_3 只有 C_2 上的电压 u_2 的一半（另一半降落在 R 上了），波到达电缆开路终端后将发生全反射（详见第六章中介绍的线路波过程），因而示波器现象极板上出现的电压 $u_4 = 2u_3 = 2 \times \dfrac{u_2}{2} = u_2$，所以分压比仍为

$$N = \frac{u_1}{u_4} = \frac{u_1}{u_2} = \frac{C_1 + C_2}{C_1}$$

电容分压器也存在对地杂散电容，但由于分压器本身也是电容，所以杂散电容只会引起幅值误差，而不会引起波形畸变。

由此可见，如果仅仅从分压器本体的误差来看，电容分压器要比其他类型的分压器优越。但是，如果考虑分压器各单元的杂散电感和各段连线的固有电感，电容分压器在冲击电压作用下存在着一系列高频振荡回路，其中的电磁振荡将使分压器输出电压的波形发生畸变。为了阻尼各处的振荡，可对电容分压器再作改进，制作出新的阻容分压器。

3. 阻容分压器

按阻尼电阻的接法不同，发展出两种阻容分压器，即串联阻容分压器［见图 5 - 34
（a）］和并联阻容分压器［见图 5 - 34 （b）］。前者的测量回路与电容分压器相同，而后者
的测量回路与电阻分压器相同。

如果只需要测量电压的幅值，可以把峰值电压表接在
分压器低压臂上进行测量。如果要求记录冲击电压波形的
全貌，则唯一的方法是应用高压脉冲示波器配合分压器进
行测量。

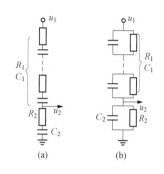

图 5 - 34 阻容分压器结构原理

（a）串联阻容分压器；

（b）并联阻容分压器

五、 高压脉冲示波器和新型冲击电压数字测量系统

冲击电压波是一次性速变过程，总的延续时间往往只
有数十微秒。长期以来，用来测量、记录这种冲击波的专
用仪器是高压脉冲示波器。它与冲击分压器配合，不仅可
测得冲击电压的幅值，还能记录下冲击电压的变化过程和
整个波形，这是其他高压测量仪器所没有的功能。高压脉

冲示波器这一名称中的"高压"二字并非指需要测量的电压很高（无论该电压有多高，总
是要通过分压器分出一个不大的电压才送给它去测量），而是指这种示波器的加速电压很
高，例如要 10～20kV 甚至更高，而普通示波器的加速电压只要 2～3kV。

测量一次性速变过程的示波器都必须具有特别高的加速电压，这主要有两方面的
原因：

（1）由于现象的变化速度很快，要求电子射线中的每个电子穿越现象极板的时间
（Δt）尽可能短，这是因为电子投射到荧光屏上时，其纵向（Y 轴）偏转取决于现象极板
上的电压在 Δt 时间内的平均值，如果在这段时间内被测电压有任何变化，射线是无法反
映出来的。所以在记录速变过程时，必须使 Δt 尽可能小一些，这就需要将电子加速到很
大的速度后再穿过现象极板和时间极板。

（2）阴极在单位时间内能够发射出来的电子数 n_0 为一定值（取决于阴极的材料和加
热程度），设完成一次扫描的时间为 ΔT，那么每一个记录就靠 $n_0 \Delta T$ 个电子来完成。被测
现象的变化速度越快，扫描速度亦必须相应提高，ΔT 变得很小，因此屏上每一光点所分
到的电子数也很少，光点亮度就可能难以满足观察或摄影的要求，这就需要提高每个电子
的速度和动能，使之在撞击荧光屏时仍能产生足够的亮度，可见也必须提高示波器的加速
电压。

虽然高压脉冲示波器具有加速电压高、射线开放时间短、各部分协同工作的要求高、
扫描电压多样化等特点，但其基本工作原理和结构组成与普通示波器并没有多大的差别，
它一般都具有高压示波管、电源单元、射线控制单元、扫描单元、标定单元等五个组成部
分。通过它们的相互配合、协同工作，就能在示波屏上显示被测现象的波形，但由于被测
现象变化极快，稍纵即逝，所以要做到各组成部分能准确地同步工作，实非易事，往往需
要多次反复调试方能实现。然后，还要用照相机进行拍摄、把波形记录下来，最后尚需进
行时间与幅值的标定、冲洗胶卷等，所以是相当麻烦和费时的。

近年来，由于电子技术和计算机工业的迅速发展，上述传统的高压脉冲示波器已逐步

被新型数字测量系统所取代。

　　新型冲击电压数字测量系统由硬件和软件两大部分组成：硬件系统包括高压分压器、数字示波器、计算机、打印机等；软件系统包括操作、测量、信号处理、存储、显示、打印等软件。测量系统核心部分为数字示波器、计算机和测量软件，因为被测信号的量化、采集、存储、处理、显示、打印等功能都要通过它们来实现。用来测量冲击电压的数字测量系统能对雷电冲击全波、截波及操作冲击电压波的波形和有关参数进行全面的测定，整个测量过程按预先设置的指令自动执行，测量结果可显示于屏幕，并可存入机内或打印输出。这种测量系统的推广应用大大缩短了试验周期，提高了试验质量。传统的模拟测量更新为现代的数字测量已是测量技术发展的必然趋势，高电压测量技术也不例外。把测量系统中的高压分压器更换为其他的变换器或传感器，上述测量系统也可用来测量高电压试验中有关的各种电量和非电量。

第三篇

电力系统过电压与绝缘配合

电力系统中的各种绝缘在运行过程中除了长期受到工作电压的作用（要求它们能长期耐受、不损坏，也不会迅速老化）外，还会受到各种比工作电压高得多的过电压的短时作用，所谓"过电压"通常指电力系统中出现的对绝缘有危险的电压升高和电位差升高。按照产生根源的不同，可将过电压作如下分类：

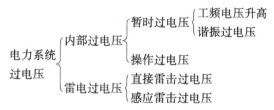

研究过电压及其防护问题对于电气设备的设计与制造、电力系统的设计与运行都有重大的意义和密切的关系。

电力系统中的过电压通常均以行波的形式出现，所以研究过电压及其防护问题要以线路上和绕组中的波过程理论作为基础。本篇中的第六章将首先介绍波过程理论；然后在以后各章中再进而探讨各种过电压的产生机理、发展过程、影响因素、防护措施等内容；最后在全面掌握各种绝缘的电气特性和试验方法以及各种过电压及其防护措施等方面知识的基础上，在第十章中探讨电力系统绝缘配合问题，确定各种设备应有的绝缘水平及相互之间的配合关系。

第六章　输电线路和绕组中的波过程

电力系统中的过电压绝大多数发源于输电线路，在发生雷击或进行操作时，线路上都可能产生以行波形式出现的过电压波。

就其本质而言，输电线路上的波过程实际上是能量沿着导线传播的过程，即在导线周围空间逐步建立起电场（$\vec{E}$）和磁场（$\vec{H}$）的过程，也就是在导线周围空间储存电磁能的过程。这个过程的一条基本规律是储存在电场里的能量密度$\left(\dfrac{ED}{2}\right)$和储存在磁场里的能量密度$\left(\dfrac{HB}{2}\right)$彼此相等。空间各点的$\vec{E}$和$\vec{H}$相互垂直，并处于同一平面内，与波的传播方向也相互垂直，故为一平面电磁波。

在研究输电线路波过程时，如果从电磁场方程组出发，将是比较繁复的，为了方便起见，一般都采用以积分量 u 和 i 表示的关系式。不过这时不能像在工频电源和线路不长的情况下那样，用某些集中参数等效电路来表示输电线路，而是必须用分布参数电路和行波理论来进行分析。这是因为过电压波的变化速度很快、延续时间很短，以波前时间等于 $1.2\mu s$ 的冲击波为例，电压从零变化到最大值（$0 \to U_m$）只需要 $1.2\mu s$，波的传播速度为光速 c（$=300\mathrm{m}/\mu s$），所以冲击电压波前在线路上的分布长度只有 360m。换言之，线路各点的电压和电流都将是不同的，根本不能将线路各点的电路参数合并成集中参数来处理问题。为了便于比较，可取工频正弦电压的第一个 1/4 周波（$0 \to U_m$）作为波前，那么这时的波前时间为 $5000\mu s$，整个波前分布在 1500km 长的导线上（见图 6 - 1）。一般 220kV 高压线路的平均长度也只有 $200 \sim 250$km，所以全线各点的电压、电流可以近似地认为是相同的，因而就可用一个集中参数等效电路来代替了。

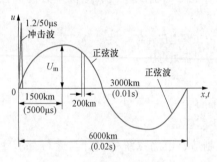

图 6 - 1 电压沿线路的分布

用分布参数电路来处理问题，实质上就是承认导线上的电压 u 和电流 i 不但随时间 t 而变，而且也随空间位置（对于平面波来说，只要一个参数 x 就可确定位置）的不同而异，即

$$\left. \begin{aligned} u &= f(x,t) \\ i &= f'(x,t) \end{aligned} \right\} \qquad (6-1)$$

这样一来，就很难在同一张图中表示电压（或电流）的变化规律，而只能分别采用以下两种图示方法：

（1）某一特定地点的电压（或电流）波形图（表示该点电压或电流随时间而变化的规律）；

（2）某一特定瞬间的电压（或电流）沿线分布图。

以下各节中将由简入繁、从理想线路逐步接近实际线路，依次探讨下列条件下的线路波过程：

均匀无损单导线→均匀性遭到破坏时的情况→多导线系统→有损耗线路。

在本章的最后，还将探讨变压器、发电机等设备绕组中的波过程，这对于了解线路上的过电压波入侵变电站或发电厂时，变压器、发电机等设备的绝缘所受到的过电压和需要采取的内、外保护措施，是完全必要的。

第一节 波沿均匀无损单导线的传播

实际输电线路往往采用三相交流或双极直流输电，因而均属多导线系统，如再加上 $1 \sim 2$ 根避雷线，导线数就更多了。导线中存在电阻，绝缘中存在电导，因而一定会产生能量损耗。线路各点的电气参数也不可能完全一样。因而均匀无损单导线线路实际上是没有的。不过为了清晰地揭示线路波过程的物理本质和基本规律，暂时不考虑线路的损耗和导线间的影响，从理想的均匀无损单导线入手来探讨行波沿线路传播的过程，是比较合适的。

一、 线路方程及解

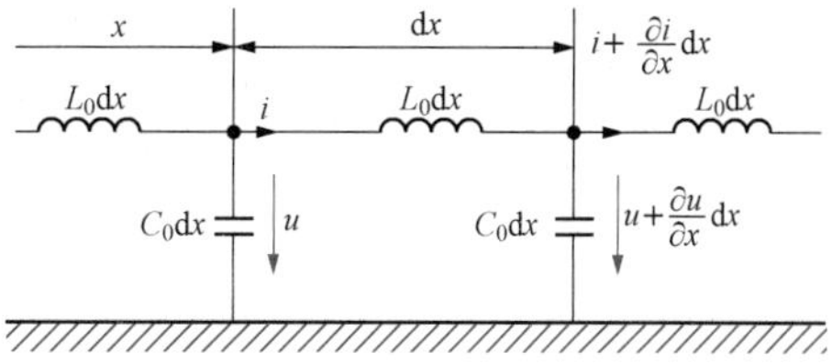

设单位长度线路的电感和电容均为恒值，分别为 L_0 和 C_0；忽略线路的能量损耗（$R_0 = 0$，$G_0 = 0$），即可得均匀无损单导线的单元等效电路如图 6 - 2 所示。

图 6 - 2 均匀无损单导线的单元等效电路

均匀无损单导线的方程组为

$$\left.\begin{array}{l} -\dfrac{\partial u}{\partial x} = L_0 \dfrac{\partial i}{\partial t} \\[2mm] -\dfrac{\partial i}{\partial x} = C_0 \dfrac{\partial u}{\partial t} \end{array}\right\} \tag{6 - 2}$$

上面波动方程组的解为

$$u = f_1(x - vt) + f_2(x + vt) = u' + u'' \tag{6 - 3}$$

$$i = \frac{1}{Z}[f_1(x - vt) - f_2(x + vt)] = i' + i'' \tag{6 - 4}$$

其中

$$v = \frac{1}{\sqrt{L_0 C_0}}$$

$$Z = \sqrt{\frac{L_0}{C_0}}$$

$$u' = f_1(x - vt)$$

$$u'' = f_2(x + vt)$$

$$i' = \frac{u'}{Z} \tag{6 - 5}$$

$$i'' = -\frac{u''}{Z} \tag{6 - 6}$$

式（6 - 3）表明：电压 u 由两个分量 u' 及 u'' 叠加而成，其中 $u' = f_1(x - vt)$ 代表一个任意形状并以速度 v 朝着 x 的正方向运动的电压波，如果取 x 的正方向为前行方向，那么 u' 即为一电压前行波，何以见得？

设波在 $\mathrm{d}t$ 的时间内，从线路上的 x 点移动到 $x + \mathrm{d}x$ 的一点上，那么此处的 $x + \mathrm{d}x - v(t + \mathrm{d}t) = x - vt + \mathrm{d}x - v\mathrm{d}t = x - vt$（因为 $v = \dfrac{\mathrm{d}x}{\mathrm{d}t}$）。它表明：导线上 $x + \mathrm{d}x$ 点在 $t + \mathrm{d}t$ 瞬间的电压与 x 点在 t 瞬间的电压完全一样，可见波的运动方向为 x 的正方向。同样可以证明：$u'' = f_2(x + vt)$ 是一个以速度 v 朝着 x 的负方向运动的电压反行波。与此类似，式（6 - 4）中的 i' 为电流前行波，i'' 为电流反行波。

应该注意：电压波的符号只取决于它的极性（导线对地电容上所充电荷的符号），而与电荷的运动方向无关；而电流波的符号不但与相应的电荷符号有关，而且也与电荷的运动方向有关，一般取正电荷沿着 x 正方向运动所形成者为正电流波。例如，正的电压前行波相当于一批正电荷向 x 正方向运动，使导线各点的对地电容依次充上正电荷，而向 x 正向流动的正电荷将形成正电流波，可见电流前行波 i' 与电压前行波 u' 具有相同的符号。但对反行波来说，正的电压反行波表示一批正电荷向 x 负方向运动，按照相反的顺序给线路各点的对地电容也充上正电荷，此时电压虽然仍是正的，但因正电荷的运动方向已变为 x

负方向，所以形成了负的电流，可见电流反行波 i'' 与电压反行波 u'' 一定具有相反的符号。这就是为什么在式（6-6）中带有一个负号的缘故。

二、波速和波阻抗

前面已经得出，行波在均匀无损单导线上的传播速度

$$v = \frac{1}{\sqrt{L_0 C_0}} \tag{6-7}$$

由电磁场理论可知，架空单导线的 L_0 和 C_0 可由下式求得

$$L_0 = \frac{\mu_0 \mu_r}{2\pi} \ln \frac{2h_c}{r} \quad (\text{H/m}) \tag{6-8}$$

$$C_0 = \frac{2\pi \varepsilon_0 \varepsilon_r}{\ln \dfrac{2h_c}{r}} \quad (\text{F/m}) \tag{6-9}$$

式中　h_c——导线的平均对地高度，m；

$\quad\ r$——导线的半径，m；

$\quad\ \varepsilon_0$——真空或气体的介电常数 $=\dfrac{1}{36\pi \times 10^9}$，F/m；

$\quad\ \varepsilon_r$——相对介电常数，如周围媒质为空气，$\varepsilon_r \approx 1$；

$\quad\ \mu_0$——真空的磁导率 $=4\pi \times 10^{-7}$，H/m；

$\quad\ \mu_r$——相对磁导率，对于架空线可取之等于1。

将式（6-8）、式（6-9）代入式（6-7），可得

$$v = \frac{1}{\sqrt{\mu_0 \mu_r \varepsilon_0 \varepsilon_r}} = \frac{3 \times 10^8}{\sqrt{\mu_r \varepsilon_r}} \quad (\text{m/s}) \tag{6-10}$$

对架空线路，$v \approx 3 \times 10^8\,\text{m/s} \approx c$（光速）。

与之相似，单芯同轴电缆的

$$L_0 = \frac{\mu_0 \mu_r}{2\pi} \ln \frac{R}{r} \quad (\text{H/m})$$

$$C_0 = \frac{2\pi \varepsilon_0 \varepsilon_r}{\ln \dfrac{R}{r}} \quad (\text{F/m})$$

式中　R——接地铅包的内半径，m；

$\quad\ r$——缆芯的半径，m；

$\quad\ \varepsilon_r \approx 4 \sim 5$（油纸绝缘）；

$\quad\ \mu_r \approx 1$。

可见式（6-10）也适用于电缆的情况，但此时的 $v \approx \dfrac{3 \times 10^8}{\sqrt{1 \times 4}}\,\text{m/s} \approx \dfrac{c}{2}$。

由上述可知：波速与导线周围媒质的性质有关，而与导线半径、对地高度、铅包半径等几何尺寸无关。波在油纸绝缘电缆中传播的速度几乎只有架空线路上波速的一半。

需要强调指出：正如电流波的传播方向与电流的流动方向不是同一事物一样，行波沿导线的传播速度亦应与带电粒子（主要为电子）在导线中的运动速度严格区别开来。波速指的是电压波和电流波使导线周围空间建立起相应的电场和磁场这样一种状态的传播速

度，而不是在导线中形成电流的自由电子沿线运动的速度。在架空线路的情况下，波速 v 约等于光速 c，而电子的运动速度远小于 c。

为了说明这种"同一系统中存在两种不同速度"的现象，不妨用下面的"准备行进的一支长队列"作一比喻。

如图 6-3 所示，当队列整备完毕发令者发出"开步走！"的口令时，这一口令将以音速（在通常条件下为 340m/s 左右）从队首向队尾传播，先听到口令的队首成员将先向前迈步，暂时还没有听到口令的队尾成员稍后亦将起步。但队列成员行进的速度显然会远远小于口令的传播速度，它们是两种性质完全不同的速度。与此相似，上述行波的传播速度 v 和自由电子在导线中形成电流的移动速度也是完全不同的两种速度，不可混淆。上例中人的行进速度对应于电子的移动速度，而口令的传播速度才相当于波速。

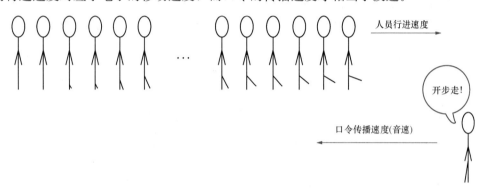

图 6-3 准备行进的一支长队列

又由式（6-5）和式（6-6）可得

$$\frac{u'}{i'} = Z, \quad \frac{u''}{i''} = -Z$$

可见 Z 具有阻抗的量纲，单位为 Ω（欧姆），故称为波阻抗，它是一个非常重要的参数。

$$Z = \sqrt{\frac{L_0}{C_0}} = \frac{1}{2\pi}\sqrt{\frac{\mu_0\mu_r}{\varepsilon_0\varepsilon_r}}\ln\frac{2h_c}{r} \quad (\Omega) \tag{6-11}$$

对架空线（$\mu_r=1$，$\varepsilon_r=1$）

$$Z = 60\ln\frac{2h_c}{r} = 138\lg\frac{2h_c}{r} \quad (\Omega) \tag{6-12}$$

一般处于 300Ω（分裂导线）~500Ω（单导线）的范围内。

对电缆线路，因 C_0 大和 L_0 小，故其波阻抗要比架空线小得多，且变化范围较大，在 $10\sim50\Omega$ 之间。

以前行波为例（反行波亦然）

$$\frac{u'}{i'} = Z = \sqrt{\frac{L_0}{C_0}}$$

即

$$\frac{u'^2}{i'^2} = \frac{L_0}{C_0}$$

可改写成

$$\frac{1}{2}C_0 u'^2 = \frac{1}{2}L_0 i'^2 \tag{6-13}$$

由此可知：波阻抗 Z 是电压波与电流波之间的一个比例常数，电压波与电流波之所以

127

有这样一种比例关系，是因为波在传播过程中必须遵循储存在单位长度线路周围媒质中的电场能量$\left(\dfrac{1}{2}C_0u'^2\right)$和磁场能量$\left(\dfrac{1}{2}L_0i'^2\right)$一定相等的规律。

应该注意，当导线上有前行波又有反行波时，导线上的总电压与总电流的比值不再等于波阻抗，即

$$\frac{u}{i}=\frac{u'+u''}{i'+i''}=\frac{u'+u''}{u'-u''}Z\neq Z$$

如果要在各种电路参数（R、L、C、G、X_L、X_C 和阻抗 Z_Σ 等）中找出一个特性与波阻抗最相近的参数，那就非电阻 R 莫属了，因为两者在某些重要的特性方面有相似之处：

（1）在众多电路参数中，量纲与波阻抗相同者只有 R、X_L、X_C 和 Z_Σ，四者之中只有 R 是与电源频率 ω 或波形无关的，而波阻抗 Z 的大小也与 ω 或波形完全没有关系，可见它是阻性的。又 Z 的存在所决定的 u' 和 i' 或 u'' 和 i'' 永远是同相的，不会出现相位差，这也是阻性的表现。

（2）从功率的表达式来看，行波所给出的功率 $P_Z=u'i'=\dfrac{u'^2}{Z}=i'^2Z$；如用一阻值 $R=Z$ 的电阻来替换这条波阻抗为 Z 的长线，则 $P_R=u'i'=\dfrac{u'^2}{R}=i'^2R$。可见，一条波阻抗为 Z 的线路从电源吸收的功率 P_Z 与一阻值 $R=Z$ 的电阻从电源吸收的功率 P_R 完全相同。从电源的角度来看，后面接一条波阻抗为 Z 的长线与接一个电阻 $R(=Z)$ 是一样的。如果只需要计算线路上电压波与电流波之间的关系、行波的输出功率、线路从电源吸收的能量等数据时，可以用一只阻值 $R=Z$ 的集中参数电路的电阻来替换一条波阻抗为 Z 的分布参数长线。这一概念在后面的行波计算中得到广泛的应用。

不过另一方面，波阻抗 Z 与电阻 R 在物理本质上毕竟有很大的不同：

（1）波阻抗只是一个比例常数，完全没有长度的概念，线路长度的大小并不影响波阻抗 Z 的数值；而一条长线的电阻是与线路长度成正比的。

（2）波阻抗从电源吸收的功率和能量是以电磁能的形式储存在导线周围的媒质中，并未消耗掉；而电阻从电源吸收的功率和能量均转化为热能而散失掉了。

三、 均匀无损单导线波过程的基本概念

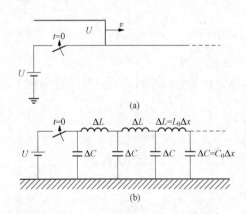

图 6-4 电压波沿均匀无损单导线传播的示意图

(a) 电压波；(b) 均匀无损单导线等效电路

设一条单位长度电感和对地电容分别为 L_0 和 C_0 的均匀无损单导线在 $t=0$ 时合闸到一个直流电压源 U 上去（见图 6-4），电源即开始向线路单元电容 ΔC 充电，使它的对地电压由零变为 U，在导线周围空间开始建立电场。这时靠近电源的单元电容 ΔC 将立即得到充电，并向相邻的单元电容放电。但是由于每段导线都存在单元电感 ΔL，离电源较远处的对地电容势必要隔上一段时间才能得到充电，并向更远处的电容 ΔC 放电。这样一来，线路单元电容 ΔC 依次得到充电，

沿线逐步建立起电场，形成电压，即有一电压波以一定的速度 v 沿着线路按 x 正方向传播。

在 ΔC 的充电过程中，将有电流 I 流过单元电感 ΔL，即在导线周围空间建立起磁场，因此和电压波相对应，还有一个电流波以同一速度 v 沿着线路按 x 正方向传播。

电压波和电流波是相伴出现的统一体，它们沿着线路传播实质上就是电磁波沿线传播的统一过程，而且遵循储存于电场中的能量一定与储存于磁场中的能量相等的普遍规律。电压波和电流波相互伴随，它们的波形相似，而且保持一个恒定的比值 $Z\left(=\dfrac{U}{I}\right)$，波在沿无损导线传播的过程中，幅值不会衰减，波形也不会改变。

当一根导线上除了向 x 正方向传播的电压前行波 u' 和电流前行波 i' 外，还同时存在向 x 负方向传播的电压反行波 u'' 和电流反行波 i'' 时，线路上总的电压 u 和电流 i 将分别由它们的两个分量叠加而成，这时的行波计算可以从下列四个基本方程出发

$$u = u' + u'', \quad i = i' + i''$$
$$\frac{u'}{i'} = Z, \quad \frac{u''}{i''} = -Z$$

再加上初始条件和边界条件，就可以求出该导线上任一点的电压和电流了。

第二节 行波的折射和反射

在实际线路上，常常会遇到线路均匀性遭到破坏的情况，例如一条架空线与一根电缆相连、在两段架空线之间插接某些集中参数电路元件（R、L 或 C），等等。均匀性开始遭到破坏的点可称为节点，当行波投射到节点时，必然会出现电压、电流、能量重新调整分配的过程，即在节点处将发生行波的折射和反射现象。

在介绍线路波过程的基本概念时，通常采用最简单的无限长直角波，初看起来，似乎这种计算用波形的代表性不太广泛，只有在线路被合闸到一直流电压源上去时，才属于这种情况；其实不然，即使在工频交流电源的情况下，只要线路不太长（例如数十千米或一百多千米），行波从始端传播到终端所需时间还不到 1ms，在这样短的时间内，电源电压变化不多，因而也可以看作与直流电压源相似。此外，任何其他波形都可以用一定数量的单元无限长直角波叠加而得，所以无限长直角波实际上是最简单和代表性最广泛的一种波形，类似于交流电路中的正弦波，因为各种非正弦波都可以用频率不同的若干正弦波叠加而得。

下面举两个最简单的例子：

（1）有限长直角波（幅值为 U_0，波长为 l_t）：可以用两个幅值相同（均为 U_0）、极性相反、在时间上相差 T_t 或在空间上相距 l_t（$=vT_t$），并以同样的波速 v 朝同一方向推进的无限长直角波叠加而成，如图 6 - 5 所示。

（2）平顶斜角波（幅值为 U_0，波前时间为 T_f）：其组成方式如图 6 - 6 所示，如单元无限长直角波的数量为 n，则单元波的电压级差 $\Delta U = \dfrac{U_0}{n}$，时间级差 $\Delta T = \dfrac{T_f}{n}$。$n$ 越大，越接近于实际波形。

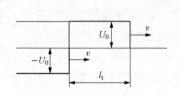

图 6-5 有限长直角波

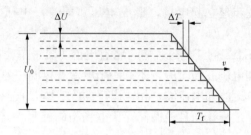

图 6-6 平顶斜角波

一、 折射系数和反射系数

设一条波阻抗为 Z_1 的线路 1 与另一条波阻抗为 Z_2 的线路 2 在节点 A 处相连,一无限长直角波 (u_1',i_1') 从线路 1 向线路 2 传播,

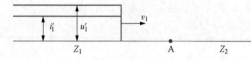

图 6-7 波从一条线路进入另一条波阻抗
不同的线路

如图 6-7 所示;就节点 A 而言,第一条线路的前行波 (u_1',i_1') 就是投射到 A 点上来的入射波;第二条线路的前行波 (u_2',i_2') 就是入射波经节点 A 而折射到 Z_2 上来的折射波;第一条线路的反行波 (u_1'',i_1'') 是由入射波在节点 A 上因反射而产生,故可称为反射波。在第二条线路上也可以有反行波,它可能是由折射波到达第二条线路的终端时引起的反射波,也可能是从第二条线路的终端入侵的另一过电压波。为了简明起见,通常先分析第二条线路中不存在反行波或反行波尚未抵达节点 A 的情况。

此时在线路 1,总的电压和电流分别为

$$\left.\begin{array}{l} u_1 = u_1' + u_1'' \\ i_1 = i_1' + i_1'' \end{array}\right\} \tag{6-14}$$

线路 2 的总电压与总电流分别为

$$\left.\begin{array}{l} u_2 = u_2' \\ i_2 = i_2' \end{array}\right\} \tag{6-15}$$

根据边界条件,在节点 A 处只能有一个电压和一个电流,即

$$\left.\begin{array}{l} u_{1A} = u_{2A} \\ i_{1A} = i_{2A} \end{array}\right\} \tag{6-16}$$

因此可得

$$\left.\begin{array}{l} u_1' + u_1'' = u_2' \\ i_1' + i_1'' = i_2' \end{array}\right\} \tag{6-17}$$

将 $i_1' = \dfrac{u_1'}{Z_1}$,$i_1'' = -\dfrac{u_1''}{Z_1}$,$i_2' = \dfrac{u_2'}{Z_2}$ 代入式 (6-17) 即可求得 A 点的折、反射电压

$$\left.\begin{array}{l} u_2' = \dfrac{2Z_2}{Z_1 + Z_2} u_1' = \alpha u_1' \\ u_1'' = \dfrac{Z_2 - Z_1}{Z_1 + Z_2} u_1' = \beta u_1' \end{array}\right\} \tag{6-18}$$

式中 α——电压折射系数 $= \dfrac{2Z_2}{Z_1 + Z_2}$;

β——电压反射系数$=\dfrac{Z_2-Z_1}{Z_1+Z_2}$。

α、β之间的关系为$1+\beta=\alpha$。随Z_1与Z_2的数值而异，α和β之值在下面的范围内变化

$$\left.\begin{array}{l} 0\leqslant\alpha\leqslant 2 \\ -1\leqslant\beta\leqslant 1 \end{array}\right\} \qquad (6-19)$$

当$Z_2=Z_1$时，$\alpha=1$，$\beta=0$，这表明电压折射波等于入射波，而电压反射波为零，即不发生任何折、反射现象，实际上这是均匀导线的情况。当$Z_2<Z_1$时（例如行波从架空线进入电缆），$\alpha<1$，$\beta<0$，这表明电压折射波将小于入射波，而电压反射波的极性将与入射波相反，叠加后使线路1上的总电压小于电压入射波，如图6-8所示。当$Z_2>Z_1$时（如行波从电缆进入架空线），$\alpha>1$，$\beta>0$；此时电压折射波将大于入射波，而电压反射波与入射波同号，叠加后使线路1上的总电压增高，如图6-9所示。在以上两图中，还同时画出了相应的电流折射波和电流反射波。

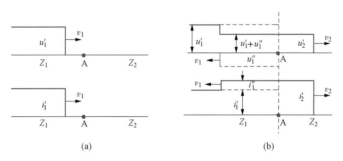

图6-8　$Z_2<Z_1$时波的折、反射

(a) u_1'、i_1'到达A点之前；(b) u_1'、i_1'到达A点之后

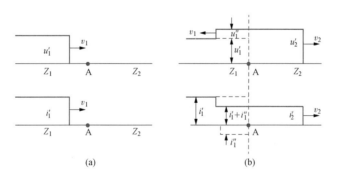

图6-9　$Z_2>Z_1$时波的折、反射

(a) u_1'、i_1'到达A点之前；(b) u_1'、i_1'到达A点之后

二、几种特殊端接情况下的波过程

下面将进一步探讨几种十分重要的特殊端接情况下的波过程：

（一）线路末端开路（见图6-10）

线路末端开路相当于$Z_2=\infty$的情况。此时的$\alpha=2$，$\beta=1$，因而$u_2'=2u_1'$，$u_1''=u_1'$。这一结果表明，电压入射波u_1'到达开路的末端后将发生全反射，结果是使线路末端电压上升到电压入射波的两倍。随着电压反射波的逆向传播，其所到之处电压均加倍（$2u_1'$），未到

之处仍保持着 u_1'。又电流反射波 $i_1'' = -\dfrac{u_1''}{Z_1} = -\dfrac{u_1'}{Z_1} = -i_1'$，可见电流发生了负的全反射，随着电流反射波的逆向传播，其所到之处电流均降为零，这也是开路末端的边界条件所决定的。上述结果都表示在图 6-10 中。

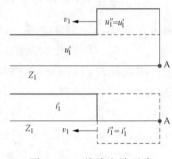

图 6-10　线路末端开路
时波的折、反射

线路开路末端处电压加倍、电流变零的现象也可以从能量关系来理解：开路末端处的电流永远为零，电流在此处发生负的全反射，使电流反射波所流过的线段上的总电流变为零，储存的磁场能量亦变为零，全部转为电场能量。在线路上反射波已到达的一段上，单位长度所吸收的总能量 W 等于入射波能量的两倍，而入射波能量储存在单位长度线路周围空间的磁场能量恒等于电场能量，因而可得

$$W = 2\left(\frac{1}{2}C_0 u_1'^2 + \frac{1}{2}L_0 i_1'^2\right) = 2C_0 u_1'^2$$

设此时的线路电压升为 u_x，则储存的电场能量应为 $\dfrac{1}{2}C_0 u_x^2$。

令 $\dfrac{1}{2}C_0 u_x^2 = 2C_0 u_1'^2$，即可得 $u_x = 2u_1'$。可见电流在开路末端作负的全反射后，全部磁场能量都转为电场能量储存起来，线路电压上升为两倍。

过电压波在开路末端的加倍升高对绝缘是很危险的，在考虑过电压防护措施时对此应给予充分的注意。

（二）线路末端短路（接地）（见图 6-11）

线路末端短路（接地）相当于 $Z_2 = 0$ 的情况。此时的 $\alpha = 0$，$\beta = -1$，因而 $u_2' = 0$，$u_1'' = -u_1'$。这一结果表明，电压入射波 u_1' 到达接地的末端后将发生负的全反射，结果使线路末端电压下降为零，而且逐步向着线路始端逆向发展，这也是由线路末端短路（接地）的边界条件所决定的。同样可求得电流反射波 $i_1'' = -\dfrac{u_1''}{Z_1} = \dfrac{u_1'}{Z_1} = i_1'$，线路总电流 $i_1 = 2i_1'$，即线路末端的电流增大为电流入射波的两倍，这一状态也逐步向线路始端推移，如图 6-11 所示。

短路（接地）末端处电流加倍、电压变零的现象也可以从能量关系来理解，只不过这时全部能量都转化为磁场能量储存起来而已。

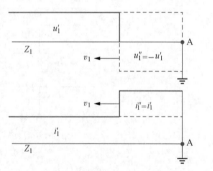

图 6-11　线路末端短路
（接地）时波的折、反射

（三）线路末端对地跨接一阻值 $R = Z_1$ 的电阻（见图 6-12）

如仅从行波折、反射的观点出发，这种情况就相当于 $Z_2 = Z_1$ 的情况。此时的 $\alpha = 1$，$\beta = 0$，因而 $u_2' = u_1'$，$u_1'' = 0$。这表明：行波到达线路末端 A 点时完全不发生反射，与 A 点后面接一条波阻抗 $Z_2 = Z_1$ 的无限长导线的情况相同。在以前介绍过的电阻分压器测量回路中（见图 5-31），在时延电缆末端跨接一只匹配电压 R 就是为了这个目的。

顺便指出：为了清晰起见，以上分析均采用幅值恒定的无限长直角波作为电压入射波

u_1'，但所得到的结论却适用于任意波形，因为在式（6-18）的推导中并未对入射波的形状加以任何限制。

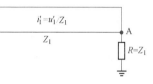

图 6-12　线路末端接电阻
R（$=Z_1$）时波的折、反射

三、集中参数等效电路（彼德逊法则）

前面从波沿分布参数线路传播的角度，讨论了行波在均匀性遭到破坏的节点上的折、反射问题，但在实际工程中，一个节点上往往接有多条分布参数长线（它们的波阻抗可能不同）和若干集中参数元件。最典型的例子就是变电站的母线，它上面可能接有多条架空线和电缆，还可能接有一系列变电设备（诸如电压互感器、电容器、电抗器、避雷器等），它们都是集中参数元件。为了简化计算，最好能利用一个统一的集中参数等效电路来解决行波的折、反射问题。

设任意波形的行波 u_1' 和 i_1' 沿着一条波阻抗为 Z 的线路投射到某一节点 A 上，在这个节点上接有若干条架空线、电缆线和若干集中参数元件，如图 6-13 所示。

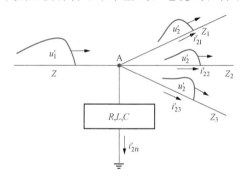

图 6-13　行波投射到节点

无论节点 A 后面的电路结构如何复杂，下面两个关系式是永远成立的：

$$u_2' = u_1' + u_1''$$

$$i_2' = i_1' + i_1'' = \frac{u_1'}{Z} - \frac{u_1''}{Z}$$

由于 A 点后面的所有线路和元件都接在同一节点上，所以电压折射波 u_2' 对于每一个支路都是一样的，但各支路的电流折射波各不相同（分别为 i_{21}'，i_{22}'，…），但它们之和一定等于上式中的 i_2'，即

$$i_2' = \sum_{k=1}^{n} i_{2k}'$$

由前面两式可得

$$i_1'' = i_2' - i_1' = i_2' - \frac{u_1'}{Z} \tag{6-20}$$

$$u_2' = u_1' + u_1'' = u_1' - i_1'' Z \tag{6-21}$$

将式（6-20）代入式（6-21），即得

$$u_2' = 2u_1' - i_2' Z \tag{6-22}$$

式（6-22）表明：为了计算节点 A 上的电压 u_2' 与电流 i_2'，可将入射波和波阻抗为 Z 的线路用一个集中参数等效电路来代替，其中电源电动势等于电压入射波的两倍（$2u_1'$），该电源的内阻等于线路波阻抗 Z。接在 A 点的各条分布参数线路只要不存在反射波，也都可以用阻值等于各线波阻抗的电阻来代替。这样一来，就可得出图 6-14 所示的集中参数等效电路，这也就是在波过程分析中应用

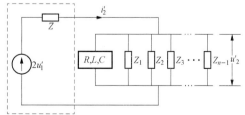

图 6-14　电压源集中参数等效电路

很广的彼德逊法则。在这个法则中为什么电源电动势要用 $2u'_1$ 而不是 u'_1 呢？这是因为入射波不仅输入电能，同时也输入磁能，遇到节点时就会出现电磁能的相互转换。当节点 A 是一个开路末端时，入射波的能量将全部转换为电能，而使电压达到 $2u'_1$，所以在等效电路中的电源电动势必须采用 $2u'_1$。

这样一来，当行波投射到接有分布参数线路和集中参数元件的节点上时，如果只需要求取节点上的折射波和反射波，那么波过程的分析可以简化成大家比较熟悉的集中参数电路的暂态计算。

以上是采用电压源的彼德逊法则。

考虑到在实际计算中常常遇到已知电流源（例如雷电流）的情况，有时采用电流源等效电路将更加简单方便。将式（6-22）中的 u'_1 用 $i'_1 Z$ 来代替，即可得出

$$2i'_1 = \frac{u'_2}{Z} + i'_2 \tag{6-23}$$

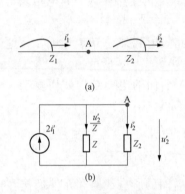

(a)

(b)

图 6-15　电流源集中参数等效电路

由此可知，在电流入射波 i'_1，沿着导线传到一节点时，节点的电压和电流也可以用图 6-15 中的电流源集中参数等效电路进行计算。

应该强调指出：以上介绍的彼德逊法则只适用于一定的条件下，首先入射波必须是沿一条分布参数线路传播过来；其次，它只适用于节点 A 之后的任何一条线路末端产生的反射波尚未回到 A 点之前。如果需要计算线路末端产生的反射波回到节点 A 以后的过程，就要采用后面将要介绍的行波多次折、反射计算法。

下面先以求取变电站的母线电压为例，具体说明彼德逊法则的应用：

【例 6-1】　设某变电站的母线上共接有 n 条架空线路，当其中某一条线路遭受雷击时，即有一过电压波 U_0 沿着该线进入变电站，试求此时的母线电压 U_{bb}。

解　由于架空线路的波阻抗均大致相等，所以可得出图 6-16 中的接线示意图（a）和等效电路图（b）。

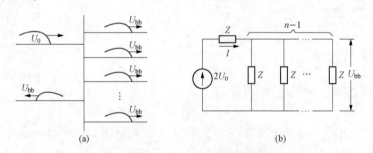

图 6-16　有多条出线的变电站母线电压计算
（a）接线示意图；（b）等效电路图

不难求得

$$I = \frac{2U_0}{Z + \dfrac{Z}{n-1}} = \frac{2(n-1)U_0}{nZ}$$

所以
$$U_{bb} = I\frac{Z}{n-1} = \frac{2U_0}{n}$$

或者
$$U_{bb} = 2U_0 - IZ = \frac{2U_0}{n}$$

由此可知：变电站母线上接的线路数越多，则母线上的过电压越低，在变电站的过电压防护中对此应有所考虑。当 $n=2$ 时，$U_{bb}=U_0$，相当于 $Z_2=Z_1$ 的情况，没有折、反射现象。

以下再以行波穿过电感和旁过电容的情况来进一步说明彼德逊法则在波过程计算中的应用。在工程实际中，常常会遇到过电压波穿过电感 L（如限制短路电流用的扼流线圈、载波通信用的高频扼流线圈等）和旁过电容 C（如电容式电压互感器、载波通信用的耦合电容器等）的情况。在图 6 - 17 和图 6 - 18 中分别画出了这两种情况的示意图（a）和计算用等效电路图（b）。为了便于说明基本概念，原始的入射波仍采用无限长直角波。

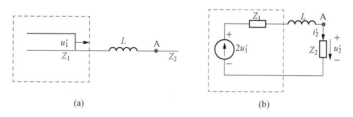

图 6 - 17 行波穿过电感示意图和等效电路图

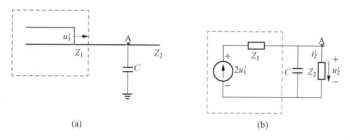

图 6 - 18 行波旁过电容示意图和等效电路图

（一）波穿过电感

由图 6 - 17（b）可以看出 $i_L = i_2'$，因而可写出下面的回路方程
$$2u_1' = i_2'(Z_1 + Z_2) + L\frac{\mathrm{d}i_2'}{\mathrm{d}t} \tag{6-24}$$

解式（6 - 24）可得波穿过电感 L 时 A 点的电流与电压分别为
$$i_2' = \frac{2u_1'}{Z_1 + Z_2}(1 - \mathrm{e}^{-\frac{t}{\tau_L}}) = \frac{2Z_1}{Z_1 + Z_2}i_1'(1 - \mathrm{e}^{-\frac{t}{\tau_L}}) \tag{6-25}$$

$$u_2' = i_2'Z_2 = \frac{2Z_2}{Z_1 + Z_2}u_1'(1 - \mathrm{e}^{-\frac{t}{\tau_L}}) = \alpha u_1'(1 - \mathrm{e}^{-\frac{t}{\tau_L}}) \tag{6-26}$$

式中 τ_L——回路的时间常数，$\tau_L = \dfrac{L}{Z_1 + Z_2}$；

    α——没有电感时的电压折射系数 $\alpha_L = \dfrac{2Z_2}{Z_1 + Z_2}$。

可见电压折射波 u_2' 的幅值为 $\alpha u_1'$，与没有串联电感时相同；电压折射波的波前陡度为

$$a = \frac{\mathrm{d}u_2'}{\mathrm{d}t} = \frac{2Z_2}{Z_1 + Z_2} u_1' \frac{1}{\tau_{\mathrm{L}}} \mathrm{e}^{-\frac{t}{\tau_{\mathrm{L}}}} = \frac{2Z_2 u_1'}{L} \mathrm{e}^{-\frac{t}{\tau_{\mathrm{L}}}} \qquad (6\text{-}27)$$

可见无限长直角波穿过 L 后，其波前将被拉平，变成指数波前，最大陡度出现在 $t=0$ 瞬间：

$$a_{\max} = \frac{\mathrm{d}u_2'}{\mathrm{d}t}\bigg|_{t=0} = \frac{2Z_2 u_1'}{L} \quad (\mathrm{kV/\mu s}) \qquad (6\text{-}28)$$

式中，u_1' 的单位为 kV，Z_2 的单位为 Ω，L 的单位为 $\mu\mathrm{H}$。

因为 $i_1' + i_1'' = i_2'$，所以第一条线路上的电流反射波为

$$i_1'' = i_2' - i_1' = \frac{2Z_1}{Z_1 + Z_2} i_1' (1 - \mathrm{e}^{-\frac{t}{\tau_{\mathrm{L}}}}) - i_1' \qquad (6\text{-}29)$$

电压反射波为

$$u_1'' = -Z_1 i_1'' = u_1' - \frac{2Z_1}{Z_1 + Z_2} u_1' (1 - \mathrm{e}^{-\frac{t}{\tau_{\mathrm{L}}}}) \qquad (6\text{-}30)$$

由以上分析可知：当行波到达电感 L 的初瞬（$t=0$），$u_1'' = u_1'$，$u_1 = u_1' + u_1'' = 2u_1'$；$i_1'' = -i_1'$，$i_1 = i_1' + i_1'' = 0$，相当于开路的情况；当 $t = \infty$ 时，$u_1'' = \frac{Z_2 - Z_1}{Z_1 + Z_2} u_1' = \beta u_1'$，$u_2' = \alpha u_1'$，可见串联电感 L 的作用完全消失。由以上结果可以看出：对于无限长直角波来说，串联电感只能起拉平波前（使直角波前变为指数波前）的作用，而不能降低其幅值；甚至使第一条线路的绝缘反而会受到 $2u_1'$ 的过电压。以上折、反射波的情况均表示在图 6-19 中。

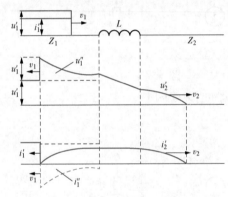

图 6-19　行波穿过电感时的折、反射

如果电压入射波不是无限长直角波，而是波长很短的矩形波（类似于冲击截波），那么串联电感不但能拉平波前和波尾，而且还能在一定程度上降低其幅值，如图 6-20 所示，若 $Z_1 = Z_2$，$U_{\mathrm{m}} < U_0$。

（二）波旁过电容

由图 6-18（b）可以看出，$u_{\mathrm{C}} = u_2'$，因而可写出下面的回路方程

$$2u_1' = (i_{\mathrm{C}} + i_2')Z_1 + i_2' Z_2$$
$$= (Z_1 + Z_2)i_2' + C Z_1 Z_2 \frac{\mathrm{d}i_2'}{\mathrm{d}t} \qquad (6\text{-}31)$$

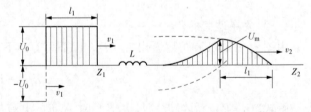

图 6-20　矩形短波穿过电感后的折射波

解式（6-31）可得

$$i_2' = \frac{2u_1'}{Z_1 + Z_2}(1 - \mathrm{e}^{-\frac{t}{\tau_{\mathrm{C}}}}) = \frac{2Z_1}{Z_1 + Z_2} i_1' (1 - \mathrm{e}^{-\frac{t}{\tau_{\mathrm{C}}}}) \qquad (6\text{-}32)$$

$$u_2' = i_2' Z_2 = \frac{2Z_2}{Z_1 + Z_2} u_1' (1 - \mathrm{e}^{-\frac{t}{\tau_{\mathrm{C}}}}) = \alpha u_1' (1 - \mathrm{e}^{-\frac{t}{\tau_{\mathrm{C}}}}) \qquad (6\text{-}33)$$

式中　τ_{C}——回路的时间常数 $= \frac{Z_1 Z_2}{Z_1 + Z_2} C$。

比较式（6-25）与式（6-32）以及式（6-26）与式（6-33）可知：如果 $\tau_L = \tau_C$，即 $L = C Z_1 Z_2$，则它们完全相同，即此时串联电感和并联电容产生相同的折射电压和折射电流。

由式（6-33）可知，u_2' 的幅值为 $\alpha u_1'$，也与没有电容 C 时相同；电压折射波的波前陡度为

$$a = \frac{\mathrm{d}u_2'}{\mathrm{d}t} = \frac{2Z_2}{Z_1 + Z_2} u_1' \frac{1}{\tau_C} \mathrm{e}^{-\frac{t}{\tau_C}} = \frac{2u_1'}{Z_1 C} \mathrm{e}^{-\frac{t}{\tau_C}} \qquad (6-34)$$

可见直角波旁过电容后，其波前也将变成指数波前，最大陡度出现在 $t=0$ 瞬间

$$a_{\max} = \frac{\mathrm{d}u_2'}{\mathrm{d}t}\bigg|_{t=0} = \frac{2u_1'}{Z_1 C} \quad (\mathrm{kV/\mu s}) \qquad (6-35)$$

式中，u_1' 的单位为 kV，Z_1 的单位为 Ω，C 的单位为 μF。

因为 $u_1' + u_1'' = u_2'$，所以第一条线路上的电压反射波为

$$u_1'' = u_2' - u_1' = \frac{2Z_2}{Z_1 + Z_2} u_1' (1 - \mathrm{e}^{-\frac{t}{\tau_C}}) - u_1' \qquad (6-36)$$

电流反射波为

$$i_1'' = -\frac{u_1''}{Z_1} = -\frac{2Z_2}{Z_1 + Z_2} i_1' (1 - \mathrm{e}^{-\frac{t}{\tau_C}}) + i_1' \qquad (6-37)$$

当行波到达电容 C 的初瞬（$t=0$），$u_1'' = -u_1'$，$u_1 = u_1' + u_1'' = 0$；$i_1'' = i_1'$，$i_1 = i_1' + i_1'' = 2i_1'$，相当于接地的情况；当 $t=\infty$ 时，$u_1'' = \frac{Z_2 - Z_1}{Z_1 + Z_2} u_1' = \beta u_1'$，$u_2' = \alpha u_1'$，可见此时并联电容 C 的作用已完全消失。以上折、反射波的情况均表示在图 6-21 中。

通过以上分析，可以得出以下结论：

（1）行波穿过电感或旁过电容时，波前均被拉平，波前陡度减小，L 或 C 越大，陡度越小。其原因在于电感中的电流和电容上的电压是不能突变的，因而折射波的波前只能随着流过电感的电流逐渐增大或电容逐渐充电而逐渐上升。

（2）在无限长直角波的情况下，串联电感和并联电容对电压的最终稳态值都没有影响。当 $t=\infty$ 时，$u_2' = \alpha u_1'$，$u_1'' = \beta u_1'$，就像 L、C 都不存在一样。这一点不难理解，因为在直流电压作用下，电感上没有压降，相当于短接，电容充满电以后相当于开路。

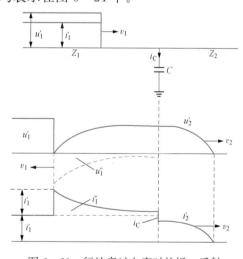

图 6-21　行波旁过电容时的折、反射

（3）从折射波的角度来看，串联电感与并联电容的作用是一样的，但从反射波的角度来看，二者的作用相反：当波刚到达节点时，电感上出现电压的全反射和电流的负全反射，结果第一条线路上的电压加倍、电流变零；而电容上则出现电流的全反射和电压的负全反射，结果第一条线路上的电压变零、电流加倍。随着时间的推移，加倍的量按指数规律下降，变零的量按指数规律上升。

（4）串联电感和并联电容都可以用作过电压保护措施，它们能减小过电压波的波前陡

度和降低极短过电压波（如冲击截波）的幅值。但就第一条线路上的电压 u_1 来说，采用 L 会使 u_1 加倍，而采用 C 不会使 u_1 增大，所以从过电压保护的角度出发，采用并联电容更为有利。

【**例 6 - 2**】 一幅值为 100kV 的直角波沿波阻抗为 50Ω 的电缆进入发电机绕组，绕组每匝长度为 3m，匝间绝缘能耐受的电压为 600V，波在绕组中的传播速度为 60m/μs。为了保护发电机的匝间绝缘，选用了并联电容方案，如图6 - 22所示，试求所需的电容值。

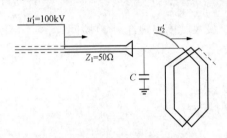

解 发电机匝间绝缘所容许的侵入波最大陡度为

$$a_{\max} = \left(\frac{\mathrm{d}u_2'}{\mathrm{d}t}\right)_{\max} = \left(\frac{\mathrm{d}u_2'}{\mathrm{d}l}\right)_{\max} \times \frac{\mathrm{d}l}{\mathrm{d}t}$$

$$= \frac{0.6}{3} \times 60 = 12(\mathrm{kV/\mu s})$$

根据式（6 - 35），得所需的电容值为

$$C = \frac{2u_1'}{Z_1 a_{\max}} = \frac{2 \times 100}{50 \times 12} = 0.33(\mu\mathrm{F})$$

图 6 - 22 波沿电缆入侵发电机绕组

第三节 行波的多次折、反射

前面讨论的都是第二条线路上的反射波尚未到达节点 A 的情况。在实际的电力系统中常常会遇到一些并不太长的线路（如电缆段），这时从第二条线路末端传回来的反射波 u_2'' 不但使第二条线路上的电压变为 $u_2 = u_2' + u_2''$，而且在节点 A 上会引起新的折射和反射。依此类推，以后还会出现更多的折、反射。为了探讨这种情况下的波过程，下面用图 6 - 23 所示的算例来介绍一种常用而且也比较直观的多次折、反射波过程计算方法——网格法。

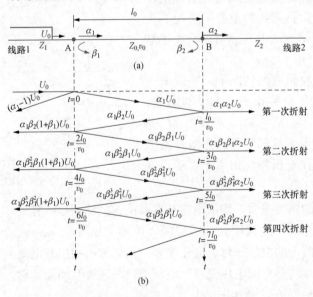

图 6 - 23 计算多次折、反射的网格图
(a) 接线图；(b) 行波网格图

设在两条波阻抗各为 Z_1 和 Z_2 的长线之间插接一段长度为 l_0、波阻抗为 Z_0 的短线，两个节点分别为 A、B。为了使计算不致过于繁复，假设两侧的两条线路均为无限长线，即不考虑从线路 1 的始端和线路 2 的末端反射回来的行波。

设一无限长直角波 U_0 从线路 1 投射到节点 A 上来，折射波 $\alpha_1 U_0$ 从线路 Z_0 继续投射到 B 点上来，在 B 点产生的第一个折射波 $\alpha_1\alpha_2 U_0$ 沿着线路 2 继续传播，而在 B 点产生的第一个反射波 $\alpha_1\beta_2 U_0$ 又向 A 点传去，在 A 点产生的反射波 $\alpha_1\beta_2\beta_1 U_0$ 又沿着 Z_0 投射到 B 点，在 B 点产生的第二个折射波 $\alpha_1\beta_2\beta_1\alpha_2 U_0$ 沿着线路 2 继续传播，而在 B 点产生的第二个反射波 $\alpha_1\beta_2^2\beta_1 U_0$ 又向 A 点传去，如此等等。以上所用到的折射系数 α_1、α_2 和反射系数 β_1、β_2 的方向均在图 6-23（a）中用箭头标出，它们的计算式为

$$\left.\begin{array}{ll} \alpha_1 = \dfrac{2Z_0}{Z_1+Z_0}, & \alpha_2 = \dfrac{2Z_2}{Z_0+Z_2} \\[3mm] \beta_1 = \dfrac{Z_1-Z_0}{Z_1+Z_0}, & \beta_2 = \dfrac{Z_2-Z_0}{Z_0+Z_2} \end{array}\right\} \tag{6-38}$$

线路各点上的电压即为所有折、反射波的叠加，但要注意它们到达时间的先后，波传过长度为 l_0 的中间线段所需的时间 $\tau = \dfrac{l_0}{v_0}$（v_0 为中间线段的波速）。以节点 B 上的电压为例，参照图 6-23 中的网格图，以入射波 U_0 到达 A 点的瞬间作为时间的起算点（$t=0$），则节点 B 在不同时刻的电压为：

当 $0 \leqslant t < \tau$ 时，$u_B = 0$

当 $\tau \leqslant t < 3\tau$ 时，$u_B = \alpha_1\alpha_2 U_0$

当 $3\tau \leqslant t < 5\tau$ 时，$u_B = \alpha_1\alpha_2(1+\beta_1\beta_2)U_0$

当 $5\tau \leqslant t < 7\tau$ 时，$u_B = \alpha_1\alpha_2[1+\beta_1\beta_2+(\beta_1\beta_2)^2]U_0$

$\qquad\qquad\vdots$

当发生第 n 次折射后，即当 $(2n-1)\tau \leqslant t < (2n+1)\tau$ 时，节点 B 上的电压将为

$$\begin{aligned} u_B &= \alpha_1\alpha_2[1+\beta_1\beta_2+(\beta_1\beta_2)^2+\cdots+(\beta_1\beta_2)^{n-1}]U_0 \\ &= U_0\alpha_1\alpha_2\frac{1-(\beta_1\beta_2)^n}{1-\beta_1\beta_2} \end{aligned} \tag{6-39}$$

当 $t \to \infty$ 时，即 $n \to \infty$ 时，$(\beta_1\beta_2)^n \to 0$，所以节点 B 上的电压最终幅值将为

$$U_B = U_0\alpha_1\alpha_2\frac{1}{1-\beta_1\beta_2} \tag{6-40}$$

将式（6-38）中的 α_1、α_2、β_1、β_2 代入式（6-40）可得

$$U_B = \frac{2Z_2}{Z_1+Z_2}U_0 = \alpha U_0 \tag{6-41}$$

其中，α 表示波从线路 1 直接传入线路 2 时的电压折射系数，这意味着进入线路 2 的电压最终幅值只由 Z_1 和 Z_2 来决定，而与中间线段的存在与否无关。但是中间线段的存在及其波阻抗 Z_0 的大小决定着 u_B 的波形，特别是它的波前。现分别讨论如下：

（1）如果 Z_0 小于 Z_1 和 Z_2（例如在两条架空线之间插接一段电缆），则由式（6-38）可知，β_1 和 β_2 均为正值，因而各次折射波都是正的，总的电压 u_B 逐次叠加增大，如图 6-24（a）所示。若 Z_0 远小于 Z_1 和 Z_2，表示中间线段的电感较小、对地电容较大（电缆就是这种情况），就可以忽略电感而用一只并联电容来代替中间线段，从而使波前陡度下降了。

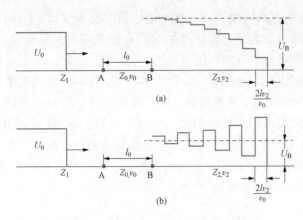

图 6-24　不同波阻抗组合下的 u_B 波形

(a) Z_0 小于 Z_1 和 Z_2 或 Z_0 大于 Z_1 和 Z_2；

(b) $Z_1 < Z_0 < Z_2$ 或 $Z_1 > Z_0 > Z_2$

（2）如果 Z_0 大于 Z_1 和 Z_2（如在两条电缆线路中间插接一段架空线），则 β_1 和 β_2 皆为负值，但其乘积 $\beta_1\beta_2$ 仍为正值，所以折射电压 u_B 也逐次叠加增大，其波形亦如图 6-24（a）所示。若 Z_0 远大于 Z_1 和 Z_2，表示中间线段的电感较大、对地电容较小，因而可以忽略电容而用一只串联电感来代替中间线段，同样可使波前陡度减小。

（3）如果 $Z_1 < Z_0 < Z_2$，此时的 $\beta_1 < 0$、$\beta_2 > 0$，乘积 $\beta_1\beta_2$ 为负值，这时 u_B 的波形将是振荡的，如图 6-24（b）所示，但 u_B 的最终稳态值 $U_B > U_0$。

（4）如果 $Z_1 > Z_0 > Z_2$，此时的 $\beta_1 > 0$、$\beta_2 < 0$，乘积 $\beta_1\beta_2$ 亦为负值，故 u_B 的波形如图 6-24（b）所示，且 u_B 的最终稳态值 $U_B < U_0$。

第四节　波在多导线系统中的传播

以上考虑的都是单导线的情况，但实际的输电线路都不是单导线，而是多导线系统。例如三相交流线路的平行导线数至少 3 根，多则 8 根（同杆架设的双避雷线双回路线路）。这时每根导线都处于沿某根或若干根导线传播的行波所建立起来的电磁场中，因而都会感应出一定的电位。这种现象在过电压计算中具有重要的实际意义，因为作用在任意两根导线之间绝缘上的电压就等于这两根导线之间的电位差，所以求出每根导线的对地电压是必要的前提。

为了不干扰对基本原理的理解，这里仍忽略导线和大地的损耗，因而多导线系统中的波过程仍可近似地看成是平面电磁波的沿线传播，这样一来，只需引入波速 v 的概念就可以将静电场中的麦克斯韦方程应用于平行多导线系统。

根据静电场的概念，当单位长度导线上有电荷 q_0 时，其对地电压 $u = \dfrac{q_0}{C_0}$（C_0 为单位长度导线的对地电容）。若 q_0 以速度 $v = \left(\dfrac{1}{\sqrt{L_0 C_0}}\right)$ 沿着导线运动，则在导线上将有一个以速度 v 传播的电压波 u 和电流波 i，且有

$$i = qv = uC_0 \frac{1}{\sqrt{L_0 C_0}} = \frac{u}{Z}$$

设有 n 根平行导线系统如图 6-25 所示。它们单位长度上的电荷分别为 q_1，q_2，…，q_n；各线的对地电压 u_1，u_2，…，u_n 可用静电场中的麦克斯韦方程组表示为

$$\left.\begin{aligned}
u_1 &= \alpha_{11}q_1 + \alpha_{12}q_2 + \cdots + \alpha_{1n}q_n \\
u_2 &= \alpha_{21}q_1 + \alpha_{22}q_2 + \cdots + \alpha_{2n}q_n \\
&\ \ \vdots \\
u_n &= \alpha_{n1}q_1 + \alpha_{n2}q_2 + \cdots + \alpha_{nn}q_n
\end{aligned}\right\} \tag{6-42}$$

式中　α_{kk}——导线 k 的自电位系数；

　　　α_{kn}——导线 k 与导线 n 之间的互电位系数。

它们的值可按下列两式求得

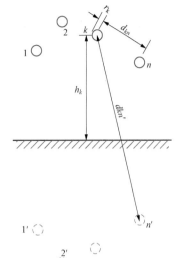

$$\alpha_{kk} = \frac{1}{2\pi\varepsilon_0}\ln\frac{2h_k}{r_k}\quad(\text{m/F})\qquad(6\text{-}43)$$

$$\alpha_{kn} = \frac{1}{2\pi\varepsilon_0}\ln\frac{d_{kn'}}{d_{kn}}\quad(\text{m/F})\qquad(6\text{-}44)$$

其中，h_k、r_k、$d_{kn'}$、d_{kn} 等几何尺寸的定义如图 6-25 所示。

若将式（6-42）等号右侧各项均乘以 $\frac{v}{v}$，并将 $i_k =$

$q_k v$、$Z_{kn} = \frac{\alpha_{kn}}{v}$ 代入，即可得

$$\left.\begin{array}{l} u_1 = Z_{11}i_1 + Z_{12}i_2 + \cdots + Z_{1n}i_n \\ u_2 = Z_{21}i_1 + Z_{22}i_2 + \cdots + Z_{2n}i_n \\ \qquad\qquad\vdots \\ u_n = Z_{n1}i_1 + Z_{n2}i_2 + \cdots + Z_{nn}i_n \end{array}\right\}\qquad(6\text{-}45)$$

图 6-25　n 根平行导线系统及其镜像

式中　Z_{kk}——导线 k 的自波阻抗，$k = 1,2,\cdots,n$；

　　　Z_{kn}——导线 k 与导线 n 间的互波阻抗，$k = 1,2,\cdots,n$。

对架空线路来说

$$Z_{kk} = \frac{\alpha_{kk}}{v} = 60\ln\frac{2h_k}{r_k}\quad(\Omega)\qquad(6\text{-}46)$$

$$Z_{kn} = \frac{\alpha_{kn}}{v} = 60\ln\frac{d_{kn'}}{d_{kn}}\quad(\Omega)\qquad(6\text{-}47)$$

导线 k 与导线 n 靠得越近，则 Z_{kn} 越大，其极限等于导线 k 与 n 重合时的自波阻抗 Z_{kk}（或 Z_{nn}），所以 Z_{kn} 总是小于 Z_{kk}（或 Z_{nn}）。此外，由于完全的对称性，$Z_{kn} = Z_{nk}$。

若导线上同时存在前行波和反行波时，则对 n 根导线中的每一根（如第 k 根），都可以写出下面的关系式

$$\left.\begin{array}{l} u_k = u_k' + u_k'',\quad i_k = i_k' + i_k'' \\ u_k' = Z_{k1}i_1' + Z_{k2}i_2' + \cdots + Z_{kn}i_n' \\ u_k'' = -(Z_{k1}i_1'' + Z_{k2}i_2'' + \cdots + Z_{kn}i_n'') \end{array}\right\}\qquad(6\text{-}48)$$

式中　u_k'，u_k''——导线 k 上的电压前行波和电压反行波；

　　　i_k'，i_k''——导线 k 上的电流前行波和电流反行波。

针对 n 根导线可列出 n 个方程式，再加上边界条件就可以分析无损平行多导线系统中的波过程了。

下面将通过分析几个典型的例子来加深理解以上概念和掌握其应用方法。

【例 6-3】　设导线 1 为单避雷线输电线路上的避雷线（架空地线），导线 2 为三相导线中的任意一根，因而它是用绝缘子串作对地绝缘的，如图 6-26 所示。如果雷击于塔顶，有一部分雷电流就会沿着避雷线 1 向两侧流动，在避雷线 1 上产生相应的电压波 u_1。试求导地线间绝缘上所受到的过电压 u_{12}。

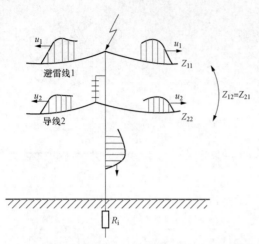

图 6-26　避雷线与导线间的耦合系数

解　这是一个两导线系统，可写出

$$u_1 = Z_{11}i_1 + Z_{12}i_2$$
$$u_2 = Z_{21}i_1 + Z_{22}i_2$$

对地绝缘的导线 2 上没有电流，即 $i_2 = 0$，但因它处于导线 1 上的行波所建立起来的电磁场内，所以还是会感应出一定的电压波 u_2。这样就可得出

$$u_2 = \frac{Z_{21}}{Z_{11}}u_1 = k_0 u_1 \qquad (6-49)$$

式中的 $k_0 = \left(\dfrac{Z_{21}}{Z_{11}}\right)$，称为导线 1 与导线 2 之间的几何耦合系数。因 $Z_{21} < Z_{11}$，所以 $k_0 < 1$，一般架空线路的 k_0 值处于 $0.2 \sim 0.3$ 的范围内。

导、地线之间绝缘上所受到的过电压为

$$u_{12} = u_1 - u_2 = (1 - k_0)u_1 \qquad (6-50)$$

可见，耦合系数 k_0 越大，线间绝缘上所受到的电压越小，k_0 是输电线路防雷计算中的一个重要参数。

在这里正好可利用［例 6-3］来说明一个问题，即导线 2 中没有电流，那么它的电压波 u_2 究竟是怎样产生的？它为什么不遵循 $u_2 = i_2 Z_2$ 的关系？

在导线 1 上行波依次通过导线的单元电感为单元对地电容逐步充电，形成电压波和电流波。但导线 2 上的电压波 u_2 却是因静电感应使导线各个截面上的电荷就地分离而形成的，如图 6-27 所示。其中图（b）为电荷在一个截面上的分离和分布状况，可以更清晰地说明 u_2 的产生机理。随着导线 1 上行波的传播，导线 2 上这种电荷分离的过程也同步地向前推进，这一状态的传播过程就是导线 2 上产生电压波 u_2 的原因。但是，由于没有电荷沿导线 2 作纵向流动，所以导线 2 上没有电流（$i_2 = 0$）。掌握这一物理概念后，就不难理解这种感应电压的若干特点：

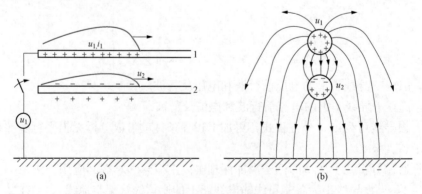

图 6-27　导线 2 上的静电感应电压波及电荷沿截面的分布
（a）静电感应电压波；（b）正、负电荷沿截面的分布

（1）由于正、负电荷只是在导线 2 上作横向的分离，所以可瞬时完成；当 u_1 消失时，

正、负电荷立即就地中和，同样不需要时间，所以 u_2 与 u_1 同步推进、同生同灭。

（2）u_2 的极性一定与 u_1 相同。

（3）u_2 与 u_1 的波形相似，但 u_2 一定小于 u_1（$k_0 < 1$）。

【例 6-4】　求雷击塔顶时双避雷线线路上两根避雷线与各相导线间的耦合系数。

解　各根导线的编号如图 6-28 所示，两根避雷线 1、2 是通过铁塔连在一起并一同接地的，雷击塔顶时，两条避雷线上将出现同样的电流波和电压波，即 $u_1 = u_2$，$i_1 = i_2$；它们的自波阻抗以及它们各自对导线 4 的互波阻抗亦相同，即 $Z_{11} = Z_{22}$，$Z_{14} = Z_{24}$。

导线 3、4、5 对地绝缘，所以雷电流不可能分流到这些导线上，即 $i_3 = i_4 = i_5 = 0$。这样一来，式（6-45）可简化为

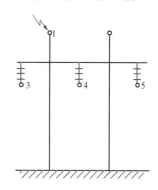

$$u_1 = Z_{11}i_1 + Z_{12}i_2$$
$$u_2 = Z_{21}i_1 + Z_{22}i_2$$
$$u_3 = Z_{31}i_1 + Z_{32}i_2$$
$$u_4 = Z_{41}i_1 + Z_{42}i_2$$
$$u_5 = Z_{51}i_1 + Z_{52}i_2$$

将前述各种关系式代入前三个方程式，即可求得两根避雷线与导线 3 之间的耦合系数

图 6-28　双避雷线线路的耦合系数

$$k_{1,2-3} = \frac{u_3}{u_1} = \frac{Z_{13} + Z_{23}}{Z_{11} + Z_{12}} = \frac{\dfrac{Z_{13}}{Z_{11}} + \dfrac{Z_{23}}{Z_{11}}}{1 + \dfrac{Z_{12}}{Z_{11}}} = \frac{k_{13} + k_{23}}{1 + k_{12}} \tag{6-51}$$

式中　k_{12}——避雷线 1 与避雷线 2 之间的耦合系数；

k_{13}，k_{23}——避雷线 1 对导线 3 和避雷线 2 对导线 3 的耦合系数。

由式（6-51）可见，$k_{1,2-3} \neq k_{13} + k_{23}$。

同理可求得

$$k_{1,2-4} = \frac{u_4}{u_1} = \frac{k_{14} + k_{24}}{1 + k_{12}} = \frac{2k_{14}}{1 + k_{12}}$$

显然，$k_{1,2-5} = k_{1,2-3}$。

【例 6-5】　试分析电缆芯与电缆皮之间的耦合关系。

解　当行波电压 u 到达电缆的始端时，可能引起接在此处的保护间隙或管式避雷器的动作，这就使缆芯和缆皮在始端连在一起，变成两条并联支路，如图 6-29 所示，故 $u_1 = u_2$。

由于 i_2 所产生的磁通全部与缆芯相交链，缆皮的自波阻抗 Z_{22} 等于缆芯与缆皮间的互波阻抗 Z_{12}，即 $Z_{22} = Z_{12}$；而缆芯电流 i_1 所产生的磁通中只有一部分与缆皮相交链，所以缆芯的自波阻抗 Z_{11} 大于缆芯与缆皮间的互波阻抗 Z_{12}，即 $Z_{11} > Z_{12}$。

设 $u_1 = u_2 = u$，即可得以下方程

$$u = Z_{11}i_1 + Z_{12}i_2 = Z_{21}i_1 + Z_{22}i_2$$

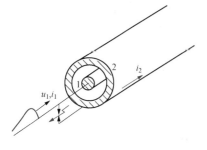

图 6-29　行波沿电缆芯线与外皮的传播

因为 $Z_{12} = Z_{22}$，上式可简化为

$$Z_{11}i_1 = Z_{21}i_1$$

由于 $Z_{11} > Z_{21}$，只有在 $i_1 = 0$ 时，上式才能成立。这意味着，电流不经缆芯流动，全部电流都被挤到缆皮里去了。其物理解释为：当电流在缆皮上流动时，缆芯上会感应出与缆皮电压相等，但方向相反的电动势，阻止电流流进缆芯，这与导线中的集肤效应相似。这个现象在有直配线的发电机的防雷保护中获得了实际应用。

第五节　波在有损耗线路上的传播

行波在理想的无损线路上传播时，能量不会散失（储存于电磁场中），波也不会衰减和变形。但实际上，任何一条线路都是有损耗的，引起能量损耗的因素有：

(1) 导线电阻（包括集肤效应和邻近效应的影响）；

(2) 大地电阻（包括波形对地中电流分布的影响）；

(3) 绝缘的泄漏电导与介质损耗（后者只存在于电缆线路中）；

(4) 极高频或陡波下的辐射损耗；

(5) 冲击电晕。

上述损耗因素将使行波发生下列变化：

(1) 波幅降低——波的衰减；

(2) 波前陡度减小（波前被拉平）；

(3) 波长增大（波被拉长）；

(4) 波形凹凸不平处变得比较圆滑；

(5) 电压波与电流波的波形不再相同。

以上现象对于电力系统过电压防护有重要意义，并在变电站与发电厂的防雷措施中获得实际应用。

一、线路电阻和绝缘电导的影响

考虑单位长度线路电阻 R_0 和对地电导 G_0 后，输电线路的分布参数等效电路如图 6 - 30 所示。图中 R_0 包括导线电阻和大地电阻，G_0 包括绝缘泄漏和介质损耗。当行波在有损导线上传播时，由于 R_0 和 G_0 的存在，将有一部分波的能量转化为热能而耗散，导致波的衰减和变形。

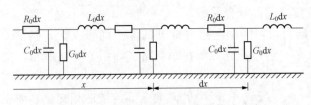

图 6 - 30　有损导线的分布参数等效电路

如果线路参数满足无畸变线的条件，即 $\dfrac{R_0}{L_0} = \dfrac{G_0}{C_0}$，那么从均匀长线方程出发，可求得过电压波的衰减规律为

$$U_x = U_0 e^{-\frac{1}{2}\left(\frac{R_0}{L_0}+\frac{G_0}{C_0}\right)t} = U_0 e^{-\frac{1}{2}\left(\frac{R_0}{Z}+G_0 Z\right)x} \tag{6-52}$$

式中　U_0，U_x——电压波的原始幅值和流过距离 x 后的幅值；

　　　t，x——行波沿线流动所经过的时间和距离；

Z——导线波阻抗，$Z=\sqrt{\dfrac{L_0}{C_0}}$。

由上式可知，电压波仅仅按指数规律衰减而并不变形。不过一般来说，无畸变线的条件很难满足，即$\dfrac{R_0}{L_0}\neq\dfrac{G_0}{C_0}$，这时波在衰减的同时，还将发生变形的现象。

由于一般架空线绝缘泄漏电导和介质损耗都很小，G_0可以忽略不计，因而波沿架空线传播时的衰减可近似地按下式进行计算

$$U_{\mathrm{x}}=U_0\mathrm{e}^{-\frac{1}{2}\frac{R_0}{Z}x} \tag{6-53}$$

由式（6-53）可知，波所流过的距离 x 越长，衰减得越多；$\dfrac{R_0}{Z}$ 的比值越大，衰减得越多，由于电缆的 $\dfrac{R_0}{Z}$ 比值要比架空线大得多，可见波在电缆中传播时，一定衰减较多；又 R_0 与波的等值频率有关，波形变化越快，集肤效应越显著，因而 R_0 也越大，可见短波沿线传播时衰减较显著。

二、冲击电晕的影响

一旦过电压波的幅值很大，超过了导线电晕起始电压 U_c，那么波沿线路传播时的衰减和变形将主要因冲击电晕而引起，而不必再考虑上面所说的 R_0 和 G_0 的影响了（但在土壤电阻率 $\rho>500\Omega\cdot\mathrm{m}$ 时，仍需考虑线路电阻 R_0 的作用）。

冲击电晕是在冲击电压波前上升到等于 U_c 时才开始出现的，形成冲击电晕所需的时间极短，可认为是瞬时完成的，因而在波前范围内，冲击电晕的发展强度只与电压瞬时值有关，而与电压陡度无关。不过电压的极性对冲击电晕的发展强度有明显的影响，正极性时要比负极性时为强，亦即在负极性冲击电压时波的衰减和变形的程度较小，再加上雷电大部分也是负极性的，所以在过电压分析中一般采用负极性冲击电晕作为计算条件。

发生冲击电晕后，在导线周围形成导电性能较好的电晕套，在这个电晕区内，径向电导增大、径向电位梯度减小，相当于扩大了导线的有效半径、增大了导线的对地电容（$C_0'=C_0+\Delta C_0$）。此外，虽然导线发生了冲击电晕，轴向电流仍全部集中在导线内，所以电晕的出现并不影响导线的电感 L_0。由此可知，冲击电晕会对导线波过程产生多方面的影响：

（1）导线波阻抗减小

$$Z'=\sqrt{\frac{L_0}{C_0'}}=\sqrt{\frac{L_0}{C_0+\Delta C_0}}<Z\left(=\sqrt{\frac{L_0}{C_0}}\right)$$

一般可减小 $20\%\sim30\%$，有冲击电晕时，避雷线与单导线的波阻抗可取 400Ω，双避雷线的并联波阻抗可取 250Ω。

（2）波速减小

$$v'=\frac{1}{\sqrt{L_0C_0'}}=\frac{1}{\sqrt{L_0(C_0+\Delta C_0)}}<v\left(=\frac{1}{\sqrt{L_0C_0}}\right)$$

当冲击电晕强烈时，v' 可减小到等于 $0.75c$（c 为光速）。

（3）耦合系数增大。出现冲击电晕后，导线的有效半径增大了，导线的自波阻抗减

小，而与相邻导线间的互波阻抗略有增大，所以线间的耦合系数变大。例如考虑冲击电晕的影响时，输电线路避雷线与导线间的耦合系数增大为

$$k = k_1 k_0 \tag{6-54}$$

式中　k_0——几何耦合系数，参阅式（6-49）；

　　　k_1——电晕校正系数，其值见表6-1。

表6-1　　　　　　　　　　　　耦合系数的电晕校正系数 k_1

线路电压等级（kV）	20~35	66~110	154~330	500
双避雷线	1.1	1.2	1.25	1.28
单避雷线	1.15	1.25	1.3	—

注　雷击档距中间避雷线时，可取 $k_1 = 1.5$。

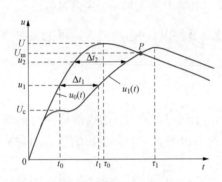

图6-31　冲击电晕引起的
行波衰减与变形

（4）引起波的衰减与变形。随着波前电压的上升，从 $u = U_c$ 开始，波的传播速度开始变小，此后变得越来越小，其具体数值与电压瞬时值有关。由于波前各点电压所对应的波速变得不一样，电压越高时的波速越小，就造成了波前的严重变形。例如在图6-31中，$u_0(t)$ 为原始波形，传播过距离 l 后的波形为 $u_1(t)$，在 $u = U_c$ 处出现一明显的台阶，在 $u > U_c$ 后，当 $u = u_1$ 时，$\Delta t = \Delta t_1$；$u = u_2$ 时，$\Delta t = \Delta t_2$；如 $u_2 > u_1$，则 Δt_2 一定大于 Δt_1。Δt 的大小一方面取决于 u 的高低，另一方面也取决于波所传播的距离，可用下式求得

$$\Delta t = t_1 - t_0 = \left(0.5 + \frac{0.008u}{h_c}\right)l \quad (\mu s)$$

式中　t_0 与 t_1——电压从零上升到 u 原来所需的时间和波流过距离 l（km）后所需的时间，μs；

　　　h_c——该导线的平均对地高度，m。

如令 $u = U$（电压波的峰值，kV），则 t_0 变成 τ_0（波前时间），而 t_1 即为波流过距离 l 后的波前时间 τ_1，因此

$$\tau_1 = \tau_0 + \left(0.5 + \frac{0.008U}{h_c}\right)l \quad (\mu s) \tag{6-55}$$

实际试验表明：如果将原始波形 $u_0(t)$ 和变形后的电压波形 $u_1(t)$ 画在一起，可以近似地认为两条曲线的交点 P 的纵坐标就是变形后电压波的峰值 U_m。

第六节　变压器绕组中的波过程

电力变压器在运行中是与输电线路连在一起的，因此它们经常受到来自线路的过电压波的侵袭，这时在绕组内部将出现很复杂的电磁振荡过程，在绕组的主绝缘（对地和对其他两相绕组的绝缘）和纵绝缘（匝间、层间、线饼间等绝缘）上出现过电压。分析这些过

电压可能达到的幅值和波形是变压器绝缘结构设计的基础。

变压器绕组中的波过程与下列三个因素有很大的关系：①绕组的接法［星形（Y）或三角形（△）］；②中性点接地方式（接地还是不接地）；③进波情况（一相、两相或三相进波）。

要从理论上分析变压器绕组中的波过程，必须先建立一个比较简单的等效电路，为此应作一些必要的简化。以下的介绍亦将由简入繁、从理想情况逐步接近实际条件。

一、单相绕组中的波过程

无论是单相变压器还是三相变压器，其绕组一定接成三相才能运行，但在下列情况下，只需要研究单相绕组中的波过程：①在采用 Y 接法的高压绕组的中性点直接接地时，如果不计及三相绕组间的耦合，从任何一相进来的过电压波都在中性点入地，而不会传到另两相绕组中去，因而无论进波方式如何，都只需研究末端接地的单相绕组中的波过程就可以了；②在高压绕组的中性点不接地时，如三相同时进波，那么由于各相完全对称，也只要研究末端开路的单相绕组中的波过程就可以了。

变压器绕组的基本单元是它的线匝，每一线匝都在电和磁两个方面与其他线匝联系着。绕组的基本电气参数有：

（1）各匝的自感；

（2）各匝间的互感以及与其他绕组之间的互感；

（3）对地（包括对铁芯、油箱、低压绕组）的电容；

（4）匝间电容；

（5）导体的电阻；

（6）绝缘的电导。

实际上，在绕组的不同部位，上述参数不尽相同，所以情况变得非常复杂。为了便于分析，通常要作如下简化：

（1）假定上述参数在绕组各处均相同（即绕组是均匀的）；

（2）忽略电阻和电导；

（3）不单独计入各种互感，而把它们的作用归并到自感中去。

这样一来，如单位长度绕组的自感为 L_0，对地电容为 C_0，匝间电容为 K_0，而且每匝的长度为 Δx，即可得出图 6-32 所示的单相绕组波过程简化等效电路。其中 $\Delta L = L_0 \Delta x$，$\Delta C = C_0 \Delta x$，$\Delta K = \dfrac{K_0}{\Delta x}$。如果绕组全长

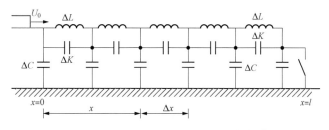

图 6-32　单相绕组波过程简化等效电路

为 1，则就整个绕组而言，上述参数的总值为 $L = L_0 l$，$C = C_0 l$，$K = \dfrac{K_0}{l}$。

当变化速度很大的冲击电压波刚投射到变压器绕组时，电感支路中的电流不能突变，故暂时不会有电流流过，相当于电感支路开路，这时变压器的等效电路可进一步简化为一

电容链，如图 6 - 33（a）所示，此时为了计算的方便，令 $\Delta x = \mathrm{d}x$；所加电压仍采用幅值等于 U_0 的无限长直角波。

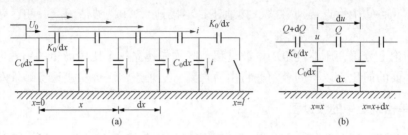

图 6 - 33　决定电压初始分布时的等效电路

由于绕组与输电线路在冲击波下的等效电路不一样（最大的差别是此时存在 $K_0/\mathrm{d}x$），所以与之相对应的波过程亦有很大的差别，绕组中的波过程往往由一系列振荡构成，具体原因如下：

（1）当无限长直角波 U_0 刚到达绕组首端时（$t = 0$），会立即沿电容链建立起一个初始电压分布 $U_{st}(x)$，绕组各点立即获得一定的初始电位，这一过程几乎是瞬时完成的，因而不采用波沿绕组逐步传播的概念。

（2）当时间足够长以后（理论上为 $t = \infty$），绕组电压趋向稳态分布 $U_{稳态}（x）$。这时无限长直角波已相当于直流电压，C_0、K_0 均相当于开路，L_0 相当于短路，因而稳态电压分布只能由被略去的绕组导体电阻来决定。

（3）由 $U_{st}(x)$ 向 $U_{稳态}（x）$ 过渡时，绕组各处都将有一个振荡过程，在忽略损耗的情况下，和所有自由振荡一样，绕组各点在振荡中所可能达到的最大对地电压 U_{max} 可由下式决定

$$U_{max} = U_{稳态} + (U_{稳态} - U_{st}) = 2U_{稳态} - U_{st} \tag{6-56}$$

应该强调指出：各点的振荡频率不尽相同，所以各点是在不同的时刻达到自己的 U_{max}。

由此可见，变压器绕组中的波过程不应以行波传播的概念来处理，而是以一系列振荡形成的驻波的方法来探讨。

下面先来推求电压初始分布的规律［见图 6 - 33（b）］。

设某一 $\dfrac{K_0}{\mathrm{d}x}$ 上有电荷 Q，则 $Q = \dfrac{K_0}{\mathrm{d}x}\mathrm{d}u$，它前面一个 $\dfrac{K_0}{\mathrm{d}x}$ 上的电荷应为 $Q + \mathrm{d}Q$，其中 $\mathrm{d}Q = C_0\mathrm{d}x \cdot u$。由此可得

$$\frac{\mathrm{d}^2 u}{\mathrm{d}x^2} - \frac{C_0}{K_0}u = \frac{\mathrm{d}^2 u}{\mathrm{d}x^2} - \alpha^2 u = 0 \tag{6-57}$$

其中

$$\alpha = \sqrt{\frac{C_0}{K_0}}, \quad \alpha l = \sqrt{\frac{C}{K}}$$

根据绕组末端（中性点）接地方式的边界条件，可求得式（6 - 57）的解为：

（1）末端（中性点）接地时，在 $x = 0$ 处，$u = U_0$；$x = l$ 处，$u = 0$。可解得

$$u(x) = U_0\frac{\mathrm{sh}\alpha(l - x)}{\mathrm{sh}\alpha l} \tag{6-58}$$

（2）末端（中性点）不接地时，在 $x = 0$ 处，$u = U_0$；$x = l$ 处，$K_0\dfrac{\mathrm{d}u}{\mathrm{d}x} = 0$，即 $\dfrac{\mathrm{d}u}{\mathrm{d}x}\Big|_{x = l} = 0$。

可解得

$$u(x) = U_0 \frac{\text{ch}\alpha(l-x)}{\text{ch}\alpha l} \qquad (6-59)$$

一般变压器的 $\alpha l = 5 \sim 15$，平均约为 10。

当 $\alpha l > 5$ 时，$\text{sh}\alpha l \approx \text{ch}\alpha l$，可见中性点接地方式对电压初始分布的影响不大，如图 6-34 所示。在波刚到达绕组时，大部分电压都作用在绕组首端的一段上，无论中性点接地方式如何，初始最大电位梯度均出现在绕组首端，其值为

$$\frac{\mathrm{d}u}{\mathrm{d}x}\bigg|_{x=0} \approx -U_0\alpha = -\left(\frac{U_0}{l}\right)(\alpha l) \qquad (6-60)$$

式中 $\dfrac{U_0}{l}$——电压均匀分布时的电位梯度。

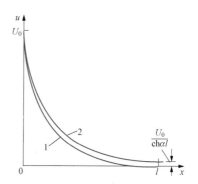

图 6-34 绕组的电压初始分布
1—末端接地；2—末端不接地

由于 αl 平均约为 10，可见最大电位梯度可等于平均电位梯度的 10 倍，式（6-60）中的负号表示绕组各点的电位随 x 的增大而降低。

α 是代表变压器冲击波特性的一个很重要的指标，α 越大，绕组电压初始分布越不均匀，如图 6-35 所示，故 α 越小越好。

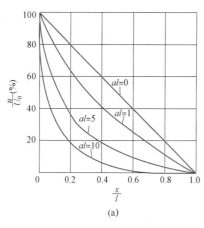

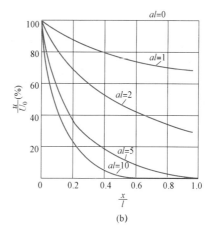

图 6-35 在不同的 αl 值下，绕组电压初始分布的变化
(a) 绕组末端接地；(b) 绕组末端不接地

在过电压波刚到达的 $5\mu s$ 内，绕组中的振荡还很少启动（L_0 还来不及起作用），因而变压器在这段时间内，可以用一只与图 6-33 中的电容链等效的入口电容 C_T 来代替，它的值可推求如下：

由于整个电容链所获得的电荷 Q 都要通过绕组首端第一只纵向电容 K_0 传入，所以

$$Q = K_0\left(\frac{\mathrm{d}u}{\mathrm{d}x}\right)_{x=0} = K_0 U_0\alpha$$

入口电容 C_T 要等效于整个电容链，其吸收的电荷 Q' 应等于整个电容链的电荷 Q，即

$$Q' = C_\mathrm{T}U_0 = Q = K_0 U_0\alpha$$

所以

$$C_\mathrm{T} = K_0\alpha = \sqrt{C_0 K_0} = \sqrt{CK} \qquad (6-61)$$

149

式中　C——绕组总的对地电容，F；

　　　K——绕组总的纵向电容，F。

变压器绕组入口电容值与其结构有关，处于 $500\sim5000pF$ 的范围内。不同电压等级变压器的入口电容值见表 6-2。如果采用纠结式绕组，因纵向电容增大，其入口电容要比表中的数值为大。

表 6-2　　　　　　　　　　　　　变压器的入口电容值

额定电压（kV）	35	110	220	330	500
入口电容（pF）	500～1000	1000～2000	1500～3000	2000～5000	4000～6000

绕组在无限长直角波下的电压稳态分布发生在电磁振荡过程结束以后，从理论上说应在 $t\to\infty$ 时，这时 K_0、C_0 等都已相当于开路，L_0 相当于短路，因而电压分布只能取决于被我们忽略了的绕组导体电阻，因而在两种中性点接地方式下的电压稳态分布分别为：

（1）末端接地时，绕组上稳态电压分布是均匀的，即

$$u_\infty(x) = U_0\left(1 - \frac{x}{l}\right) \tag{6-62}$$

（2）末端不接地时，绕组各点的稳态电位均等于 U_0，即

$$u_\infty(x) = U_0 \tag{6-63}$$

在由电感、电容构成的复杂回路中，如果电压的初始分布与最终稳态分布不一致，那么必然要经过一个过渡过程才能达到稳定状态，在这个过程中，会出现一系列电磁振荡。如果完全没有损耗，这个过程会长期存在，但实际上变压器内存在不少损耗（铜耗、铁耗、介质损耗等），因而上述振荡将有一定的阻尼制约。在无阻尼状态下，绕组各点在振荡中所能达到的最大电压将遵循式（6-56）的规律。将各点最大电压值用曲线连起来，即可得到一条 u_{max} 的包络线，图 6-36 中分别画出了末端接地和不接地的变压器绕组中的电压初始分布（$t=0$）、稳态分布（$t=\infty$）和各点的 u_{max} 包络线。由于包络线上各点并不是在同一时刻出现的，所以用虚线表示。

在振荡过程中的不同时刻，绕组各点的电压分布如图中曲线 t_1、t_2、t_3、t_4 等所示，其中 $t_1<t_2<t_3<t_4$。将振荡过程中各点出现的最大电压加以记录并连成曲线，即可得到 u_{max} 包络线 3。作为定性分析，在图中还画出了按式（6-56）求得的无损耗时的 u_{max} 包络线 4，以资比较。由图中可以看出：如末端接地，则最大电压 U_{max} 将出现在绕组首端约 $\frac{l}{3}$ 处，其值可达 $1.4U_0$ 左右；如末端不接地，则 U_{max} 将发生在绕组末端，其值可高达 $1.9U_0$ 左右（理论值为 $2.0U_0$）。至于

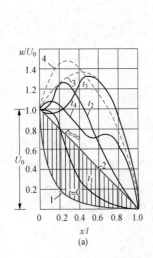
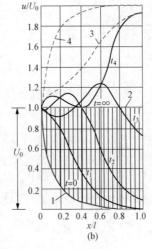

图 6-36　振荡过程中绕组的电压分布

（a）绕组末端接地；（b）绕组末端不接地

1—绕组中的电压初始分布；2—绕组中的电压稳态分布

电位梯度，前面已经提到，在初始阶段无论中性点接地方式如何，最大电位梯度一定出现在绕组首端，其值等于 $U_0\alpha$。但在此后的振荡发展过程中，绕组其他地点也有可能出现很大的电位梯度，在绕组设计和决定纵绝缘保护措施时都应重视这些情况。

绕组内的波过程除了与电压波的幅值 U_0 有关外，还与它的波形有关。过电压波的波前时间越长（即波前陡度越小），则振荡过程的发展就比较和缓，绕组各点的最大对地电压和纵向电位梯度都将较小。所以设法降低入侵过电压波的幅值和陡度对于变压器绕组的主绝缘和纵绝缘都有很大的好处，这是变压器外部保护所应承担的任务，通常通过变电站进线段保护来实现。

对绕组绝缘（特别是纵绝缘）最严重的威胁无疑是直角短波（见图6-5），这时在幅值为"$+U_0$"的直角波冲进绕组后不久，又将有一个幅值为"$-U_0$"的直角波抵达绕组首端，这样一波未平、一波又起地使两轮振荡叠加在一起，将使振荡更加剧烈、绝缘上受到更大的过电压。这就是为什么变压器类电气设备在高压试验中除了冲击全波试验外，还要进行截波试验的理由。冲击截波就是实际运行中可能出现的、最接近于直角短波的严重波形。

二、变压器对过电压的内部保护

除了前面提到的外部保护外，还必须在变压器内部结构上采取措施进行过电压保护，它的思路包括两个方面：①减弱振荡；②使绕组的绝缘结构与过电压的分布状况相适应。

有一类变压器被称为"非共振变压器"，因为它在内部采取措施消除或减弱了振荡，其基本原理是使电压的初始分布尽可能接近稳态分布，因而从根本上消除或削弱了振荡的根源。

1. 补偿对地电容电流（横向补偿）

电压初始分布之所以不均匀，皆出于对地电容 ΔC 的存在，但 ΔC 是无法消除的，因而只能设法采用静电屏、静电环（也称电容环）、静电匝之类的保护措施来加以补偿。它们的结构示意图如图6-37和图6-38所示；作用原理都是补偿 ΔC 的分流，以使纵向电容 ΔK 上的电压降落均匀化，如图6-39所示。

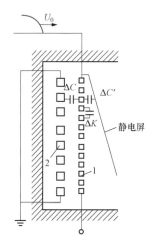

图6-37　静电屏结构示意图
1—高压绕组；2—低压绕组

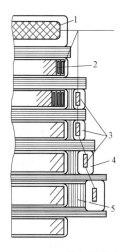

图6-38　220kV绕组的静电环和
静电匝结构示意图
1—静电环；2—绕组的线饼；3—静电匝；
4—静电匝的绝缘；5—垫圈

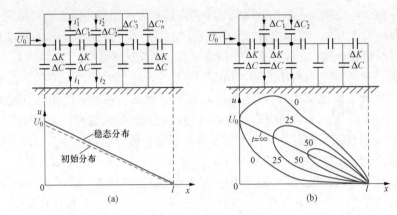

图 6 - 39　电容补偿原理图

(a) 全补偿；(b) 部分补偿

一切静电屏、静电环、静电匝都是不闭合的金属屏蔽件，它们之所以不能闭合是为了避免出现短路电流。它们全都具有绕组首端的电位。

如果对整个绕组进行补偿，并适当选择 $\Delta C_1'$，$\Delta C_2'$，$\Delta C_3'$，…之值，使 $i_1' = i_1$，$i_2' = i_2$，…，则 ΔC 所造成的分流全部获得补偿，不必再通过 ΔK 供给，从而使每只 ΔK 上的电荷都相等或接近相等。这样一来，电压的初始分布均匀化，与稳态分布相一致，消除了振荡源，如图 6 - 39（a）所示。不过要真正实现全补偿是很难的，而且也没有必要，例如为了使绕组各处的最大电压 u_{max} 都不要超过 U_0，根本不需要采用全补偿，而只要采用部分补偿就够了，如图 6 - 39（b）所示，图中数字表示补偿度（%）。

静电环除了能改善端部电场，使主绝缘的厚度有所减小外，并能有效改善第一个线饼的匝间电压分布，如图 6 - 40 所示。静电匝是进行部分补偿的措施，虽然也有明显的效果，但它在绝缘、散热、工艺等方面会引起一些问题和缺点，所以现已较少采用。

2. 增大纵向电容（纵向补偿）

纵向补偿的原理是设法加大纵向电容 K_0 之值，使对地电容 C_0 的影响相对减小，即减小 $\alpha\left(=\sqrt{\dfrac{C_0}{K_0}}\right)$ 值，从而使电压初始分布变得比较均匀一些，如图 6 - 41 所示。

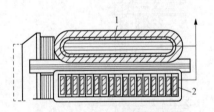

图 6 - 40　110kV 绕组的静电环

1—静电环；2—第一个线饼的出线匝

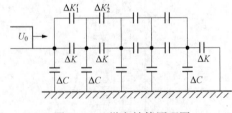

图 6 - 41　纵向补偿原理图

纵向补偿的实际结构如图 6 - 42 所示，由于安装空间和绝缘的限制，通常也只用在绕组首端附近的几个线饼之间。

在高压大容量变压器中，目前采用得比较普遍的是从绕组型式方面来解决问题，例如改用纠结式绕组或内屏蔽式绕组等。在图6 - 43中，将纠结式绕组和普通的连续式绕组的不同绕法作了比较。显然，纠结式绕组具有大得多的纵向电容，例如图中连续式绕组的 $K_{1-10}=\dfrac{\Delta K}{8}$；而纠结式绕组的 $K_{1-10}=\dfrac{\Delta K}{2}$（$\Delta K$ 为相邻两匝之间的电容）。后者的 $\alpha l\approx1\sim3$，因而电压起始分布得以显著改善。

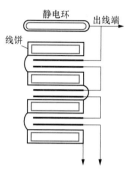

图 6-42　纵向补偿的实际结构

三、三相绕组中的波过程

当绕组接成三相运行时，其中的波过程机理与上述单相绕组基本相同。但随着三相绕组的接法、中性点接地方式和进波情况的不同，振荡的结果也不尽相同。

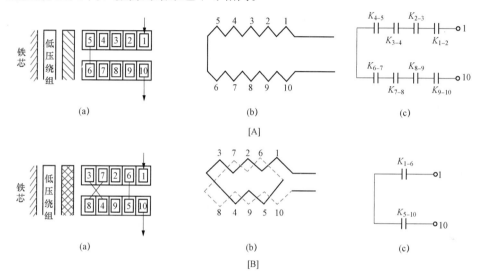

图 6-43　纠结式绕组与连续式绕组的比较

[A] 连续式绕组；[B] 纠结式绕组

（a）线匝排列次序；（b）电气接线图；（c）等效纵向电容电路图

1. 星形接法中性点接地

这时三相之间相互影响很小，可以看作三个独立的末端接地的绕组。无论进波情况如何，都可按前面分析过的末端接地单相绕组中的波过程来处理。

2. 星形接法中性点不接地

这时如果三相同时进波，则与末端绝缘的单相绕组中的波过程基本相同，中性点处的最大电压可达首端电压的两倍左右。

若仅有一相进波，如过电压波 U_0 从 A 相入侵变压器，如图 6-44（a）所示。这时因为变压器绕组对冲击波的阻抗远大于线路波阻抗，其他两相绕组的首端电位也接近于零，故可认为 B、C 两相绕组的首端均相当于接地。这样一来，电压的初始分布和稳态分布如图6-44（b）中的曲线 1 和曲线 2 所示，B、C 两相绕组的并联对电压初始分布没有什么影响，中性点 N 处的电位也接近于零；但电压的稳态分布取决于电阻，B、C 两相绕组并联的结果是使合成电阻只有 A 相电阻的一半，所以中性点的稳态电压应为 $\dfrac{U_0}{3}$，故在振荡过程中，中性点的最大电压极限值将为 $\frac{2}{3}U_0$。

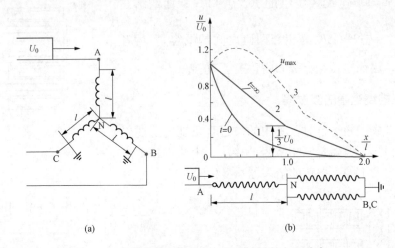

(a)　　　　　　　　　　　　　(b)

图 6 - 44　星形接法绕组在一相进波时的电压分布

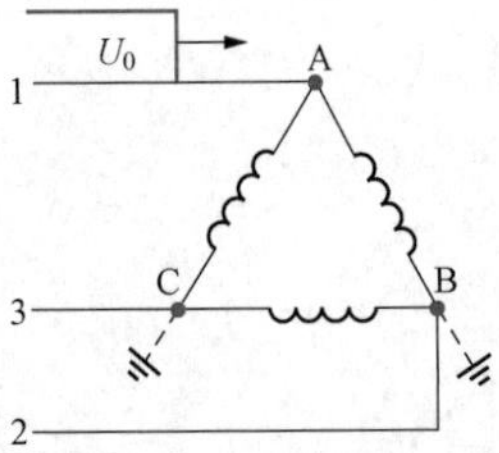

3. 三角形接法

在一相（如导线 1）进波时，导线 2、3 与变压器绕组的接点 B、C 亦相当于接地（见图 6 - 45），因此 AB、AC 两相绕组内的波过程，与末端接地的单相绕组相同，而 BC 相绕组中没有波的进入。

两相或三相进波时，可用叠加法进行分析。例如图 6 - 46（a）表示三相进波时的情况，图 6 - 46（b）中虚线 1 和虚线 2 分别表示 AB 相绕组的一端进波时的电压初始分布和稳态分布，实线 3 和实线 4 则表示每相两端均进波时的合成电压初始分布和稳态分布，可见在振荡中最大的电压 U_{max} 将出现在每相绕组的中部 M 处，其值接近 $2U_0$。

图 6 - 45　三角形接法一相进波时的等效接线

四、 波在变压器绕组间的传递

当过电压波投射到变压器的一个绕组（见图 6 - 47 中的高压绕组 1）时，会在其他绕组（如低压或中压绕组 2）中感应出一定的电压。在一般情况下，该电压对绕组 2 和接在该绕组上的其他电气设备的绝缘不构成威胁，但在某些特定条件下，它也可能达到相当高的数值而引起绝缘故障，需要采取措施加以保护。

变压器绕组之间的感应（传递）过电压包括静电感应电压和电磁感应电压两个分量，在近似估算中，可以分别计算两个分量，然后再叠加起来。

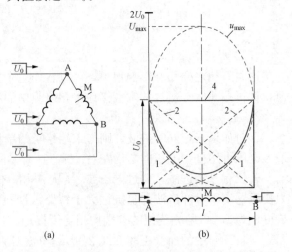

(a)　　　　　　　(b)

图 6 - 46　三相进波时三角形接法绕组的电压分布
（a）示意图；（b）电压的初始分布、稳态分布和最大电压包络线

1. 静电感应（电容传递）

静电感应电压分量是通过绕组之间的电容耦合而传递过来的，因而其大小与变压器的变比没有什么关系。

设过电压波入侵绕组 1，而绕组 1、2 之间的总电容为 C_{12}，绕组 2 的对地总电容为 C_{20}，即可得出图 6 - 47（b）所示的简化等效电路。

由等效电路可得

$$U_2 = \frac{C_{12}}{C_{12} + C_{20}} U_0 \quad (6 - 64)$$

由于 U_2 一定小于 U_0，所以这个电压分量只有在波投射到高压绕组时，才有可能对低压绕组造成危险，例如引起低压侧套管的闪络或低压绕组绝缘的损坏。

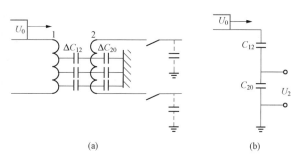

图 6 - 47　波在绕组间引起的静电感应

(a) 示意图；(b) 简化等效电路

如果低压绕组上接有输电线路或其他电气设备时，C_{20} 将增大，U_2 将显著减小，不足为害。所以只有在低压绕组 2 空载开路时，才需要对这种过电压进行防护。由于这一电压分量使绕组 2 中的导体带上同一电位，所以只要用一只阀式避雷器 FV 接在任一相出线端上，就能为整个三相绕组提供保护，如图 6 - 48 所示。

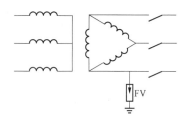

图 6 - 48　静电感应过电压的防护

2. 电磁感应（磁传递）

电磁感应电压分量是因磁耦合而产生的。当过电压波入侵变压器绕组的初始阶段，由于电感中的电流不能突变，所以这时绕组间电压的传递只能以静电耦合的形式进行，但随着时间的推移，电流逐渐流过绕组产生磁通，使别的绕组中感应出一定电压，其值显然与它们的变比有关；同时因在冲击电压的作用下，铁芯中的损耗很大，所以又不是与变比成正比关系。此外，该分量与绕组接法及进波相数有关。

由于低压绕组的相对冲击强度（冲击耐压与额定相电压之比）要比高压绕组大得多，因此凡是高压绕组能够耐受的过电压波按变比传递到低压侧时，对低压绕组是没有危险的。可见，这个感应电压分量只是在低压绕组进波时，才有可能在高压绕组中引起危险。例如，它往往成为配电变压器在低压侧线路，遭到雷击时发生高压绕组绝缘击穿的事故原因。通常依靠紧贴每相高压绕组出线端安装的三相避雷器组对这种过电压进行保护。

第七节　旋转电机绕组中的波过程

此处所说的旋转电机指的是经过电力变压器或直接与电网相连的发电机、同步调相机和大型电动机等，它们的绕组在运行过程中都有可能会受到过电压波的作用。

当过电压波投射到电机绕组上时，后者也可以像变压器绕组那样，用 L_0、C_0 和 K_0 组成的链式等效电路来表示。但是应该强调的是，电机绕组一般可分为单匝和多匝两大类，通常高速大容量电机采用的是单匝绕组，而低速小容量电机则采用多匝绕组。由于绕组的直线部分（线棒）都嵌设在铁芯中的线槽内，在多匝绕组时，只有在同槽的各匝之间存在匝间电容 ΔK，在换槽时，ΔK 支路断绝，故形成图 6-49 中的等效电路；在单匝绕组时，槽内线棒部分相互之间不存在匝间电容，只有露在槽外的端接部分才有不大的电容耦合，因而更可忽略纵向电容 K_0 的作用，这样电机绕组波过程简化等效电路将如图 6-50 所示。即使对多匝绕组而言，虽然同槽各匝间存在 ΔK，但是考虑到电网中的电机大都有限制进波陡度的保护措施，因此抵达电机绕组首端的过电压波的波前陡度一般都不大，流过 ΔK 的电流很小，即使忽略 ΔK 的作用也不会引起显著的误差。

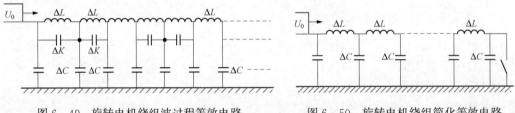

图 6-49 旋转电机绕组波过程等效电路　　　图 6-50 旋转电机绕组简化等效电路

这样一来，可以认为旋转电机绕组中的波过程与输电线路相似，而与变压器绕组中的波过程有很大的差别，所以应该采用类似于输电线路那样的波过程分析方法，引入波阻抗、波速等概念。

实际上，电机绕组槽内部分和端部的 L_0、C_0 是不同的，因此绕组的波阻抗和波速也随着绕组进槽和出槽而有规则地重复变化，如图 6-51 所示。这样一来，电机绕组中的波过程将因大量折、反射而变得极其复杂。不过在一般工程分析中，不需要了解波过程的细节，因而可用取平均的方法作宏观的处理，即不必区分槽内、槽外，而用一个平均波阻抗和平均波速来表示。电机绕组的波阻抗 $Z\left(=\sqrt{\dfrac{L_0}{C_0}}\right)$ 与该电机的容量、额定电压和转速有关，一般是随容量的增大而减小（因为 C_0 变大），随额定电压的提高而增大（因为绝缘厚度的增加导致 C_0 的减小）。电机绕组中的波速 v 也随容量的增大而降低。根据大量实测数据，可得出汽轮发电机绕组的波阻抗 Z 与电机容量及额定电压的关系曲线（见图 6-52），以及波速 v 与电机容量的关系曲线（见图 6-53）。

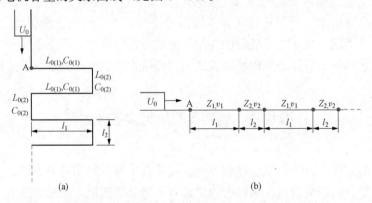

(a)　　　　　　　　　　　　　　　(b)

图 6-51 考虑槽内、外不同条件所得出的电机绕组波过程等效电路

下标 1—槽内；下标 2—端部

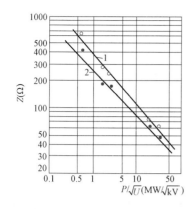

图 6-52　电机绕组（一相）的波阻抗
1—单相进波；2—三相进波

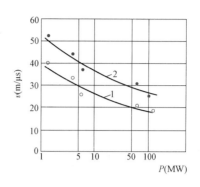

图 6-53　电机绕组中的平均波速
1—单相进波；2—三相进波

在相当于频率极高的交流电压的冲击波作用下，电机铁芯中的损耗是相当可观的，再加上导体的电阻损耗和绝缘的介质损耗，因此波在电机绕组中传播时，衰减和变形都很显著。其中衰减程度可按下式估计

$$U_x = U_0 e^{-\beta x} \tag{6-65}$$

式中　U_0——绕组首端电压，kV；

　　　U_x——距首端 x 处的电压，kV；

　　　x——波在绕组中传播的距离，m；

　　　β——衰减系数，对中小容量和单绕组大容量电机，$\beta \approx 0.005 \mathrm{m}^{-1}$；对 60MW 及更大容量的双绕组电机，$\beta \approx 0.0015 \mathrm{m}^{-1}$。

当波沿着电机绕组传播时（见图 6-54），与最大电压一样，最大的纵向电位梯度亦将出现在绕组的首端。设绕组一匝的长度为 l_w(m)，平均波速为 v(m/μs)，进波的波前陡度为 a(kV/μs)，则作用在匝间绝缘上的电压 u_w 将为

$$u_w = a \frac{l_w}{v} \quad (\mathrm{kV}) \tag{6-66}$$

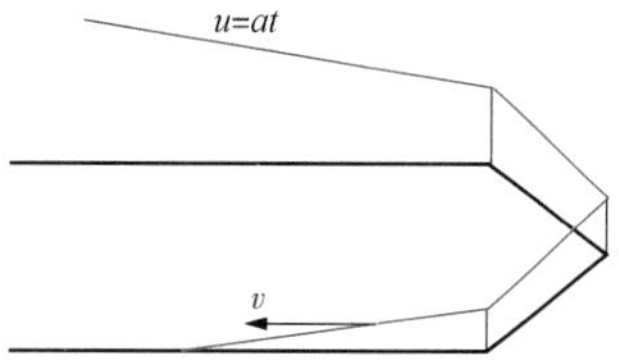

图 6-54　波沿一匝绕组的传播

由式（6-66）可知，匝间电压与进波的陡度成正比。当匝间电压超过了匝间绝缘的冲击耐压值，就可能引起匝间绝缘击穿事故。通常已知电机绕组匝间绝缘的工频耐压有效值 $U_{50\sim}$(kV)，即可按下式求得容许的进波陡度

$$a_r = \frac{1.25 U_{50\sim} \sqrt{2} v}{l_w} \quad (\mathrm{kV}/\mu \mathrm{s}) \tag{6-67}$$

研究结果表明，为避免匝间绝缘故障，应设法将进波的陡度限制到 5～6kV/μs 以下。

第七章　雷电放电及防雷保护装置

雷电是大自然中最宏伟壮观的气体放电现象，从远古以来就一直引起人类极大的关注，因为它会危及人类及动物的生命安全、引发森林大火、毁损各种建筑物。但对雷电的物理本质有所了解却还是近代的事，在这方面曾作出过杰出贡献的科学家有美国的富兰克林和俄国的罗蒙诺索夫。还应该强调指出：人类在有关雷电方面的大部分知识还是近 80 多年来才获得的，这是因为雷电放电对于现代的航空、电力、通信、建筑等领域都有很大的影响，促使人们从 20 世纪 30 年代开始加强了对雷电及其防护技术的研究，特别是利用高速摄影、自动录波、雷电定向定位等现代测量技术所做的实测研究的成果，大大丰富了人们对雷电的认识。

雷电放电所产生的雷电流高达数十甚至数百千安，从而会引起巨大的电磁效应、机械效应和热效应。从电力工程的角度来看，最值得注意的两个方面是：①雷电放电在电力系统中引起很高的雷电过电压（有时亦称大气过电压），是造成电力系统绝缘故障和停电事故的主要原因之一；②雷电放电所产生的巨大电流，有可能使被击物体炸毁、燃烧、使导体熔断或通过电动力引起机械损坏。在本课程中将着重探讨的是前一类问题。

为了预防或限制雷电的危害性，在电力系统中采用着一系列防雷措施和防雷保护装置。在本章中将着重介绍它们的工作原理和主要特性。

第一节　雷电放电和雷电过电压

一、雷云的形成

雷电放电起源于雷云的形成（云的起电），这基本上是一个气象物理问题，本课程不拟作深入的探讨，但大致介绍一下雷云的形成机理对于理解雷电放电的某些特性还是有帮助的。

关于雷云的形成机理曾提出过不少理论，它们或从微观的物理过程出发，或从宏观的大气现象出发，对雷云形成过程中的电荷分离、电荷的积聚分布、雷云电场的形成等进行了分析、研究，其中比较有代表性的理论有感应起电、对流起电、温差起电、水滴分裂起电、融化起电、冻结起电等，但至今尚无定论。下面将选择其中获得比较广泛认同的水滴分裂起电理论作简要的介绍。

实验表明：当大水滴分裂成水珠和细微的水沫时，会出现电荷分离现象，大水珠带正电，小水沫带负电。在特定的大气和地形条件下，会出现强大而潮湿的上升热气流，造成云层中的水滴分裂起电，细微的水沫带负电，被上升气流带往高空，形成大片带负电的雷云；带正电的水珠或者凝聚成雨滴落向地面，或者悬浮在云中，形成雷云下部的局部正电荷区（见图 7-1）。

但是，探测气球所测得的云中电荷分布表明，在雷云的顶部往往充斥着正电荷，这可以用另一种起电机理来解释。在离地面 4～5km 的高空，大气温度经常处于 −10～−20℃，因而此处的水分均已变成冰晶，它们与空气摩擦时也会起电，冰晶带负电，空气带正电。带正电的气流携带着冰晶碰撞时造成的细微碎片向上运动，使雷云的上部充满正电荷，而带负电的大粒冰晶下降到云的下部时，因此处气温已在 0℃ 以上，冰晶融化而成为带负电的水滴。

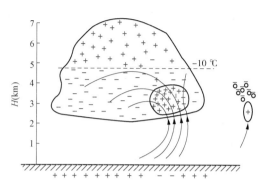

图 7-1 雷云中的电荷分布

由上述可知：整块雷云可以有若干个电荷中心，负电荷中心位于雷云的下部、距地面 500～10 000m 的范围内；直接击向地面的放电通常从负电荷中心的边缘开始。

二、雷电放电过程

大自然中的雷电放电就其物理本质而言，与前面介绍过的长气隙击穿过程十分相似，属于一种特长气隙的火花放电。有一些不同之处（如多次重复雷击现象等）皆由于雷电放电的两极（一极为云层，另一极为电阻率相当大的土地，且其表面有大量凸出的物体）并非金属电极所致。下面就来介绍雷电放电的过程与特点。

天空中出现雷云后，它会随着气流移动或下降，由于雷云下部大都带负电荷，所以大多数雷击是负极性的，雷云中的负电荷会在地面感应出大量正电荷。这样一来，在雷云与大地之间或者两块带异号电荷的雷云之间，会形成强电场，二者之间的电位差可高达数兆伏甚至数十兆伏，但因距离很大，平均场强仍很少超过 100kV/m（1kV/cm）。一旦在个别地方出现能使该处空气发生电子崩和电晕的场强（如 25～30kV/cm）时，就可能引发雷电放电。雷电有几种不同的形式，如线状雷电、片状雷电、球状雷电。以下将主要探讨"云—地"之间的线状雷电，因为电力系统中绝大多数雷害事故都是这种雷电所造成的。这时，开始引发放电的场强往往出现在云层底部，在进一步形成流注后就出现向下发展的逐级引路或先导放电，在初始阶段，先导只是向下推进，并无一定的目标，每级长度 25～50m，每级的伸展速度约 10^4 km/s，各级之间有 30～90μs 的停歇，所以平均发展速度只有 100～800km/s（或 0.1～0.8m/μs），出现的电流也不大，只有数十至数百安培。这使我们联想起第一章中介绍的负极性"棒—板"长气隙的放电不能顺利向前发展的情况。

当先导接近地面时，地面上一些高耸物体顶部周围的电场强度也达到了能使空气电离和产生流注的程度，这时在它们的顶部，会发出向上发展的迎面先导。一般来说，越高的物体上出现迎面先导的时间越早，越容易与下行的先导相接和连通，越能完成接闪的过程，这也是避雷针保护作用的基础。在下行先导与上行迎面先导接通后，立即出现强烈的异号电荷中和过程，出现极大的电流（数十到数百千安），这就是雷电的主放电阶段，伴随着雷鸣和闪光。完成主放电的时间极短，只有 $50\sim100\mu s$，它是沿着下行的先导通道由下而上逆向发展的，亦称"回击"，其速度高达$20\,000\sim150\,000km/s$。

以上是下行负雷闪的情况，下行正雷闪所占的比例很小，其发展过程亦基本相似。

雷电观测还表明，雷云电荷的中和过程并不是一次完成的，往往出现多次重复雷击的情况，其原因如下。在雷云起电的过程中，在云中可形成若干个密度较大的电荷中心，第一次"先导—主放电"所造成的第一次冲击主要是中和第一个电荷中心的电荷。在第一次冲击完成之后，主放电通道暂时还保持高于周围大气的电导率，别的电荷中心将对第一个电荷中心放电，利用已有的主放电通道对地放电，从而形成第二次冲击、第三次冲击……造成多重雷击，两次冲击之间平均相隔约 30ms。通常第一次冲击放电的电流最大，以后各次的电流较小。第二次及以后各次冲击的先导放电不再是分级的，而是自上而下连续发展（无停歇现象），称为箭状先导。图 7-2 绘出了用底片迅速转动的高速摄影装置摄得的下行负雷闪的发展过程，以及用高压电子示波器录下的相应雷电流波形。

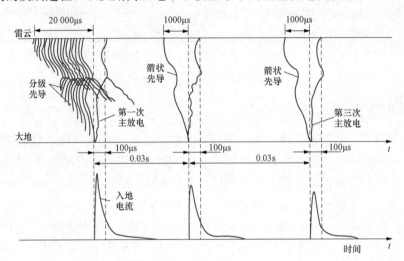

图 7-2　雷电放电的发展过程及雷电流波形

三、雷电参数

从雷电过电压计算和防雷设计的角度来看，值得注意的雷电参数如下。

（一）雷电活动频度——雷暴日及雷暴小时

电力系统的防雷设计显然应从当地雷电活动的频繁程度出发，对强雷区应加强防雷保护，对少雷区可降低保护要求。

评价一个地区雷电活动的多少通常以该地区多年统计所得到的平均出现雷暴的天数或小时数作为指标。

雷暴日是一年中发生雷电的天数，以听到雷声为准，在一天内只要听到过雷声，无论次数多少，均计为一个雷暴日。雷暴小时是一年中发生雷电放电的小时数，在 1h 内只要有一次雷电，即计为一个雷电小时。我国的统计表明，对大部分地区来说，一个雷暴日可大致折合为三个雷暴小时。

各个地区的雷暴日数 T_d 或雷暴小时数 T_h 可有很大的差别，它们不但与该地区所在纬度有关，而且也与当地的气象条件、地形地貌等因素有关。就全世界而言，雷电最频繁的地区在炎热的赤道附近，雷暴日数平均为 $100\sim150$，最多者达 300 以上。我国长江流域与华北的部分地区，雷暴日数为 40 左右，而西北地区仅为 15 左右。国家根据长期观测结果，绘制出全国各地区的平均雷暴日数分布图，以供防雷设计之需，它可从有关的设计规范或手册中查到。当然，如果有当地气象部门的统计数据，在设计中采用后者将更加合适。为了对不同地区的电力系统耐雷性能（例如输电线路的雷击跳闸率）作比较，必须将它们换算到同样的雷电频度条件下，通常取 40 个雷暴日作为基准。

通常雷暴日数 T_d 等于 15 以下的地区被认为是少雷区、超过 40 的地区为多雷区、超过 90 的地区及运行经验表明雷害特别严重的地区为特殊强雷区。在防雷设计中，应根据雷暴日数的多少因地制宜。

（二）地面落雷密度（γ）和雷击选择性

雷暴日或雷暴小时仅仅表示某一地区雷电活动的频度，它并不区分是雷云之间的放电，还是雷云对地面的放电，但从防雷的观点出发，最重要的是后一种雷击的次数，所以需要引入地面落雷密度（γ）这个参数，它表示每平方公里地面在一个雷暴日中受到的平均雷击次数。世界各国的 γ 取值不尽相同，年雷暴日数（T_d）不同地区的 γ 值也各不相同，一般 T_d 较大地区的 γ 值也较大。我国标准对 $T_d=40$ 的地区取 $\gamma=0.07$。

运行经验表明，某些地面的落雷密度远大于上述平均值，它们或者是一块土壤电阻率 ρ 较周围土地小得多的场地，或者在山谷间的小河近旁，或者是迎风的山坡等，它们被称为易击区。在为发电厂、变电站、输电线路选址时，应尽量避开这些雷击选择性特别强的易击区。

（三）雷道波阻抗（Z_0）

主放电过程沿着先导通道由下而上地推进时，使原来的先导通道变成了雷电通道（即主放电通道），它的长度可达数千米，而半径仅为数厘米，因而类似于一条分布参数线路，具有某一等效波阻抗，称为雷道波阻抗。这样一来，就可将主放电过程看作是一个电流波沿着波阻抗为 Z_0 的雷道投射到雷击点 A 的波过程。如果这个电流入射波为 I_0，则对应的电压入射波 $U_0=I_0Z_0$。根据理论计算结合实测结果，我国有关规程建议取 $Z_0\approx300\Omega$。

（四）雷电的极性

根据各国的实测数据，负极性雷击均占 $75\%\sim90\%$。再加上负极性过电压波沿线路传播时衰减较少较慢，因而对设备绝缘的危害较大。故在防雷计算中一般均按负极性考虑。

（五）雷电流幅值（I）

雷电的强度可用雷电流幅值 I 来表示。由于雷电流的大小除了与雷云中电荷数量有关外，还与被击中物体的波阻抗或接地电阻的量值有关，所以通常把雷电流定义为雷击于低接地电阻（$\leqslant30\Omega$）的物体时流过雷击点的电流。它显然近似等于传播下来的电流入射波 I_0 的 2 倍，即 $I\approx2I_0$。

雷电流幅值是表示雷电强度的指标，也是产生雷电过电压的根源，所以是最重要的雷电参数，也是人们研究得最多的一个雷电参数。

根据我国长期进行的大量实测结果，在一般地区，雷电流幅值超过 I 的概率 P 为

$$\lg P=-\frac{I}{88} \tag{7-1}$$

式中 I——雷电流幅值，kA。

例如，大于 88kA 的雷电流幅值出现的概率 P 约为 10%。

除陕南以外的西北地区和内蒙古自治区的部分地区，由于平均年雷暴日数只有 20 或更少，测得的雷电流幅值也较小，可改用下式求其超过 I 的概率

$$\lg P = -\frac{I}{44} \tag{7-2}$$

（六）雷电流的波前时间、陡度及波长

实测表明，雷电流的波前时间 T_1 处于 $1\sim4\mu s$ 的范围内，平均为 $2.6\mu s$ 左右；雷电流的波长（半峰值时间）T_2 处于 $20\sim100\mu s$ 的范围内，多数为 $40\mu s$ 左右。我国规定在防雷设计中采用 $2.6/40\mu s$ 的波形。与此同时，还可以看出，在绝缘的冲击高压试验中，把标准雷电冲击电压的波形定为 $1.2/50\mu s$ 已是足够严格的了。

雷电流的幅值和波前时间决定了它的波前陡度 a，它也是防雷计算和决定防雷保护措施时的一个重要参数。实测表明，雷电流的波前陡度 a 与其幅值 I 是密切相关的，二者的相关系数 $r \approx +(0.6\sim0.64)$。我国规定波前时间 $T_1 = 2.6\mu s$，所以雷电流波前的平均陡度

$$a = \frac{I}{2.6} \quad (\text{kA}/\mu s) \tag{7-3}$$

实测还表明，波前陡度的最大极限值一般可取 $50\text{kA}/\mu s$ 左右。

（七）雷电流的计算波形

由上述内容可知，雷电流的幅值、波前时间和陡度、波长等参数都在很大的范围内变化，但雷电流的波形却都是非周期性冲击波。在防雷计算中，可按不同的要求，采用不同的计算波形。经过简化和典型化后可得出如下几种常用的计算波形（参阅图 7-3）。

1. 双指数波

$$i = I_0(\text{e}^{-\alpha t} - \text{e}^{-\beta t}) \tag{7-4}$$

式中 I_0——某一大于雷电流幅值 I 的电流值。

这是与实际雷电流波形最为接近的等效计算波形，但比较繁复。

2. 斜角波

$$i = at \tag{7-5}$$

式中 a——波前陡度，$\text{kA}/\mu s$。

这种波形的数学表达式最简单，用来分析与雷电流波前有关的波过程比较方便。

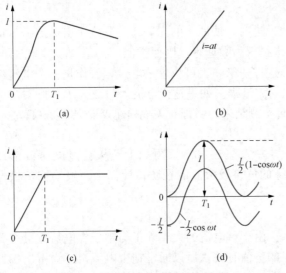

图 7-3 雷电流的等效计算波形

（a）双指数波；（b）斜角波；（c）斜角平顶波；（d）半余弦波

3. 斜角平顶波

$$\left.\begin{array}{l} i = at \quad\quad (t \leqslant T_1 \text{ 时}) \\ i = aT_1 = I \quad (t > T_1 \text{ 时}) \end{array}\right\} \tag{7-6}$$

用于分析发生在 $10\mu s$ 以内的各种波过程，有很好的等效性。

4. 半余弦波

这种波形更接近实际雷电流波前形状，仅在特殊场合（如特高杆塔的防雷计算）才加以采用，使计算更加接近于实际且偏于从严。

这时雷电流的波前部分可用下式表示

$$i = \frac{I}{2}(1 - \cos\omega t) \qquad (7 - 7)$$

式中　ω——等效半余弦波的角频率$=\dfrac{\pi}{T_1}$。

半余弦波的最大陡度出现在 $t = \dfrac{T_1}{2}$ 处，其值为

$$a_{max} = \left(\frac{\mathrm{d}i}{\mathrm{d}t}\right)_{max} = \frac{I\omega}{2} \qquad (7 - 8)$$

平均陡度

$$a = \frac{I}{T_1} = \frac{I\omega}{\pi} \qquad (7 - 9)$$

$\dfrac{a_{max}}{a} = \dfrac{I\omega/2}{I\omega/\pi} = \dfrac{\pi}{2}$，可见采用半余弦波时的最大波前陡度是采用斜角波时的波前陡度的 $\dfrac{\pi}{2}$ 倍。

不过在一般涉及波前的计算中，采用斜角波和平均陡度已能满足要求，并可简化计算。

（八）雷电的多重放电次数及总延续时间

如前所述，一次雷电放电往往包含多次重复冲击放电。世界各地 6000 个实测数据的统计表明，有 55％的对地雷击包含两次以上的重复冲击；3～5 次冲击有者 25％；10 次以上者仍有 4％，最多者竟达 42 次。平均重复冲击次数可取 3 次。

统计还表明，一次雷电放电总的延续时间（包括多重冲击放电），有 50％小于 0.2s，大于 0.62s 的只占 5％。

（九）放电能量

为了估计一次雷电放电的能量，可假设雷云与大地之间发生放电时的电压 U 为 10^7V，总的放电电荷 Q 为 20C，则放电时释放出来的能量为 $A = QU = 20 \times 10^7$ W·s，或约 55kWh。可见，放电能量其实是不大的，但因它是在极短时间内放出的，因而所对应的功率很大。这些能量主要消耗到下列几个方面：一小部分能量用来使空气分子发生电离、激励和光辐射，大部分能量消耗在雷道周围空气的突然膨胀、产生巨响，还有一部分能量使被击中的接地物体发热。总的来说，雷电放电就像把原先产生雷云时所吸收的能量在一瞬间返还给大自然。

四、雷电过电压的形成

（一）雷电放电的计算模型

从雷云向下伸展的先导通道中除了为数相等的大量正、负电荷外，还有一定数量的剩余电荷，其符号与雷云相同，其线密度为 σ（C/m），它们在地面上感应出异号电荷，如图 7 - 4（a）所示。主放电过程的开始相当于开关 S 的突然闭合，此时将有大量正、负电荷沿着通道相向运动，如图 7 - 4（b）所示，使先导通道中的剩余电荷及云中的负电

荷得以中和，这相当于有一电流波 i 由下而上地传播，其值为

$$i = \sigma v \qquad (7-10)$$

式中　v——逆向的主放电发展速度，m/s。

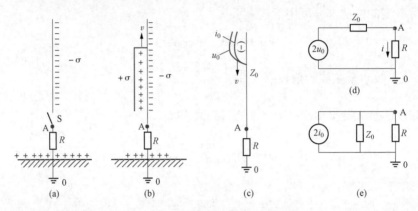

图 7-4　雷电放电计算模型和等效电路

(a) 先导放电；(b) 主放电；(c) 计算模型；(d) 电压源等效电路；(e) 电流源等效电路

在雷击点 A 与地中零电位面之间串接着一只电阻 R，它可以代表被击中物体的接地电阻 R_i，也可以代表被击物体的波阻抗。实测表明，只要 R 之值不大（如 $\leqslant 30\Omega$），雷电流的幅值几乎与 R 无关；但当 R 值大到与雷道波阻抗 Z_0（$\approx 300\Omega$）可以相比时，雷电流幅值 I 将显著变小。

主放电电流 i 流过电阻 R 时，A 点的电位将突然变为 $u = iR$。实际上，先导通道中的电荷密度 σ 和主放电的发展速度 v 都很难测定，但主放电开始后流过 R 的电流 i 及其幅值 I 却不难测得，而我们最关心的恰恰正是雷击点 A 的电位 $u(=iR)$，所以可从 A 点的电位出发来建立雷电放电的计算模型。这样一来，上述主放电过程可以看作有一负极性前行波（u_0，i_0）从雷云沿着波阻抗为 Z_0 的雷道传播到 A 点的过程，如图 7-4（c）所示。这样一来，就可得到图 7-4（d）、（e）中的电压源彼德逊等效电路和电流源彼德逊等效电路。

（二）直接雷击过电压的几个典型算例

下面为上述计算模型和等效电路在若干典型场合的应用。

1. 雷击于地面上接地良好的物体（见图 7-5，如其接地电阻 $R_i = 15\Omega$）

根据雷电流的定义，这时流过雷击点 A 的电流即为雷电流 i。如采用电流源等效电路，则雷电流

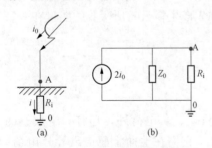

$$i = \frac{Z_0}{Z_0 + R_i} 2i_0 = \frac{2 \times 300}{300 + 15} i_0 = 1.9 i_0 \approx 2i_0$$

能实际测得的往往是雷电流幅值 I，可见从雷道波阻抗 Z_0 投射下来的电流入射波的幅值

$$I_0 \approx \frac{I}{2}$$

A 点的电压幅值 $U_A = IR_i$。

2. 雷击于导线或档距中央避雷线（见图 7-6）

当避雷线接地点的反射波尚未来到雷击点 A 时，

图 7-5　雷击接地物体

(a) 示意图；(b) 电流源等效电路

雷击导线和雷击避雷线实际上是一样的，雷击点 A 上出现的雷电过电压可推求如下（采用电压源等效电路）。

如果电流、电压均以幅值表示

$$I'_2 = \frac{2U_0}{Z_0 + \dfrac{Z}{2}} = \frac{2I_0 Z_0}{Z_0 + \dfrac{Z}{2}} = \frac{IZ_0}{Z_0 + \dfrac{Z}{2}}$$

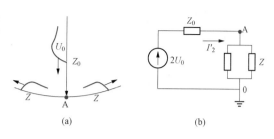

图 7-6　雷击导线

（a）示意图；（b）电压源等效电路

导线雷击点 A 的电压幅值

$$U_A = I'_2 \times \frac{Z}{2} = I \frac{Z_0 Z}{2Z_0 + Z}$$

令 $Z_0 = 300\Omega$，$Z = 400\Omega$，可得

$$U_A = I \frac{300 \times 400}{2 \times 300 + 400} = 120I \tag{7-11}$$

在粗略估算时，还可令 $Z_0 \approx \dfrac{Z}{2}$，即不考虑波在 A 点的反射，那么

$$U_A \approx I \times \frac{Z}{4} = 100I \tag{7-12}$$

这就是我国有关标准中所推荐的简化计算公式。

（三）感应雷击过电压

除了前面介绍的直接雷击过电压外，电力系统中还会出现另一种雷电过电压——感应雷击过电压，它的形成机理与直接雷击过电压完全不同。

在两块带异号电荷的雷云之间或在一块雷云中两个异号电荷中心之间发生雷电放电时，均有可能引起一定的感应过电压。但是对电力系统影响较大的情况是雷击于线路附近大地或甚至雷击于接地的线路杆塔顶部时，在绝缘的导线上引起的感应过电压，下面就着重探讨这些情况下的感应过电压的产生机理。

在雷电放电的先导阶段，线路导线处于雷云、先导通道和地面构成的电场中，如图 7-7（a）所示。在导线表面电场强度 E 的切线分量 E_x 的驱动下，与雷云异号的正电荷被吸引到靠近先导通道的一段导线上，排列成束缚电荷；而导线中的负电荷则被排斥到导线两侧远方，在该处停留或经线路的泄漏电导、变压器绕组的接地中性点、电磁式电压互感器的绕组等通路泄入地下。由于先导放电的发展速度远小于主放电，上述电荷在导线中的移动比较慢，由此而引起的电流很小，相应的电压波亦可忽略不计。这时，如果不考虑线路本身的工作电压，整条导线的电位仍为零。可见在先导放电阶段，虽然导线上有了束缚电荷，但它们在导线上的不均匀分布在导线各点所造成的电场抵消了先导通道中负电荷所产生的电场 E，使导线仍保持着地电位。

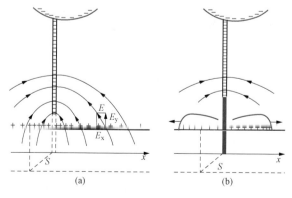

图 7-7　感应雷击过电压产生机理示意图

（a）先导放电阶段；（b）主放电阶段

当雷电击中线路附近大地或紧靠导线的接地物体（杆塔、避雷线等）而转入主放电阶段后，先导通道中的剩余负电荷被迅速中和，它们所造成的电场迅速消失，导线上的束缚正电荷突然获释，在它们自己所造成的电场切线分量的驱动下，开始沿导线向两侧传播，而它们造成的电场法线分量使导线对地形成一定的电压。这种因先导通道中电荷突然中和而引起的感应过电压称为感应雷击过电压的静电分量。实际上，在发生主放电时，雷电通道中的雷电流还会在周围空间产生强大的磁场，它的磁通若有与导线相交链的情况，就会在导线中感应出一定的电压，称为感应雷击过电压的电磁分量。不过由于主放电通道与导线基本上是互相垂直的，所以电磁分量不会太大，通常只要考虑其静电分量即可。

根据理论分析和实测结果，导线上的感应雷击过电压的最大值 U_i 可按下列公式求得。

1. 在雷击点与电力线路之间的距离 $s>65\text{m}$ 的情况下

$$U_i = 25\,\frac{Ih_c}{s}\quad(\text{kV}) \tag{7-13}$$

式中　I——雷电流幅值，kA；

　　　h_c——导线的平均对地高度，m；

　　　s——雷击点与线路之间的距离，m。

如果雷击于地面，由于雷击点的自然接地电阻往往很大，式（7-13）中的 I 一般不会超过 100kA。

2. 雷击于塔顶等紧靠导线的接地物体

$$U_i = ah_c\quad(\text{kV}) \tag{7-14}$$

式中　a——感应过电压系数，kV/m。

a 近似等于雷电流的平均波前陡度，即

$$a \approx \frac{I}{2.6}$$

【例 7-1】　试分别校验雷击塔顶时引起的感应雷击过电压对 35kV 和 110kV 线路绝缘的危险性。

解　（1）35kV 线路：如取 $h_c=10\text{m}$，$I=100\text{kA}$，则感应过电压

$$U_i = ah_c = \frac{100}{2.6}\times 10 = 385(\text{kV}) > 350(\text{kV})$$

其中，350kV 为 35kV 线路绝缘子串在正极性冲击时的 $U_{50\%(+)}$。

可见感应雷击过电压有可能引起 35kV 线路的绝缘闪络，对这种线路有一定的威胁。

（2）110kV 线路：假设没有避雷线，并取 $h_c=12.5\text{m}$，$I=100\text{kA}$，则感应过电压

$$U_i = \frac{100}{2.6}\times 12.5 = 480(\text{kV}) < 600(\text{kV})$$

其中，600kV 为 110kV 线路绝缘子串的 $U_{50\%(+)}$。

可见感应雷击过电压对于 110kV 及以上的线路绝缘不会构成威胁。其实，110kV 线路大都装有避雷线，因而实际过电压值还要比上述计算值更小，通常只要在计算直接雷击过电压时作为一个分量考虑在内即可。

如果将这里讨论的感应雷击过电压与第六章中介绍的相邻导线间的感应电压作一番对比，即可看到有很大的不同：

（1）感应雷击过电压的极性一定与雷云的极性相反，而相邻导线间的感应电压的极性

一定与感应源相同。

（2）这种感应过电压一定要在雷云及其先导通道中的电荷被中和后，才能出现，而相邻导线间的感应电压却与感应源同生同灭。

（3）感应雷击过电压的波前平缓（T_1 为数微秒到数十微秒）、波长较长（T_2 为数百微秒）。

（4）感应雷击过电压在三相导线上同时出现，且数值基本相等，故不会出现相间电位差和相间闪络；如幅值较大，也只可能引起对地闪络。

以上是没有避雷线的情况，如果在导线上方装有接地的避雷线，由于它的电磁屏蔽作用，会使导线上的感应过电压降低，因为在导线的附近出现了带地电位的避雷线，会使导线的对地电容 C 增大；此外，避雷线位于导线之上，吸引了一部分电力线，使导线上感应出来的束缚电荷 Q 减少。导线的对地电压为

$$U = \frac{Q}{C}$$

显然，Q 的减少和 C 的增大将使电压 U 降低。

此外，从电磁感应的角度来看，装设避雷线相当于在"导线—大地"回路的近旁增加了一个"避雷线—大地"短路环，因而能部分抵消导线上的电磁感应电动势，所以感应雷击过电压的电磁分量也会受到削弱。

下面应用叠加定理对避雷线降低感应过电压静电分量的作用作定量的估算：

设导线和避雷线的平均对地高度分别为 h_c 和 h_g，假如避雷线未接地，即可写出它的感应过电压

$$U_{i(g)} = U_{i(c)} \frac{h_g}{h_c} \tag{7-15}$$

式中　$U_{i(c)}$——无避雷线时导线上的感应过电压。

但实际上避雷线是接地的，其电位为零。这可以设想为在避雷线上又叠加了一个"$-U_{i(g)}$"的感应电压，它将在导线上产生一个耦合电压"$-k_0 U_{i(g)}$"，其中 k_0 为避雷线和导线之间的几何耦合系数。这时导线上的感应雷击过电压将变成

$$U'_{i(c)} = U_{i(c)} - k_0 U_{i(g)} = U_{i(c)} \left(1 - \frac{h_g}{h_c} k_0\right) \tag{7-16}$$

由此可知，在有避雷线的线路上，导线上的感应过电压计算公式可改写为：

（1）当 $s > 65\text{m}$ 时

$$U'_i = 25 \frac{I h_c}{s} \left(1 - \frac{h_g}{h_c} k_0\right) \quad (\text{kV}) \tag{7-17}$$

（2）雷击塔顶时

$$U'_i = a h_c \left(1 - \frac{h_g}{h_c} k_0\right) \quad (\text{kV}) \tag{7-18}$$

第二节　防雷保护装置

雷电过电压的幅值可高达数十万伏甚至数兆伏，如不采取防护措施和装设各种防雷保

护装置，电气设备绝缘一般是难以耐受的。如果仅仅因此而把设备的绝缘水平取得很高，从经济的角度出发，显然是难以接受的。

在现代电力系统中实际采用的防雷保护装置主要有避雷针、避雷线、保护间隙、避雷器、防雷接地、电抗线圈、电容器组、消弧线圈、自动重合闸等。其中电抗线圈、电容器组的过电压保护作用已在前一章做过分析；而消弧线圈和自动重合闸并不是专用的防雷保护装置，它们起着处理单相接地故障和短时短路故障的作用，而不是预防故障的措施，所以在本章中亦暂不讨论。

一、避雷针和避雷线

当雷电直接击中电力系统中的导电部分（导线、母线等）时，会产生极高的雷电过电压，任何电压等级的系统绝缘都将难以耐受，所以在电力系统中需要安装直接雷击防护装置，广泛采用的即为避雷针和避雷线（又称架空地线）。

就其作用原理来说，避雷针（线）的名称其实不甚合适，如称为"导闪针（线）"或"接闪针（线）"也许更加贴切。因为它们正是通过使雷电击向自身来发挥其保护作用的，为了使雷电流顺利泄入地下和减低雷击点的过电压，它们必须有可靠的引下线和良好的接地装置，其接地电阻应足够小。

避雷针比较适宜用于像变电站、发电厂那样相对集中的保护对象，而像架空线路那样伸展很广的保护对象应采用避雷线。它们的保护作用可简述如下：

当雷云的先导通道开始向下伸展时，其发展方向几乎完全不受地面物体的影响，但当先导通道到达某一离地高度 H 时，空间电场已受到地面上一些高耸的导电物体的畸变影响，在这些物体的顶部聚集起许多异号电荷而形成局部强场区，甚至可能向上发展迎面先导。由于避雷针（线）一般均高于被保护对象，它们的迎面先导往往开始得最早、发展得最快，从而最先影响下行先导的发展方向，使之击向避雷针（线），并顺利泄入地下，从而使处于它们周围的较低物体受到屏蔽保护、免遭雷击。上述雷电先导通道开始确定闪击目标时的高度 H 称为雷击定向高度。

为了表示避雷装置的保护效能，通常采用"保护范围"这一概念。应该强调指出，所谓"保护范围"只具有相对的意义，不能认为处于保护范围以内的物体就万无一失、完全不会受到雷电的直击，也不能认为处于保护范围之外的物体就完全不受避雷装置的保护。为此，应该为保护范围规定一个绕击（概）率，所谓绕击指的是雷电绕过避雷装置而击中被保护物体的现象。显然，从不同的绕击率出发，可以得出不同的保护范围。我国有关规程所推荐的保护范围系对应于 0.1% 的绕击率，这样小的绕击率一般可认为其保护作用已是足够可靠的了。有些国家还按不同的绕击率给出若干不同的保护范围供设计者选用。

我国有关标准所推荐的避雷针（线）的保护范围是根据高压试验室中大量的模拟试验结果并经多年实际运行经验校核后得出的。

（一）单支避雷针

单支避雷针的保护范围是一个以其本体为轴线的曲线圆锥体，像一座圆帐篷。它的侧面边界线实际上是曲线，但我国规程建议近似地用折线来拟合，以简化计算，如图 7-8 所示。与图相对应的计算公式如下：

在某一被保护物高度 h_x 的水平面上的保护半径 r_x 为

$$\left.\begin{array}{ll} 当 h_x \geqslant \dfrac{h}{2} 时 & r_x = (h - h_x)P \\[3mm] 当 h_x < \dfrac{h}{2} 时 & r_x = (1.5h - 2h_x)P \end{array}\right\}$$

(7-19)

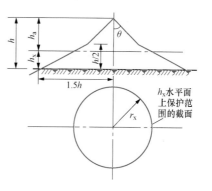

图 7-8 单支避雷针的保护范围
（当 $h \leqslant 30\text{m}$ 时，$\theta = 45°$）

式中 h——避雷针的高度，m；

P——高度修正系数，是考虑到避雷针很高时 r_x 不与针高 h 成正比增大而引入的一个修正系数。

当 $h \leqslant 30\text{m}$ 时，$P=1$；当 $30\text{m} < h \leqslant 120\text{m}$ 时，$P = \sqrt{\dfrac{30}{h}} = \dfrac{5.5}{\sqrt{h}}$。本节后面各公式中的 P 值亦同此。

不难看出，最大的保护半径即为地面上（$h_x = 0$）的保护半径 $r_g = 1.5h$。

从 h 越高、修正系数 P 越小可知：为了增大保护范围，而一味提高避雷针的高度并非良策，合理的解决办法应是采用多支（等高或不等高）避雷针作联合保护。

（二）两支等高避雷针

这时总的保护范围并不是两个单支避雷针保护范围的简单相加，而是两针之间的保护范围有所扩大，但两针外侧的保护范围仍按单支避雷针的计算方法确定，如图 7-9 所示。

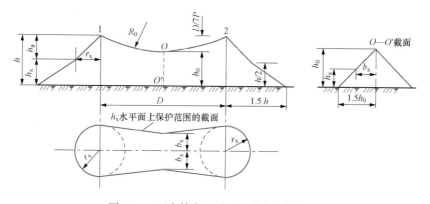

图 7-9 两支等高避雷针的联合保护范围

两针之间的保护范围可利用下式求得

$$h_0 = h - \frac{D}{7P}$$

(7-20)

$$2b_x = 2 \times 1.5(h_0 - h_x)$$

(7-21)

式中 h——避雷针的高度，m；

h_0——两针间联合保护范围上部边缘的最低点的高度，m；

$2b_x$——在高度 h_x 的水平面上，保护范围的最小宽度，m。

求得 b_x 后，即可在 h_x 水平面的中央画出到两针连线的距离为 b_x 的两点，从这两点向两支避雷针在 h_x 层面上的半径为 r_x 的圆形保护范围作切线，便可得到这一水平面上的联合保护范围。

此时在 O—O' 截面上的保护范围最小宽度 b_x 与 h_x 的关系如图 7-9 右上角的分图所

示，在地面上（$h_x=0$），$b_x=1.5h_0$。

应该强调的是，要使两针能形成扩大保护范围的联合保护，两针间的距离 D 不能选得太大。例如当 $D=7P\,(h-h_x)$ 时，$b_x=0$。一般两针间距离 D 不宜大于 $5h$。

（三）两支不等高避雷针

此时的保护范围可按下法确定：首先按两支单针分别做出其保护范围，然后从低针 2 的顶点作一水平线，与高针 1 的保护范围边界交于点 3，再取点 3 为一假想的等高避雷针的顶点，求出等高避雷针 2 和避雷针 3 的联合保护范围，即可得到总的保护范围，如图 7 - 10 所示。

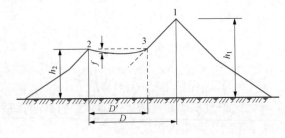

图 7 - 10　两支不等高避雷针 1 和避雷针 2 的
联合保护范围

（四）三支或更多支避雷针

三支避雷针的联合保护范围可按每两支针的不同组合，分别计算出双针的联合保护范围，只要在被保护物体高度 h_x 的水平面上，各个双针的 b_x 均不小于 0，那么三针组成的三角形中间部分都能受到三针的联合保护，如图 7 - 11（a）所示。

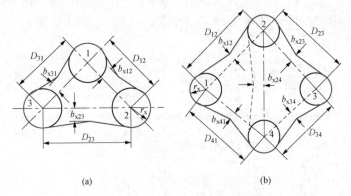

(a)　　　　　　　　(b)

图 7 - 11　多支避雷针的联合保护范围
(a) 三支避雷针；(b) 四支避雷针

四针及多针时，可以按每三支针的不同组合分别求取其保护范围，然后叠加起来得出总的联合保护范围。如各边的保护范围最小宽度 b_x 均不小于 0，则多边形中间全部面积都处于联合保护范围之内，如图 7 - 11（b）所示。

（五）单根避雷线

避雷线保护范围的长度与其本身的长度相同，但两端各有一个受到保护的半个圆锥体空间；沿线一侧宽度要比单避雷针的保护半径小一些，这是因为它的引雷空间要比同样高度的避雷针为小，如图 7 - 12 所示。

单根避雷线的保护范围一侧宽度 r_x 的计算公式如下

$$\left.\begin{array}{l}\text{当}\ h_x\geqslant\dfrac{h}{2}\ \text{时，}\ r_x=0.47(h-h_x)P\\[2mm]\text{当}\ h_x<\dfrac{h}{2}\ \text{时，}\ r_x=(h-1.53h_x)P\end{array}\right\}\qquad(7-22)$$

（六）两根等高避雷线

这时的联合保护范围如图7-13所示。两边外侧的保护范围按单避雷线的方法确定；而两线内侧的保护范围横截面则由通过两线及保护范围上部边缘最低点O的圆弧来确定。O点的高度h_0为

$$h_0 = h - \frac{D}{4P}$$

式中　h——避雷线的高度；

　　　D——两根避雷线之间的水平距离。

保护架空输电线路的避雷线保护范围还有一种更简单的表示方式，即采用它的保护角α，所谓保护角系指避雷线和边相导线的连线与经过避雷线的铅垂线之间的夹角，如图7-14所示。显然，保护角越小，避雷线对导线的屏蔽保护作用越有效。

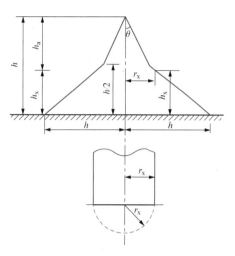

图7-12　单根避雷线的保护范围
（当$h \leqslant 30\text{m}$时，$\theta = 25°$）

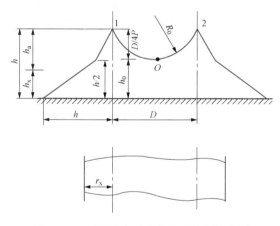

图7-13　两根等高避雷线的联合保护范围

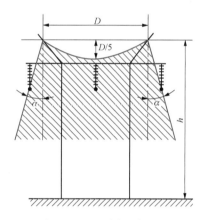

图7-14　避雷线的保护角

二、保护间隙和避雷器

即使采用了避雷针和避雷线对直接雷击进行防护，仍不能完全排除电气设备绝缘上出现危险过电压的可能性。首先，上述避雷装置并不能保证100％的屏蔽效果，仍有一定的绕击率；另外，从输电线路上也还可能有危及设备绝缘的过电压波传入发电厂和变电站。所以还需要有另一类与被保护绝缘并联的能限制过电压波幅值的保护装置，统称为避雷器。这一名称虽与避雷针、避雷线十分相似，但实际上它们的作用原理却完全不同。就其作用原理而言，避雷器这个名称也不甚合适，如果当初定名为"自恢复限压器"或简称"限压器"，也许更加贴切。

按其发展历史和保护性能的改进过程，这一类保护装置可分为保护间隙、管式避雷器、普通阀式避雷器、磁吹避雷器、金属氧化物避雷器等。

（一）保护间隙

保护间隙可以说是最简单和最原始的限压器。其工作原理很简单，如图7-15所示，

保护间隙与被保护绝缘并联，且前者的击穿电压要比后者为低，当过电压波袭来时，保护间隙先击穿，使过电压波原有的幅值 U_m 被限制到等于保护间隙 F 的击穿电压值 U_b，从而保护了被保护设备的绝缘，如图 7-16 所示。

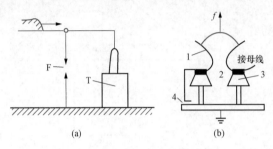

图 7-15　保护间隙

(a) 接线图；(b) 结构图

1—角形保护间隙的电极；2—主间隙；

3—支柱绝缘子；4—辅助间隙；

F—保护间隙；T—被保护设备；f—电弧的运动方向

通常把间隙的电极做成角形，如图 7-15（b）所示，它有助于使工频电弧在电动力和上升热气流的作用下，向上运动并拉长，以利于电弧的自熄。为了防止主间隙被外物（如小鸟）短接而引起误动作，在下方还串接了一个辅助间隙 4。

作为过电压保护装置，保护间隙有几个固有的缺点：

（1）保护间隙的电场大多属极不均匀电场，其伏秒特性很陡，难以与被保护绝缘（其电场大多经过均匀化）的伏秒特性取得良好的配合。保护间隙的静态击穿电压不能整定得太低，否则会频繁地出现不必要的动作（击穿），引起断路器的跳闸。但在将它的静态击穿电压 $U_{S(F)}$ 取得仅比被保护绝缘的静态击穿电压 $U_{S(T)}$ 略小时，二者的伏秒特性必然会出现交叉现象，它在陡波下（P 点以左）根本不能发挥保护作用，如图 7-17 中的曲线 1 与 2 所示。图中同时绘出了后面要介绍的阀式避雷器的伏秒特性（曲线 3）作为比较。

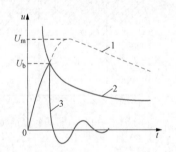

图 7-16　保护间隙的保护作用

1—过电压波；2—保护间隙的伏秒特性；

3—绝缘所受到的电压

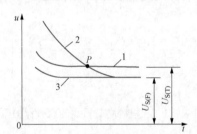

图 7-17　保护装置与被保护

绝缘的伏秒特性配合

1—被保护绝缘；2—保护间隙或管式避雷器；

3—阀式避雷器

（2）保护间隙没有专门的灭弧装置，因而其灭弧能力是很有限的。每当间隙被雷电过电压击穿后，在工作电压的作用下将有一工频电流继续流过已经电离化了的击穿通道，这一电流称为工频续流。在中性点有效接地系统中，一相间隙动作后，或在中性点非有效接地系统中，两相间隙动作后，流过的工频续流就是电网的单相接地短路电流或两相短路电流，它们的数值很大，保护间隙均不能使之自熄，这样就会导致断路器跳闸，供电中断。

（3）保护间隙动作后，会产生大幅值截波（见图 7-16），对变压器类设备的绝缘（特别是纵绝缘）很不利。

上述几方面的缺点使得结构简单、价格低廉的保护间隙不能广泛应用于电力系统中。它目前仅用于不重要和单相接地不会导致严重后果的场合，例如在那些低压配电网和中性点非有效接地电网中。为了保证安全供电，保护间隙往往与自动重合闸装置配合使用。

（二）管式避雷器（亦称排气式避雷器）

管式避雷器实质上是一只具有较强灭弧能力的保护间隙，其基本元件为装在消弧管内的火花间隙F1，在安装时再串接一只外火花间隙F2（见图7-18）。内间隙由一棒极和一圆环形电极构成，消弧管的内层为产气管，外层为增大机械强度用的胶木管，产气管所用的材料是在电弧高温下能大量产生气体的纤维、塑料或特种橡胶。管式避雷器在过电压下动作时，内、外火花间隙均被击穿，限制了过电压的幅值，接着出现的工频续流电弧使产气管分解出大量气体，一时之间管内气压可达数十、甚至上百个大气压，气体从环形电极的开口孔猛烈喷出，造成对弧柱的强烈纵吹，使其在工频续流1~3个周波内，在某一过零点时熄灭。

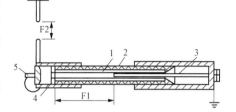

图7-18　管式避雷器结构图
1—产气管；2—胶木管；3—棒电极；
4—圆环形电极；5—动作指示器
F1—内火花间隙；F2—外火花间隙

增设外火花间隙F2的目的是在正常运行时把消弧管与工作电压隔开，以免管子材料加速老化或在管壁受潮时发生沿面放电。

管式避雷器的灭弧能力与工频续流的大小有关，续流太小时产气不足，反而不能熄弧；续流过大时产气过多，管内气压剧增，可能使管子炸裂而损坏。可见管式避雷器所能熄灭的续流有一定的上下限，通常均在型号中表示出来。例如我国生产的GXW35/(1-5)型管式避雷器的额定电压为35kV，能可靠切断的最小续流为1kA（有效值），最大续流为5kA（有效值），G代表管式，X代表线路用，W代表所用的产气材料为纤维。

由于管式避雷器所采用的火花间隙亦属极不均匀电场，因而在伏秒特性和产生截波方面的缺点与保护间隙相似；它虽有较强的灭弧能力，但在求得安装点的短路电流后，要选出一种规格合适的管式避雷器型号有时亦非易事；其运行维护也较麻烦；此外，它的运行不甚可靠，炸管等故障使它本身也成为事故源之一。综上所述，这种保护装置不宜大量安装，目前仅装设在输电线路上绝缘比较薄弱的地方和用于变电站、发电厂的进线段保护中，而且采用得越来越少，逐渐被合成套线路ZnO避雷器所取代。

（三）普通阀式避雷器

变电站防雷保护的重点对象是变压器，而前面介绍的保护间隙和管式避雷器显然都不能承担保护变压器的重任（伏秒特性难以配合，动作后出现大幅值截波），因而也就不能成为变电站防雷中的主要保护装置。变电站的防雷保护主要依靠下面要介绍的阀式避雷器，它在电力系统过电压防护和绝缘配合中都起着重要的作用，它的保护特性是选择高压电气设备绝缘水平的基础。

阀式避雷器FV主要由火花间隙F及与之串联的工作电阻（阀片）R两部分组成，如图7-19所示。为了避免外界因素（如大气条件、潮气、污秽等）的影响，火花间隙和工作电阻都被安置在密封良好的瓷套中。

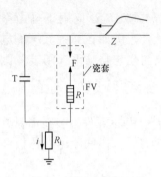

图 7-19　阀式避雷器工作
原理示意图

F—火花间隙；R—工作电阻（阀片）；
Z—连线波阻抗；T—被保护绝缘；
R_i—接地装置的冲击接地电阻

当出现雷电过电压时，火花间隙应迅速击穿而使过电压的幅值受到限制，这时流过避雷器的冲击电流 i 会在工作电阻 R 上产生一压降（u_R），其最大值 U_R 称为"残压"，由于和避雷器并联的被保护绝缘也要受到这一残压的作用，所以最理想的情况是无论通过多大的冲击电流 i，这一残压值始终保持不变，永远小于火花间隙 F 的冲击放电（击穿）电压❶，如图 7-20 中的直线 3 所示。可是实际上，这种理想的阀片材料是不存在的，不过以碳化硅（SiC，亦称金刚砂）为主要原料而制成的阀片的非线性特性也相当理想，能够做到在电流增大时残压提高不多，基本上不会超过火花间隙的冲击放电电压。阀式避雷器两个最主要的保护特性参数就是火花间隙的冲击放电电压 $U_{b(i)}$ 和工作电阻上的残压 U_R（见图 7-20 中曲线 4 所具有的两个电压峰值）。工作电阻就由若干个阀片叠加而成，而阀片是由金刚砂粉末加结合剂（如水玻璃）模压、烧结而成的圆饼，一般其直径为 $55 \sim 100 \text{mm}$，厚度为 $20 \sim 30 \text{mm}$。

一切阀片的伏安特性都可以用下式表示

$$u = Ci^{\alpha} \qquad (7-23)$$

式中　C——常数，等于阀片上流过 1A 电流时的压降，其值取决于阀片的材料及尺寸；

α——非线性指数，其值 $0 \leqslant \alpha \leqslant 1$，与阀片的材料及工艺过程有关。

阀片的 α 值越小，则工作电阻 R 的非线性越好。如果 $\alpha = 1$，R 为一线性电阻，它上面的电压波形见图 7-20 中的曲线 2，残压很高；如果 $\alpha = 0$，则 $u = C$，即电压与电流的大小无关，故为理想阀

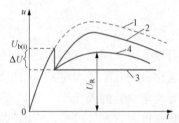

图 7-20　火花间隙放电后，不同阀片
构成的工作电阻上的电压波形

1—原始过电压；2—线性电阻；
3—理想阀片；4—SiC 阀片

片，如图 7-20 中的曲线 3；一般低温（$300 \sim 350℃$）烧结的 SiC 阀片的 α 为 0.2 左右，可见非线性已相当好，由其组成的工作电阻上的电压波形如图 7-20 中的曲线 4 所示，残压 U_R 一般不超过冲击放电电压 $U_{b(i)}$，所以已能满足要求。从图 7-20 可以看到，无论采用何种阀片，在火花间隙击穿瞬间都会出现一个电压降 ΔU，它是经避雷器入地的电流 i 在接地电阻 R_i 和连线波阻抗 Z 上造成的压降（参阅图 7-19）。

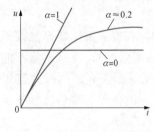

图 7-21　阀片的伏安特性

上述不同 α 值所对应的阀片伏安特性曲线如图 7-21 所示。

在冲击电流（雷电流的一部分）入地后，随之流过工作电阻的是工频续流，这时阀片的任务应是使阻值急剧回升，让电流迅速减小，促使火花间隙中的电弧难以维持而尽快熄灭。由此可见，对工作电阻的首位要求是它应具有良好的非线性伏安特性，即在冲击大电流下，阻值应很小，让冲击电流顺利泄入

---

❶ 因火花间隙采用的是均匀电场，一旦放电就一定导致击穿，故放电电压和击穿电压是一样的。

地下，且残压不高；但在工频续流下，阻值要变大，以利灭弧。对它的另一个要求是具有足够大的通流容量，否则易被大冲击电流所烧毁，不过雷电流的幅值很大，通流能力再大的阀片也是难以耐受的，所以变电站防雷保护的任务之一就是要设法限制流入变电站的那部分雷电流的幅值。

下面再探讨一下火花间隙应满足的技术要求：阀式避雷器的工作以火花间隙的击穿作为开始，又以火花间隙中续流电弧的熄灭而告终，这两个阶段都对火花间隙提出了各自的要求。

在雷电过电压的作用下，火花间隙的击穿取决于它的伏秒特性，我们希望它具有尽可能平坦的伏秒特性，以便与被保护绝缘的伏秒特性很好地配合，如图 7-17 中的曲线 1 与 3 所示。这就要求采用均匀电场的电极，但如为单间隙，则随着所需的冲击放电电压和间隙距离的增大，势必要选用几何尺寸很大的电极，才能保证极间电场的均匀度，这显然是难以接受的。如改用一系列尺寸不大的单元间隙串联组成多重间隙，就能解决这个问题。

在熄灭续流电弧的阶段，要求火花间隙具有良好的灭弧性能，以便在阀性电阻使续流迅速减小时，尽早实现续流的切断。现代普通阀式避雷器的火花间隙应能熄灭 80～100A（幅值）的续流电弧。显然，单间隙也是难以满足这方面的要求的，而采用多重间隙把续流电弧分割成许多段短弧，就能利用"近极效应"，从而大大有利于电弧的熄灭。

图 7-22 所示为目前广泛采用的多重火花间隙中的一个单元间隙，它由两只冲压成特定形状的黄铜电极和一只 0.5～1.0mm 厚的云母垫圈构成。从图中可以看出，这种间隙放电区的电场是很均匀的，因而具有平坦的伏秒特性，其冲击系数 $\beta \approx 1$，这种火花间隙按其形状可称为"蜂窝间隙"。

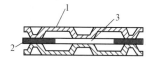

图 7-22　阀式避雷器
的单元间隙

1—黄铜电极；2—云母垫圈；
3—间隙的放电区

阀式避雷器的火花间隙由大量单元间隙串联组成，例如 110kV 避雷器中，上述单元间隙的数目就达到 96 只。由于结构和装配方面的原因，往往先把几只（如 4 只）单元间隙装在一只小瓷筒内，配上分路电阻后，组成一个标准单元间隙组，如图 7-23 所示。

由于对地电容的影响，多重间隙在电气上也是一电容链式电路，前面我们已经知道，电压沿这种电路的分布是很不均匀的，但对阀式避雷器来说，这是好事还是坏事呢？让我们从击穿过程和灭弧过程的不同视角，对此进行探讨：在冲击放电过程中，电压沿多重间隙的不均匀分布是有好处的，因为它能降低整个火花间隙的冲击放电电压，使各个单元间隙迅速地相继击穿，为被保护绝缘提供可靠的保护。此外，这一现象对火花间隙的工频击穿特性和灭弧性能却是不利的，因为电压的不均匀分布使整个火花间隙的工频击穿电压降低了、续流的灭弧条件恶化了。为了解决这个问题，在保护对象比较重要的阀式避雷器（如我国生产的 FZ 系列避雷器）中，都在火花间隙上加装分路电阻（见图 7-23 中的 3），为了获得更好的均压效果，这些分路电阻亦应是非线性的，其主要原料亦为 SiC。加上分路电阻后，并不会影响冲击电压沿多重间隙的不均匀分布，因为在冲击电压下，电压分布基本上仍取决于电容。图 7-24 即为带分路电阻的阀式避雷器的原理接线图。

我国生产的普通阀式避雷器有 FS 和 FZ 两种系列，它们的结构特点和应用范围见表 7-1，它们的电气特性参数值见附表 B-1。这里仅就其中某些特性参数作一些说明。

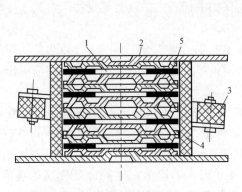
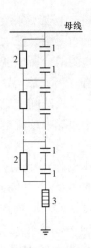

图 7-23　FZ 系列阀式避雷器的标准
单元间隙组

1—单元火花间隙；2—黄铜盖板；

3—马蹄形分路电阻；4—瓷筒；

5—云母垫圈

图 7-24　带分路电阻的阀式
避雷器原理接线图

1—火花间隙；2—分路电阻；

3—工作电阻

表 7-1　　　　　　　　　　　　　　普通阀式避雷器的结构特点和应用范围

系列名称	系列	额定电压（kV）	结构特点	应用范围
配电所型	FS	3，6，10	有火花间隙和阀片，但无分路电阻，阀片直径 55mm	配电网中变压器、电缆头、柱上开关等设备的保护
变电站型	FZ	3～220	有火花间隙、阀片和分路电阻，阀片直径 100mm	220kV 及以下变电站电气设备的保护

（1）额定电压。指使用此避雷器的电网额定电压，也就是正常运行时作用在避雷器上的工频工作电压。

（2）灭弧电压。指该避雷器尚能可靠地熄灭续流电弧时的最大工频作用电压。换言之，如果作用在避雷器上的工频电压超过了灭弧电压，该避雷器就将因不能熄灭续流电弧而损坏。由此可见，灭弧电压应该大于避雷器安装点可能出现的最大工频电压。在中性点有效接地电网中，可能出现的最大工频电压只等于电网额定（线）电压的 80%；而在中性点非有效接地电网中，发生一相接地故障时仍能继续运行，但另外两健全相的对地电压会升为线电压，如这两相上的避雷器此时因雷击而动作，作用在它上面的最大工频电压将等于该电网额定（线）电压的 100%～110%（参阅第九章第六节）。

应该强调指出，灭弧电压才是一只避雷器最重要的设计依据，例如应采用多少只单元间隙、多少个阀片，均系根据灭弧电压、而不是根据其额定电压选定的。

（3）冲击放电电压 $[U_{b(i)}]$。对额定电压为 220kV 及以下的避雷器，指的是在标准雷电冲击波下的放电电压（幅值）的上限。对于 330kV 及以上的超高压避雷器，除了雷电冲击放电电压外，还包括在标准操作冲击波下的放电电压（幅值）的上限。

（4）工频放电电压。普通避雷器没有专门的灭弧装置，就靠非线性电阻与火花间隙的配合来使电弧不能维持而自熄，所以它们的灭弧能力和通流容量都是有限的，故一般不容许它们在延续时间较长的内部过电压作用下动作，以免损坏。正由于此，它们的工频放电电压除了应有上限值（不大于）外，还必须规定一个下限值（不小于），以保证它们不至于在内部过电压作用下误动作。

（5）残压（U_R）。指冲击电流通过避雷器时，在工作电阻上产生的电压峰值。由于避雷器所用的阀片材料的非线性指数 $\alpha \neq 0$，所以残压仍会随电流幅值的增大而有些升高，为此在规定残压的上限（不大于）时，必须同时规定所对应的冲击电流幅值，我国标准对此所作的规定分别为 5kA（220kV 及以下的避雷器）和 10kA（330kV 及以上的避雷器），电流波形则统一取 $8/20\mu s$。

此外，还有几个常用的评价阀式避雷器性能的技术指标，亦一并在此加以说明：

（1）阀式避雷器的保护水平 $[U_{p(l)}]$。它表示该避雷器上可能出现的最大冲击电压的峰值。我国和国际标准都规定以残压、标准雷电冲击（$1.2/50\mu s$）放电电压及陡波放电电压 U_{st} 除以 1.15 后所得电压值三者之中的最大值作为该避雷器的保护水平，可用下式来表示

$$U_{p(l)} = \max[U_R, U_{b(i)}, U_{st}/1.15] \tag{7-24}$$

显然，被保护设备的冲击绝缘水平应高于避雷器的保护水平，且需留有一定的安全裕度。不难理解，阀式避雷器的保护水平越低越有利。

（2）阀式避雷器的冲击系数。它等于避雷器冲击放电电压与工频放电电压幅值之比。一般希望它接近于1，这样避雷器的伏秒特性就比较平坦，有利于绝缘配合。

（3）切断比。它等于避雷器工频放电电压的下限与灭弧电压之比。这是表示火花间隙灭弧能力的一个技术指标，切断比越接近于1，说明该火花间隙的灭弧性能越好、灭弧能力越强。

（4）保护比。它等于避雷器的残压与灭弧电压之比。保护比越小，表明残压低或灭弧电压高，意味着绝缘上受到的过电压较小，而工频续流又能很快被切断，因而该避雷器的保护性能越好。

（四）磁吹避雷器

为了减小阀式避雷器的切断比和保护比之值，即为了改进阀式避雷器的保护性能，人们在普通阀式避雷器的基础上，又发展了一种新的带磁吹间隙的阀式避雷器，简称磁吹避雷器。它的基本结构和工作原理与普通阀式避雷器相似，主要区别在于采用了灭弧能力较强的磁吹火花间隙和通流能力较大的高温阀片。

前面已提到，普通阀式避雷器的灭弧性能和通流能力都不是很强，因而只能用于雷电过电压防护，而不能用作内部过电压的保护。所以它的火花间隙放电电压必须整定在相当高的数值，以免在内部过电压的作用下动作而损坏。

磁吹避雷器不仅用作雷电过电压防护，而且要求它对内部过电压也具有一定的保护作用，所以它的火花间隙放电电压取得较低，这就使工频续流的灭弧条件恶化了；另一方面，为了全面改善避雷器的保护特性（降低其保护水平），避雷器的残压也必须相应地加以降低，而残压的降低主要依靠阀片数量的减少，这样一来，续流变大，灭弧更加困难。由此可知，只有大大提高火花间隙的灭弧能力才能达到目的。

磁吹火花间隙是利用磁场对电弧的电动力，迫使间隙中的电弧加快运动、旋转或拉

长，使弧柱中去电离作用增强，从而大大提高其灭弧能力。

与此同时，由于工作电阻的减小，冲击放电电流和工频续流都将增大，内部过电压延续时间又较长，所以必须相应提高阀片的通流能力（热容量）。为此，现代磁吹避雷器采用的是高温阀片。

此外，由于磁吹避雷器的动作远较普通避雷器来得频繁，因而还必须提高其火花间隙和工作电阻耐多次冲击放电而较少老化的能力。

目前各国制造的磁吹避雷器不外乎以下两种类型。

1. 旋弧型磁吹避雷器

图 7-25 为其单元磁吹火花间隙的结构示意图，其间隙由两个同心圆式内、外电极所构成，磁场由永久磁铁产生，在外磁场的作用下，电弧受力沿着圆形间隙高速旋转（旋转方向取决于电流方向），使弧柱得以冷却，加速去电离过程，电极表面也不易烧伤。它的灭弧能力可提高到能可靠切断 300A（幅值）的工频续流，其切断比可降至 1.3 左右。这种磁吹间隙用于电压较低的磁吹避雷器中（如保护旋转电机用的 FCD 系列磁吹避雷器）。

2. 灭弧栅型磁吹避雷器

图 7-26 为灭弧栅型磁吹避雷器的结构示意图。

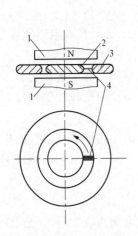

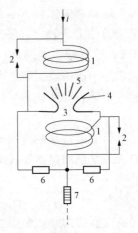

图 7-25　旋弧型磁吹避雷器单元　　　　图 7-26　灭弧栅型磁吹避雷器的
　　　　间隙结构示意图　　　　　　　　　　　　结构示意图
1—永久磁铁；2—内电极；3—外电极；　　1—磁吹线圈；2—辅助间隙；3—主间隙；4—主电极；
4—电弧（箭头表示电弧旋转方向）　　　　5—灭弧栅；6—分路电阻；7—工作电阻

当过电压波袭来时，主间隙 3 和辅助间隙 2 均被击穿而限制了过电压的幅值，避雷器的冲击放电电压由主间隙和辅助间隙共同决定。辅助间隙是必需的，因为如果没有它，冲击电流势必要流过磁吹线圈 1，这时线圈的电感将形成很大的电抗，与工作电阻一起产生很大的残压。

当过电压波顺利入地后，通过避雷器的将是工频续流，因而线圈的感抗变得很小，续流将立即从辅助间隙 2 转入磁吹线圈 1。如果续流 i 的方向如图中所示，那么线圈产生自上往下的磁通，而此时流过主间隙的电流是由左向右的，因此主间隙的续流电弧被磁场迅速吹入灭弧栅 5 的狭缝内（主电极 4、灭弧栅 5 都与线圈 1 平行放置），结果被拉长或分割成许多短弧而迅速熄灭。当续流 i 相反时，磁通方向也相反，因而电弧的运动方向并不改变。

这种磁吹间隙能切断 450A 左右的工频续流，为普通间隙的 4 倍多。由于电弧被拉长、冷却，电弧电阻明显增大，可以与工作电阻一起来限制工频续流，因而这种火花间隙又称"限流间隙"。计入电弧电阻的限流作用后，就可以适当减少阀片的数目，因而也有助于降低避雷器的残压。这种避雷器的原理接线如图 7 - 27 所示。它被采用于电压较高的磁吹避雷器中（如保护变电站用的 FCZ 系列磁吹避雷器）。

磁吹避雷器所采用的高温阀片也以碳化硅作为主要原料，但它的焙烧温度高达 1350～1390℃，通流容量要比低温阀片大得多，能通过 20/40μs、10kA 的冲击电流和 2000μs、800～1000A 的方波各 20 次。它不易受潮，但非线性特性较低温阀片稍差（其 $\alpha \approx 0.24$）。

上述磁吹避雷器的结构特点和应用范围见表 7 - 2，它们的电气特性参数值见附表 B - 2 和附表 B - 3。

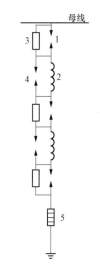

图 7 - 27 灭弧栅型磁吹避雷器的原理接线图

1—主间隙；2—磁吹线圈；3—分路电阻；4—辅助间隙；5—工作电阻

表 7 - 2　　　　　　　　　　磁 吹 避 雷 器 的 系 列

系列名称	系列	额定电压（kV）	结构特点	应用范围
变电站型	FCZ	35～500	灭弧栅型磁吹间隙	变电站电气设备的保护
旋转电机型	FCD	2～15	旋弧型磁吹间隙，部分间隙加并联电容	旋转电机的保护

在某些特殊场合，例如容量不大、长度很大的单回超高压线路末端处的避雷器如采用上述常规的 FCZ 系列磁吹避雷器，很可能将难以承担起同时保护雷电过电压和内部过电压的重任，因为这时为了使内部过电压下的电流及工频续流减小到火花间隙和工作电阻都能耐受的程度，势必要增加阀片数，但这样一来残压也将相应增大。解决这个矛盾的一个

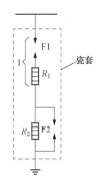

图 7 - 28　复合式磁吹避雷器的组成示意图

办法是采用复合式磁吹避雷器，其基本原理见图 7 - 28，它由基本部件 1、附加阀片 R_2 和并联间隙 F2 组成，基本部件 1 实际上是一台完整的避雷器，内有磁吹间隙 F1 和串联的工作电阻 R_1。

在雷电过电压下，F1 放电后，当附加阀片 R_2 上的电压上升到一定值时，并联间隙 F2 被击穿，附加阀片 R_2 被短接，所以此时的残压仅由阀片 R_1 决定，保持比较低的水平。在内部过电压下，并联间隙 F2 不会动作，内部过电压电流和工频续流将由 R_1、R_2 及磁吹间隙 F1 的弧柱电阻一起来限制，从而提高了避雷器的灭弧电压和保护性能。

（五）金属氧化物避雷器（MOA）

传统的碳化硅（SiC）避雷器在技术上几乎已发展到了极限状态，

要想进一步降低其保护水平和提高其保护性能是相当困难了。为了取得新的突破，就要设法研制新的阀片材料。

20 世纪 70 年代出现的金属氧化物避雷器（MOA）是一种全新的避雷器。人们发现某些金属氧化物，主要是氧化锌（ZnO）并掺以微量的氧化铋、氧化钴、氧化锰等添加剂制成的阀片，具有极其优异的非线性特性，在正常工作电压的作用下，其阻值很大（电阻率高达 $10^{10} \sim 10^{11} \Omega \cdot cm$），通过的漏电流很小（$\ll 1mA$），而在过电压的作用下，阻值会急剧变小，其伏安特性仍可用下式表示

$$u = Ci^{\alpha}$$

其中非线性指数 α 与电流密度有关，用 ZnO 为主要原料制成的氧化锌阀片的 α 一般只有 $0.01 \sim 0.04$，即使在大冲击电流（如 10kA）下，α 也不会超过 0.1，可见其非线性要比碳化硅阀片好得多，已接近于理想值（$\alpha = 0$）。在图 7-29 中将二者的伏安特性绘在一起作比较，可以看出：如果在 $I = 10^4 A$ 时二者的残压基本相等，那么在相电压下，SiC 阀片将流过幅值达数百安的电流，因而必须要用火花间隙加以隔离；而 ZnO 阀片在相电压下流过的电流数量级只有 $10^{-5} A$，所以用这种阀片制成的 ZnO 避雷器可以省去串联的火花间隙，成为无间隙避雷器。

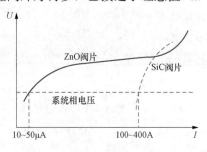

图 7-29　ZnO 阀片与 SiC 阀片的
伏安特性比较

与传统的有串联间隙的 SiC 避雷器相比，无间隙 ZnO 避雷器具有一系列优点：

（1）由于省去了串联火花间隙，所以结构大大简化、体积也可缩小很多。适合于大规模自动化生产，降低造价。

（2）保护特性优越。由于 ZnO 阀片具有优异的非线性伏安特性，进一步降低其保护水平和被保护设备绝缘水平的潜力很大。此外，它没有火花间隙，一旦作用电压开始升高，阀片立即开始吸收过电压的能量，抑制过电压的发展。没有间隙的放电时延，因而有良好的陡波响应特性，特别适合于伏秒特性十分平坦的 SF_6 组合电器和气体绝缘变电站的保护。

（3）无续流、动作负载轻、能重复动作实施保护。ZnO 避雷器的续流仅为微安级，实际上可认为无续流。所以在雷电或内部过电压作用下，只需吸收过电压的能量，而不需吸收续流能量，因而动作负载轻；再加上 ZnO 阀片的通流容量远大于 SiC 阀片，所以 ZnO 避雷器具有耐受多重雷击和重复发生的操作过电压的能力。

（4）通流容量大，能制成重载避雷器。ZnO 避雷器的通流能力，完全不受串联间隙被灼伤的制约，仅与阀片本身的通流能力有关。实测表明：ZnO 阀片单位面积的通流能力是 SiC 阀片的 $4 \sim 4.5$ 倍，因而可用来对内部过电压进行保护。还可很容易地采用多阀片柱并联的办法进一步增大通流容量，制造出用于特殊保护对象的重载避雷器，解决长电缆系统、大容量电容器组等的保护问题。

（5）耐污性能好。由于没有串联间隙，因而可避免因瓷套表面不均匀染污使串联火花间隙放电电压不稳定的问题，即这种避雷器具有极强的耐污性能，有利于制造耐污型和带电清洗型避雷器。

由于 ZnO 避雷器具有上述重要优点，因而发展潜力很大，是避雷器发展的主要方向，正在逐步取代普通阀式避雷器和磁吹避雷器。在用作直流输电系统的保护时，这些优异特性更显得特别重要，从而使 ZnO 避雷器成为直流输电系统最理想的过电压保护装置。

由于 ZnO 避雷器没有串联火花间隙，也就无所谓灭弧电压、冲击放电电压等特性参数，但也有自己某些独特的电气特性，简要说明如下：

1. 避雷器额定电压

其相当于 SiC 避雷器的灭弧电压，但含义不同，它是避雷器能较长期耐受的最大工频电压有效值，即在系统中发生短时工频电压升高时（此电压直接施加在 ZnO 阀片上），避雷器亦应能正常可靠地工作一段时间（完成规定的雷电及操作过电压动作负载、特性基本不变、不会出现热损坏）。

2. 容许最大持续运行电压（MCOV）

它是该避雷器能长期持续运行的最大工频电压有效值，一般应等于系统的最高工作相电压。

3. 起始动作电压（亦称参考电压或转折电压）

大致位于 ZnO 阀片伏安特性曲线由小电流区上升部分进入大电流区平坦部分的转折处，可认为避雷器此时开始进入动作状态以限制过电压。通常以通过 1mA 电流时的电压 U_{1mA} 作为起始动作电压。

4. 残压

指放电电流通过 ZnO 避雷器时，其端子间出现的电压峰值。此时存在三个残压值：

（1）雷电冲击电流下的残压 $U_{R(l)}$：电流波形为 $7 \sim 9/8 \sim 22\mu s$，标称放电电流为 5、10、20kA。

（2）操作冲击电流下的残压 $U_{R(s)}$：电流波形为 $30 \sim 100/60 \sim 200\mu s$，电流峰值为 0.5kA（一般避雷器），1kA（330kV 避雷器），2kA（500kV 避雷器）。

（3）陡波冲击电流下的残压 $U_{R(st)}$：电流波前时间为 $1\mu s$，峰值与标称（雷电冲击）电流相同。

5. 保护水平

ZnO 避雷器的雷电保护水平 $U_{p(l)}$ 为雷电冲击残压 $U_{R(l)}$ 和陡波冲击残压 $U_{R(st)}$ 除以 1.15 两者中值较大者，即

$$U_{p(l)} = \max\left[U_{R(l)}, \frac{U_{R(st)}}{1.15}\right] \qquad (7-25)$$

ZnO 避雷器的操作保护水平 $U_{p(s)}$ 等于操作冲击残压，即

$$U_{p(s)} = U_{R(s)} \qquad (7-26)$$

6. 压比

压比指 ZnO 避雷器在波形为 $8/20\mu s$ 的冲击电流规定值（如 10kA）作用下的残压 U_{10kA} 与起始动作电压 U_{1mA} 之比。压比 $\left(\dfrac{U_{10kA}}{U_{1mA}}\right)$ 越小，表明非线性越好，避雷器的保护性能越好。目前产品制造水平所能达到的压比为 $1.6 \sim 2.0$。

7. 荷电率（AVR）

荷电率的定义是容许最大持续运行电压的幅值与起始动作电压之比，即

$$AVR = \frac{MCOV \times \sqrt{2}}{U_{1mA}} \qquad (7\text{-}27)$$

它是表示阀片上电压负荷程度的一个参数。设计 ZnO 避雷器时为它选择一个合理的荷电率是很重要的,这时应综合考虑阀片特性的稳定度、漏电流的大小、温度对伏安特性的影响、阀片预期寿命等因素。选定的荷电率大小对阀片的老化速度有很大的影响,一般选用 $45\% \sim 75\%$ 或更大。在中性点非有效接地系统中,因一相接地时健全相上的电压会升至线电压,所以一般选用较小的荷电率。

我国国家标准所规定的 ZnO 避雷器的电气特性参数见附表 B-4。

还应指出:虽然 ZnO 避雷器可实现无间隙化而获得一系列好处,但在某些场合,为了改进某一方面的性能,也可以为它配上某种火花间隙,以适应某种特殊的需要。例如,对于超高压 ZnO 避雷器或希望大幅度降低压比时,就可以采用加装并联或串联间隙的办法,以求降低该避雷器在大电流时的残压,而又不至于增加阀片在正常运行时的电压负担(荷电率)。

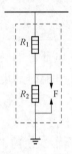

图 7-30 为带并联间隙的 ZnO 避雷器原理图,R_1、R_2 均为 ZnO 阀片,F 为并联火花间隙。正常运行时,由 R_1 与 R_2 共同承担工作电压,荷电率较低,可将泄漏电流限制到足够低的数值。当冲击放电电流太大,避雷器残压有可能超过所需的保护水平时,F 将被击穿,将 R_2 短接,整个避雷器的残压仅由 R_1 决定。正是由于避雷器的 U_{1mA} 由 R_1 和 R_2 共同决定,而 U_{10kA} 仅由 R_1 决定,所以其压比 U_{10kA}/U_{1mA} 得以降低(如由无间隙的 $2.0 \sim 2.2$ 降低到 $1.6 \sim 1.8$)。

图 7-30 带并联间隙的 ZnO 避雷器原理图

为 ZnO 避雷器装上串联间隙也能减轻其 ZnO 阀片的电压负担,并降低残压,其压比甚至可降低更多。

在本节的最后,为清晰计,将保护间隙和各种避雷器的有关特性总结于表 7-3,以便进行综合比较,形成完整的概念。

表 7-3 各种避雷器的综合比较

避雷器类型 比较项目	保护间隙	管式避雷器	阀式避雷器		
			普通阀式避雷器	磁吹避雷器	氧化锌避雷器
放电电压的稳定性	由于火花间隙暴露在大气中,周围的大气条件(气压、气温、湿度、污秽等)对放电电压有影响;由于火花间隙中是不均匀电场,存在极性效应		大气条件和电压极性对放电电压无影响		有十分稳定的起始动作电压
伏秒特性与绝缘配合	保护间隙和管式避雷器的伏秒特性 3 很陡,难以与设备绝缘的伏秒特性 2 取得良好的配合,但能与线路绝缘的伏秒特性 1 取得配合		此类避雷器的伏秒特性 2 很平坦,能与设备绝缘的伏秒特性 1 很好地配合		具有最好的陡波响应特性

避雷器类型 \ 比较项目	保护间隙	管式避雷器	阀式避雷器		
			普通阀式避雷器	磁吹避雷器	氧化锌避雷器
动作后产生的波形	动作后产生陡度很大的截波，对变压器类设备的绝缘（特别是其纵绝缘）很不利		动作后电压不会降至零值，因有工作电阻上的压降		
灭弧能力（能否自动切断工频续流）	无灭弧能力，需与自动重合闸配合使用	有		很强	几乎无续流
通流容量	大	相当大	较 小		较 大
能否对内部过电压实施保护	不能，但在内部过电压下动作，本身并不会损坏		不能（在内部过电压下动作，本身将损坏）	能保护部分内过电压	能
结构复杂程度	最简单	较复杂	复 杂	最复杂	较简单
价 格	最便宜	较 贵	贵	最 贵	较便宜
应用范围	低压配电网、中性点非有效接地电网	输电线路的绝缘弱点、变电站、发电厂的进线段保护	变电站	变电站、旋转电机	所有场合

三、 防雷接地

前面所介绍的各种防雷保护装置都必须配备合适的接地装置才能有效地发挥其保护作用，所以防雷接地装置是整个防雷保护体系中不可或缺的一个重要组成部分。

（一）接地装置一般概念

电工中"地"的定义是地中不受入地电流的影响而保持着零电位的土地。电气设备导电部分和非导电部分（如电缆外皮）与大地的人为连接称为接地，接地起着维持正常运行、保安、防雷、防干扰等作用。

电气设备需要接地的部分与大地的连接是靠接地装置来实现的，它由接地体和接地引线组成。接地体有人工和天然两大类，前者专为接地的目的而设置，而后者主要用于别的目的，但也兼起接地体的作用，例如钢筋混凝土基础、电缆的金属外皮、轨道、各种地下金属管道等都属于天然接地体。接地引线也有可能是天然的，例如建筑物墙壁中的钢筋等。

电力系统中的接地可分为三类：

（1）工作接地：根据电力系统正常运行的需要而设置的接地，如三相系统的中性点接地、双极直流输电系统的中性点接地等。它所要求的接地电阻值在 $0.5\sim10\Omega$ 范围内。

（2）保护接地：不设这种接地电力系统也能正常运行，但为了人身安全而将电气设备的金属外壳等加以接地，它是在故障条件下才发挥作用的，所要求的接地电阻值处于 $1\sim10\Omega$ 范围内。

（3）防雷接地：用来将雷电流顺利泄入地下，以减小其所引起的过电压。防雷接地的性质似乎介于前面两种接地之间，是防雷保护装置不可或缺的组成部分，这有些像工作接地；防雷接地又是保障人身安全的有力措施，而且只有在故障条件下才发挥作用，这又有些像保护接地，其阻值一般在 $1\sim30\Omega$ 范围内。

对工作接地和保护接地而言，通常接地电阻是指流过工频或直流电流时的电阻值，这时电流入地点附近的土壤中均出现了一定的电流密度和电位梯度，所以已不再是电工意义上的"地"。

接地电阻 R_e 是表征接地装置功能的一个最重要的电气参数。严格说来，接地电阻包括四个组成部分，即接地引线的电阻、接地体本身的电阻、接地体与土壤间的过渡（接触）电阻和大地的溢流电阻。不过与最后的溢流电阻相比，前三种电阻要小得很多，一般均忽略不计，这样一来，接地电阻 R_e 就等于从接地体到地下远处零位面之间的电压 U_e 与流过的工频或直流电流 I_e 之比，即

$$R_e = \frac{U_e}{I_e} \tag{7-28}$$

对防雷接地而言，人们最感兴趣的将是流过冲击大电流（雷电流或它的一部分）时呈现的电阻，简称冲击接地电阻 R_i。与此相对应，将上面工频或直流下的接地电阻 R_e 称为稳态电阻，二者之比称为冲击系数 α_i，即

$$\alpha_i = \frac{R_i}{R_e} \tag{7-29}$$

其值一般小于 1，但在接地体很长时也有可能大于 1。

稳态电阻通常均用发出工频交流的测量仪器实际测得，但有些几何形状比较简单和规则的接地体的工频（即稳态）接地电阻也可利用一些计算公式近似地求得。这些计算公式大都利用稳定电流场与静电场之间的相似性，以电磁场理论中的静电类比法得出。最常见的一些接地体的工频接地电阻计算公式如下：

1. 单根垂直接地体

当 $l \gg d$ 时

$$R_e = \frac{\rho}{2\pi l}\left(\ln\frac{8l}{d} - 1\right) \quad (\Omega) \tag{7-30}$$

式中　ρ——土壤电阻率，$\Omega \cdot m$；

$\quad\quad l$——接地体的长度，m；

$\quad\quad d$——接地体的直径，m。

如果接地体不是用钢管或圆钢制成，那么可将别的钢材的几何尺寸按下面的公式折算成等效的圆钢直径，仍可利用式（7-30）进行计算。如为等边角钢，$d=0.84b$（b 为每边宽度）；如为扁钢，$d=0.5b$（b 为扁钢宽度）。

2. 多根垂直接地体

当单根垂直接地体的接地电阻不能满足要求时，可用多根垂直接地体并联的办法来解

决，但 n 根并联后的接地电阻并不等于 $\dfrac{R_e}{n}$，而是要大一些，这是因为它们溢散的电流相互之间存在屏蔽影响的缘故，此时的接地电阻

$$R'_e = \frac{R_e}{n\eta} \tag{7-31}$$

式中　η——利用系数，$\eta<1$。

3. 水平接地体

$$R_e = \frac{\rho}{2\pi L}\Big(\ln\frac{L^2}{hd}+A\Big) \quad (\Omega) \tag{7-32}$$

式中　L——水平接地体的总长度，m；

h——水平接地体的埋深，m；

d——接地体的直径，如为扁钢，$d=0.5b$（b 为扁钢宽度），m；

A——形状系数，反映各水平接地极之间的屏蔽影响，其值可从表 7-4 查得。

表 7-4　　　　　　　　　　　　　水平接地体的形状系数

序号	1	2	3	4	5	6	7	8
接地体形式	—	∟	人	○	＋	□	✳	✲
形状系数 A	−0.6	−0.18	0	0.48	0.89	1	3.03	5.65

（二）防雷接地及有关计算

防雷接地装置可以是单独的（如架空线路各杆塔的接地装置、独立避雷针的接地装置等），也可以与变电站、发电厂的总接地网连成一体。

防雷接地所泄放的电流是冲击大电流，其波前陡度 $\Big(\dfrac{di}{dt}\Big)$ 很大，如果接地装置的延伸范围足够大（如很长的水平接地体），接地装置的等效电路与分布参数长线相似，如图 6-29 所示。

接地体本身的电感 L_0 在冲击电流下起着重要的作用，而电阻 R_0 的影响可忽略不计；此外，与对地电导 G_0 相比，电容 C_0 的影响也较小，除了在土壤电阻率 ρ 很大的特殊地区外，C_0 的影响通常也可忽略不计，这样一来，可得出图 7-31 中的简化等效电路。

接地体单位长度电感 L_0 虽然不大，但它

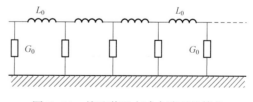

图 7-31　接地装置在冲击波下的简化等效电路

上面的压降 $L_0\dfrac{di}{dt}$ 还是很可观的，从而使接地体变成非等电位物体，例如离电流入地点 15m 处，电压、电流波的幅值就已降低到原始值的 20% 左右。这意味着离雷电流入地点较远的水平接地体实际上已不起作用，总的接地电阻变大。换言之，L_0 的影响是使伸长接地体的冲击接地电阻 R_i 增大。

应该指出，在防雷接地中还有另一个影响冲击接地电阻值的因素：在很大的冲击电流下，经接地体流出的电流密度 J 很大，因而在接地体表面附近的土壤中会引起很大的电场

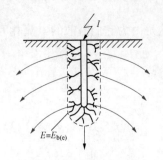

图 7 - 32　垂直接地体周围的
火花区

强度 E（$=J\rho$），当它超过土壤的击穿场强 $E_{b(e)}$ 时，在接地体的周围就会出现一个火花放电区，相当于增大了接地体的有效尺寸，因而使其冲击接地电阻 R_i 变小。图 7 - 32 中利用一垂直接地体说明这个现象，水平接地体的情况亦与此相似。

上述两个因素（接地体本身的 L_0 和接地体周围的火花区）对冲击电流下的接地电阻值的影响是相反的，最后形成的冲击接地电阻 R_i 究竟大于还是小于稳态接地电阻 R_e 将视这两个因素影响的相对强弱而定，所以前面式（7 - 29）中的冲击系数 α_i 可能小于 1，也可能大于 1（当接地体很长时）。

如果接地装置由 n 根垂直钢管或 n 根水平钢带构成，那么它们的冲击接地电阻 R_i' 应为

$$R_i' = \frac{R_i}{n\eta_i} = \frac{\alpha_i R_e}{n\eta_i} \tag{7 - 33}$$

式中　η_i——接地装置的冲击利用系数，考虑各接地极间的相互屏蔽而使溢流条件恶化的影响，所以 $\eta_i < 1$。

某些常见接地装置的 α_i 与 η_i 典型（平均）值见表 7 - 5。

表 7 - 5　　　　　　　冲击系数 α_i 和冲击利用系数 η_i 典型值

接　地　体		在不同土壤电阻率 ρ（$\Omega \cdot m$）下的 α_i 值				η_i
		100	200	500	1000	
用水平钢带连接起来的垂直钢棒（棒间距离等于其长度的 2 倍）	2～4 根钢棒	0.5	0.45	0.3	—	0.75
	8 根钢棒	0.7	0.55	0.4	0.3	0.75
	15 根钢棒	0.8	0.7	0.55	0.4	0.75
两根长 5m 的水平钢带，埋在电流入地点的两侧（一字形）		0.65	0.55	0.45	0.4	1.0
三根长 5m 的水平钢带，对称地埋在电流入地点的周围（辐射形）		0.7	0.6	0.5	0.45	0.75

变电站的接地装置通常为由若干条水平钢带和若干根垂直钢管连接在一起的接地网。这种复合型接地网的工频接地电阻 R_e 可近似地利用下面的经验公式求得

$$R_e = \rho\left(\frac{B}{\sqrt{S}} + \frac{1}{L + nl}\right) \quad (\Omega) \tag{7 - 34}$$

式中　ρ——土壤电阻率，$\Omega \cdot m$；

　　　L——全部水平接地体的总长度，m；

　　　n——垂直接地体的根数；

　　　l——垂直接地体的长度，m；

　　　S——接地网所占的总面积，m^2；

　　　B——按 $l/\sqrt{S}$ 值决定的一个系数，可从表 7 - 6 得出。

表 7 - 6   系 数 **B** 之 值

$l/\sqrt{S}$	0	0.05	0.1	0.2	0.5
B	0.44	0.40	0.37	0.33	0.26

复合接地网的冲击系数 α_i 的大致数值如图 7 - 33 所示。

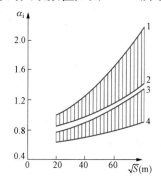

图 7 - 33　复合接地网的冲击系数 α_i 值

（$\rho=100\sim600\Omega\cdot m$；区域 1 - 2：$I=10kA$；区域 3 - 4：$I=100kA$）

第八章 电力系统防雷保护

雷害事故在现代电力系统的跳闸停电事故中占有很大的比重，除了那些地处寒带和那些雷暴日数很少的国家和地区外，各国莫不对电力系统的防雷保护给予很大的注意。

电力系统中的雷电过电压虽大多起源于架空输电线路，但因过电压波会沿着线路传播到变电站和发电厂，而且变电站和发电厂本身也有遭受雷击的可能性，因而电力系统的防雷保护包括了线路、变电站、发电厂等各个环节。

第一节 架空输电线路防雷保护

输电线路是电力系统的大动脉，担负着将发电厂产生和经过变电站变压后的电力输送到各地区用电中心的重任。架空输电线路往往穿越山岭旷野、纵横延伸，遭受雷电袭击的概率很大，一条100km长的架空输电线路在一年中往往要遭到数十次雷击，因而线路的雷击事故在电力系统总的雷害事故中占有很大的比重。输电线路防雷保护的根本目的就是尽可能减少线路雷害事故的次数和损失。

一、输电线路耐雷性能的若干指标

在分析线路的耐雷性能时，先要估计它在一年中究竟会遭受多少次雷击。上一章曾提到，地面落雷密度为 γ［次/（雷暴日·km²）］，由于线路高出地面很多，因而它的等效受雷面积要比它的长度 L 和宽度 B 的乘积更大一些，线路越高，等效受雷面积越大。我国标准[4]推荐的等效受雷宽度 $B'=b+4h$（b 为两根避雷线间的距离，m；h 为避雷线的平均对地高度，m）。这样一来，每100km线路的年落雷次数 N 为

$$N = \gamma \times 100 \times \frac{B'}{1000} \times T_d$$

$$= \gamma\left(\frac{b+4h}{10}\right)T_d \quad ［次/（100\text{km}·年）］ \tag{8-1}$$

式中 T_d——雷暴日数。

如取 T_d 为40，则

$$N = 0.07 \times \frac{b+4h}{10} \times 40 = 0.28(b+4h) \tag{8-2}$$

式中 h——避雷线的平均对地高度，m。

h 通常可利用下式求得

$$h = h_t - \frac{2}{3}f \qquad (8-3)$$

式中 h_t——避雷线在杆塔上的悬点高度，m；

f——避雷线的弧垂，m。

为了表示一条线路的耐雷性能和所采用防雷措施的效果，通常采用的指标有以下几个。

1. 耐雷水平（I）

雷击线路时，其绝缘尚不至于发生闪络的最大雷电流幅值或能引起绝缘闪络的最小雷电流幅值，称为耐雷水平，单位为 kA。根据技术—经济综合比较的结果，我国标准[4]规定的各级电压线路应有的耐雷水平值（通常指雷击杆塔的情况）见表 8-1。利用式（7-1），可以求出超过该耐雷水平的雷电流出现的概率，一并列入表 8-1 中，可见即使是电压等级很高的线路，也并不是完全耐雷的，仍有一部分雷击会引起绝缘闪络。

表 8-1　　　　　　　　　各级电压线路应有的耐雷水平

额定电压 U_N（kV）	35	66	110	220	330	500
耐雷水平 I（kA）	20～30	30～60	40～75	75～110	100～150	125～175
雷电流超过 I 的概率 P（%）	59～46	46～21	35～14	14～6	7～2	3.8～1

2. 雷击跳闸率（n）

它是指在雷暴日数 $T_d = 40$ 的情况下、100km 的线路每年因雷击而引起的跳闸次数，其单位为"次/（100km·40 雷暴日）"。当然，实际线路长度 L 不可能正好是 100km，线路所在地区的雷暴日数也不可能正好是 40，但为了评估处于不同地区、长度各异的输电线路的防雷效果，就必须将它们都换算到某一相同的条件下（100km，40 雷暴日），才能进行比较。

单是雷电流超过了线路耐雷水平，还只会引起冲击闪络，只有在冲击闪络之后还建立起工频电弧，才会引起线路跳闸。由冲击闪络转变为稳定工频电弧的概率称为建弧率（η），它与沿绝缘子串或空气间隙的平均运行电压梯度有关，可由下式求得

$$\eta = (4.5E^{0.75} - 14) \times 10^{-2} \qquad (8-4)$$

式中 E——绝缘子串的平均工作电压梯度（有效值），kV/m。

对中性点有效接地系统

$$E = \frac{U_N}{\sqrt{3}l_1} \qquad (8-5)$$

对中性点非有效接地系统

$$E = \frac{U_N}{2l_1 + l_2} \qquad (8-6)$$

式中 U_N——线路额定电压（有效值），kV；

l_1——绝缘子串长度，m；

l_2——木横担线路的线间距离，m。

若为铁横担或钢筋混凝土横担线路，$l_2 = 0$。如果 $E \leqslant 6$kV（有效值）/m，得出的建弧率很小，可取 $\eta \approx 0$。

二、线路雷害事故发展过程及防护措施

架空输电线路雷害事故的发展过程及防护措施可利用图 8-1 中的图解加以说明。

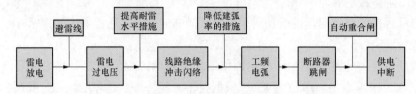

图 8-1　线路雷害事故的发展过程及防护措施

只要能设法制止上述发展过程中任一环节的实现，就可避免雷击引起长时间停电事故。这里扼要介绍一下现代输电线路上所采用的各种防雷保护措施。

1. 避雷线（架空地线）

沿全线装设避雷线直到目前为止仍然是 110kV 及以上架空输电线路最重要和最有效的防雷措施，它除了能避免雷电直接击中导线而产生极高的雷电过电压以外，而且还是提高线路耐雷水平的有效措施之一。在 110～220kV 高压线路上，避雷线的保护角 α 大多取 20°～30°；在 500kV 及以上的超高压线路上，往往取 $\alpha \leqslant 15°$。35kV 及以下的线路一般不在全线装设避雷线，主要因为这些线路本身的绝缘水平太低，即使装上避雷线来截住直击雷，往往仍难以避免发生反击闪络，因而效果不好；此外，这些线路均属中性点非有效接地系统，一相接地故障的后果不像中性点有效接地系统中那样严重，因而主要依靠装设消弧线圈和自动重合闸来进行防雷保护。

2. 降低杆塔接地电阻

这是提高线路耐雷水平和减少反击概率的主要措施。杆塔的工频接地电阻一般为 10～30Ω，具体数值可按表 8-2 选取。

表 8-2　　　　　　　　　　　　　　杆塔的工频接地电阻

土壤电阻率（Ω·m）	≤100	>100～500	>500～1000	>1000～2000	>2000
接地电阻（Ω）	≤10	≤15	≤20	≤25	≤30

在土壤电阻率 $\rho \leqslant 1000$Ω·m 的地区，杆塔的混凝土基础也能在某种程度上起天然接地体的作用，但在大多数情况下难以满足表 8-2 中接地电阻值的要求，故需另加人工接地装置。必要时还可采用多根放射形水平接地体，连续伸长接地体，长效土壤降阻剂等措施。

3. 加强线路绝缘

例如增加绝缘子串中的片数，改用大爬距悬式绝缘子，增大塔头空气间距等，这样做当然也能提高线路的耐雷水平、降低建弧率，但实施起来会有相当大的局限性。一般为了提高线路的耐雷水平，均优先考虑采用降低杆塔接地电阻的办法。

4. 耦合地线

作为一种补救措施，可在某些建成投运后雷击故障频发的线段上，在导线的下方加装一条耦合地线，它虽然不能像避雷线那样拦截直击雷，但因具有一定的分流作用和增大导

地线之间的耦合系数，因而也能提高线路的耐雷水平和降低雷击跳闸率。

5. 消弧线圈

能使雷电过电压所引起的一相对地冲击闪络不转变为稳定的工频电弧，即大大减小建弧率和断路器的跳闸次数。关于它的工作原理将在下一章中再作介绍。

6. 管式避雷器

不作密集安装，仅用作线路上雷电过电压特别大的场合或绝缘薄弱点的防雷保护。它能免除线路绝缘的冲击闪络，并使建弧率降为零。在现代输电线路上，管式避雷器仅安装在高压线路之间及高压线路与弱电（如通信）线路之间的交叉跨越档、过江大跨越高杆塔、变电站的进线保护段等处。由于此种避雷器的规格选择、外火花间隙的整定、自身故障等均较复杂，在现代线路上装用已越来越少。

7. 线路阀式避雷器

由于 ZnO 阀片的通流能力比过去的 SiC 阀片大得多，再加上采用硅橡胶套筒可使避雷器的质量和体积大减，因而有可能把合成套 ZnO 避雷器安装到线路杆塔上去保护线路，减小其雷击跳闸率，效果良好。当然，不应在全线密集安装，而是在雷击事故频发、存在绝缘弱点、杆塔接地电阻超标或高度特别大的那些杆塔上作有选择性地重点安装。

8. 不平衡绝缘

为了节省线路走廊用地，在现代高压及超高压线路中，采用同杆架设双回线路的情况日益增多。为了避免线路落雷时双回路同时闪络跳闸而造成完全停电的严重局面，当采用通常的防雷措施仍无法满足要求时，可再采用不平衡绝缘的方案，亦即使一回路的三相绝缘子片数少于另一回路的三相。这样在雷击线路时，绝缘水平较低的那一回路将先发生冲击闪络，甚至跳闸、停电，保护了另一回路使之继续正常运行，不致完全停电，以减少损失。

9. 自动重合闸

由于线路绝缘具有自恢复功能，大多数雷击造成的冲击闪络和工频电弧在线路跳闸后能迅速去电离，线路绝缘不会发生永久性的损坏或劣化，因此装设自动重合闸的效果很好。例如我国 110kV 及以上高压线路的重合闸成功率高达 75%～95%，可见自动重合闸是减少线路雷击停电事故的有效措施。

三、 线路耐雷性能的分析计算

设线路的年落雷总次数为 N，那么在这 N 次雷击中，又可按雷击点的不同而区分为三种情况（参阅图 8-2）。

1. 绕击导线

尽管线路全线装了避雷线（1～2 根），并使三相导线都处于它的保护范围之内，仍然存在雷闪绕过避雷线而直接击中导线的可能性，发生这种绕击的概率称为绕击率 P_α。模拟试验、运行经验和现场实测均证

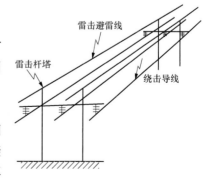

图 8-2 雷击有避雷线线路的三种情况

明：P_α 之值与避雷线对边相导线的保护角 α、杆塔高度 h_t 及线路通过地区的地形地貌等因素有关，可利用下列公式求得：

对平原线路

$$\lg P_\alpha = \frac{\alpha \sqrt{h_\text{t}}}{86} - 3.9 \qquad (8-7)$$

对山区线路

$$\lg P_\alpha = \frac{\alpha \sqrt{h_\text{t}}}{86} - 3.35 \qquad (8-8)$$

式中　α——保护角，(°)；

　　　h_t——杆塔高度，m。

山区线路因地面附近的空间电场受山坡地形等影响，其绕击率约为平原线路的 3 倍，或相当于保护角增大 8°。

虽然绕击率都很小，绕击导线的可能性不大，但一旦发生绕击，所产生的雷电过电压很高，即使是绝缘水平很高的超高压线路也往往难免闪络。由式 (7-12) 可知，绕击导线时的雷电过电压为

$$U_\text{A} = 100I \quad (\text{kV})$$

如令 U_A 等于线路绝缘子串的 50% 冲击放电电压 $U_{50\%}$，则上式中的 I 即为绕击时的耐雷水平 I_2，于是

$$I_2 = \frac{U_{50\%}}{100} \quad (\text{kA}) \qquad (8-9)$$

例如，采用 13 片 XP-70 型绝缘子的 220kV 线路绝缘子串的 $U_{50\%} \approx 1200\text{kV}$，代入上式可得 $I_2 = 12\text{kA}$，大于 I_2 的雷电流出现概率 $P_2 \approx 73\%$，可见即便是 220kV 高压线路，大多数绕击都会引起绝缘的冲击闪络。

显然，绕击跳闸次数

$$n_2 = NP_\alpha P_2 \eta \quad (\text{次／年}) \qquad (8-10)$$

式中　N——年落雷总次数；

　　　P_α——绕击率；

　　　P_2——超过绕击耐雷水平 I_2 的雷电流出现概率；

　　　η——建弧率。

2. 雷击档距中央的避雷线

从雷击引起导、地线间气隙击穿的角度来看，雷击避雷线最严重的情况是雷击点处于档距中央时，因为这时从杆塔接地点反射回来的异号电压波抵达雷击点的时间最长，雷击点上的过电压幅值最大。

运行经验表明：在有避雷线的线路上，只有 $\frac{1}{6} \sim \frac{1}{3}$ 的雷电击中杆塔及其附近的避雷线，其他雷击点就分布在档距中部那一段避雷线上，但真正击中档距中央避雷线的概率也只有 10% 左右。

雷击档中避雷线时，起初的情况与绕击导线没有什么两样，但当两侧杆塔接地点反射回来的异号电压波到达雷击点时，情况就改变了。下面就以平顶斜角波作为雷电流的计算波形对此进行分析：

此时雷电流 i 的波前表达式为 $i = at$，从雷道波阻抗投射下来的电流入射波应为 $\frac{i}{2}$，由

于雷道波阻抗 Z_0 与两侧避雷线波阻抗 Z_g 的并联值 $\left(\dfrac{Z_g}{2}\right)$ 近似相等，所以可近似认为波在雷击点 A 处没有折、反射现象，这样两侧避雷线上的电流波将为 $\dfrac{i}{4}$，如图 8-3 所示。

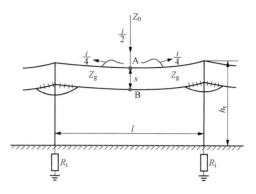

图 8-3 雷击档中避雷线示意图

可见从雷击避雷线瞬间开始，就有两个与 $\dfrac{i}{4}$ 相对应的电压波 $\dfrac{i}{4}Z_g$（Z_g 为避雷线波阻抗）从雷击点 A 向两侧杆塔及其接地装置传播，由于杆塔的接地电阻 R_i 要比避雷线和杆塔的波阻抗小得多，为简化计，可设 $R_i=0$。这样一来，在接地点将发生电压的负全反射（$\beta=-1$），即接地点的电压反射波与电压入射波 $\left(\dfrac{i}{4}Z_g\right)$ 大小相等、极性相反。从雷击 A 点开始（$t=0$），到这个异号电压波抵达 A 点的瞬间为止，所经过的时间 $t_1=\dfrac{2\left(\dfrac{l}{2}+h_t\right)}{v}$，因杆塔高度 h_t 一般要比 $\dfrac{l}{2}$ 小得多，可忽略不计，则有

$$t_1\approx\frac{l}{v}\quad(\mu s)$$

式中　l——档距长度，m；

　　　v——避雷线上的波速，m/μs，考虑到避雷线上的强烈电晕，通常取 $v\approx0.75c$（c 为光速）。

这样一来，就可得出雷击点电压 u_A 的数学表达式：

当 $t<t_1$ 时，$u_{A(t<t_1)}=\dfrac{Z_g}{4}at$；

当 $t\geq t_1$ 时，$u_{A(t\geq t_1)}=\dfrac{Z_g}{4}\left[at-a\left(t-\dfrac{l}{v}\right)\right]=\dfrac{Z_g l}{4v}a$。

由此可知，在 $t=t_1$ 时，雷击点电压 u_A 就达到了它的最大值 U_A，即

$$U_A=\frac{Z_g l}{4v}a\quad(kV)\tag{8-11}$$

式中　Z_g——避雷线的波阻抗，Ω。考虑冲击电晕的影响，可取 $Z_g\approx350\Omega$；

　　　v——避雷线上的波速，$v\approx0.75c=225m/\mu s$；

　　　a——雷电流的波前陡度，可取 $a=30kA/\mu s$。

由式（8-11）可知：雷击点电压幅值 U_A 与雷电流幅值的大小无关，而仅仅取决于它的波前陡度 u。

以上过程还可以用图 8-4 清楚地表示出来。

将有关数据代入式（8-11），可得

$$U_A=\frac{350l}{4\times225}\times30=11.7l\quad(kV)$$

由于避雷线与导线间的耦合作用，在导线的 B 点将感应出电压 $U_B=kU_A$（k 为耦合

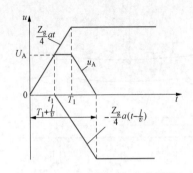

图 8-4 雷击档距中央避雷线
时的过电压

系数)。

作用在气隙 s 上的电压为

$$U_{AB} = U_A - U_B = U_A(1-k)$$

导、地线间的电场是很不均匀的,其伏秒特性较陡,当击穿时间在 $2.6\mu s$ 左右时,气隙的平均击穿场强 E_{av} 只有 $750kV/m$ 左右。这样一来,导、地线间的气隙发生击穿的临界条件将为

$$U_A(1-k) = E_{av}s = 750s$$

考虑冲击电晕的影响时,$k \approx 0.25$。所以

$$s = \frac{U_A(1-k)}{750} = \frac{11.7 \times (1-0.25)}{750}l = 0.0117l \quad (m)$$

我国标准从上式出发,结合多年来的运行经验作了修正,规定按下式确定应有的 s 值:

$$s = 0.012l + 1 \quad (m) \tag{8-12}$$

长期运行经验证明,只要按式(8-12)来确定档距中央导、地线间的空气间距 s,就不会发生此种雷击故障,因而在计算线路的雷击跳闸率时,不必再计入这种雷击情况。

在大跨越、高杆塔的情况下,l 很长,h_t 也不应再忽略,$t_1 = \frac{l+2h_t}{v}$ 将大于雷电流的波前时间 T_1(如 $2.6\mu s$),这时从杆塔接地点来的异号电压波抵达雷击点 A 时,雷电流已过峰值,所以这时的雷击点最大电压 U_A 将取决于雷电流幅值,应有的 s 值可用类似的方法由雷击点最大电压 U_A 和气隙平均击穿场强 E_{av} 来决定。

3. 雷击杆塔

从雷击线路接地部分(避雷线、杆塔等)而引起绝缘子串闪络(通常称为反击或逆闪络)的角度来看,最严重的条件应为雷击某一基杆塔的塔顶,因为这时大部分雷电流将从该杆塔入地,产生的雷电过电压最高。

表 8-3　　　击杆率 g

地 形 \ 避雷线根数	0	1	2
平原	1/2	1/4	1/6
山区	—	1/3	1/4

运行经验表明,在线路落雷总数中雷击杆塔所占的比例与避雷线根数及地形有关。雷击杆塔次数与落雷总数的比值称为击杆率(g),相关规程推荐的 g 值见表 8-3。

雷击塔顶时,雷电流的分配状况如图 8-5 所示。

由于一般杆塔不高、其接地电阻 R_i 较小,从接地点反射回来的电流波立即到达塔顶,使入射电流加倍,因而注入线路的总电流即为雷电流 i,而不是沿雷道波阻抗传播的入射电流 $\frac{i}{2}$。

由于避雷线的分流作用,流经杆塔的电流 i_t 将小于雷电流 i,它们的比值 β 称为杆塔分流系数

$$\beta = \frac{i_t}{i} \tag{8-13}$$

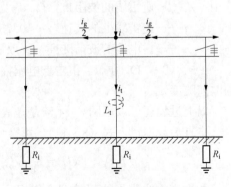

图 8-5 雷击塔顶时的雷电流分布

总的雷电流

$$i = i_t + i_g$$

杆塔分流系数 β 之值处于 $0.86 \sim 0.92$ 的范围内，可见雷电流的绝大部分是经该受雷塔泄入地下的。各种不同情况下的 β 值可由表 8-4 查得。

线路绝缘子串上所受到的雷电过电压包括了四个分量。

（1）杆塔电流 i_t 在横担以下的塔身电感 L_a 和杆塔冲击接地电阻 R_i 上造成压降，使横担具有一定的对地电位 u_a，即

$$u_a = R_i i_t + L_a \frac{d i_t}{d t}$$

$$= \beta \left(R_i i + L_a \frac{d i}{d t} \right) \quad (8\text{-}14)$$

表 8-4 一般长度档距的线路杆塔分流系数 β 值

线路额定电压（kV）	避雷线根数	β
110	1	0.90
	2	0.86
220	1	0.92
	2	0.88
330	2	0.88
500	2	0.88

式中 $\frac{d i}{d t}$——雷电流波前陡度。

$\frac{d i}{d t}$ 可取其平均陡度，即

$$\frac{d i}{d t} = \frac{I}{T_1} = \frac{I}{2.6} \quad (\text{kA}/\mu\text{s})$$

式中 I——雷电流幅值，kA；

T_1——雷电流波前时间，μs。

代入式（8-14）可得到横担对地电位的幅值

$$U_a = \beta I \left(R_i + \frac{L_a}{2.6} \right) \quad (8\text{-}15)$$

其中，横担以下的塔身电感 L_a 值可由表 8-5 查得的单位高度塔身电感 $L_{0(t)}$ 乘以横担高度 h_a 求得

$$L_a = L_{0(t)} h_a = L_t \frac{h_a}{h_t}$$

式中 L_t——杆塔总电感。

代入式（8-15）可得

$$U_a = \beta I \left(R_i + \frac{L_t}{2.6} \times \frac{h_a}{h_t} \right) \quad (8\text{-}16)$$

（2）塔顶电压 u_{top} 沿着避雷线传播而在导线上感应出来的电压 u_1。与上一分量 u_a 相似，杆塔电流 i_t 造成的塔顶电位为

$$u_{top} = R_i i_t + L_t \frac{d i_t}{d t} = \beta \left(R_i i + L_t \frac{d i}{d t} \right)$$

塔顶电位幅值为

$$U_{top} = \beta I \left(R_i + \frac{L_t}{2.6} \right) \quad (8\text{-}17)$$

式中 L_t——杆塔总电感。

应该指出，如果杆塔很高（如大于 40m），就不宜再用一集中参数电感 L_t 来表示，而应采用分布参数杆塔波阻抗 Z_t 来进行计算，故在表 8-5 中亦同时列出了 Z_t 的参考值。

因塔顶电压波 u_{top} 沿避雷线传播而在导线上感应出来的电压分量 u_1 为

$$u_1 = ku_{\text{top}}$$

式中　k——考虑冲击电晕影响的耦合系数，可按式（6 - 54）求得。

（3）雷击塔顶而在导线上产生的感应雷击过电压 $u'_{\text{i(c)}}$。由式（7 - 16）可知

$$u'_{\text{i(c)}} = u_{\text{i(c)}}\left(1 - \frac{h_{\text{g}}}{h_{\text{c}}}k_0\right)$$

表 8 - 5　　　　　杆塔的电感和波阻抗参考值

杆 塔 型 式	杆塔单位高度电感 $L_{0(t)}$（$\mu H/m$）	杆塔波阻抗 Z_t（Ω）
无拉线钢筋混凝土单杆	0.84	250
有拉线钢筋混凝土单杆	0.42	125
无拉线钢筋混凝土双杆	0.42	125
铁　塔	0.50	150
门型铁塔	0.42	125

式中　$u_{\text{i(c)}}$——无避雷线时的感应雷击过电压；

　　　　k_0——导、地线间的几何耦合系数。

（4）线路本身的工频工作电压 u_2。在上述四个电压分量中，u_1 与 u_{a} 同极性，$u'_{\text{i(c)}}$ 与 u_{a} 异极性，而 u_2 为工频交流电压，当发生雷击瞬间，它可能与 u_{a} 同极性，也可能与 u_{a} 异极性，在计算中应从严要求，取与 u_{a} 异极性的情况。这样一来，就可得出作用在绝缘子串上的合成电压 u_{li}，即

$$u_{\text{li}} = u_{\text{a}} - u_1 + u'_{\text{i(c)}} + u_2$$

在一般计算中，通常可不计入极性不定的工作电压分量 u_2，因而

$$u_{\text{li}} = u_{\text{a}} - ku_{\text{top}} + u_{\text{i(c)}}\left(1 - \frac{h_{\text{g}}}{h_{\text{c}}}k_0\right)$$

其中，u_{a} 的幅值 U_{a} 可按式（8 - 16）求得，u_{top} 的幅值 U_{top} 可按式（8 - 17）求得，$u_{\text{i(c)}}$ 的幅值 $U_{\text{i(c)}}$ 可按式（7 - 14）求得。为简化计，可假定各电压分量的幅值均在同一时刻出现，那么 u_{li} 的幅值 U_{li} 即可按下式求得

$$U_{\text{li}} = U_{\text{a}} - kU_{\text{top}} + U_{\text{i(c)}}\left(1 - \frac{h_{\text{g}}}{h_{\text{c}}}k_0\right)$$

$$= \beta I\left(R_{\text{i}} + \frac{L_{\text{t}}}{2.6} \times \frac{h_{\text{a}}}{h_{\text{t}}}\right) - k\left[\beta I\left(R_{\text{i}} + \frac{L_{\text{t}}}{2.6}\right)\right] + \frac{I}{2.6}h_{\text{c}}\left(1 - \frac{h_{\text{g}}}{h_{\text{c}}}k_0\right)$$

$$= I\left[(1-k)\beta R_{\text{i}} + \left(\frac{h_{\text{a}}}{h_{\text{t}}} - k\right)\beta\frac{L_{\text{t}}}{2.6} + \left(1 - \frac{h_{\text{g}}}{h_{\text{c}}}k_0\right)\frac{h_{\text{c}}}{2.6}\right]$$

当作用在绝缘子串上的电压 U_{li} 等于线路绝缘子串的 50% 冲击闪络电压 $U_{50\%}$ 时，绝缘子串将发生闪络，与这一临界条件相对应的雷电流幅值 I 显然就是这条线路雷击杆塔时的耐雷水平 I_1，可见

$$I_1 = \frac{U_{50\%}}{(1-k)\beta R_{\text{i}} + \left(\frac{h_{\text{a}}}{h_{\text{t}}} - k\right)\beta\frac{L_{\text{t}}}{2.6} + \left(1 - \frac{h_{\text{g}}}{h_{\text{c}}}k_0\right)\frac{h_{\text{c}}}{2.6}} \tag{8 - 18}$$

这样求得的线路耐雷水平不应低于表 8 - 1 中的规定值 I。

由式（8 - 18）可以看出：加强线路绝缘（即提高 $U_{50\%}$），降低杆塔接地电阻 R_{i}，增大耦合系数 k（如将单避雷线改为双避雷线、加装耦合地线）等，都是提高线路耐雷水平的有效措施。

在三相导线中，距避雷线最远的那一相导线的耦合系数最小，一般较易发生闪络，所以应以此作为计算条件。

这种雷电击中接地物体（杆塔），使雷击点对地电位（绝对值）大大增高，引起对导线的逆向闪络的情况，通常称为反击。

求得反击耐雷水平 I_1 后，即可得出大于 I_1 的雷电流出现概率 P_1，于是可按下式计算反击跳闸次数 n_1

$$n_1 = N(1 - P_a)gP_1\eta \quad （次／年）$$

式中　　N——年落雷总次数；

　　　　P_a——绕击率；

　　　　g——击杆率；

　　　　η——建弧率。

因为 $P_a \ll 1$，所以上式可改写为

$$n_1 = NgP_1\eta \quad （次／年） \tag{8-19}$$

综合以上分析，最后可得出该线路的年雷击跳闸总次数

$$n' = n_1 + n_2 = N\eta(gP_1 + P_aP_2) \quad （次／年） \tag{8-20}$$

如果上式中的 N 系表示每 100km 线路在 40 个雷暴日的条件下的落雷总次数，即可将式（8-2）代入上式而得出线路的雷击跳闸率

$$n = 0.28(b + 4h)\eta(gP_1 + P_aP_2) \quad [次／(100km \cdot 40雷暴日)] \tag{8-21}$$

第二节　变电站的防雷保护

变电站（特别是高压大型变电站）是多条输电线路的交汇点和电力系统的枢纽。本章第一节介绍的输电线路雷害事故相对来说影响面还比较小，而且现代电网大多具有备用供电电源，所以线路的雷害事故往往只导致电网工况的短时恶化；变电站的雷害事故就要严重得多，往往导致大面积停电。此外，变电设备（其中最主要的是电力变压器）的内绝缘水平往往低于线路绝缘，而且不具有自恢复功能，一旦因雷电过电压而发生击穿，后果十分严重。不过另一方面，变电站的地域比较集中，不像线路那样绵亘延伸，因而也比较容易加强集中保护。总之，变电站的防雷保护与输电线路相比，要求更严格、措施更严密、可靠。

变电站中出现的雷电过电压有两个来源：①雷电直击变电站；②沿输电线路入侵的雷电过电压波。下面将分别介绍针对这两种情况的保护对策。

一、变电站的直击雷保护

如果让雷电直接击中变电站设施的导电部分（如母线），则出现的雷电过电压很高，一般都会引起绝缘的闪络或击穿，所以必须装设避雷针或避雷线对直击雷进行防护，让变电站中需要保护的设备和设施均处于其保护范围之内。我国大多数变电站采用的是避雷针，但近年来国内外新建的 500kV 变电站也有一些采用的是避雷线。

按照安装方式的不同，要将避雷针分为独立避雷针和装设在配电装置构架上的避雷针（以后简称构架避雷针）两类。从经济观点出发，当然希望采用构架避雷针，因为它既能节省支座的钢材，又能省去专用的接地装置，但对绝缘水平不高的 35kV 以下的配电装置

来说，雷击构架避雷针时很容易导致绝缘逆闪络（反击），这显然是不能容许的。独立避雷针是指具有自己专用的支座和接地装置的避雷针，其接地电阻一般不超过 10Ω。

我国相关规程规定：

（1）110kV 及以上的配电装置，一般将避雷针装在构架上。但在土壤电阻率 $\rho >$ 1000Ω·m 的地区，仍宜装设独立避雷针，以免发生反击；

（2）35kV 及以下的配电装置应采用独立避雷针来保护；

（3）60kV 的配电装置，在 $\rho > 500$Ω·m 的地区宜采用独立避雷针，在 $\rho < 500$Ω·m 的地区容许采用构架避雷针。

变电站的直击雷防护设计内容主要是选择避雷针的支数、高度、装设位置，验算它们的保护范围、应有的接地电阻、防雷接地装置设计等。对于独立避雷针，则还有一个验算它对相邻配电装置构架及其接地装置的空气间距及地下距离的问题，因为如果雷击于独立避雷针上，但继而仍然反击到配电装置构架或在地下造成土壤击穿而与配电装置的接地装置连在一起，岂不有违选用独立避雷针的初衷？

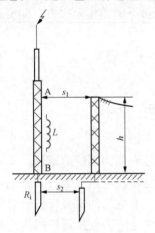

图 8-6 独立避雷针应有的空气间距和地下距离

如图 8-6 所示，当独立避雷针遭受雷击时，雷电流 i 将在避雷针电感 L 和接地电阻 R_i 上造成压降，结果形成避雷针支座上高度为 h 处的对地电压（h 为相邻配电装置构架的高度）

$$u_A = R_i i + L_0 h \frac{\mathrm{d}i}{\mathrm{d}t} \quad (\text{kV}) \qquad (8-22)$$

式中　R_i——独立避雷针的冲击接地电阻，Ω；

L_0——避雷针单位高度的等效电感，μH/m。

接地装置上的对地电压为

$$u_B = R_i i \quad (\text{kV}) \qquad (8-23)$$

如果空气间隙的平均冲击击穿场强为 E_1（kV/m），为了防止避雷针对构架发生反击，其空气间距 s_1 应满足下式要求

$$s_1 \geqslant \frac{U_A}{E_1} \quad (\text{m}) \qquad (8-24)$$

与此相似，如果土壤的平均冲击击穿场强为 E_2(kV/m)，为了防止避雷针接地装置与变电站接地网之间因土壤击穿而连在一起，其地下距离 s_2 亦应满足下式要求

$$s_2 \geqslant \frac{U_B}{E_2} \quad (\text{m}) \qquad (8-25)$$

我国标准取雷电流 i 的幅值 $I = 100$kA，$L_0 \approx 1.55\mu$H/m，$E_1 \approx 500$kV/m；$E_2 \approx 300$kV/m，平均波前陡度 $\left(\dfrac{\mathrm{d}i}{\mathrm{d}t}\right)_{\mathrm{av}} \approx \dfrac{100}{2.6} = 38.5$kA/$\mu$s。将以上取值代入式（8-22）~式（8-25），并按实际运行经验进行校验后，我国标准[4] 最后推荐用下面两个公式校核独立避雷针的空气间距 s_1 和地中距离 s_2

$$s_1 \geqslant 0.2R_i + 0.1h \qquad (8-26)$$

$$s_2 \geqslant 0.3R_i \qquad (8-27)$$

在一般情况下，s_1 不应小于 5m，s_2 不应小于 3m。

二、 阀式避雷器保护作用的分析

装设阀式避雷器是变电站对入侵雷电过电压波进行防护的主要措施，它的保护作用主要是限制过电压波的幅值。但是，为了使阀式避雷器不至于负担过重（流过的冲击电流太大）和有效地发挥其保护功能，还需要有"进线段保护"与之配合，这是现代变电站防雷接线的基本思路。

阀式避雷器的保护作用基于三个前提：①它的伏秒特性与被保护绝缘的伏秒特性有良好的配合，在一切电压波形下，前者均处于后者之下；②它的伏安特性应保证其残压低于被保护绝缘的冲击电气强度；③被保护绝缘必须处于该避雷器的保护距离之内。前两个要求已在上一章作过介绍，此处将就第三个要求做出分析：

从输电线路入侵变电站的雷电过电压波的幅值受到线路绝缘水平的限制，而波前陡度与雷击点距离变电站的远近有关，为从严要求，可取抵达变电站的为一斜角平顶波，其幅值等于线路绝缘的 50% 冲击放电电压 $U_{50\%}$，波前陡度 $a = \dfrac{U_{50\%}}{T_1}$，波前时间 T_1 取 $2.6\mu s$。由于变电站的范围不会太大，而波在 T_1 的时间内所能传播的距离约为 780m，可见各种波过程大多在波前时间 T_1 以内出现。这样就可将计算波形进一步简化为斜角波 $u = at$。

一切被保护绝缘都可近似地用一只等效电容 C 来代表，如果它与避雷器 A 直接连在一起，则绝缘上受到的电压 u_2 永远与避雷器上的电压 u_1 完全相同，只要避雷器的特性能够满足上面所说的①、②两个条件，绝缘就能得到有效的保护。但在实际变电站中，接在母线上的阀式避雷器应该保护好所有变电设备的绝缘，它们离避雷器有近有远，这时在被保护绝缘与避雷器之间就会出现一个电压差 ΔU，为了确定 ΔU 值，可利用图 8 - 7 中的接线图。

首先来看一下最简单的只有一路进线的终端变电站的情况，这时图 8 - 7 中的 $Z_2 = \infty$，C 即为电力变压器的入口电容。由于一般电气设备的等效电容 C 都不大，可以忽略波刚到达时电容使电压上升速度减慢的影响，而讨论电容充电后相当于开路的情况。

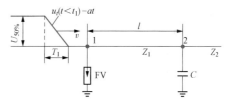

图 8 - 7　求取 ΔU 值的简化计算接线图

如取过电压波到达避雷器 FV 的端子 1 的瞬间作为时间的起算点（$t = 0$），避雷器上的电压即按 $u_1 = at$ 的规律上升。当 $t = T$ 时 $\left(T\ \text{为波传过距离}\ l\ \text{所需的时间} = \dfrac{l}{v}\right)$，波到达设备端子 2 上，如取 $C = 0$，波在此将发生全反射，因而设备绝缘上的电压表达式应为

$$u_2 = 2a(t - T) \tag{8 - 28}$$

当 $t = 2T$ 时，点 2 的反射波到达点 1，使避雷器上的电压上升陡度加大，如图 8 - 8 中的线段 mb 所示。由图 8 - 8 可知：如果没有从设备来的反射波，避雷器将在 $t = t_b'$ 时动作，而有了反射波的影响，避雷器将提前在 $t = t_b$ 时动作，其击穿电压为 U_b，它等于

$$U_b = a(2T) + 2a(t_b - 2T) = 2a(t_b - T)$$

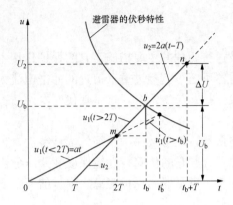

图 8-8　避雷器和被保护绝缘上的电压波形

由于一切通过点 1 的电压波都将到达点 2，但在时间上要后延 T，所以避雷器放电后所产生的限压效果要到 $t = t_b + T$ 时才能对设备绝缘上的电压产生影响，这时 u_2 已经达到下式所表示的数值

$$U_2 = 2a\big[(t_b + T) - T\big] = 2at_b$$

可见电压差

$$\Delta U = U_2 - U_b = 2at_b - 2a(t_b - T)$$

$$= 2aT = 2a\frac{l}{v} \quad \text{（kV）}$$

$$\tag{8-29}$$

如果以进波的空间陡度 a'（kV/m）来代替上式中的时间陡度 a（kV/μs），则式（8-29）可改写为

$$\Delta U = 2a'l \quad \text{（kV）} \tag{8-30}$$

由此可知：被保护绝缘与避雷器间的电气距离（沿母线和连接线计算的距离）l 越大、进波陡度 a 或 a' 越大，电压差值 ΔU 也就越大。

前面还曾提到（参阅图 7-20 的曲线 4），阀式避雷器动作后会出现一个不大的电压降落，然后就大致保持着残压水平。如果被保护设备直接靠近避雷器，它所受到的电压波形与此相同；但如存在着某一距离 l，绝缘上实际受到的电压波形就不一样了，这是因为母线、连接线等都有某些杂散电感与电容，它们与绝缘的电容 C 将构成某种振荡回路，图 8-9 即为其示意图。其结果是使得绝缘上出现的电压波形由一非周期分量（避雷器工作电阻上的电压）与一衰减性振荡分量组成，如图 8-10 所示。这种波形与冲击全波的差别很大，而更接近于冲击截波。因此，对于变压器类电气设备来说，往往采用 $2\mu s$ 截波冲击耐压值作为它们的绝缘冲击耐压水平。

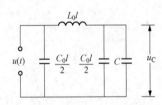

图 8-9　杂散电抗与绝缘电容
示意图

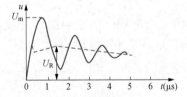

图 8-10　阀式避雷器动作后，
在绝缘上出现的实际过电压波形

为了使设备绝缘不至于被击穿，应按下式选定绝缘的冲击耐压水平

$$U_{w(i)} \geqslant U_{is} + \Delta U \tag{8-31}$$

式中　$U_{w(i)}$——绝缘的雷电冲击耐压值；

　　　U_{is}——阀式避雷器的冲击放电电压。

对于一定的进波陡度 a'，即可求得被保护绝缘与避雷器之间的最大容许距离为

$$l_{\max} = \frac{U_{w(i)} - U_{is}}{2a'} \quad \text{（m）} \tag{8-32}$$

或者，对于已安装好的距离 l，可求出最大容许进波陡度为

$$a'_{\max} = \frac{U_{w(i)} - U_{is}}{2l} \quad (kV/m) \tag{8-33}$$

如果是中间变电站或多出线变电站，出线数将≥2，这时图 8-7 中的 Z_2 将等于或小于 Z_1，情况显然要有利得多，这时的最大容许距离要比终端变电站时大得多，可用下式计算

$$l_{\max} = K \frac{U_{w(i)} - U_{is}}{2a'} \quad (m) \tag{8-34}$$

式中　K——变电站出线修正系数。

根据上述方法计算出来的结果，我国标准[4]所推荐的到变压器的最大电气距离 $l_{\max(T)}$ 见表 8-6 和表 8-7。

式（8-34）中的 $l_{\max}$ 就是阀式避雷器的保护距离，一般的做法可先求出电力变压器的 $l_{\max(T)}$，而其他变电设备不像变压器那样重要，但它们的冲击耐压水平却反而比变压器更高，因而不一定要利用式（8-34）——验算，而可近似地取它们的最大容许距离 $l'_{\max}$ 比变压器大 35% 即可

$$l'_{\max} \approx 1.35 l_{\max(T)} \tag{8-35}$$

表 8-6　　　　　　　普通阀式避雷器至主变压器间的最大电气距离（m）

系统额定电压（kV）	进线段长度（km）	进 线 路 数			
		1	2	3	≥4
35	1	25	40	50	55
	1.5	40	55	65	75
	2	50	75	90	105
66	1	45	65	80	90
	1.5	60	85	105	115
	2	80	105	130	145
110	1	45	70	80	90
	1.5	70	95	115	130
	2	100	135	160	180
220	2	105	165	195	220

注　1. 全线有避雷线时按进线段长度为 2km 选取；进线段长度在 1～2km 之间时按补插法确定，表 8-7 亦然。
　　2. 35kV 也适用于有串联间隙金属氧化物避雷器的情况。

表 8-7　　　　　　　金属氧化物避雷器至主变压器间的最大电气距离（m）

系统额定电压（kV）	进线段长度（km）	进 线 路 数			
		1	2	3	≥4
110	1	55	85	105	115
	1.5	90	120	145	165
	2	125	170	205	230
220	2	125 (90)	195 (140)	235 (170)	265 (190)

注　1. 本表也适用于电站碳化硅磁吹避雷器（FM）的情况。
　　2. 本表括号内距离所对应的雷电冲击全波耐受电压为 850kV。

通过以上分析可知，为了得到阀式避雷器的有效保护，各种变电设备最好都能装得离避雷器近一些，这显然是不可能的，所以在选择避雷器在母线上的具体安装点时，应遵循"确保重点、兼顾一般"的原则。在诸多的变电设备中，需要确保的重点无疑是主变压器，所以应在兼顾到其他变电设备保护要求的情况下，尽可能把阀式避雷器装得离主变压器近一些。在某些超高压大型变电站中，可能出现一组（三相）避雷器不可能同时保护好所有变电设备的情况，这时应再加装一组、甚至更多组避雷器，以满足保护要求。

不难理解，采用保护特性比普通阀式避雷器更好的磁吹避雷器或氧化锌避雷器，就能增大保护距离（有时能导致减少所需的避雷器组数）或增大绝缘裕度，提高保护的可靠性。

三、 变电站的进线段保护

从前面的分析可知：为了使阀式避雷器有效地发挥保护作用，就必须采取措施：①限制进波陡度 a'（或 a），使之小于式（8-33）中的 a'_{max}；②限制流过避雷器的冲击电流幅值 I_{FV}，使之不会造成过高的残压、甚至造成避雷器的损坏。这两个任务都要依靠变电站进线段保护来完成。

如果在靠近变电站（如 1~2km）的线路上发生绕击或反击，进入变电站的雷电过电压的波前陡度和流过避雷器的冲击电流幅值都很大，上述两个要求都很难满足。为此必须保证在靠近变电站的一段不长（一般为 1~2km）的线路上不出现绕击或反击。对于那些未沿全线架设避雷线的 35kV 及以下的线路来说，首先必须在靠近变电站（1~2km）的线段上加装避雷线，使之成为进线段；对于全线有避雷线的 110kV 及以上的线路，也必须将靠近变电站的一段长 2km 的线路划为进线段。在一切进线段上都应加强防雷措施（例如选用不大于 20° 的保护角 α，杆塔的冲击接地电阻 R_i 降至 10Ω 以下等），提高耐雷水平（进线段的耐雷水平应达到表 8-1 中较大的那些数值），尽量减少在这一段线路上出现绕击或反击的次数。

进线段能起两方面的作用：①进入变电站的雷电过电压波将来自进线段以外的线路，它们在流过进线段时将因冲击电晕而发生衰减和变形，降低了波前陡度和幅值；②利用进线段来限制流过避雷器的冲击电流幅值。

1. 从限制进波陡度的要求来确定应有的进线段长度

由式（6-55）可知，行波流过距离 l 后的波前时间 τ_1 可由下式求得

$$\tau_1 = \tau_0 + \left(0.5 + \frac{0.008u}{h_c}\right)l \quad (\mu s)$$

最严格的计算条件应该是在进线段始端出现具有直角波前的过电压波，即取 $\tau_0 = 0$。这时波流过的距离 l 即为进线段长度 l_p，代入上式即可求得抵达变电站时的进波波前时间为

$$\tau_f = \left(0.5 + \frac{0.008u}{h_c}\right)l_p \quad (\mu s)$$

相应的波前陡度为

$$a = \frac{U}{\tau_f} = \frac{U}{\left(0.5 + \frac{0.008U}{h_c}\right)l_p} \quad (kV/\mu s) \tag{8-36}$$

如令 a 为进波陡度的容许值，则所需的进线段长度

$$l_{\mathrm{p}} = \frac{U}{a\left(0.5 + \frac{0.008U}{h_{\mathrm{c}}}\right)} \quad (\mathrm{km}) \tag{8-37}$$

式中　U——行波的初始幅值。通常可取之等于进线段始端线路绝缘的50％冲击闪络电压 $U_{50\%}$，kV；

　　　　h_{c}——进线段导线的平均对地高度，m。

计算结果表明，l_{p} 一般均不大于1～2km。

或反之，当进线段长度 l_{p} 已选定时，亦可应用式（8-36）计算出不同电压等级变电站的进波陡度 a，然后再按下式求得进波的空间陡度 a'，即

$$a' = \frac{a}{v} = \frac{a}{300} \quad (\mathrm{kV/m})$$

表 8-8　变电站计算用进波陡度

额定电压 (kV)	计算用进波陡度 $a'(\mathrm{kV/m})$	
	$l_{\mathrm{p}} = 1\mathrm{km}$	$l_{\mathrm{p}} = 2\mathrm{km}$ 或全线有避雷线
35	1.0	0.5
110	1.5	0.75
220	—	1.5
330	—	2.2
500	—	2.5

在表8-8中列出了标准所推荐的计算用进波陡度 a' 值。

按已知的进线段长度 l_{p} 查出 a' 值后，即可按式（8-34）和式（8-35）求得变压器及其他变电设备到避雷器的最大容许电气距离。

2. 计算流过避雷器的冲击电流幅值 I_{FV}

最不利的情况亦为雷击于进线段始端，过电压波的幅值可取之等于线路绝缘的50％冲击闪络电压 $U_{50\%}$，波前时间平均为 $2.6\mu\mathrm{s}$ 左右。

在进线段长度为1～2km时，行波在进线段上往返一次需要的时间为 $\frac{2l_{\mathrm{p}}}{v} = \frac{2000 \sim 4000}{300} =$

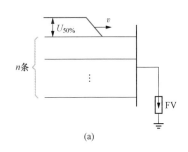

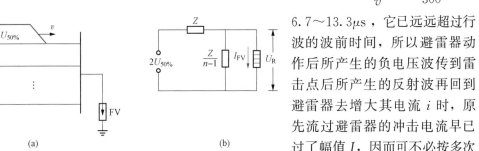

$6.7 \sim 13.3\mu\mathrm{s}$，它已远远超过行波的波前时间，所以避雷器动作后所产生的负电压波传到雷击点后所产生的反射波再回到避雷器去增大其电流 i 时，原先流过避雷器的冲击电流早已过了幅值 I，因而可不必按多次折、反射的情况来考虑流过避雷器的电流增大的现象。这样

图 8-11　避雷器电流的计算
(a) 接线图；(b) 等效电路

一来，就可以应用彼德逊法则按图8-11中的等效电路来计算流过避雷器的电流 I_{FV}。

$$2U_{50\%} = \left(I_{\mathrm{FV}} + \frac{U_{\mathrm{R}}}{Z}\right)Z + U_{\mathrm{R}} = I_{\mathrm{FV}}Z + nU_{\mathrm{R}}$$

$$\tag{8-38}$$

$$I_{\mathrm{FV}} = \frac{2U_{50\%} - nU_{\mathrm{R}}}{Z}$$

式中　U_{R}——阀式避雷器的残压，kV；

　　　　n——变电站母线上接的线路总条数。

在单条进线时（$n=1$），I_{FV} 最大，其值为

$$I_{FV} = \frac{2U_{50\%} - U_R}{Z} \tag{8-39}$$

【例 8 - 1】 某变电站中安装的是 FZ - 110J 型阀式避雷器，110kV 母线有可能以单条进线方式运行，110kV 线路的 $U_{50\%}=700$kV，求该避雷器的最大冲击电流幅值 I_{FV}。

解 由附表 B - 1 可查得 FZ - 110J 在 5kA 下的残压 $U_R=332$kV，导线波阻抗 $Z\approx 400\Omega$，代入式（8-39）即得最大冲击电流幅值

$$I_{FV} = \frac{2 \times 700 - 332}{400} = 2.67(\text{kA})$$

表 8 - 9　流过阀式避雷器的最大冲击电流幅值计算结果

额定电压（kV）	避雷器型号	$U_{50\%}$（kV）	I_{FV}（kA）
35	FZ - 35	350	1.41
110	FZ - 110J	700	2.67
220	FZ - 220J	1200～1400	4.35～5.38
330	FCZ - 330J	1645	7.06
500	FCZ - 500J	2060～2310	8.63～10

用同样的方法，可计算出流过不同电压等级阀式避雷器的冲击电流幅值，见表 8 - 9。由表可知，取 $l_p=1\sim2$km，已足以保证流过各种电压等级避雷器的冲击电流均不会超过各自的容许值：35～220kV 避雷器不超过 5kA；330～500kV 避雷器不超过 10kA。这也正是按避雷器伏安特性作绝缘配合时所规定的配合电流值。

四、 变电站防雷的几个具体问题

1. 变电站防雷接线

为了限制进入变电站的雷电过电压波的波前陡度和阀式避雷器动作后流过的电流（如不超过 5kA），均应采取措施防止或减少在直接接近变电站的一段线路上发生雷击闪络。为了这个目的，对未沿全线装设避雷线的 35～110kV 架空线路，应在接近变电站 1～2km 的进线段上装设避雷线；对全线装有避雷线的架空线路，亦应取接近变电站 2km 的线路段为进线保护段。对上述两种进线保护段要采取措施提高其耐雷性能：

（1）在进线保护段内，避雷线的保护角不宜超过 20°，最大不应超过 30°；

（2）采取措施（如降低杆塔接地电阻）以保证进线保护段的耐雷水平不低于表 8 - 10 的要求。

表 8 - 10　进线保护段耐雷水平

额定电压（kV）	35	66	110	220	330	500
耐雷水平（kA）	30	60	75	110	150	175

未沿全线装设避雷线的 35～110kV 线路，其变电站的进线段应采用图 8 - 12 所示的保护接线。图中 FV 为安装在母线上的一组或多组阀式避雷器，它应能保护好整个变电站的设备绝缘，在断路器 QF 合闸运行时，包括保护好接在断路器外侧的设备绝缘。如果该变电站 35～110kV 进线的断路器在雷季可能经常断开运行，那就应在断路器

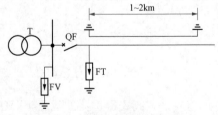

图 8 - 12　未沿全线装设避雷线的 35～110kV 变电站进线段保护接线

外侧安装一组管式避雷器 FT，其外火花间隙应按下述原则整定：当断路器处于断开状态时，行波到达此处因发生全反射而使电压加倍，此时 FT 应动作以免断路器及其外侧所接设备的绝缘被击穿，特别是防止断口外侧对地绝缘的闪络；但当断路器处于合闸状态时，FT 不应动作，以免产生危险的冲击截波，这时一切绝缘均由阀式避雷器 FV 进行一揽子保护。如果 FT 的整定有困难，或选不到参数合适的管式避雷器，则可用阀式避雷器代替。

全线装有避雷线的 35～220kV 变电站，如果其进线断路器在雷季可能经常断开运行，也宜在断路器外侧安装一组保护间隙或阀式避雷器。

2. 三绕组变压器的防雷保护

当三绕组变压器的高压侧或中压侧有雷电过电压波袭来时，通过绕组间的静电耦合和电磁耦合，其低压绕组上也会出现一定的过电压，最不利的情况是低压绕组处于开路状态，这时静电感应分量可能很大而危及绝缘，考虑到这一分量将使低压绕组的三相导线电位同时升高，所以只要在任一相低压绕组出线端加装一只该电压等级的阀式避雷器，就能保护好三相低压绕组（参阅图 6 - 47）。中压绕组虽也有开路运行的可能，但因其绝缘水平较高，一般不需加装避雷器来保护。

3. 自耦变压器的防雷保护

自耦变压器一般除了高、中压自耦绕组外，还有三角形接线的低压非自耦绕组，以减小零序电抗和改善电压波形。在运行中，可能出现高、低压绕组运行，中压绕组开路，以及中、低压绕组运行，高压绕组开路两种情况。由于高、中压自耦绕组的中性点均直接接地，因而在高压侧进波时（幅值为 U_0），自耦绕组各点的电压初始分布、稳态分布和各点最大电压包络线均与中性点接地的单绕组相同，如图 8 - 13（a）所示，在开路的中压侧端子 A′ 上可能出现的最大电压为高压侧电压 U_0 的 $\dfrac{2}{k}$ 倍（k 为高、中压绕组的变比），因而有可能引起处于开路状态的中压侧套管的闪络，为此应在中压断路器 QF2 的内侧装设一组阀式避雷器（见图 8 - 14 中的 FV2）进行保护。

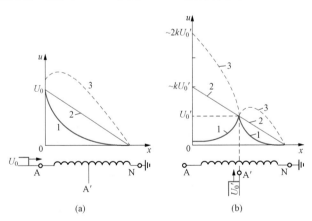

图 8 - 13　自耦变压器绕组中的电压分布　　　　图 8 - 14　自耦变压器

（a）高压侧进波；（b）中压侧进波　　　　　　　　的典型保护接线

1—电压初始分布；2—电压稳态分布；3—最大电压包络线

当中压侧进波时（幅值为 $U_0' < U_0$），自耦绕组各点的电压分布如图 8 - 13（b）所示，由中压端 A′ 到开路的高压端 A 之间的电压稳态分布是由中压端 A′ 到中性点 N 之间的电压

稳态分布的电磁感应所产生的，高压端 A 的稳态电压为 kU_0'，在振荡过程中，A 点的最大电压可高达 $2kU_0'$，因而将危及高压侧绝缘，为此在高压断路器 QF1 的内侧也应装设一组避雷器（见图 8-14 中的 FV1）进行保护。

此外，尚需注意下述情况：当中压侧接有出线时（相当于 A' 点经线路波阻抗接地），如高压侧有过电压波入侵，A' 点的电位接近于零，大部分过电压将作用在 AA' 一段绕组上，这显然是危险的；同样地，高压侧接有出线时，中压侧进波也会造成类似的后果。显然，AA' 绕组越短（即变比 k 越小），危险性越大。一般在 $k<1.25$ 时，还应在 AA' 之间再跨接一组避雷器（见图 8-14 中的 FV3）。最后就得出了图 8-14 所示的避雷器配置图。

4. 变压器中性点的保护

在 110kV 及以上的中性点有效接地系统中，为了减小单相接地时的短路电流，有一部分变压器的中性点采用不接地的方式运行，因而需要考虑其中性点绝缘的保护问题。

用于这种系统的变压器，其中性点绝缘水平有两种情况：①全绝缘，即中性点的绝缘水平与绕组首端的绝缘水平相同；②分级绝缘，即中性点的绝缘水平低于绕组首端的绝缘水平。在 220kV 及更高的变压器中，采用分级绝缘的经济效益是比较显著的。

当中性点为全绝缘时，一般不需采取专门的保护。但在变电站只有一台变压器且为单路进线的情况下，仍需在中性点加装一台与绕组首端同样电压等级的避雷器，这是因为在三相同时进波的情况下，中性点的最大电压可达绕组始端电压 U_0 的两倍，这种情况虽属罕见，但因变电站中只有一台变压器，万一中性点绝缘被击穿，后果十分严重。

当中性点为降级绝缘时，则必须选用与中性点绝缘等级相当的避雷器加以保护，但应注意校核避雷器的灭弧电压，它应始终大于中性点上可能出现的最高工频电压。

35kV 及以下的中性点非有效接地系统中的变压器，其中性点都采用全绝缘，一般不设保护装置。

5. 气体绝缘变电站防雷保护的特点

作为一种新型变电站，全封闭 SF_6 气体绝缘变电站（GIS）因具有一系列优点而获得越来越多的采用。它的防雷保护除了与常规变电站具有共同的原则外，也有自己的一些特点：

（1）GIS 绝缘的伏秒特性很平坦，其冲击系数接近于 1，其绝缘水平主要取决于雷电冲击水平，因而对所用避雷器的伏秒特性、放电稳定性等技术指标都提出了特别高的要求，最理想的是采用保护性能优异的氧化锌避雷器；

（2）GIS 中结构紧凑，设备之间的电气距离大大缩减，被保护设备与避雷器相距较近，比常规变电站有利；

（3）GIS 中的同轴母线筒的波阻抗一般只有 $60\sim100\Omega$，约为架空线的 $\frac{1}{5}$，从架空线入侵的过电压波经过折射，其幅值和陡度都显著变小，这对变电站的进行波防护也是有利的；

（4）GIS 内的绝缘，大多为稍不均匀电场结构，一旦出现电晕，将立即导致击穿，而且不能很快恢复原有的电气强度，甚至导致整个 GIS 系统的损坏，而 GIS 本身的价格远较常规变电站昂贵，因而要求它的防雷保护措施更加可靠，并在绝缘配合中留有足够的裕度。

第三节 旋转电机的防雷保护

一、 旋转电机防雷保护的特点

旋转电机（发电机、调相机、大型电动机等）的防雷保护要比变压器困难得多，其雷害事故率也往往大于变压器，这是由它的绝缘结构、运行条件等方面的特殊性所造成的。

（1）在同一电压等级的电气设备中，以旋转电机的冲击电气强度为最低。这是因为：

1）电机具有高速旋转的转子，因此电机只能采用固体介质，而不能像变压器那样可以采用固体－液体（变压器油）介质组合绝缘。因而电机的额定电压、绝缘水平都不可能太高；

2）在制造过程中（特别是将线棒嵌入并固定在铁芯的槽内时），电机绝缘容易受到损伤，绝缘内易出现空洞或缝隙，在运行过程中容易发生局部放电，导致绝缘劣化；

3）电机绝缘的运行条件最为严酷，要受到热、机械振动、空气中的潮气、污秽、电气应力等因素的联合作用，老化较快；

4）电机绝缘结构的电场比较均匀，其冲击系数接近于1，因而在雷电过电压下的电气强度是最薄弱的一环。

（2）电机绝缘的冲击耐压水平与保护它的避雷器的保护水平相差不多、裕度很小。采用现代 ZnO 避雷器后情况有所改善，但仍不够可靠，还必须与电容器组、电抗器、电缆段等配合使用，以提高保护效果。

（3）发电机绕组的匝间电容很小和不连续（参阅第六章第七节），迫使过电压波进入电机绕组后只能沿着绕组导体传播，而它每匝绕组的长度又远较变压器绕组为大。作用在相邻两匝间的过电压与进波的陡度 a 成正比，为了保护好电机的匝间绝缘，必须严格限制进波陡度。

总之，旋转电机的防雷保护要求高、困难大，而且要全面考虑绕组的主绝缘、匝间绝缘和中性点绝缘的保护要求。

二、 旋转电机防雷保护措施及接线

从防雷的观点来看，发电机可分为两大类：

（1）经过变压器再接到架空线上去的电机，简称非直配电机；

（2）直接与架空线相连（包括经过电缆段、电抗器等元件与架空线相连）的电机，简称直配电机。

理论分析和运行经验均表明：非直配电机所受到的过电压均须经过变压器绕组之间的静电和电磁传递。以前已经说明：只要变压器的低压绕组不是空载（如接有发电机），那么传递过来的电压就不会太大，只要电机的绝缘状态正常，一般不会构成威胁。所以只要把变压器保护好就可以了，不必对发电机再采取专门的保护措施。不过，对于处在多雷区的经升压变压器送电的大型发电机，仍宜装设一组氧化锌或磁吹避雷器加以保护，如果再装上并联电容 C 和中性点避雷器，那就可以认为保护已足够可靠了。

直配发电机的防雷保护是电力系统防雷中的一大难题，因为这时过电压波直接从线路入侵，幅值大、陡度也大。在旋转电机保护专用的 FCD 型磁吹避雷器问世以前，由于普通阀式避雷器和其他防雷措施实际上都不能满足直配电机的保护要求，因而有相当长的一段时期不得不做出以下规定：“容量在 15 000kVA 以上的旋转电机不得与架空线相连，如果发电机容量大于 15 000kVA，而又必须以发电机电压给邻近负荷供电时，只能选用下列两种方法中的一种：①经过变比为 1∶1 的防雷变压器再接到架空线上去；②全线采用地下电缆送电”。显然，从经济观点来看，这两种方法都是极其不利的。

FCD 型磁吹避雷器，特别是现代氧化锌避雷器的问世为旋转电机的防雷保护提供了新的可能性，但是仍需有完善的防雷保护接线与之配合，方能确保安全。图 8 - 15 就是我国标准[4] 推荐的 25～60MW 直配发电机的防雷保护接线。其他容量较小的中小型发电机的防雷保护接线则可降低一些要求、作某些简化，例如缩短电缆段的长度、省去某些元件等。

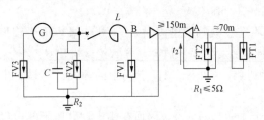

图 8 - 15　25～60MW 直配发电机的防雷保护接线

图 8 - 15 中的防雷接线可以说已是“层层把关，处处设防”了，现对图中各种措施、各个元件的作用简要介绍如下：

（1）发电机母线上的 FV2 是一组保护旋转电机专用的 ZnO 避雷器或 FCD 型磁吹避雷器，是限制进入发电机绕组的过电压波幅值的最后一关。

（2）发电机母线上的一组并联电容器 C 起着限制进波陡度和降低感应雷击过电压的作用；为了保护发电机的匝间绝缘，必须将进波陡度限制到一定值以下，所需的电容值（每相）处于 $0.25～0.5\mu F$ 的范围内（参阅第六章中的 ［例 6 - 2］）。

（3）L 为限制工频短路电流的电抗器，但它在防雷方面也能发挥降低进波陡度和减小流过 FV2 的冲击电流的作用。阀式避雷器 FV1 则用来保护电抗器 L 和 B 处电缆头的绝缘。

（4）插接的一段长 150m 以上的电缆段主要是为了限制流入避雷器 FV2 的冲击电流不超过 3kA 而设（与发电机冲击耐压作绝缘配合的是 3kA 下的残压）。以下对此作更深入的分析。

从分布参数的角度来看，电缆是波阻抗较小的线路；从集中参数的角度来看，电缆段相当于一只大电容。可见插接电缆段对于削弱入侵的过电压无疑是有利的。但电缆段在这里的主要作用却不在此，而是在于电缆外皮的分流作用。当入侵的过电压波到达 A 点后，如幅值较大，使管式避雷器 FT2 发生动作，电缆的芯线与外皮就短接了起来，大部分雷电流从 R_1 处入地，所造成的压降 iR_1 将同时作用在缆芯和缆皮上，而缆芯与缆皮为同轴圆柱体，凡是交链缆皮的磁通一定同时交链缆芯，即互感 M 就等于缆皮的自感 L_2，如缆芯中有电流 i_1 流过，则处于绝缘层中的那部分磁通，只交链缆芯而不交链缆皮，可见缆芯中感应出来的反向电动势将大于缆皮中感应出来的反向电动势，迫使电流从缆皮中流过而不是经缆芯流向发电机绕组，如图 8 - 16 所示。这一现象与工频电流的集肤效应相似，在第六章的

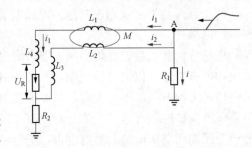

图 8 - 16　FT2 动作后的等效电路

[例 6 - 5] 中也曾以分布参数线路波过程的方法对此做过分析，得出相同的结论。总之，只要 FT2 动作，大部分雷电流将从 R_1 入地，其余部分 i_2 的绝大部分都从缆皮一路泄入地下，最后剩下的电流也从发电厂的接地网 R_2 入地。可见即使发电机母线上的阀式避雷器 FV2 发生动作，流过的冲击电流 i_1 也只是雷电流中极小的一部分，远小于配合电流 3kA，因此残压不会太高。

（5）管式避雷器 FT1 和 FT2 的作用：由以上分析可知，电缆段发挥限流作用的前提是管式避雷器 FT2 发生动作，但实际上由于电缆的波阻抗远小于架空线，过电压波到达电缆始端 A 点时会发生异号反射波，使 A 点的电压立即下降，所以 FT2 很难动作，这样电缆也就无从发挥作用了。为了解决这一问题，可以在离 A 点 70m 左右的前方安装一组管式避雷器 FT1。应特别注意的是，FT1 不能就地接地，而必须用一段专门的耦合连线（它在 FT1 处需对塔身绝缘）连接到 A 点的接地装置 R_1 上（R_1 的阻值应不大于 5Ω），只有这样，FT1 的动作才能代替 FT2 的动作，让电缆段发挥其限流作用。为了说明 FT1 远较 FT2 容易动作，给出 [例 8 - 2]。

【例 8 - 2】　设一幅值 $U_0 = 80kV$、波前陡度 $a = 40kV/\mu s$ 的斜角平顶波从一条波阻抗 $Z_1 = 400\Omega$ 的架空线流入一条波阻抗 $Z_2 = 40\Omega$ 的电缆线路，在节点 A 上接有一只管式避雷器 FT2，在它前方 75m 处接有另一只管式避雷器 FT1，如图 8 - 17 所示。试分别求出作用在两只管式避雷器上的电压波形及其幅值。

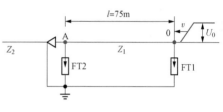

图 8 - 17　[例 8 - 2] 图

解　行波从 0 点传播到 A 点所需的时间

$$\tau = \frac{l}{v} = \frac{75}{300} = 0.25 (\mu s)$$

过电压波的波前时间

$$T_1 = \frac{U_0}{a} = \frac{80}{40} = 2 (\mu s)$$

（1）作用在 FT2 上的电压幅值

$$U_{FT2} = aU_0 = \frac{2Z_2}{Z_1 + Z_2} U_0 = \frac{2 \times 40}{400 + 40} \times 80 = 14.5 (kV)$$

A 点的反射波幅值

$$U_f = U_{FT2} - U_0 = 14.5 - 80 = -65.5 (kV)$$

如以行波到达 A 点的瞬间作为时间起算点（$t = 0$），则作用在 FT2 上的电压 u_{FT2} 波形如图 8 - 18（a）所示。

（2）作用在 FT1 上的电压波形：如以行波到达 0 点的瞬间作为时间起算点（$t = 0$），则从 $t = 0$ 开始，0 点上的电压 u_{FT1} 即按入射波 $u_0 = at = 40t$ 的规律上升，但到 $t = t_1 = 2\tau = 0.5\mu s$ 时，从 A 点来的异号电压反射波到达 0 点，此时 0 点电压已升至 $u_{FT1} (t_1) = at_1 = 40 \times 0.5 = 20$（kV）。

电压反射波的幅值 $U_f = -65.5kV$，陡度

$$a_f = \frac{U_f}{T_1} = \frac{-65.5}{2} = -32.8 (kV/\mu s)$$

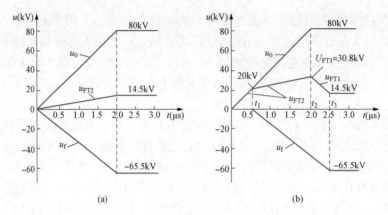

图 8 - 18　管式避雷器上作用电压波形

(a) FT2；(b) FT1

u_{FT1} 在 $t=t_2=2\mu s$ 时将达到其幅值

$$U_{FT1} = U_0 + a_f(t_2 - t_1) = 80 + [-32.8 \times (2 - 0.5)] = 30.8 (kV)$$

从 $t=t_2$ 开始，进波 u_0 不再上升，而 u_f 却在继续增大，所以合成电压开始下降。到了 $t=t_3=2.5\mu s$ 时，u_f 也达到了自己的幅值 $U_f=-65.5kV$，这时 0 点的电压降至

$$u_{FT1}(t_3) = 80 - 65.5 = 14.5 (kV)$$

这样就可以得出 u_{FT1} 的波形，如图 8 - 18 (b) 所示。FT1 上的作用电压幅值

$$U_{FT1} = u_{FT1}(t_2) = 30.8kV \gg U_{FT2}(= 14.5kV)$$

由［例 8 - 2］可知，FT1 远较 FT2 容易动作。但实际上，在增设 FT1 后，往往仍保留 FT2，让它在遇到强雷击时作为 FT1 的后备保护措施；另外，它还能为 A 处绝缘薄弱的电缆头提供保护。

（3）发电机的中性点大多不接地或经消弧线圈接地，因此在电网中发生一相接地故障时，发电机的中性点电位将升至相电压，所以用于保护中性点绝缘的中性点避雷器 FV3 的灭弧电压应选得高于相电压。

最后，还应指出：即使采用了上述严密的保护措施后，仍然不能确保直配电机绝缘的绝对安全，因此相关规程仍规定 60MW 以上的发电机不能与架空线路直接连接，即不能以直配电机的方式运行。

第九章 内部过电压

在电力系统中，除了前面所介绍的雷电过电压以外，还经常出现另一类过电压——内部过电压。顾名思义，它的产生根源在电力系统内部，通常是因系统内部电磁能量的积聚和转换而引起。

内部过电压可按其产生原因而分为操作过电压和暂时过电压，而后者又包括谐振过电压和工频电压升高。它们也可以按持续时间的长短来区分，一般操作过电压的持续时间在0.1s（5个工频周波）以内，而暂时过电压的持续时间要长得多。

与雷电过电压产生原因的单一性（雷电放电）不同，内部过电压因其产生原因、发展过程、影响因素的多样性，而具有种类繁多、机理各异的特点。作为示例，在下面的图解中列出了若干出现频繁、对绝缘水平影响较大、发展机理也比较典型的内部过电压：

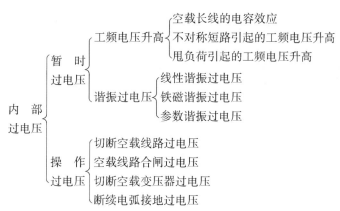

应该强调，操作过电压所指的操作并非狭义的开关设备倒闸操作，而应理解为"电网参数的突变"，它可以因倒闸操作，也可以因发生故障而引起。这一类过电压的幅值较大，但可设法采用某些限压保护装置和其他技术措施来加以限制。谐振过电压的持续时间较长，而现有的限压保护装置的通流能力和热容量都很有限，无法防护谐振过电压。消除或降低这种过电压的有效办法是采用一些辅助措施（如装设阻尼电阻或补偿设备），而且在设计电力系统时，应考虑各种可能的接线方式和操作方式，力求避免形成不利的谐振回路。一般在选择电力系统的绝缘水平时，要求各种绝缘均能可靠地耐受尚有可能出现的谐振过电压的作用，而不再专门设置限压保护措施。至于工频电压升高，虽然其幅值不大，本身不会对绝缘构成威胁，但其他内部过电压是在它的基础上发展的，所以仍需加以限制和降低。

前面介绍的雷电过电压系由外部能源（雷电）所产生，其幅值大小与电力系统的工作电压并无直接的关系，所以通常均以绝对值（单位：kV）来表示；而内部过电压的能量来自电力系统本身，所以它的幅值大小与电力系统的工作电压大致上有一定的比例关系，因而用工作电压的倍数（标幺值，单位 p.u.）来表示是比较恰当和方便的，其基准值通常取电力系统的最大工作相电压幅值 U_φ，即

$$U_\varphi = k\frac{\sqrt{2}}{\sqrt{3}}U_N \tag{9-1}$$

式中　U_N——系统额定（线）电压有效值，kV；

$\quad\quad k$——容许电压偏移系数，$k = \dfrac{系统的最大工作电压\,U_m}{系统额定电压\,U_N}$，其具体数值见表 9-1。

表 9-1　　容许电压偏移系数

额定电压（kV）	220 及以下	330～500
容许电压偏移系数 k	1.15	1.1

在分析内部过电压的发展过程时，可以采用分布参数等效电路及行波理论，有时也可以采用集中参数等效电路暂态计算的方法来处理。为此，在以下各节中，有意地或者采用前一种方法，或者采用后一种方法来分析各种内部过电压。

第一节　切断空载线路过电压

切除空载线路是电力系统中常见操作之一，这时引起的操作过电压幅值大、持续时间也较长，所以是按操作过电压选择绝缘水平的重要因素之一。在实际电力系统中，常可遇到切空线过电压引起阀式避雷器爆炸、断路器损坏、套管或线路绝缘闪络等情况。在没有进一步探究这种过电压的发展机理之前，许多人对于能够切断巨大短路电流的断路器反而不能无重燃地切断一条空载的输电线路感到难以理解。

一、发展过程

下面采用分布参数等效电路和行波理论来分析这种过电压的发展机理。设被切除的空载线路的长度为 l，波阻抗为 Z，电源容量足够大，工作相电压 u 的幅值为 U_φ。

如图 9-1（a）所示，当断路器 QF 闭合时，流过的电流将是空载线的充电（电容）电流 i_C，它比电压 u 超前 90°，如图 9-1（b）所示。当断路器在任何瞬间拉闸时，其触头间的电弧总是要到电流过零点附近才能熄灭，这时电源电压正好处于幅值 U_φ 的附近，触头间的电弧熄灭后，线路对地电容上将保留一定的剩余电荷，如忽略泄漏，导线对地电压将保持等于电源电压的幅值。

设第一次熄弧（取这一瞬间为时间起算点 $t=0$）发生在 $u=-U_\varphi$ 的瞬间，因而熄弧后全线对地电压将保持"$-U_\varphi$"值，如图 9-2（a）所示，此时全线均无电流（$i=0$）。

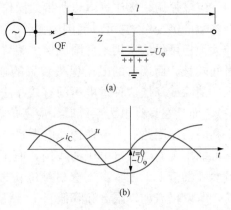

图 9-1　空载线上的电压与电流

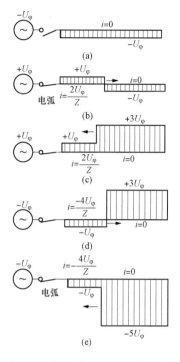

图 9 - 2 切空线时电压沿线分布图

当 $t=\dfrac{T}{2}$（T 为正弦电源电压的周期）时，电源电压已变为 $+U_\varphi$，因而作用在触头间的电位差将达到 $2U_\varphi$，虽然触头间隙的电气强度在这段时间内已有所恢复，但仍有可能在这一电位差下被击穿而出现电弧重燃现象。这样一来，线路又与电源连了起来，其对地电压将由"$-U_\varphi$"变成此时的电源电压 $+U_\varphi$，这相当于一个幅值为 $+2U_\varphi$ 的电压波和相应的电流波 $i\left(=\dfrac{2U_\varphi}{Z}\right)$ 从线路首端向末端传播，所到之处电压将变为 $+U_\varphi$，电流将由零变为 $\dfrac{2U_\varphi}{Z}$，如图 9 - 2（b）所示。

当上述幅值为 $+2U_\varphi$ 的电压波传到线路的开路末端时$\left(\right.$此时 $t=\dfrac{T}{2}+\tau$，$\tau=\dfrac{l}{v}\left.\right)$，将发生全反射而造成 $+3U_\varphi$ 的对地电压 $[+4U_\varphi+(-U_\varphi)=+3U_\varphi$ 或 $+U_\varphi+2U_\varphi=+3U_\varphi]$；与此相反，电流波将发生负的全反射，所以反射波所到之处，合成电流 $i=0$，如图 9 - 2（c）所示。当这个反射波到达线路首端时$\left(t=\dfrac{T}{2}+2\tau\right)$，触头间的电流将反向（见图 9 - 3），因而必然有一过零点，电弧再次熄火。

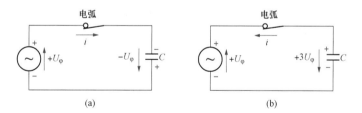

图 9 - 3 电流的反向

熄弧后，线路再次与电源分离而保持 $+3U_\varphi$ 的对地电压，而电源电压仍按正弦规律变化，当 $t=T$ 时，电源电压 u 又由 $+U_\varphi$ 变为 $-U_\varphi$，作用在触头间的电位差增大为 $4U_\varphi$，如这时触头间的距离还分得不够大，或触头间隙的电气强度还没有很好地恢复，就有可能再次被这一电位差所击穿，电弧再一次重燃。这时线路的对地电压将由 $+3U_\varphi$ 转变为此时的电源电压"$-U_\varphi$"，这相当于一个幅值等于"$-4U_\varphi$"的电压波由线路首端向末端传播，相应的电流 $i=-\dfrac{4U_\varphi}{Z}$，如图 9 - 2（d）所示。当这个电压波和电流波到达开路末端时（$t=T+\tau$），又将发生全反射，线路上的合成电压将等于 $-8U_\varphi+3U_\varphi=-5U_\varphi[$或 $-U_\varphi+(-4U_\varphi)=-5U_\varphi]$，如图 9 - 2（e）所示。

依此类推，线路上的过电压将不断增大（$-U_\varphi\to+3U_\varphi\to-5U_\varphi\to+7U_\varphi\to\cdots$），不过实际上，现代断路器的触头分离速度很快、灭弧能力很强，在绝大多数情况下，只可能发生 1～2 次重燃，国内外大量实测数据表明：这种过电压的最大值超过 $3U_\varphi$ 的概率很小（＜5％）。

在上述过程中，电源电压、线路首端和末端电压及流过断路器的电流波形变化如图 9-4 所示。

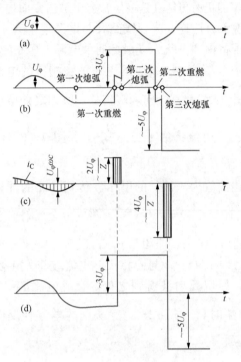

图 9-4　切空线时的电压、电流波形

(a) 电源电压；(b) 线路首端电压；(c) 流过断路器的电流；(d) 线路末端电压

二、　影响因素和降压措施

以上分析都是按最严重的条件来进行的，实际上电弧的重燃不一定要等到电源电压到达异极性半波的幅值时才发生，重燃的电弧也不一定在高频电流首次过零时就立即熄灭，电源电压在 2τ 的时间内会稍有下降，线路上的电晕放电、泄漏电导等也会使过电压的最大值有所降低。除了这些因素外，还有一些因素也会影响这种过电压的最大值：

（1）中性点接地方式。中性点非有效接地电力系统的中性点电位有可能发生位移，所以某一相的过电压可能特别高一些。一般可估计比中性点有效接地电力系统中的切空线过电压高 20％ 左右。

（2）断路器的性能。重燃次数对这种过电压的最大值有决定性的影响。采用灭弧性能优异的现代断路器，可以防止或减少电弧重燃的次数，因而使这种过电压的最大值降低。

（3）母线上的出线数。当母线上同时接有几条出线，而只切除其中的一条时，这种过电压将较小。

（4）在断路器外侧是否接有电磁式电压互感器等设备，它们的存在将使线路上的剩余电荷有了附加的泄放路径，因而能降低这种过电压。

切断空载线路过电压在 220kV 及以下高压线路绝缘水平的选择中有重要的影响，所以设法采取适当措施以消除或降低这种操作过电压是有很大的技术、经济意义的，主要措施如下：

（1）采用不重燃断路器。如前所述，断路器中电弧的重燃是产生这种过电压的根本原因，如果断路器的触头分离速度很快，断路器的灭弧能力很强，熄弧后触头间隙的电气强度恢复速度大于恢复电压的上升速度，则电弧不再重燃，当然也就不会产生很高的过电压了。在 20 世纪 80 年代之前，由于断路器制造技术的限制，往往不能完全排除电弧重燃的可能性，因而这种过电压曾是按操作过电压选择 220kV 及以下线路绝缘水平的控制性因素；但随着现代断路器设计制造水平的提高，已能基本上达到不重燃的要求，从而使这种过电压在绝缘配合中降至次要的地位。

（2）加装并联分闸电阻。这也是降低触头间的恢复电压、避免重燃的有效措施。为了说明它的作用原理，可利用图 9-5。在切断空载线路时，应先打开主触头 Q1，使并

联电阻 R 串联接入电路，然后经 $1.5\sim2$ 个周期后再将辅助触头 Q2 打开，完成整个拉闸操作。

分闸电阻 R 的降压作用主要包括：

1）在打开主触头 Q1 后，线路仍通过 R 与电源相连，线路上的剩余电荷可通过 R 向电源释放，这时 Q1 上的恢复电压就是 R 上的压降；只要 R 值不太大，主触头间就不会发生电弧的重燃。

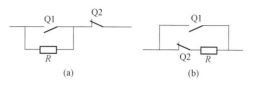

图 9-5　并联分闸电阻的接法

2）经过一段时间后再打开 Q2 时，恢复电压已较低，电弧一般也不会重燃。即使发生了重燃，由于 R 上有压降，沿线传播的电压波远小于没有 R 时的数值；此外，R 还能对振荡起阻尼作用，因而亦能减小过电压的最大值。实测表明，当装有分闸电阻时，这种过电压的最大值不会超过 $2.28U_{\varphi}$。

为了兼顾降低两个触头恢复电压的需要，并考虑 R 的热容量，这种分闸电阻应为中值电阻，其阻值一般处于 $1000\sim3000\Omega$ 的范围内。

（3）利用避雷器来保护。安装在线路首端和末端的 ZnO 或磁吹避雷器，亦能有效地限制这种过电压的幅值。

第二节　空载线路合闸过电压

将一条空载线路合闸到电源上去，也是电力系统中一种常见的操作，这时出现的操作过电压称为合空线过电压或合闸过电压。空载线的合闸又可分为两种不同的情况，即正常合闸和自动重合闸。重合闸过电压是合闸过电压中最严重的一种。与许多别的操作过电压相比，合闸过电压的倍数其实并不算大，但在现代的超高压和特高压输电系统中，由于采取了种种措施将其他幅值更高的操作过电压——加以抑制或降低（如采用不重燃断路器、新的变压器铁芯材料等），而这种过电压却很难找到限制保护措施，因而它在超/特高压系统的绝缘配合中上升为主要矛盾，成为选择超/特高压系统绝缘水平的决定性因素。

一、发展过程

让我们用集中参数等效电路暂态计算的方法来分析这种过电压的发展机理。

在正常合闸时，若断路器的三相完全同步动作，则可按单相电路进行分相研究，于是可画出图 9-6(a)所示的等效电路，其中空载线路用一 T 形等效电路来代替，R_{T}、L_{T}、C_{T} 分别为其等效电阻、电感和电容，u 为电源相电压，R_0、L_0 分别为电源的电阻和电感。在作定性分析时，还可忽略电源电阻和线路电阻的作用，这样就可进一步简化成图 9-6(b)所示的简单振荡回路，其中电感 $L=L_0+\dfrac{L_{\mathrm{T}}}{2}$。若取合闸瞬间为时间起算点($t=0$)，则电源电压的表达式为

$$u(t)=U_{\varphi}\cos\omega t$$

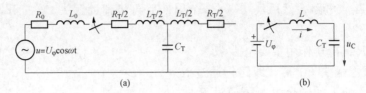

图 9 - 6　合空线过电压时的集中参数等效电路

(a) 等效电路；(b) 简化等效电路

在正常合闸时，空载线路上没有残余电荷，初始电压 $u_C(0)=0$，也不存在接地故障。图 9 - 6 (b) 的回路方程为

$$L\frac{\mathrm{d}i}{\mathrm{d}t}+u_C=u(t)$$

由于 $i=C_T\frac{\mathrm{d}u_C}{\mathrm{d}t}$，代入上式得

$$LC_T\frac{\mathrm{d}^2 u_C}{\mathrm{d}t^2}+u_C=u(t) \qquad (9\text{-}2)$$

先考虑最不利的情况，即在电源电压正好经过幅值 U_φ 时合闸，由于回路的自振频率 f_0 要比 50Hz 的电源频率高得多，所以可认为在振荡的初期，电源电压基本上保持不变，即近似地视为振荡回路合闸到直流电源 U_φ 的情况，于是式 (9 - 2) 变成

$$LC_T\frac{\mathrm{d}^2 u_C}{\mathrm{d}t^2}+u_C=U_\varphi \qquad (9\text{-}3)$$

式 (9 - 3) 的解为

$$u_C=U_\varphi+A\sin\omega_0 t+B\cos\omega_0 t \qquad (9\text{-}4)$$

式中　ω_0——振荡回路的自振角频率 $=\dfrac{1}{\sqrt{LC_T}}$；

A，B——积分常数。

按 $t=0$ 时的初始条件

$$u_C(0)=0$$

$$i=C_T\frac{\mathrm{d}u_C}{\mathrm{d}t}=0$$

可求得 $A=0$，$B=-U_\varphi$。代入式 (9 - 4) 可得

$$u_C=U_\varphi(1-\cos\omega_0 t) \qquad (9\text{-}5)$$

当 $t=\dfrac{\pi}{\omega_0}$ 时，$\cos\omega_0 t=-1$，u_C 达到其最大值，即

$$U_C=2U_\varphi \qquad (9\text{-}6)$$

实际上，回路存在电阻与能量损耗，振荡将是衰减的，通常以衰减系数 δ 来表示，式 (9 - 5) 将变为

$$u_C=U_\varphi(1-\mathrm{e}^{-\delta t}\cos\omega_0 t) \qquad (9\text{-}7)$$

式中，衰减系数 δ 与图 9 - 6 中的总电阻 $\left(R_0+\dfrac{R_T}{2}\right)$ 成正比。其波形见图 9 - 7 (a)，最大值 U_C 将略小于 $2U_\varphi$。

再者，电源电压并非直流电压 U_φ，而是工频交流电压 $u(t)$，这时的 $u_C(t)$ 表达式将为

$$u_C = U_\varphi(\cos\omega t - e^{-\delta t}\cos\omega_0 t)$$

$$(9 - 8)$$

其波形见图 9 - 7（b）。

如果按分布参数等效电路中的波过程来处理，设合闸也发生在电源电压等于幅值 U_φ 的瞬间，且忽略电阻与能量损耗，则沿线传播到末端的电压波 U_φ 将在开路末端发生全反射，使电压增大为 $2U_\varphi$，与式（9 - 6）的结果是一致的。

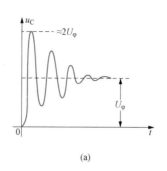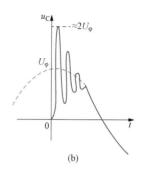

图 9 - 7　合闸过电压的波形
(a) $u(t) = U_\varphi$；(b) $u(t) = U_\varphi\cos\omega t$

以上是正常合闸的情况，空载线路上没有残余电荷，初始电压 $u_C(0) = 0$。如果是自动重合闸的情况，那么条件将更为不利，主要原因在于这时线路上有一定残余电荷和初始电压，重合闸时振荡将更加激烈。

例如在图 9 - 8 中，线路的 A 相发生了接地故障，设断路器 QF2 先跳闸，然后断路器 QF1 再跳闸。在 QF2 跳闸后，流过 QF1 健全相的电流为线路的电容电流，所以 QF1 动作后，B、C 两相的触头间的电弧将分别在该相电容电流过零时熄灭，这时 B、C 两相导线上的电压绝对值均为 U_φ（极性可能不同）。经过约 0.5s，QF1 或 QF2 自动重合，如果 B、C 两相导线上的残余电荷没

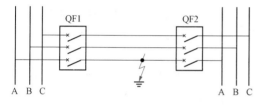

图 9 - 8　中性点有效接地系统中的单相接地故障和自动重合闸示意图

有泄漏掉，仍然保持着原有的对地电压，那么在最不利的情况下，B、C 两相中有一相的电源电压在重合闸瞬间（$t=0$）正好经过幅值，而且极性与该相导线上的残余电压（设为"$-U_\varphi$"）相反，那么重合闸后出现的振荡将使该相导线上出现最大的过电压，其值可按下式求得

$$U_C = 2U_W - u_C(0) = 2U_\varphi - (-U_\varphi) = 3U_\varphi$$

式中　U_W——稳态电压。

如果计入电阻及能量损耗的影响，振荡分量也将逐渐衰减，过电压波形将如图 9 - 9（a）所示；如果再考虑实际电源电压为工频交流电压，则实际过电压波形将如图 9 - 9（b）所示。

如果采用的是单相自动重合闸，只切除故障相，而健全相不与电源电压相脱离，那么当故障相重合闸时，因该相导线上不存在残余电荷和初始电压，就不会出现上述高幅值重合闸过电压。

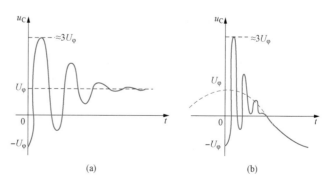

图 9 - 9　自动重合闸过电压波形
(a) $u_C(0) = -U_\varphi$，$u(t) = U_\varphi$；
(b) $u_C(0) = -U_\varphi$，$u(t) = U_\varphi\cos\omega t$

由上述可知：在合闸过电压中，以三相重合闸的情况最为严重，其过电压理论幅值可达 $3U_\varphi$。

二、影响因素和限制措施

以上对合闸过电压的分析也是考虑最严重的条件、最不利的情况。实际出现的过电压幅值会受到一系列因素的影响，其中最主要的有：

（1）合闸相位。电源电压在合闸瞬间的瞬时值取决于它的相位，它是一个随机量，遵循统计规律。如果合闸不是在电源电压接近幅值 $+U_\varphi$ 或 $-U_\varphi$ 时发生，出现的合闸过电压当然就较低了。

（2）线路损耗。实际线路上能量损耗的主要来源是：①线路及电源的电阻 [图 9 - 6（a）中的 R_T 和 R_0]；②当过电压超过导线的电晕起始电压后，导线上出现电晕损耗。

线路损耗能减弱振荡，从而降低过电压。

（3）线路残余电压的变化。在自动重合闸之前，大约有 0.5s 的间歇期，导线上的残余电荷在这段时间内会泄放掉一部分，从而使线路残余电压下降，因而有助于降低重合闸过电压的幅值。如果在线路侧接有电磁式电压互感器，那么它的等效电感和等效电阻与线路电容构成一阻尼振荡回路，使残余电荷在几个工频周期内即泄放一空。

合闸过电压的限制、降低措施主要有：

（1）装设并联合闸电阻。它是限制这种过电压最有效的措施。并联合闸电阻的接法与图 9 - 5 中的分闸电阻相同，不过这时应先合 Q2（辅助触头）、后合 Q1（主触头）。整个合闸过程的两个阶段对阻值的要求是不同的：在合 Q2 的第一阶段，R 对振荡起阻尼作用，使过渡过程中的过电压最大值有所降低，R 值越大、阻尼作用越大、过电压就越小，所以希望选用较大的阻值；经过 8～15ms，开始合闸的第二阶段，Q1 闭合，将 R 短接，使线路直接与电源相连，完成合闸操作。在第二阶段，R 值越大，过电压也越大，所以希望选用较小的阻值。在同时考虑两个阶段互相矛盾的要求后，可找出一个适中的阻值，以便同时照顾到两方面的要求，这个阻值一般处于 $400～1000\Omega$ 的范围内，与前面介绍的分闸电阻（中值）相比，合闸电阻应属低值电阻。

（2）同电位合闸。所谓同电位合闸，就是自动选择在断路器触头两端的电位极性相同，甚至电位也相等的瞬间完成合闸操作，以降低甚至消除合闸和重合闸过电压。具有这种功能的同电位合闸断路器已研制成功，它既有精确、稳定的机械特性，又有检测触头间电压（捕捉同电位瞬间）的二次选择回路。

（3）利用避雷器来保护。安装在线路首端和末端（线路断路器的线路侧）的 ZnO 或磁吹避雷器，均能对这种过电压进行限制，如果采用的是现代 ZnO 避雷器，就有可能将这种过电压的倍数限制到 1.5～1.6，因而可不必再在断路器中安装合闸电阻。

第三节　切除空载变压器过电压

切除空载变压器也是电力系统中常见的一种操作。空载变压器在正常运行时表现为一励磁电感，因此切除空载变压器就是开断一个小容量电感负荷，这时会在变压器上和断路器上出现很高的过电压。可以预期，在开断并联电抗器、消弧线圈等电感元件时，也会引起类似的过电压。

一、发展过程

产生这种过电压的原因是流过电感的电流在到达自然零值之前就被断路器强行切断，从而迫使储存在电感中的磁场能量转为电场能量而导致电压的升高。实验研究表明：在切断100A以上的交流电流时，断路器触头间的电弧通常都是在工频电流自然过零时熄灭的；但当被切断的电流较小时（空载变压器的励磁电流很小，一般只是额定电流的0.5%～5%，数安到数十安），电弧往往提前熄灭，亦即电流会在过零之前就被强行切断（截流现象）。

为了具体说明这种过电压的发展过程，可利用图 9 - 10 中的简化等效电路。图中 L_T 为变压器的励磁电感，C_T 为变压器绕组及连接线的对地电容（其值处于数百到数千皮法的范围内）。在工频电压作用下，$i_C \ll i_L$，因而开关所要切断的电流 $i = i_L + i_C \approx i_L$。

假如电流 i_L 是在其自然过零时被切断的话，电容 C_T 和电感 L_T 上的电压正好等于电源电压 u 的幅值 U_φ。这时 $i_L = 0$ 及 $\frac{1}{2} L_T i_L^2 = 0$，因此 i_L 被切断后的情况是电容 C_T 上的电荷（$q = C_T U_\varphi$）通过电感 L_T 作振荡性放电，并逐渐衰减至零（因为存在铁芯损耗和电阻损耗），可见这样的拉闸不会引起大于 U_φ 的过电压。

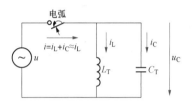

图 9 - 10　切除空载变压器
等效电路

如果电流 i_L 在自然过零之前就被提前切断，设此时 i_L 的瞬时值为 I_0，u_C 的瞬时值为 U_0，则切断瞬间在电感和电容中所储存的能量分别为

$$W_L = \frac{1}{2} L_T I_0^2$$

$$W_C = \frac{1}{2} C_T U_0^2$$

此后即在 L_T、C_T 构成的振荡回路中发生电磁振荡，在某一瞬间，全部电磁能量均变为电场能量，这时电容 C_T 上出现最大电压 U_{max}，因而

$$\frac{1}{2} C_T U_{max}^2 = \frac{1}{2} L_T I_0^2 + \frac{1}{2} C_T U_0^2$$

$$U_{max} = \sqrt{\frac{L_T}{C_T} I_0^2 + U_0^2} \tag{9 - 9}$$

若略去截流瞬间电容上所储存的能量 $\frac{1}{2} C_T U_0^2$，则

$$U_{max} \approx \sqrt{\frac{L_T}{C_T} I_0^2} = Z_T I_0 \tag{9 - 10}$$

式中　Z_T——变压器的特性阻抗，$Z_T = \sqrt{\frac{L_T}{C_T}}$。

在一般变压器中，Z_T 之值很大，因而 $\frac{L_T}{C_T} I_0^2 \gg U_0^2$，可见在近似计算中，完全可以忽略

$\frac{1}{2} C_T U_0^2$。

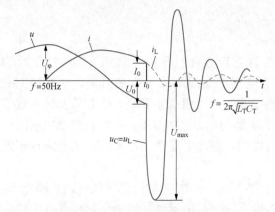

图 9 - 11　切除空载变压器过电压

截流现象通常发生在电流曲线的下降部分，设 I_0 为正值，则相应的 U_0 必为负值。当断路器中突然灭弧时，L_T 中的电流 i_L 不能突变，将继续向 C_T 充电，使电容上的电压从 "$-U_0$" 向更大的负值方向增大，如图 9 - 11 所示，此后在 $L_0 - C_T$ 回路中出现衰减性振荡，其频率为

$$f = \frac{1}{2\pi \sqrt{L_T C_T}}$$

以上介绍的是理想化了的切除空载变压器过电压的发展过程，实际过程往往要复杂得多，断路器触头间会发生多次电弧重燃，不过与切空线时相反，这时电弧重燃将使电感中的储能越来越小，从而使过电压幅值变小。

二、 影响因素与限制措施

1. 影响因素

（1）断路器性能。由式（9 - 10）可知，这种过电压的幅值近似地与截流值 I_0 成正比，每种类型的断路器每次开断时的截流值 I_0 有很大的分散性，但其最大可能截流值 $I_{0(max)}$ 有一定的限度，且基本上保持稳定，因而成为一个重要的指标，并使每种类型的断路器所造成的切空变过电压最大值亦各不相同。一般来说，灭弧能力越强的断路器，其对应的切空变过电压最大值也越大。

（2）变压器特性。首先是变压器的空载励磁电流 $I_L \left(= \frac{U_\varphi}{\omega L_T} \right)$ 或电感 L_T 的大小，对 U_{max} 会有一定的影响。令 I_L 为 i_L 的幅值，如果 $I_L \leqslant I_{0(max)}$，则过电压幅值 U_{max} 将随 I_L 的增大而增高，最大的过电压幅值将出现在 $i_L = I_L$ 时；如果 $I_L > I_{0(max)}$，则最大的 U_{max} 将出现在 $i_L = I_{0(max)}$ 时。空载励磁电流的大小与变压器容量有关，也与变压器铁芯所用的导磁材料有关。近年来，随着优质导磁材料的应用日益广泛，变压器的励磁电流减小很多；此外，变压器绕组改用纠结式绕法以及增加静电屏蔽等措施亦使对地电容 C_T 有所增大，使过电压有所降低。

2. 限 制 措 施

这种过电压的幅值是比较大的，国内外大量实测数据表明：通常它的倍数为2～3，有10％左右可能超过 3.5 倍，极少数更高达 4.5～5.0 倍甚至更高。但是这种过电压持续时间短、能量小，因而要加以限制并不困难，甚至采用普通阀式避雷器也能有效地加以限制和保护。如果采用磁吹避雷器或 ZnO 避雷器，效果更好。

在断路器的主触头上并联一线性或非线性电阻，也能有效地降低这种过电压，不过为了发挥足够的阻尼作用和限制励磁电流的作用，其阻值应接近于被切电感的工频励磁阻抗（数万欧姆），故为高值电阻，这对于限制切、合空线过电压都显得太大了。

第四节　断续电弧接地过电压

如果中性点不接地系统中的单相接地电流（电容电流）较大，接地点的电弧将不能自熄，而以断续电弧的形式存在，就会产生另一种严重的操作过电压——断续电弧接地过电压。

一、发展过程

这种过电压的发展过程和幅值大小都与熄弧的时间有关。随情况的不同，有两种可能的熄弧时间，一种是电弧在过渡过程中的高频振荡电流过零时即可熄灭，另一种是电弧要等到工频电流过零时才能熄灭。

下面就用工频电流过零时熄弧的情况来说明这种过电压的发展机理。为了使分析不致过于复杂，可作下列简化：①略去线间电容的影响；②设各相导线的对地电容均相等，即 $C_1 = C_2 = C_3 = C$。这样就可得出图 9 - 12（a）中的等效电路，其中故障点的电弧以发弧间隙 F 来代替，中性点不接地方式相当于图中中性点 N 处的开关 K 呈断开状态。设接地故障发生于 A 相，而且是正当 $\dot{U}_A$ 经过正幅值 U_φ 时发生，这样 A 相导线的电位立即变为零，中性点电位 $\dot{U}_{N0}$ 由零升至相电压，即 $\dot{U}_{N0} = -\dot{U}_A$，B、C 两相的对地电压都升高到线电压 $\dot{U}_{BA}$、$\dot{U}_{CA}$。

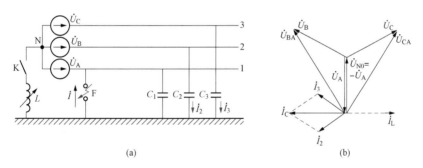

图 9 - 12　中性点不接地系统中的单相接地故障
（a）等效电路图；（b）相量图

流过 C_2 和 C_3 的电流 $\dot{I}_2$ 和 $\dot{I}_3$ 分别较 $\dot{U}_{BA}$ 和 $\dot{U}_{CA}$ 超前 $90°$，其幅值为

$$I_2 = I_3 = \sqrt{3}\omega C U_\varphi$$

因为 $\dot{I}_2$ 与 $\dot{I}_3$ 在相位上相差 $60°$，所以故障点的电流幅值为

$$I_C = \sqrt{3}I_2 = 3\omega C U_\varphi \propto U_N l \tag{9-11}$$

式中　U_N——电力系统的额定（线）电压，kV；

　　　l——线路总长度，km；

　　　C——每相导线的对地电容 $C = C_0 l$，F，C_0 为单位长度的对地电容，F/km。

由此可知：①流过故障点的电流是线路对地电容所引起的电容电流，其相位较 $\dot{U}_A$ 滞后 90°（较 $\dot{U}_{N0}$，超前 90°）；②故障电流的大小与电力系统额定电压和线路总长度成正比。

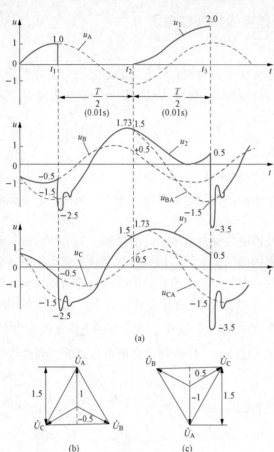

如以 u_A、u_B、u_C 代表三相电源电压，以 u_1、u_2、u_3 代表三相导线的对地电压（即 C_1、C_2、C_3 上的电压），则通过以下分析即可得出图 9 - 13 所示的过电压发展过程。

设 A 相在 $t=t_1$ 瞬间（此时 $u_A=+U_\varphi$）对地发弧，发弧前瞬间（以 t_1^- 表示）三相电容上的电压分别为［参阅图 9 - 13（b）］

$$\left.\begin{array}{l} u_1(t_1^-)=+U_\varphi \\ u_2(t_1^-)=-0.5U_\varphi \\ u_3(t_1^-)=-0.5U_\varphi \end{array}\right\}$$

发弧后瞬间（以 t_1^+ 表示），A 相 C_1 上的电荷通过电弧泄入地下，其电压降为零；而两健全相电容 C_2、C_3 则由电源的线电压 u_{BA}、u_{CA} 经过电源的电感（图中未画出）进行充电，由原来的电压"$-0.5U_\varphi$"向 u_{BA}、u_{CA} 此时的瞬时值"$-1.5U_\varphi$"变化。显然，这一充电过程是一个高频振荡过程，其振荡频率取决于电源的电感和导线的对地电容 C。

可见三相导线电压的稳态值分别为

$$\left.\begin{array}{l} u_1(t_1^+)=0 \\ u_2(t_1^+)=u_{BA}(t_1)=-1.5U_\varphi \\ u_3(t_1^+)=u_{CA}(t_1)=-1.5U_\varphi \end{array}\right\}$$

图 9 - 13 在工频电流过零时熄弧的条件下，断续电弧接地过电压的发展过程

（a）三相导线上的电压波形；（b）t_1 瞬间的电压相量图；（c）t_2 瞬间的电压相量图

在振荡过程中，C_2、C_3 上可能达到的最大电压均为

$$u_{2m}(t_1)=u_{3m}(t_1)=2\times(-1.5U_\varphi)-(-0.5U_\varphi)=-2.5U_\varphi$$

过渡过程结果后，u_2 和 u_3 将分别等于 u_{BA} 和 u_{CA}，如图 9 - 13（a）所示。

故障点的电弧电流包含有工频分量和迅速衰减的高频分量。如果在高频电流分量过零时，电弧不熄灭，则故障点的电弧将持续燃烧半个工频周期$\left(\dfrac{T}{2}\right)$，直到工频电流分量过零时才熄灭（$t_2$ 瞬间），由于工频电流分量 $\dot{I}_C$ 与 $\dot{U}_A$ 的相位差为 90°，t_2 正好是 $u_A=-U_\varphi$ 的瞬间。

如果故障电流很大，那么在工频电流过零时（t_2 瞬时），电弧也不一定能熄灭，这是稳定电弧的情况，不属于断续电弧的范畴。

t_2 瞬间熄弧后，又会出现新的过渡过程。这时三相导线上的电压初始值分别为

$$u_1(t_2^-) = 0$$
$$u_2(t_2^-) = u_3(t_2^-) = +1.5U_\varphi$$

由于中性点不接地，各相导线电容上的初始电压在熄弧后仍将保留在系统内（忽略对地泄漏电导），但将在三相电容上重新分配，这个过程实际上是 C_2、C_3 通过电源电感给 C_1 充电的过程，其结果是三相电容上的电荷均相等，从而使三相导线的对地电压亦相等，亦即使对地绝缘的中性点上产生一对地直流偏移电压 $U_{N0}(t_2$ 瞬间)

$$U_{N0}(t_2) = \frac{0 \times C_1 + 1.5U_\varphi C_2 + 1.5U_\varphi C_3}{C_1 + C_2 + C_3} = U_\varphi$$

可见在故障点熄弧后，三相电容上的电压可由对称的三相交流电压分量和一直流电压分量叠加而得，即熄弧后的电压稳态值分别为

$$u_1(t_2^+) = u_A(t_2) + U_{N0} = -U_\varphi + U_\varphi = 0$$
$$u_2(t_2^+) = u_B(t_2) + U_{N0} = 0.5U_\varphi + U_\varphi = 1.5U_\varphi$$
$$u_3(t_2^+) = u_C(t_2) + U_{N0} = 0.5U_\varphi + U_\varphi = 1.5U_\varphi$$

所以

$$u_1(t_2^+) = u_1(t_2^-)$$
$$u_2(t_2^+) = u_2(t_2^-)$$
$$u_3(t_2^+) = u_3(t_2^-)$$

可见三相电压的新稳态值均与起始值相等，因此在 t_2 瞬间熄弧时将没有振荡现象出现。

再经过半个周期 $\left(\dfrac{T}{2}\right)$，即在 $t_3 = t_2 + \dfrac{T}{2}$ 时，故障相电压达到最大值 $2U_\varphi$。如果这时故障点再次发弧，u_1 又将突然降为零，电网中将再一次出现过渡过程。

这时在电弧重燃前，三相电压初始值分别为

$$u_1(t_3^-) = 2U_\varphi$$
$$u_2(t_3^-) = u_3(t_3^-) = U_N + u_B(t_3) = U_\varphi + (-0.5U_\varphi) = 0.5U_\varphi$$

新的稳态值为

$$u_1(t_3^+) = 0$$
$$u_2(t_3^+) = u_{BA}(t_3) = -1.5U_\varphi$$
$$u_3(t_3^+) = u_{CA}(t_3) = -1.5U_\varphi$$

振荡过程中过电压的最大值可达

$$u_{2m}(t_3) = u_{3m}(t_3) = 2 \times (-1.5U_\varphi) - (0.5U_\varphi) = -3.5U_\varphi$$

显然，此后的"熄弧—重燃"过程均将与此相同，故过电压最大值亦相同。

由以上分析可知，按工频电流过零时熄弧的理论所作的分析结论是：①两健全相的最大过电压倍数为 3.5；②故障相上不存在振荡过程，最大过电压倍数等于 2.0。

但是长期以来大量试验研究表明，故障点电弧在工频电流过零时和高频电流过零时熄灭都是可能的。一般来说，发生在大气中的开放性电弧往往要到工频电流过零时才能熄灭；而在强烈去电离的条件下（如发生在绝缘油中的封闭性电弧或刮大风时的开放弧），电弧往往在高频电流过零时就能熄灭。在后一种情况下，理论分析所得到的过电压倍数将比上述结果更大。

还应指出，电弧的燃烧和熄灭会受到发弧部位的周围媒质和大气条件等的影响，具有

很强的随机性质，因而它所引起的过电压值具有统计性质。在实际电力系统中，由于发弧不一定在故障相上的电压正好为幅值时，熄弧也不一定发生在高频电流第一次过零时，导线相间存在一定的电容，线路上存在能量损耗，过电压下将出现电晕而引起衰减等因素的综合影响，这种过电压的实测值不超过 $3.5U_\varphi$，一般在 $3.0U_\varphi$ 以下。但由于这种过电压的持续时间可以很长（如数小时），波及范围很广，在整个电力系统某处存在绝缘弱点时，可在该处造成绝缘闪络或击穿，因而是一种危害性很大的过电压。

二、防护措施

断续电弧接地过电压最根本的防护办法就是不让断续电弧出现，这可以通过改变中性点接地方式来实现。

1. 采用中性点有效接地方式

这时单相接地将造成很大的单相短路电流，断路器将立即跳闸，切断故障，经过一段短时间歇让故障点电弧熄灭后再自动重合。如重合成功，可立即恢复送电；如不能成功，断路器将再次跳闸，不会出现断续电弧现象。我国 110kV 及以上电力系统均采用这种中性点接地方式，除了避免出现这种过电压外，还因为能降低所需的绝缘水平，缩减建设费用。

2. 采用中性点经消弧线圈接地方式

采用中性点有效接地方式虽然能解决断续电弧接地过电压问题，但每次发生单相接地故障都会引起断路器跳闸，大大降低了供电可靠性。对于 66kV 及以下的线路来说，降低绝缘水平的经济效益不明显，所以大都采用中性点非有效接地的方式，以提高供电可靠性。当单相接地流过故障点的电容电流 I_C 不大时，不能维持断续电弧长期存在，因而可采用中性点不接地（绝缘）的方式；当电容电流 I_C 达到一定数值时，单相接地点的电弧将难以自熄，需要装设消弧线圈来加以补偿，方能避免断续电弧的出现。

关于消弧线圈的应用场合，我国标准[5]有如下规定：

（1）对于 35kV 和 66kV 系统，如单相接地电容电流 I_C 不超过 10A 时，中性点可采用不接地方式；如 I_C 超过上述容许值（10A）时，应采用中性点经消弧线圈接地方式。

（2）对于不直接与发电机连接的 3～10kV 系统，I_C 的容许值如下：

1）由钢筋混凝土或金属杆塔的架空线路构成者：10A；

2）由非钢筋混凝土或非金属杆塔的架空线路构成者：3、6kV，I_C 的容许值为 30A；10kV，I_C 的容许值为 20A；

3）由电缆线路构成者：30A。

（3）对于与发电机直接连接的 3～20kV 系统，如 I_C 不超过表 9-2 所列容许值，其中性点可采用不接地方式；如超过容许值，应采用经消弧线圈接地方式。

表 9-2　接有发电机的系统电容电流容许值

发电机额定电压 （kV）	发电机额定容量 （MW）	I_C 容许值 （A）
6.3	≤50	4
10.5	50～100	3
13.8～15.75	125～200	2（非氢冷）
		2.5（氢冷）
18～20	≥300	1

消弧线圈是一只具有分段（即带间隙的）铁芯和电感可调的电感线圈，接在电力系统中性点与大地之间［参阅图 9-12（a）中合上开关 K 的情况］。在电力系统正常运行时，其中性点的对地电位很低，流过消弧线圈的电流很小、电能损耗也很有限。一旦电力系统中发生

单相（如 A 相）接地故障时，中性点对地电压 $\dot{U}_{N0}$ 立即升为 $-\dot{U}_A$，流过消弧线圈的电感电流 $\dot{I}_L$ 正好与接地电容电流 $\dot{I}_C$ 反相 [见图 9 - 12 （b）]。

前面已经求得，流过故障点的电容电流为

$$|\dot{I}_C| = 3\omega C U_\varphi$$

中性点接有消弧线圈后，流过故障点的电感电流为

$$|\dot{I}_L| = \frac{U_\varphi}{\omega L}$$

如果调节 L 之值，使 $|\dot{I}_L| = |\dot{I}_C|$，则二者将相互抵消，这种情况称为全补偿。由此可求出全补偿时的电感值应为

$$L = \frac{1}{\omega^2 3C} \tag{9 - 12}$$

从消弧的视角出发，采用全补偿无疑是最佳方案，但在实际电力系统中，由于其他方面的原因（特别是为了避免中性点位移电压过高），并不采用上式所示的全补偿时的 L 值，而是取得比它小一些或大一些。如果 $|\dot{I}_L| > |\dot{I}_C|$ $\left(即 L < \frac{1}{\omega^2 3C}\right)$，称为过补偿，如果 $|\dot{I}_L| < |\dot{I}_C|$ $\left(即 L > \frac{1}{\omega^2 3C}\right)$，称为欠补偿。由于多方面原因，一般均希望采用以过补偿为主的运行方式[23]。

消弧线圈的运行主要就是调谐值的整定。在选择消弧线圈的调谐值（即 L 值）时，应该满足下述两方面的基本要求：

（1）单相接地时流过故障点的残流应符合能可靠地自动消弧的要求；

（2）在电力系统正常运行和发生故障时，中性点位移电压 $\dot{U}_N$ 都不可升高到危及绝缘的程度。

实际上，这两个要求是互相矛盾的，因而只能采取折中的方案来同时满足两方面的要求。

第五节 有关操作过电压若干总的概念与结论

通过以上对四种常见的典型操作过电压及其防护措施的分析与介绍，可以得到一些有关操作过电压的总的概念与结论：

（1）电力系统中各种操作过电压的产生原因和发展过程各异、影响因素很多，但其根源均为电力系统内部储存的电磁能量发生交换和振荡。其幅值和波形与电网结构及参数、中性点接地方式、断路器性能、运行接线及操作方式、限压保护装置的性能等多种因素有关。

（2）操作过电压具有多种多样的波形和持续时间（从数百微秒到工频的若干周波），较长的持续时间对应于线路较长的情况。经过适当筛选、简化和处理，可归纳成两种典型的波形：①在工频电压分量上叠加一高频（数百到数千赫兹）衰减性振荡波，如图 9 - 14 （a）所示；②在工频电压分量上叠加一非周期性冲击波，后者的波前时间为 0.1～0.5ms，半峰值时间为 3～4ms，如图 9 - 14 （b）所示。在此基础上，国际电工委员会（IEC）和我国国

家标准推荐图 1‐18 (a) 的 $250/2500\mu s$ 冲击长波和图 1‐18 (b) 的衰减振荡波作为试验用的标准操作冲击电压波形，应该说是合适的。

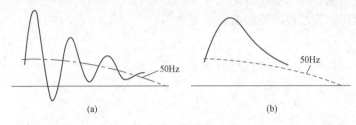

图 9‐14　典型的操作过电压波形

(a) 工频电压分量上叠加一高频衰减振荡波；(b) 工频电压分量上叠加一非周期性冲击波

(3) 在断路器内安装并联电阻是降低多种操作过电压的有效措施，但这些操作过电压对并联电阻的阻值提出了不同的要求。显然，不可能在断路器内为每种过电压单独安装一组并联电阻，而只能合用一组，那么它的阻值究竟应怎么选择呢？首先，切空变过电压要求采用高值并联电阻，这与切、合空线过电压所要求的大不相同，好在切空变过电压持续时间短、能量小，可以用任何一种避雷器加以限制和保护，因而在选择并联电阻的阻值时，可不予考虑。但切、合空线过电压所要求的阻值也不相同，因而只能采取折中的方案：在 220kV 及以上电力系统中，通常更多地倾向于采用以限制切空线过电压为主的中值电阻；而在 500kV 及以上电力系统中，倾向于以限制合空线过电压为主的低值电阻。在采用现代 ZnO 避雷器的情况下，是否尚需装用并联合闸电阻，可通过验算决定。

表 9‐3　　　操作过电压的计算倍数

系统额定电压 (kV)	中性点接地方式	相对地操作过电压计算倍数
66 及以下	非有效接地	4.0
35 及以下	有效接地（经小电阻）	3.2
110～220	有效接地	3.0

(4) 操作过电压的幅值受到许多因素的影响，因而具有显著的统计性质。根据国内外大量实测资料，综合考虑各种操作过电压的幅值及出现概率，我国标准规定了在未采用避雷器对操作过电压幅值进行限制的情况下按操作过电压作绝缘配合时，可采用表 9‐3 给出的计算倍数。

另 3～220kV 电力系统的相间操作过电压可取相对地过电压的 1.3～1.4 倍。

(5) 能同时保护操作过电压和雷电过电压的磁吹避雷器，特别是现代金属氧化物避雷器的问世，为操作过电压的限制与防护提供了新的可能性。普通阀式避雷器是不能用来保护操作过电压的，因为它的通流能力和热容量有限，如在操作过电压下动作，往往发生爆炸或损坏。对于保护操作过电压用的避雷器有以下一些特殊的要求：

1) 有间隙避雷器的火花间隙在操作过电压下的放电电压可与工频放电电压不同，而且分散性较大；

2) 操作过电压下流过避雷器的电流虽然一般均小于雷电流，但持续时间长，因而对阀片通流容量的要求较高；

3) 在操作过电压的作用下，避雷器可能多次动作，因而对阀片和火花间隙的要求都比较苛刻。

磁吹避雷器虽可用来限制操作过电压，但由于所采用的高温阀片的非线性指数较大，当避雷器在雷电过电压下动作时，流过的冲击电流所造成的残压可能偏高。为了协调限制雷电过电压和操作过电压的不同要求，人们研制了复合式磁吹避雷器。现代 ZnO 避雷器由于具有无间隙、动作电压低、非线性指数较小、残压低、通流容量大、保护距离长等一系列优点，所以可同时满足限制雷电过电压和操作过电压的要求，是目前最理想的保护装置。

第六节　工频电压升高

作为暂时过电压中的一类，工频电压升高的倍数虽然不大，一般不会对电力系统的绝缘直接造成危害，但是它在绝缘裕度较小的超高压输电系统中仍受到很大的注意，这是因为：

（1）由于工频电压升高大都在空载或轻载条件下发生，与多种操作过电压的发生条件相同或相似，所以它们有可能同时出现、相互叠加，也可以说多种操作过电压往往就是在工频电压升高的基础上发生和发展的，所以在设计高压电网的绝缘时，应计及它们的联合作用。

（2）工频电压升高是决定某些过电压保护装置工作条件的重要依据。例如避雷器的灭弧电压就是按照电力系统单相接地时健全相上的工频电压升高来选定的，所以它直接影响到避雷器的保护特性和电气设备的绝缘水平。

（3）由于工频电压升高是不衰减或弱衰减现象，持续的时间很长，对设备绝缘及其运行条件也有很大的影响，例如有可能导致油纸绝缘内部发生局部放电、染污绝缘子发生沿面闪络、导线上出现电晕放电等。

下面分别介绍电力系统中常见的几种工频电压升高的产生机理及降压措施。

一、 空载长线电容效应引起的工频电压升高

输电线路在长度不很大时，可用集中参数的电阻、电感和电容来代替，图 9 - 15 （a）给出了它的 T 形等效电路。图中 R_0、L_0 为电源的内电阻和内电感，R_T、L_T、C_T 为 T 形等效电路中的线路等效电阻、电感和电容，$e(t)$ 为电源相电动势。由于线路空载，就可简化成一 R、L、C 串联电路，如图 9 - 15 （b）所示。一般 R 要比 X_L 和 X_C 小得多，而空载线路的工频容抗 X_C 又要大于工频感抗 X_L，因此在工频电动势 $\dot{E}$ 的作用下，线路上流过的容性电流在感抗上造成的压降 $\dot{U}_L$ 将使容抗上的电压 $\dot{U}_C$ 高于电源电动势。其关系式如下

$$\dot{E} = \dot{U}_R + \dot{U}_L + \dot{U}_C = R\dot{I} + jX_L\dot{I} - jX_C\dot{I} \tag{9-13}$$

若忽略 R 的作用，则

$$\dot{E} = \dot{U}_L + \dot{U}_C = j\dot{I}(X_L - X_C) \tag{9-14}$$

由于电感与电容上的压降反相，且 $U_C > U_L$，可见电容上的压降大于电源电动势，如图 9 - 15 （c）所示。

随着输电电压的提高、输送距离的增长，在分析空载长线的电容效应时，也需要采用分布参数等效电路，但基本结论与前面所述者相似。为了限制这种工频电压升高现象，大多采用并联电抗器来补偿线路的电容电流以削弱电容效应，效果十分显著。

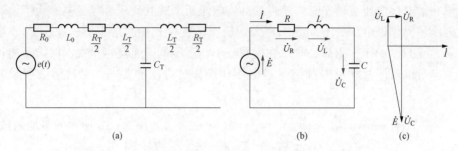

图 9 - 15　空载长线的电容效应

（a）T 形等效电路；（b）简化等效电路；（c）相量图

二、 不对称短路引起的工频电压升高

不对称短路是电力系统中最常见的故障形式，当发生单相或两相对地短路时，健全相的电压都会升高，其中单相接地引起的电压升高更大一些。此外，阀式避雷器的灭弧电压通常也就是依据单相接地时的工频电压升高来选定的。所以下面将只讨论单相接地的情况。

单相接地时，故障点各相的电压、电流是不对称的，为了计算健全相上的电压升高，通常采用对称分量法和复合序网进行分析，不仅计算方便，且可计及长线的分布特性。

当 A 相接地时，可求得 B、C 两健全相上的电压为

$$
\left.
\begin{aligned}
\dot{U}_\mathrm{B} &= \frac{(a^2-1)Z_0+(a^2-a)Z_2}{Z_0+Z_1+Z_2}\dot{U}_{\mathrm{A}0} \\
\dot{U}_\mathrm{C} &= \frac{(a-1)Z_0+(a^2-a)Z_2}{Z_0+Z_1+Z_2}\dot{U}_{\mathrm{A}0} \\
a &= \mathrm{e}^{\mathrm{j}\frac{2\pi}{3}}
\end{aligned}
\right\}
\tag{9-15}
$$

式中　　$\dot{U}_{\mathrm{A}0}$——正常运行时故障点处 A 相电压；

Z_1，Z_2，Z_0——从故障点看进去的电网正序、负序和零序阻抗。

对于电源容量较大的系统，$Z_1 \approx Z_2$，如再忽略各序阻抗中的电阻分量 R_0、R_1、R_2，则式（9 - 15）可改写成

$$
\left.
\begin{aligned}
\dot{U}_\mathrm{B} &= \left(-\frac{1.5\dfrac{X_0}{X_1}}{2+\dfrac{X_0}{X_1}}-\mathrm{j}\frac{\sqrt{3}}{2}\right)\dot{U}_{\mathrm{A}0} \\
\dot{U}_\mathrm{C} &= \left(-\frac{1.5\dfrac{X_0}{X_1}}{2+\dfrac{X_0}{X_1}}+\mathrm{j}\frac{\sqrt{3}}{2}\right)\dot{U}_{\mathrm{A}0}
\end{aligned}
\right\}
\tag{9-16}
$$

$\dot{U}_\mathrm{B}$、$\dot{U}_\mathrm{C}$ 的模值为

$$
U_\mathrm{B}=U_\mathrm{C}=\sqrt{3}\,\frac{\sqrt{\left(\dfrac{X_0}{X_1}\right)^2+\left(\dfrac{X_0}{X_1}\right)+1}}{\dfrac{X_0}{X_1}+2}U_{\mathrm{A}0}=KU_{\mathrm{A}0}
\tag{9-17}
$$

上式中

$$K = \sqrt{3} \frac{\sqrt{\left(\dfrac{X_0}{X_1}\right)^2 + \left(\dfrac{X_0}{X_1}\right) + 1}}{\dfrac{X_0}{X_1} + 2} \qquad (9\text{-}18)$$

系数 K 称为接地系数，表示单相接地故障时健全相的最高对地工频电压有效值与无故障时对地电压有效值之比。根据式（9-18）即可画出如图 9-16 所示的接地系数 K 与 X_0/X_1 的关系曲线。

下面按电力系统中性点接地方式分别分析健全相电压升高的程度。

对中性点不接地（绝缘）的电力系统，X_0 取决于线路的容抗，故为负值。单相接地时健全相上的工频电压升高约为额定（线）电压 U_N 的 1.1 倍。避雷器的灭弧电压按 110%U_N 选择，可称为"110%避雷器"。

对中性点经消弧线圈接地的 $35 \sim 60$kV 电力系统，在过补偿状态下运行时，X_0 为很大的正值，单相接地时健全相上电压接近于额定电压 U_N，故采用"100%避雷器"。

对中性点有效接地的 $110 \sim 220$kV 电网，

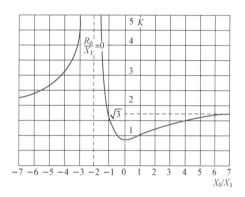

图 9-16　单相接地时接地系数 K 与 X_0/X_1 的关系电线

X_0 为不大的正值，且 $X_0/X_1 \leqslant 3$。单相接地时健全相上的电压升高不大于 $1.4 U_{A0}$（$\approx 0.8 U_N$），故采用的是"80%避雷器"。

三、　甩负荷引起的工频电压升高

当输电线路在传输较大容量时，断路器因某种原因而突然跳闸甩掉负荷时，会在原动机与发电机内引起一系列机电暂态过程，这是造成工频电压升高的又一原因。

在发电机突然失去部分或全部负荷时，通过励磁绕组的磁通因须遵循磁链守恒原则而不会突变，与其对应的电源电动势 E'_d 维持原来的数值。原先负荷的电感电流对发电机主磁通的去磁效应突然消失，而空载线路的电容电流对主磁通起助磁作用，使 E'_d 反而增大，要等到自动电压调节器开始发挥作用时，才逐步下降。

此外，从机械过程来看，发电机突然甩掉一部分有功负荷后，因原动机的调速器有一定惯性，在短时间内输入原动机的功率来不及减少，将使发电机转速增大、电源频率上升，不但发电机的电动势随转速的增大而升高，而且还会加剧线路的电容效应，从而引起较大的电压升高。

最后，在考虑线路的工频电压升高时，如果同时计及空载线路的电容效应、单相接地及突然甩负荷等三种情况，那么工频电压升高可达到相当大的数值（如 2 倍相电压）。实际运行经验表明：在一般情况下，220kV 及以下的电网中不需要采取特殊措施来限制工频电压升高；但在 $330 \sim 500$kV 超高压电网中，应采用并联电抗器或静止补偿装置等措施，将工频电压升高限制到 $1.3 \sim 1.4$ 倍相电压以下。

第七节　谐振过电压

电力系统中存在着大量储能元件，即储存静电能量的电容元件（导线的对地电容和相间电容，串、并联补偿电容器组，过电压保护用电容器，各种设备的杂散电容等）和储存磁能的电感元件（变压器、互感器、发电机、消弧线圈、电抗器及各种杂散电感等）。当系统中出现扰动时（操作或发生故障），这些电感、电容元件就有可能形成各种不同的振荡回路，引起谐振过电压。

一、谐振过电压的类型

通常认为，系统中的电阻元件和电容元件均为线性元件，而电感元件则可分为三类：①线性的（在一定条件下）；②非线性的；③电感值呈周期性变化的电感元件。与之相对应，可能发生三种不同形式的谐振现象。

（一）线性谐振过电压

发生这种谐振现象的电路中，电感 L 与电容 C、电阻 R 都是线性参数，即它们的值都不随电流、电压而变化。这些元件或者是磁通不经过铁芯的电感元件，或者是铁芯的励磁特性接近线性的电感元件。它们与电力系统中的电容元件形成串联回路，当电力系统的交流电源频率接近于回路的自振频率时，回路的感抗和容抗相等或相近而互相抵消，回路电流只受回路电阻的限制而可达很大的数值，这样的串联谐振将在电感元件和电容元件上产生远远超过电源电压的过电压。

限制这种过电流和过电压的方法是使回路脱离谐振状态或增加回路的损耗。在电力系统设计和运行时，应设法避开谐振条件以消除这种线性谐振过电压。

（二）参数谐振过电压

系统中某些元件的电感会发生周期性变化，例如发电机转动时，其电感的大小随着转子位置的不同而周期性地变化。当发电机带有电容性负载（如一段空载线路）时，如再存在不利的参数配合，就有可能引发参数谐振现象，产生参数谐振过电压。有时将这种现象称为发电机的自励磁或自激过电压。

由于回路中有损耗，所以只有当参数变化所吸收的能量（由原动机供给）足以补偿回路中的损耗时，才能保证谐振的持续发展。从理论上来说，这种谐振的发展将使振幅无限增大，而不像线性谐振那样受到回路电阻的限制；但实际上当电压增大到一定程度后，电感一定会出现饱和现象，而使回路自动偏离谐振条件，使过电压不致无限增大。

发电机在正式投入运行前，设计部门要进行自激的校核，避开谐振点，因此一般不会出现参数谐振现象。

（三）铁磁谐振过电压

当电感元件带有铁芯时，一般都会出现饱和现象，这时电感不再是常数，而是随着电流或磁通的变化而改变，在满足一定条件时，就会产生铁磁谐振现象。铁磁谐振过电压具有一系列不同于其他谐振过电压的特点，可在电力系统中引发某些严重事故，为此将在下面作比较详细的分析。

二、 铁磁谐振过电压

为了探讨这种过电压最基本的物理过程，可利用图 9-17 所示最简单的 L—C 串联铁磁谐振电路。不过这时的 L 是一只带铁芯的非线性电感，电感值是一个变数，因而回路也就没有固定的自振频率，同一回路中，既可能产生振荡频率等于电源频率的基频谐振，也可以产生高次谐波（如 2、3、5 次等）和分次谐波$\left(如 \dfrac{1}{2}、\dfrac{1}{3}、\dfrac{1}{5} 次等\right)$谐振，具有各种谐波谐振的可能性是铁磁谐振的一个重要特点。不过为了简化和突出基频谐振的基本物理概念，可略去回路中各种谐波的影响，并忽略回路中一定会有的能量损耗。

在图 9-18 中分别画出了电感电压 U_L 及电容电压 U_C 与电流 I 的关系（电压、电流均以有效值表示）。由于电容是线性的，所以 $U_C(I)$ 是一条直线 $U_C = \dfrac{1}{\omega C}I$；随着电流的增大，铁芯出现饱和现象，电感 L 不断减小，设两条伏安特性相交于 P 点。

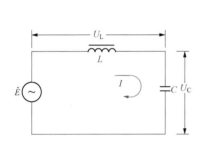

图 9-17　串联铁磁谐振电路

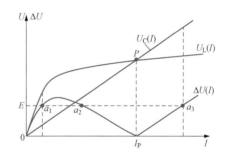

图 9-18　串联铁磁谐振电路的特性曲线

由于 $\dot{U}_L$ 与 $\dot{U}_C$ 的相位相反，当 $\omega L > \dfrac{1}{\omega C}$，即 $U_L > U_C$ 时，电路中的电流是感性的；但当 $I > I_P$ 以后，$U_C > U_L$，电流变为容性。由回路元件上的压降与电源电动势的平衡关系可得

$$\dot{E} = \dot{U}_L + \dot{U}_C \tag{9-19}$$

该平衡式也可以用电压降总和的绝对值 ΔU 来表示，即

$$E = \Delta U = |U_L - U_C| \tag{9-20}$$

ΔU 与 I 的关系曲线 $\Delta U(I)$ 亦在图 9-18 中绘出。

电动势 E 和 ΔU 曲线相交点，就是满足上述平衡方程的点。由图 9-18 中可以看出，有 a_1、a_2、a_3 三个平衡点，但这三点并不都是稳定的。研究某一点是否稳定，可假定回路中有一微小的扰动，分析此扰动是否能使回路脱离该点。例如 a_1 点，若回路中电流稍有增加，$\Delta U > E$，即电压降大于电动势，使回路电流减小，回到 a_1 点；反之，若回路中电流稍有减小，$\Delta U < E$，电压降小于电动势，使回路电流增大，同样回到 a_1 点。因此 a_1 点是稳定点。用同样的方法分析 a_2、a_3 点，即可发现 a_3 也是稳定点，而 a_2 是不稳定点。

同时，从图 9-18 中可以看出，当电动势较小时，回路存在着两个可能的工作点 a_1、a_3，而当 E 超过一定值以后，可能只存在一个工作点。当有两个工作点时，若电源电动势是逐渐上升的，则能处在非谐振工作点 a_1。为了建立起稳定的谐振点 a_3，回路必须经过强烈的扰动过程，例如发生故障、断路器跳闸、切除故障等。这种需要经过过渡过程建立的谐振现象称之为铁磁谐振的"激发"。而且一旦"激发"起来以后，谐振状态就可以保持很长时间，不会衰减。

根据以上分析，基波的铁磁谐振有下列特点：

(1) 产生串联铁磁谐振的必要条件是：电感和电容的伏安特性必须相交，即

$$\omega L > \frac{1}{\omega C} \tag{9-21}$$

因而，铁磁谐振可以在较大范围内产生。

(2) 对铁磁谐振电路，在同一电源电动势作用下，回路可能有不止一种稳定工作状态。在外界激发下，回路可能从非谐振工作状态跃变到谐振工作状态，电路从感性变为容性，发生相位反倾，同时产生过电压与过电流。

(3) 铁磁元件的非线性是产生铁磁谐振的根本原因，但其饱和特性本身又限制了过电压的幅值。此外，回路中的损耗会使过电压降低，当回路电阻值大到一定数值时，就不会出现强烈的谐振现象。

电力系统中的铁磁谐振过电压常发生在非全相运行状态中，其中电感可以是空载变压器或轻载变压器的励磁电感、消弧线圈的电感、电磁式电压互感器的电感等，电容是导线的对地电容、相间电容以及电感线圈对地的杂散电容等。

为了限制和消除铁磁谐振过电压，人们已找到了许多有效的措施：

(1) 改善电磁式电压互感器的励磁特性，或改用电容式电压互感器；

(2) 在电压互感器开口三角绕组中接入阻尼电阻，或在电压互感器一次绕组的中性点对地接入电阻；

(3) 在有些情况下，可在 10kV 及以下的母线上装设一组三相对地电容器，或用电缆段代替架空线段，以增大对地电容，从参数搭配上避开谐振；

(4) 在特殊情况下，可将系统中性点临时经电阻接地或直接接地，或投入消弧线圈，也可以按事先规定投入某些线路或设备以改变电路参数，消除谐振过电压。

第十章 电力系统绝缘配合

随着电力系统电压等级的提高，正确解决电力系统的绝缘配合问题显得越来越重要。为了处理好这个问题，需要很好地掌握电介质和各种绝缘结构的电气强度、电力系统中的过电压及其防护装置的特性等方面的知识，甚至涉及电力系统的设计运行、故障分析和事故处理。绝缘配合是电力系统中涉及面最广的综合性科学技术课题之一。

第一节 绝缘配合基本概念

一、绝缘配合的根本任务

电力系统绝缘配合的根本任务是：正确处理过电压和绝缘这一对矛盾，以达到优质、安全、经济供电的目的。更具体的说法是：根据电气设备所在系统中可能出现的各种电气应力（工作电压和各种过电压），并考虑保护装置的保护性能和绝缘的电气特性，适当选择设备的绝缘水平，使之在各种电气应力的作用下，绝缘故障率和事故损失均处于经济上和运行上都能够接受的合理范围内。

在就绝缘配合算经济账时，应该全面考虑投资费用（特指绝缘投资和过电压防护措施的投资）、运行维护费用（亦指绝缘和过电压防护装置的运行维护）和事故损失（特指绝缘故障引起的事故损失）三个方面，以求优化总的经济指标。

绝缘配合的核心问题是确定各种电气设备的绝缘水平，它是绝缘设计的首要前提，往往以各种耐压试验所用的试验电压值来表示。由于任何一种电气设备在运行中都不是孤立存在的，首先是它们一定和某些过电压保护装置一起运行并接受后者的保护，其次是各种电气设备绝缘之间，甚至各种保护装置之间在运行中都是互有影响的，所以在选择绝缘水平时，需要考虑的因素很多，需要协调的关系很复杂。电力系统中存在着许多绝缘配合方面的问题，下面就是一些例子。

1. 架空线路与变电站之间的绝缘配合

大多数过电压发源于输电线路，在电网发展的早期，为了使侵入变电站的过电压不致太高，曾一度把线路的绝缘水平取得比变电站内电气设备的绝缘水平低一些，因为线路绝缘（它们都是自恢复绝缘）发生闪络的后果不像变电设备绝缘故障那样严重，这在当时的条件下，有一定的合理性。

在现代变电站内，装有保护性能相当完善的阀式避雷器，来波的幅值大并不可怕，因有避雷器可靠地加以限制，只要过电压波前陡度不太大，变电设备均处于避雷器的保护距离之内，流过避雷器的雷电流也不超过规定值，大幅值过电压波就不会对设备绝缘构成威胁。

实际上，现代输电线路的绝缘水平反而高于变电设备，因为有了避雷器的可靠保护，降低变电设备的绝缘水平不但可能，而且经济效益显著。

2. 同杆架设的双回路线路之间的绝缘配合

为了避免雷击线路引起这两回线路同时跳闸停电的事故，在第八章中曾介绍过"不平衡绝缘"的方法，两回路绝缘水平之间应选择多大的差距，就是一个绝缘配合问题。

3. 电气设备内绝缘与外绝缘之间的绝缘配合

在没有获得现代避雷器的可靠保护以前，曾将内绝缘水平取得高于外绝缘水平，因为内绝缘击穿的后果远较外绝缘（套管）闪络更为严重。

4. 各种外绝缘之间的绝缘配合

有不少电力设施的外绝缘不止一种，它们之间往往也有绝缘配合问题。例如，架空线路塔头空气间隙的击穿电压与绝缘子串的闪络电压之间的关系就是一个典型的绝缘配合问题，这在后面将有详细的介绍。又如，高压隔离开关的断口耐压必须设计得比支柱绝缘子的对地闪络电压更高一些，这样的配合是保证人身安全所必需的。

5. 各种保护装置之间的绝缘配合

图 8-12 的变电站防雷接线中的阀式避雷器 FV 与断路器外侧的管式避雷器 FT 放电特性之间的关系就是不同保护装置之间绝缘配合的一个很典型的例子（参阅第八章第二节）。

6. 被保护绝缘与保护装置之间的绝缘配合

这是最基本和最重要的一种配合，将在后面作详细的分析。

二、 绝缘配合的发展阶段

从电力系统绝缘配合的发展过程来看，大致上可分为三个阶段。

1. 多级配合（1940 年以前）

由于当时所用的避雷器保护性能不够好、特性不稳定，因而不能把其保护特性作为绝缘配合的基础。

当时采用的多级配合的原则是：价格越昂贵、修复越困难、损坏后果越严重的绝缘结构，其绝缘水平应选得越高。按照这一原则，显然变电站的绝缘水平应高于线路，设备内绝缘水平应高于外绝缘水平，等等。

有些国家直到 20 世纪 50 年代仍沿用这种绝缘配合方法。例如把变电站中的绝缘水平分为四级：①避雷器（FV）；②并联在套管（外绝缘）上的放电间隙（F），其作用是防止沿面电弧灼烧套管的釉面，图 10-1 为其示意图；③套管（外绝缘）；④内绝缘。按照上述多级配合的原则，这四级绝缘的伏秒特性应作图 10-2 表示的配合方式。

粗略看来，这种配合原则似乎也有一定的合理性。但实际上采用这种配合原则会引起严重的困难，其中最主要的问题是：为了使上一级伏秒特性带的下包线不与下一级伏秒特性带的上包线发生交叉或重叠，相邻两级的 50%伏秒特性之间均需保持 15%～

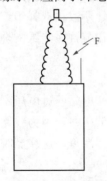

图 10-1 在套管上跨接放电间隙

20%左右的差距（裕度），这是冲击波下闪络电压和击穿电压的分散性所决定的。因此不难看出，采用多级配合必然会把设备内绝缘水平抬得很高，这是特别不利的。

如果说在过去由于避雷器的保护性能不够稳定和完善，因而不能过于依赖它的保护功能，进而不得不把被保护绝缘的绝缘水平再分成若干档次，以减轻绝缘故障后果、减少事故损失；那么在现代阀式避雷器的保护性能不断改善、质量大大提高了的情况下，再采用多级配合的原则就是严重的错误了。

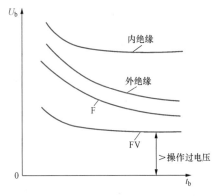

图 10 - 2　以 50%伏秒特性表示的
多级配合

2. 两级配合（惯用法）

从 20 世纪 40 年代后期开始，有越来越多的国家逐渐摒弃多级配合的概念而转为采用两级配合的原则，即各种绝缘都接受避雷器的保护，仅仅与避雷器进行绝缘配合，而不再在各种绝缘之间寻求配合。换言之，阀式避雷器的保护特性变成了绝缘配合的基础，只要将它的保护水平［参阅式（7-24）］乘上一个综合考虑各种影响因素和必要裕度的系数，就能确定绝缘应有的耐压水平。从这一基本原则出发，经过不断修正与完善，终于发展成为直至今日仍在广泛应用的绝缘配合惯用法，即两级配合。

3. 绝缘配合统计法

随着输电电压的提高，绝缘费用因绝缘水平的提高而急剧增大，因而降低绝缘水平的经济效益也越来越显著。

在惯用法中，以过电压的上限与绝缘电气强度的下限作绝缘配合，而且还要留出足够的裕度，以保证不发生绝缘故障，但这样做并不符合优化总经济指标的原则。从 20 世纪 60 年代以来，国际上出现了一种新的绝缘配合方法，称为"统计法"，其主要原则为：电力系统中的过电压和绝缘的电气强度都是随机变量，要求绝缘在过电压的作用下不发生任何闪络或击穿现象。这种方法未免过于保守和不合理了（特别是在超高压和特高压输电系统中）。正确的做法应该是规定出某一可以接受的绝缘故障率（如将超、特高压线路绝缘在操作过电压下的闪络概率取作 0.1%～1%），容许冒一定的风险。总之，应该用统计的观点及方法来处理绝缘配合问题，以求获得优化的总经济指标。

第二节　中性点接地方式对绝缘水平的影响

电力系统中性点接地方式也是一个涉及面很广的综合性技术课题，对电力系统的供电可靠性、过电压与绝缘配合、继电保护、通信干扰、系统稳定等方面都有很大的影响。通常将电力系统中性点接地方式分为非有效接地$\left(\dfrac{X_0}{X_1}>3,\dfrac{R_0}{X_1}>1;\text{包括不接地、经消弧线圈接地等}\right)$和有效接地$\left(\dfrac{X_0}{X_1}\leqslant3,\dfrac{R_0}{X_1}\leqslant1;\text{包括直接接地等}\right)$两大类。这样的分类方法从过电压和绝缘配合的角度来看也是特别合适的。因为在这两类接地方式不同的系统中，过电压水平和绝缘水平都有很大的差别。

一、最大长期工作电压

在非有效接地系统中，由于单相接地故障时并不需要立即跳闸，而可以继续带故障运行一段时间（如 2h），这时健全相上的工作电压升高到线电压，再考虑最大工作电压可比额定电压 U_N 高 $10\% \sim 15\%$，可见其最大长期工作电压为 $(1.1 \sim 1.15) U_N$。

在有效接地系统中，最大长期工作电压仅为 $(1.1 \sim 1.15) \dfrac{U_N}{\sqrt{3}}$。

二、雷电过电压

不管原有的雷电过电压波的幅值有多大，实际作用到绝缘上的雷电过电压幅值均取决于阀式避雷器的保护水平。由于阀式避雷器的灭弧电压是按最大长期工作电压选定的，因而有效接地系统中所用避雷器的灭弧电压较低，相应的火花间隙数和阀片数较少，冲击放电电压和残压也较低，一般比同一电压等级的中性点为非有效接地系统中的避雷器低 20% 左右［可参阅、比较附表 B-2 中的 FCZ-110 型（非有效接地）和 FCZ-110J 型（有效接地）磁吹避雷器的保护特性］。

三、内部过电压

在有效接地系统中，内部过电压是在相电压的基础上发生和发展的，而在非有效接地系统中，则有可能在线电压的基础上发生和发展，因而前者也要比后者低 $20\% \sim 30\%$。

综合以上三方面的原因，中性点有效接地系统的绝缘水平可比非有效接地系统低 20% 左右。但降低绝缘水平的经济效益大小与系统的电压等级有很大的关系：在 110kV 及以上的系统中，绝缘费用在总建设费用中所占比重较大，因而采用有效接地方式以降低系统绝缘水平在经济上好处很大，成为选择中性点接地方式时的首要因素；在 66kV 及以下的系统中，绝缘费用所占比重不大，降低绝缘水平在经济上的好处不明显，因而供电可靠性上升为首要考虑因素，所以一般均采用中性点非有效接地方式（不接地或经消弧线圈接地）。不过，6～35kV 配电网往往发展很快，采用电缆的比重也不断增加，且运行方式经常变化，给消弧线圈的调谐带来困难，并易引发多相短路。故后来有些以电缆网络为主的 6～10kV 大城市或大型企业配电网不再像过去那样一律采用中性点非有效接地的方式，有一部分改用了中性点经低值或中值电阻接地的方式，它们属于有效接地系统，发生单相接地故障时立即跳闸。

第三节 绝缘配合惯用法

到目前为止，惯用法仍是采用得最广泛的绝缘配合方法，除了在 330kV 及以上的超高压线路绝缘（均为自恢复绝缘）的设计中采用统计法以外，在其他情况下主要采用的仍均为惯用法。

根据两级配合的原则，确定电气设备绝缘水平的基础是避雷器的保护水平，它就是避雷器上可能出现的最大电压，如果再考虑设备安装点与避雷器间的电气距离所引起的电压差值，绝缘老化所引起的电气强度下降，避雷器保护性能在运行中逐渐劣化，冲击电压下击穿电压的分散性，必要的安全裕度等因素而在保护水平上再乘以一个配合系数，即可得出应有的绝缘水平。

由于 220kV（最大工作电压为 252kV）及以下电压等级（高压）和 220kV 以上电压等级（超高压）电力系统在过电压保护措施、绝缘耐压试验项目、最大工作电压倍数、绝缘裕度取值等方面都存在差异，所以在作绝缘配合时，将它们分成如下两个电压范围（以系统的最大工作电压 U_m 来表示）。

范围 I ：$3.5kV \leqslant U_m \leqslant 252kV$。

范围 II ：$U_m > 252kV$。

一、 雷电过电压下的绝缘配合

电气设备在雷电过电压下的绝缘水平通常用它们的基本冲击绝缘水平（BIL）来表示（有时亦称为额定雷电冲击耐压水平），它可由下式求得

$$BIL = K_l U_{p(l)} \tag{10-1}$$

式中 $U_{p(l)}$——阀式避雷器在雷电过电压下的保护水平，可由式（7-24）或式（7-25）求得，不过通常往往简化为以配合电流下的残压 U_R 作为保护水平，kV；

K_l——雷电过电压下的配合系数。

国际电工委员会（IEC）规定 $K_l \geqslant 1.2$，而我国根据自己的传统与经验，规定在电气设备与避雷器相距很近时取 1.25，相距较远时取 1.4，即

$$BIL = (1.25 \sim 1.4) U_R \tag{10-2}$$

二、 操作过电压下的绝缘配合

在按内部过电压作绝缘配合时，通常不考虑谐振过电压，因为在系统设计和选择运行方式时均应设法避免谐振过电压的出现；此外，也不单独考虑工频电压升高，而把它的影响包括在最大长期工作电压内。这样一来，就归结为操作过电压下的绝缘配合了。

这时要分为两种不同的情况来讨论：

（1）变电站内所装的阀式避雷器只用作雷电过电压的保护；对于内部过电压，避雷器不动作以免损坏，但依靠别的降压或限压措施（如改进断路器的性能等）加以抑制，而绝缘本身应能耐受可能出现的内部过电压。

我国标准对范围 I 的各级系统所推荐的操作过电压计算倍数 K_0 见表 9-3。

对于这一类变电站中的电气设备来说，其操作冲击绝缘水平（SIL）（有时亦称额定操作冲击耐压水平）可按下式求得

$$SIL = K_s K_0 U_\varphi \tag{10-3}$$

式中 K_s——操作过电压下的配合系数。

（2）对于范围 II （EHV）的电力系统，过去虽然也分别采用过以下的操作过电压计算倍数：330kV，2.75 倍；500kV，2.0 倍或 2.2 倍。但目前由于普遍采用氧化锌或磁吹避雷器来同时限制雷电与操作过电压，故不再采用上述计算倍数，因为这时的最大操作过电压幅值将取决于避雷器在操作过电压下的保护水平 $U_{p(s)}$。对于氧化锌避雷器，$U_{p(s)}$ 等于

规定的操作冲击电流下的残压值；而对于磁吹避雷器，$U_{p(s)}$ 等于下面两个电压中的较大者：①在 $250/2500\mu s$ 标准操作冲击电压下的放电电压；②规定的操作冲击电流下的残压值。

对于这一类变电站的电气设备来说，其操作冲击绝缘水平应按下式计算

$$SIL = K_s U_{p(s)} \tag{10-4}$$

其中，操作过电压下的配合系数 $K_s=1.15\sim1.25$。

操作配合系数 K_s 较雷电过电压下的配合系数 K_l 为小，主要是因为操作波的波前陡度远较雷电波为小，被保护设备与避雷器之间的电气距离所引起的电压差值很小，可以忽略不计。

三、工频绝缘水平的确定

为了检验电气设备绝缘是否达到了以上所确定的 BIL 和 SIL，就需要进行雷电冲击和操作冲击耐压试验。它们对试验设备和测试技术提出了很高的要求。对于 330kV 及以上的超高压电气设备来说，这样的试验是完全必需的，但对于 220kV 及以下的高压电气设备来说，应该设法用比较简单的高压试验去等效地检验绝缘耐受雷电冲击电压和操作冲击电压的能力。对高压电气设备普遍施行的工频耐压试验实际上就包含着这方面的要求和作用。

假如在进行工频耐压试验时所采用的试验电压仅仅比被试品的额定相电压稍高，那么它的目的将只限于检验绝缘在工频工作电压和工频电压升高下的电气性能。但是实际上，短时（1min）工频耐压试验所采用的试验电压值往往要比额定相电压高出数倍，可见它的目的和作用是代替雷电冲击和操作冲击耐压试验、等效地检验绝缘在这两类过电压下的电气强度。对于这一点，只要看一下图 10-3 所示的确定短时工频耐压值的流程，就不难理解了。

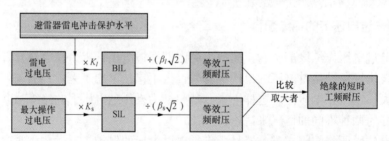

图 10-3　确定工频试验电压值的流程框图

K_l、K_s—雷电与操作冲击配合系数；β_l、β_s—雷电与操作冲击系数

由此可知，凡是合格通过工频耐压试验的设备绝缘在雷电和操作过电压作用下均能可靠地运行。尽管如此，为了更加可靠和直观，国际电工委员会（IEC）仍作如下规定：

（1）对于 300kV 以下的电气设备：

1）绝缘在工频工作电压、暂时过电压和操作过电压下的性能用短时（1min）工频耐压试验来检验；

2）绝缘在雷电过电压下的性能用雷电冲击耐压试验来检验。

（2）对于 300kV 及以上的电气设备：

1）绝缘在操作过电压下的性能用操作冲击耐压试验来检验；

2）绝缘在雷电过电压下的性能用雷电冲击耐压试验来检验。

四、 长时间工频高压试验

当内绝缘的老化和外绝缘的染污对绝缘在工频工作电压和过电压下的性能有影响时，尚需作长时间工频高压试验。

显然，由于试验的目的不同，长时间工频高压试验时所加的试验电压值和加压时间均与短时工频耐压试验不同。

按照上述惯用法的计算，根据我国的电气设备制造水平，结合我国电力系统的运行经验，并参考 IEC 推荐的绝缘配合标准，我国国家标准 GB 311.1—2012[3] 中对各种电压等级电气设备以耐压值表示的绝缘水平作出表 10-1 的规定。下面需作一些说明。

表 10-1 　　　　　　3～500kV 输变电设备的标准绝缘水平　　　　　　单位：kV

A. 电压范围 I（1kV<U_m≤252kV）的设备				
系统标称电压（有效值）	设备最高电压（有效值）	额定雷电冲击耐受电压（峰值）		额定短时工频耐受电压（有效值）
		系列 I	系列 II	
3	3.5	20	40	18
6	6.9	40	60	25
10	11.5	60	75 95	30/42③；35
15	17.5	75	95 105	40；45
20	23.0	95	125	50；55
35	40.5	185/200①		80/95③；85
66	72.5	325		140
110	126	450/480①		185；200
220	252	(750)②		(325)②
		850		360
		950		395
		(1050)②		(460)②

注　系统标称电压 3～15kV 所对应设备的系列 I 的绝缘水平，在我国仅用于中性点有效接地系统。
① 该栏斜线下之数据仅用于变压器类设备的内绝缘。
② 220kV 设备，括号内的数据不推荐选用。
③ 为设备外绝缘在干燥状态下之耐受电压。

B. 电压范围 II（U_m>252kV）的设备								
系统标称电压（有效值）	设备最高电压（有效值）	额定操作冲击耐受电压（峰值）					额定雷电冲击耐受电压（峰值）		额定短时工频耐受电压（有效值）
		相对地	相间	相间与相对地之比	纵绝缘②		相对地	纵绝缘	相对地③
330	363	850	1300	1.50	950	850(+295)①	1050	见 4.7.1.3 条的规定	(460)
		950	1425	1.50			1175		(510)
500	550	1050	1675	1.60	1175	1050(+450)①	1425		(630)
		1175	1800	1.50			1550		(680)
							1675		(740)

① 括号中之数值是加在同一极对应相端子上的反极性工频电压的峰值。
② 纵绝缘的操作冲击耐受电压选取哪一栏数值，决定于设备的工作条件，在有关设备标准中规定。
③ 括号内之短时工频耐受电压值，仅供参考。

（1）对 3～15kV 的设备给出了绝缘水平的两个系列，即系列Ⅰ和系列Ⅱ。系列Ⅰ适用于下列场合：①在不接到架空线的系统和工业装置中，系统中性点经消弧线圈接地，且在特定系统中安装适当的过电压保护装置；②在经变压器接到架空线上去的系统和工业装置中，变压器低压侧的电缆每相对地电容至少为 $0.05\mu F$，如不足此数，应尽量靠近变压器接线端增设附加电容器，使每相总电容达到 $0.05\mu F$，并应用适当的避雷器保护。在所有其他场合，或要求很大的安全裕度时，均须采用系列Ⅱ。

（2）对 220～500kV 的设备，给出了多种标准绝缘水平，由用户根据电网特点和过电压保护装置的性能等具体情况加以选用，制造厂按用户要求提供产品。

第四节　架空输电线路的绝缘配合

本节将以惯用法作架空输电线路的绝缘配合，主要内容为线路绝缘子串的选择、确定线路上各空气间隙的极间距离——空气间距。虽然架空线路上这两种绝缘都属于自恢复绝缘，但除了某些 500kV 线路采用简化统计法作绝缘配合外，其余 500kV 以下线路至今大多仍采用惯用法进行绝缘配合。

一、绝缘子串的选择

线路绝缘子串应满足三方面的要求：
（1）在工作电压下不发生污闪；
（2）在操作过电压下不发生湿闪；
（3）具有足够的雷电冲击绝缘水平，能保证线路的耐雷水平与雷击跳闸率满足规定要求。

通常按下列顺序进行选择：①根据机械负荷和环境条件选定所用悬式绝缘子的型号；②按工作电压所要求的泄漏距离选择串中片数；③按操作过电压的要求计算应有的片数；④按上面②、③所得片数中的较大者，校验该线路的耐雷水平与雷击跳闸率是否符合规定要求。

1. 按工作电压要求

为了防止绝缘子串在工作电压下发生污闪事故，绝缘子串应有足够的沿面爬电距离。我国多年来的运行经验证明，线路的闪络率［单位：次/（100km·年）］与该线路的爬电比距 λ 密切相关，如果根据线路所在地区的污秽等级按表 1-5 中的数据选定 λ 值，就能保证必要的运行可靠性。

设每片绝缘子的几何爬电距离为 L_0（单位：cm），即可按爬电比距的定义写出

$$\lambda = \frac{nK_eL_0}{U_m} \quad (cm/kV) \tag{10-5}$$

式中　n——绝缘子片数；

U_m——系统最高工作（线）电压有效值，kV；

K_e——绝缘子爬电距离有效系数。

K_e 值主要由各种绝缘子几何泄漏距离对提高污闪电压的有效性来确定，并以 XP-70

（或 X-4.5）型和 XP-160 型普通绝缘子为基准，即取它们的 K_e 为 1，其他型号绝缘子的 K_e 估算方法可参阅文献［2］。

可见为了避免污闪事故，所需的绝缘子片数应为

$$n_1 \geqslant \frac{\lambda U_m}{K_e L_0} \tag{10-6}$$

应该注意，表 1-5 中的 λ 值是根据实际运行经验得出的，所以：①按式（10-6）求得的片数 n_1 中已包括零值绝缘子（指串中已丧失绝缘性能的绝缘子），故不需再增加零值片数；②式（10-6）能适用于中性点接地方式不同的电网。

【例 10-1】　处于清洁区（0 级，$\lambda=1.39$）的 110kV 线路采用的是 XP-70（或 X-4.5）型悬式绝缘子（其几何爬电距离 $L_0=29cm$），试按工作电压的要求计算应有的绝缘子片数 n_1。

解　$$n_1 \geqslant \frac{1.39 \times 110 \times 1.15}{29} = 6.06 \rightarrow 取 7 片$$

2. 按操作过电压要求

绝缘子串在操作过电压的作用下，也不应发生湿闪。在没有完整的绝缘子串在操作波下的湿闪电压数据的情况下，只能近似地用绝缘子串的工频湿闪电压来代替，对于最常用的 XP-70（或 X-4.5）型绝缘子来说，其工频湿闪电压幅值 U_W 可利用下面的经验公式求得

$$U_W = 60n + 14 \quad (kV) \tag{10-7}$$

式中　n——绝缘子片数。

电力系统中操作过电压幅值的计算值等于 $K_0 U_\varphi$（单位：kV），其中 K_0 为操作过电压计算倍数，具体数值可从表 9-3 查得。

设此时应有的绝缘子片数为 n_2'，则由 n_2' 片组成的绝缘子串的工频湿闪电压幅值应为

$$U_W = 1.1 K_0 U_\varphi \quad (kV) \tag{10-8}$$

式中　1.1——综合考虑各种影响因素和必要裕度的一个综合修正系数。

只要知道各种类型绝缘子串的工频湿闪电压与其片数的关系，就可利用式（10-8）求得应有的 n_2' 值，再考虑需增加的零值绝缘子片数 n_0，最后得出按操作过电压要求的绝缘子片数为

$$n_2 = n_2' + n_0 \tag{10-9}$$

我国规定应预留的零值绝缘子片数见表 10-2。

表 10-2　　　　　　　　　　　零值绝缘子片数 n_0

额定电压（kV）	35～220		330～500	
绝缘子串类型	悬垂串	耐张串	悬垂串	耐张串
n_0	1	2	2	3

【例 10-2】　试按操作过电压的要求，计算 110kV 线路的 XP-70 型绝缘子串应有的绝缘子片数 n_2。

解　该绝缘子串应有的工频湿闪电压幅值为

$$U_W = 1.1 K_0 U_\varphi = 1.1 \times 3 \times \frac{1.15 \times 110\sqrt{2}}{\sqrt{3}} = 341(kV)$$

将应有的 U_w 值代入式（10-7），即得

$$n_2' = \frac{341-14}{60} = 5.45 \rightarrow \text{取 6 片}$$

最后得出的应有片数

$$n_2 = n_2' + n_0 = 6 + 1 = 7 \text{ 片}$$

现将按以上方法求得的不同电压等级线路应有的绝缘子片数 n_1 和 n_2，以及实际采用的片数 n 综合列于表10-3中。

表 10-3   **各级电压线路悬垂串应有的绝缘子片数**

线路额定电压（kV）	35	66	110	220	330	500
n_1（按工作电压要求）	2	4	7	13	19	28
n_2（按操作过电压要求）	3	5	7	12	17	22
实际采用值 n	3	5	7	13	19	28

注 1. 表中数值仅适用于海拔 1000m 及以下的非污秽区。

  2. 绝缘子均为 XP-70（或 X-4.5）型。其中 330kV 和 500kV 线路实际上采用的很可能是其他型号绝缘子（如 XP-160 型），可按泄漏距离和工频湿闪电压进行折算。

如果已掌握该绝缘子串在正极性操作冲击波下的 50% 放电电压 $U_{50\%(s)}$ 与片数的关系，那么也可以用下面的方法来求出此时应有的片数 n_2' 和 n_2。

该绝缘子串应具有的 50% 操作冲击放电电压须满足

$$U_{50\%(s)} \geqslant K_s U_s \tag{10-10}$$

式中 U_s——对范围 I（$U_m \leqslant 252\text{kV}$），$U_s = K_0 U_\varphi$，其中操作过电压计算倍数 K_0 可由表 9-3 查得；对范围 II（$U_m > 252\text{kV}$），它应为合空线、单相重合闸、三相重合闸这三种操作过电压中的最大者。

  K_s——绝缘子串操作过电压配合系数，对范围 I 取 1.17，对范围 II 取 1.25。

3. 按雷电过电压要求

按上面所得片数 n_1 和 n_2 中的较大者，校验线路的耐雷水平和雷击跳闸率是否符合有关规程的规定。

不过实际上，雷电过电压方面的要求在绝缘子片数选择中的作用一般是不大的，因为线路的耐雷性能并非完全取决于绝缘子的片数，而是取决于各种防雷措施的综合效果，影响因素很多。即使验算的结果表明不能满足线路耐雷性能方面的要求，一般也不再增加绝缘子片数，而是采用诸如降低杆塔接地电阻等其他措施来解决。

二、空气间距的选择

输电线路的绝缘水平不仅取决于绝缘子的片数，同时也取决于线路上各种空气间隙的极间距离——空气间距，而且后者对线路建设费用的影响远远超过前者。

输电线路上的空气间隙包括：

（1）导线对地面。在选择其空气间距时主要考虑地面车辆和行人等的安全通过、地面电场强度及静电感应等问题。

（2）导线之间。应考虑相间过电压的作用、相邻导线在大风中因不同步摆动或舞动而

相互靠近等问题。当然，导线与塔身之间的距离也决定着导线之间的空气间距。

（3）导、地线之间。按雷击于档距中央避雷线上时不至于引起导、地线间气隙击穿这一条件来选定。

（4）导线与杆塔之间。这将是下面要探讨的重点内容。

为了使绝缘子串和空气间隙的绝缘能力都得到充分的发挥，显然应使气隙的击穿电压与绝缘子串的闪络电压大致相等。但在具体实施时，会遇到风力使绝缘子串发生偏斜等不利因素。

就塔头空气间隙上可能出现的电压幅值来看，一般是雷电过电压最高，操作过电压次之，工频工作电压最低；但从电压作用时间来看，情况正好相反。由于工作电压长期作用在导线上，所以在计算它的风偏角 θ_0（见图 10-4 时），应取该线路所在地区的最大设计风速 $v_{\max}$（取 20 年一遇的最大风速，在一般地区为 25～35m/s）；操作过电压持续时间较短，通常在计算其风偏角 θ_s 时，取计算风速等于 $0.5v_{\max}$；雷电过电压持续时间最短，而且强风与雷击点同在一处出现的概率极小，因此通常取其计算风速为 10～15m/s，可见它的风偏角 $\theta_l < \theta_s < \theta_0$，如图 10-4 所示。

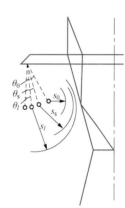

图 10-4　塔头上的风偏角与空气间距

三种情况下的净空气间距的确定方法如下。

1. 工作电压所要求的净间距 s_0

s_0 的工频击穿电压幅值

$$U_{50\sim} = K_1 U_\varphi \tag{10-11}$$

式中　K_1——综合考虑工频电压升高、气象条件、必要的安全裕度等因素的空气间隙工频配合系数，对 66kV 及以下的线路取 $K_1=1.2$，对 110～220kV 线路取 $K_1=1.35$，对范围Ⅱ取 $K_1=1.4$。

2. 操作过电压所要求的净间距 s_s

要求 s_s 的正极性操作冲击波下的 50% 击穿电压为

$$U_{50\%(s)} = K_2 U_s = K_2 K_0 U_\varphi \tag{10-12}$$

式中　U_s——计算用最大操作过电压，与上面式（10-10）同；

　　K_2——空气间隙操作配合系数，对范围Ⅰ取 1.03，对范围Ⅱ取 1.1。

在缺乏空气间隙 50% 操作冲击击穿电压的实验数据时，亦可采取先估算出等效的工频击穿电压 $U_{e(50\sim)}$，然后求取应有的空气间距 s_s 的办法。

由于长气隙在不利的操作冲击波形下的击穿电压显著低于其工频击穿电压，其折算系数 $\beta_s < 1$，如再计入分散性较大等不利因素，可取 $\beta_s=0.82$，即

$$U_{e(50\sim)} = \frac{U_{50\%(s)}}{\beta_s} \tag{10-13}$$

3. 雷电过电压所要求的净间距 s_l

通常取 s_l 的 50% 雷电冲击击穿电压 $U_{50\%(l)}$ 等于绝缘子串的 50% 雷电冲击闪络电压 U_{CFO} 的 85%，即

$$U_{50\%(l)} = 0.85 U_{CFO} \tag{10-14}$$

其目的是减少绝缘子串的沿面闪络，减少釉面受损的可能性。

求得以上的净间距后，即可确定绝缘子串处于垂直状态时对杆塔应有的水平距离

$$\left.\begin{array}{l} L_0 = s_0 + l\sin\theta_0 \\ L_s = s_s + l\sin\theta_s \\ L_l = s_l + l\sin\theta_l \end{array}\right\} \tag{10-15}$$

式中　l——绝缘子串长度，m。

最后，选三者中最大的一个，就得出了导线与杆塔之间的水平距离 L，即

$$L = \max[L_0, L_s, L_l] \tag{10-16}$$

表 10-4 中列出了各级电压线路所需的净间距值。当海拔高度超过 1000m 时，应按有关规定进行校正；对于发电厂、变电站，各个 s 值应再增加 10％的裕度，以策安全。

表 10-4　　　　　各级电压线路所需的净间距值（cm）

额定电压（kV）	35	66	110	220	330	500
X-4.5型绝缘子片数	3	5	7	13	19	28
s_0	10	20	25	55	90	130
s_s	25	50	70	145	195	270
s_l	45	65	100	190	260	370

第五节　绝缘配合统计法

随着超高压输电技术的发展，降低绝缘水平的经济效益越来越显著。在上述惯用法中，以绝缘的电气强度下限（最小耐压值）与过电压的上限（最大过电压值）作配合，还要留出足够大的安全裕度。实际上，过电压和绝缘的电气强度都是随机变量，无法严格地求出它们的上、下限，而且根据经验选定的安全裕度（配合系数或称惯用安全因数）带有一定的随意性。这些做法从经济的视角去看，特别是对超、特高压输电系统来说，是不能容许的、不合理的。要求绝缘在过电压的作用下不发生闪络或击穿是要付出代价的（改进过电压保护措施和提高绝缘水平），因而要和绝缘故障所带来的经济损失综合起来考虑，方能得出合理的结论。以综合经济指标来衡量，容许有一定的绝缘故障率反而较为合理。

由于上述种种原因，从 20 世纪 60 年代起，国际上开始探索新的绝缘配合思路，并逐渐形成"统计法"，IEC 于 70 年代初期对此做出正式推荐，目前已在一些国家采用于超高压外绝缘的设计中。

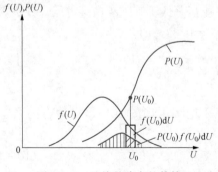

图 10-5　绝缘故障率的估算

采用统计法作绝缘配合的前提是充分掌握作为随机变量的各种过电压和各种绝缘电气强度的统计特性（概率密度、分布函数等）。

设过电压幅值的概率密度函数为 $f(U)$，绝缘的击穿（或闪络）概率分布函数为 $P(U)$，且 $f(U)$ 与 $P(U)$ 互不相关，如图 10-5 所示。$f(U_0)\,\mathrm{d}U$ 为过电压在 U_0 附近的 $\mathrm{d}U$ 范围内出现的概率，而 $P(U_0)$ 为在过电压 U_0 的作用下

绝缘的击穿概率。由于它们是相互独立的，所以由概率积分的计算公式可写出，出现这样高的过电压并使绝缘发生击穿的概率为

$$P(U_0)f(U_0)\mathrm{d}U = \mathrm{d}R \tag{10-17}$$

其中，$\mathrm{d}R$ 称为微分故障率，即图 10-5 中有斜线阴影的那一小块面积。

在统计电力系统中的过电压时，一般只按绝对值的大小，而不分极性（可以认为正、负极性约各占一半）。根据定义可知过电压幅值的分布范围应为 $U_\varphi \sim \infty$（U_φ 为最大工作相电压幅值），因而绝缘故障率

$$R = \int_{U_\varphi}^{\infty} P(U)f(U)\mathrm{d}U \tag{10-18}$$

即图 10-5 中的阴影部分总面积。它就是该绝缘在过电压作用下被击穿（或闪络）而引起故障的概率。

如果提高绝缘的电气强度，图 10-5 中的 $P(U)$ 曲线向右移动，阴影部分的面积缩小，绝缘故障率降低，但设备投资将增大。可见采用统计法就能按需要对某些因素作调整，例如根据优化总经济指标的要求，在绝缘费用与事故损失之间进行协调，在满足预定的绝缘故障率的前提下，选择合理的绝缘水平。

利用统计法进行绝缘配合时，安全裕度不再是一个带有随意性的量值，而是一个与绝缘故障率相联系的变数。

不难看出，在实际工程中采用上述统计法来进行绝缘配合，是相当繁复和困难的。为此 IEC 又推荐了一种"简化统计法"，以利实际应用。

在简化统计法中，对过电压和绝缘电气强度的统计规律作了某些假设，例如假定它们均遵循正态分布，并已知它们的标准偏差。这样一来，它们的概率分布曲线就可以用与某一参考概率相对应的点来表示，分别称为"统计过电压 U_S"（参考累积概率取 2%）和"统计绝缘耐压 U_W"（参考耐受概率取 90%，亦即击穿概率为 10%）。它们之间也由一个称为"统计安全因数 K_S"的系数联系着

$$K_S = \frac{U_W}{U_S} \tag{10-19}$$

在过电压保持不变的情况下，如提高绝缘水平，其统计绝缘耐压和统计安全因数均相应增大、绝缘故障率减小。

式（10-19）的表达形式与惯用法十分相似，可以认为：简化统计法实质上是利用有关参数的概率统计特性，但沿用惯用法计算程序的一种混合型绝缘配合方法。把这种方法应用到概率特性为已知的自恢复绝缘上，就能计算出在不同的统计安全因数 K_S 下的绝缘故障率 R，这对于评估系统运行可靠性是重要的。

不难看出，要得出非自恢复绝缘击穿电压的概率分布是非常困难的，因为一件被试品只能提供一个数据，代价太大了。所以，时至今日在各种电压等级的非自恢复绝缘的绝缘配合中均仍采用惯用法，对降低绝缘水平的经济效益不很显著的、220kV 及以下的自恢复绝缘亦均采用惯用法；只有对 330kV 及以上的超高压自恢复绝缘（如线路绝缘），才有采用简化统计法进行绝缘配合的工程实例。

第四篇

新输电系统所推进的高电压技术

我国的电力工业从改革开放以来的发展速度在世界上是史无前例的，从 1996 年起，我国的电力工业无论是装机容量还是发电量均跃居世界第二位，此后十多年来更逐年扩大了领先于第三位日本和第四位俄罗斯的差距。从 2013 年底起，我国更超过美国成为世界上发电装机容量和年发电量最大的国家。

但是，我国的能源资源和电力负荷的分布状况很不均衡，具有逆向分布的特点：

（1）我国的水电资源极为丰富，可开发水电资源约 395GW，居世界第一位，但有 2/3 左右分布在西南部四川、云南、西藏三省区，如再加上西北部的水电，几乎有 70%～80% 的水电资源位于西部。

（2）我国的煤炭资源蕴藏量约 10 000 亿 t，占世界第三位，但也有 2/3 左右分布在西北部山西、陕西、内蒙古等省区。

（3）目前我国的用电负荷约有 2/3 位于东部沿海地区和京广铁路以东的经济发达地区。

上述三个"2/3"，再加上我国幅员辽阔，国民经济和电力工业的体量特别巨大，重要能源基地与用电负荷中心之间大多相距 800～3000km，这就决定了我国电力流向的基本格局是"大容量远距离西电东送"。正是这一情况决定了我国采用超高压和特高压交、直流输电的必要性。

我国电力系统主干网架的交流输电电压曾长期采用 500kV（西北地区为 330kV），到 2004 年底为止，建成投运的 500kV 交流线路总长度已达 54 759km。

此外，为了将西南水电所发出的大量电力远距离输往华东、华南负荷中心，将内蒙古煤电输往东北，到 2010 年，我国已建成投运 10 条 ±500kV 超高压直流输电线路，它们就足以使我国成为当时的世界头号直流输电大国了。

但是，我国发电量和电力系统的迅猛发展仍无法避免不少地区的缺电现象，原有的 500kV（西北地区为 330kV）交流输电系统和 ±500kV 直流输电线路越来越难以满足电力传输的需求，从而使采用更高一级输电电压（例如，交流 500kV 上一级的 1000kV 或更高，330kV 上一级的 750kV；直流 ±500kV 上一级的 ±750、±800kV 等）成为必然的选择。西北地区"青海官亭－甘肃兰州东"的交流 750kV 输变电示范工程于 2005 年国庆前夕建成投运，成为我国提升输电电压的宏伟计划中的第一项可贵成果，但它仍然属于超高压的范畴。研究表明：建设特高压交、直流输电工程，将大大提高我国输电线路的送电能力、节约线路走廊用地、降低输电损耗、节省工程投资、显著改善负荷中心的缺电局面、促进有限资源的优化配置。近年来，我国更将其作为解决大气污染问题的重要措施列入"国家大气污染防治行动计划"之中。

　　我国从 2005 年开始启动大规模的特高压交、直流输电技术的研究开发和工程实践，在短短的 10 多年间取得了令世界瞩目的成就。时至今日，我国不仅仍然是世界上唯一有特高压交流输电工程在作商业运行的国家，而且已建成投运 14 项特高压交流和 17 项特高压直流输电工程，其中特高压直流输电线路总长度已超过 3 万 km。毋庸置疑，特高压交、直流输电技术已成为我国为数尚不多的明显领先于世界的工程技术领域之一。

　　应该指出，这方面的迅猛发展也大大推动了高电压技术学科的发展，在我国高校相应课程和教科书中及时增补和充实有关内容无疑是十分必要和合适的。

第十一章　特高压交流输电

　　提高输电电压是增大线路输电容量和输送距离、降低输电损耗、节约线路走廊用地的首选有效措施，但也有不利的一面，诸如加大绝缘技术难度、增加绝缘投资和绝缘运行费用、产生新的环境影响问题等。所以通常均须按所需的输电容量和距离来选择合适的输电电压。

第一节　超高压和特高压的特征

　　交流输电电压系列被划分成几段，分段的原则应该是每一段都要有区别于其他各段的特征，从一段到另一段必须要有"质"的变化，否则分段就没有意义了。

　　文献［25］曾详细论证了将交流输电电压按图 11 - 1 所示格式加以分段的合理性，即：

　　1kV 以下——低压（LV）；

　　1～220kV——高压（HV）；

　　220kV 以上～1000kV 以下——超高压（EHV）；

　　1000kV 及以上——特高压（UHV）。

图 11 - 1　交流输电电压的分段

一、超高压的特征

　　为什么把 220kV 以上（如 330kV）的输电电压称为"超高压"，以区别于 220kV 及以下的"高压"？超高压具有哪些与高压不同的特征？

　　（1）对于 220kV 及以下的交流架空线路来说，电晕放电及其引起的各种派生效应都不显著，一般不需要采用分裂导线和均压防晕金具；而对电压等级更高的（如 330kV）线路来说，情况就完全不同了，不但广泛采用分裂导线或扩径导线，而且绝缘子串上均装备均压防晕金具，以改善电压分布、减轻绝缘子串上的电晕及其引起的干扰影响。在超高压输电技术的发展过程中，各国在采用新的更高输电电压时，往往提前建设包括试验线段在内的试验研究基地，其主要基础研究课题之一就是电晕问题。

（2）对于 220kV 及以下的输电系统来说，按雷电过电压选择的绝缘水平一般均能满足操作过电压方面的要求；而对于 220kV 以上的输电系统来说，操作过电压开始取代雷电过电压而成为决定系统绝缘水平的控制因素。

（3）由于降低操作过电压和提高绝缘水平的经济效益成为首要考虑因素，220kV 以上电力系统无例外地采用中性点有效接地方式，而 220kV 及以下的电力系统就不一定非要采用有效接地方式。在电力系统的发展史上，曾长期存在中性点经消弧线圈接地的 220kV 电网（如德国、瑞典等），二战以后由于非经济原因，才改用有效接地方式。

综上可知，将 220kV 以上（不包括 220kV）的电压等级划为"超高压"是合适的。

二、特高压的特征

"特高压"也有区别于"超高压"的特征。

（1）空气间隙击穿特性的饱和问题。空气间隙的长度大到一定程度时（如 5～6m 以上），它在工频电压和操作过电压下的击穿特性开始呈现"饱和现象"，尤以电气强度最低的"棒—板"气隙在正极性操作冲击波作用下的击穿特性最为显著，如图 11-2 所示。

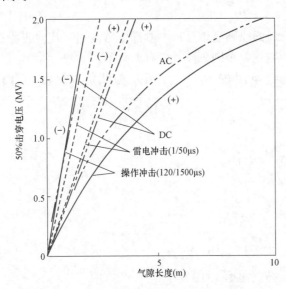

图 11-2　"棒—板"气隙的 50％击穿特性
DC—直流电压；AC—工频交流电压

这一现象对系统的绝缘配合有多方面的深刻影响：

1）在出现"饱和现象"的电压范围内，操作过电压和操作冲击耐压更加是绝缘配合的主导因素。

2）在操作冲击波下，空气间隙击穿特性的分散性要比雷电冲击波下大得多，出现"异常击穿"的概率也较大，因而使传统的"绝缘最小耐压"的定义和以此为基础的绝缘配合惯用法的适用性产生问题，需要探索新的解决方法。

与上述饱和现象的拐点相对应的系统额定电压 U_N 可通过下述方法求得：

由图 11-2 中的曲线可查得：气隙长度 $d＝5～6m$ 时，正极性操作冲击击穿电压为 1400～1500kV，这与 1000kV 系统的操作过电压水平基本相对应

$$1.7 \times \frac{1.05 \times 1000\sqrt{2}}{\sqrt{3}} \approx 1457 \text{（kV）}$$

上式中的 1.05 表示最大工作电压较额定电压高出 5％；1.7 为操作过电压倍数。

可见，将特高压的起点选在 1000kV 是合适的。

（2）环境影响问题的尖锐化，是特高压区别于超高压的另一重要特征。随着输电电压的提高，线路周围的电场强度也增大了，不过特高压输电线路不仅产生强电场，而且也引发一系列别的环境影响问题，诸如：

1）强电场和强磁场的生理生态影响；

2）无线电干扰和电视干扰；

3）可闻噪声；

4）线路走廊问题；

5）对周围景色和市容的影响。

虽然超高压输电也或多或少存在环境影响问题，但采用特高压后，这方面的矛盾将急剧地尖锐化，成为严重的问题。另一方面，各种环境影响因素在输电系统的设计和运行中所占地位也起了变化，例如 330～750kV 的超高压线路的导线结构及其尺寸往往取决于电晕所引起的"无线电干扰"，而对 1000kV 及以上的特高压线路来说，决定性因素却变成"可闻噪声"。

还应指出，在输电线路的环境影响问题上，我国高压界不少人一直存在一种错误的概念，认为："特高压输电在环境影响方面与超高压输电没有什么差别"，产生这一说法的理由是：1000kV 交流输电线路的各种环保指标都采用与 500kV 交流输电线路完全相同的设计标准值。例如，线路下方离地面 1m 处的工频电场强度控制值均为 10kV/m（非公众活动区）和 4kV/m（公众活动区）；线路走廊边沿处电晕无线电干扰控制值均为 55dB；可闻噪声的控制值也都是 55dB（A）。

应该指出，这些指标或设计标准都是基于对人体健康或生活质量的影响程度而制订出来的，是不应再突破的，不能因为线路的额定电压提高了，就容许再大一些。

但是，为了满足这些指标，特高压输电就得付出大得多的代价。例如，线路走廊宽度要大得多（从 500kV 线路的 45m 增大到 1000kV 线路的 96m）、土地资源消耗多得多、导线分裂数更大（交流输电，从 500kV 线路的 4 分裂增加到 1000kV 的 8 分裂；直流输电，从 ±500kV 的 4 分裂增加到 ±800kV 的 6 分裂）、杆塔高度和导线对地高度增大（如日本东京地区的 UHVAC 线路的杆塔平均高度达 111m），等等。

由此可知，在这个问题上的正确说法应该是：当输电电压由超高压上升为特高压时，输电系统对周围环境的影响大大增强和尖锐化了。为了将它对人类和其他生物的生理生态影响程度限制到与超高压输电相同的水平，就不得不采取各种有效的技术措施，增加土地、资金、人力的投入，这些都是特高压对环境的影响大大超过超高压而不得不付出的代价。

第二节　特高压交流输电的功能与优点

与 500kV 和 750kV 超高压交流输电线路相比，1000kV 及以上的特高压交流输电线路在功能上具有输电容量大、输电距离远、输电损耗小、线路走廊用地少等优点。为了对其优势量级有大致的概念，可以 1000kV 和 500kV 为例来作比较，见表 11-1。

表 11-1　　　　　1000kV 特高压交流与 500kV 超高压交流的输电特性比较

比较项目＼输电电压	500kV 超高压交流	1000kV 特高压交流	优势量级
输电容量	小	大	4 倍左右
输电距离	近	远	3 倍左右
输电损耗	大	小	1/3～1/4
线路走廊用地	多	少	1/2～1/3

下面再作简略说明。

1. 更大的输电容量

众所周知，输电线路的自然功率是衡量其输电能力的一项重要指标。自然功率 P 与输电电压 U 的平方成正比、与线路波阻抗 Z 成反比（$P = U^2/Z$），所以提高输电电压是增大线路输电能力的首选措施。一条 1000kV 线路的输电能力几乎相当于 4～5 条 500kV 线路。各种电压等级架空线路的波阻抗和自然功率见表 11-2。

表 11-2　　　　　　　各种电压等级架空线路的波阻抗和自然功率

线路额定电压 U(kV)	220	330	500	750	1000	(1150)
波阻抗 Z(Ω)	400	303	278	256	250	(250)
自然功率 P(MW)	121	360	900	2200	4000	(5290)

当然，除了提高输电电压外，还可通过减小波阻抗（增大分裂数、分裂圆半径等）、减小线路电抗（各种补偿措施）、采用紧凑型线路等措施来增大线路的输电能力。

2. 更远的输送距离

输电线路的输送距离通常受限于静稳极限。线路的输送功率可按下式计算

$$P = \frac{E'U}{X}\sin\delta \qquad (11-1)$$

式中：E' 与 U 分别为发电机暂态电动势和系统电压；X 为包括发电机、变压器和线路在内的等效电抗。

当 $\sin\delta=1$ 时，即得出该系统的静稳极限，如取线路的输电能力等于静稳极限的 85％，即可得到不同电压等级线路在输送不同功率（MW）时的容许输送距离（km）。

以输送 2000MW 功率为例，如用 500kV 常规线路只能送 400km，而用 1000kV 线路来送，可达 1300km 以上。应该说明，实际的交流输电工程的输电距离涉及因素较多，往往与工程的可靠性、经济性及特殊性有关，我国已建的 1000kV 特高压交流线路长度一般在 800km 以下，这是因为当输电距离更远时，采用特高压直流输电在经济上更为有利。

3. 大幅降低输电损耗

降低线路损耗是提高输电效率、节约能源的重要措施。超高压与特高压架空线路的损耗主要由两部分组成：①电阻损耗 P_R，由导线电阻 R 引起，$P_R = I^2R$。②电晕损耗 P_C，与导线结构和尺寸、气象条件、工作电压等诸多因素有关，因而通常用的是综合考虑各种

影响因素后得出的平均损耗 $\bar{P}_C$。

线路输电总损耗为

$$P = P_R + P_C = I^2R + \bar{P}_C$$

随着输电电压的提高，在输送一定容量时，所需的电流可成反比减小，因而电阻损耗大减。若采用典型的线路设计方案，按上式估算 500kV 和 1000kV 输电线路的总损耗及导线用铝量（输送同样功率），结果是 1000kV 方案的线路总损耗只有 500kV 方案的 46%，用铝量约节省 37%。如果仅就电阻损耗而言，若二者的导线总截面积相同，则 1000kV 线路的电流只有 500kV 线路的一半，其电阻损耗就只有 500kV 线路的 25% 了。以输送 10GW 的容量计算，用 1100kV 电压送电时的电能损耗只有用 500kV 送电时的 1/5。

可见，输电距离越远，降低输电损耗的效益越显著。

4. 显著节约线路走廊用地

输电线路设计时要确定"线路走廊宽度"的主要目的是为了决定线路下方房屋的拆迁范围。

在打算采用特高压输电的国家中，有些并不是出于远距离大容量输电的需要（例如有输电距离只有 200km 左右的情况），而是因为线路走廊用地问题难以解决。

线路走廊的宽度取决于导线布置方式、塔型、电气安全、线路产生的环境影响限值等多方面因素。美国不同电压等级交流线路的典型走廊宽度见表 11 - 3。

表 11 - 3　　　　　　　美国不同电压等级交流线路的典型走廊宽度

额定电压（kV）	345	500	765	1100（试验性）	1500（试验性）
走廊宽度（m）	38～45	45～60	60～90	90～120	120～150

以输送容量同为 8GW 为例，将苏联所采用的 1150kV 线路与 500kV 线路作比较，所需的线路走廊宽度见表 11 - 4。

可见节约用地的效益十分可观，特别是在线路很长或线路所经之地是像日本东京地区那样的人口稠密区的场合。

表 11 - 4　　　苏联线路走廊宽度比较

电压等级（kV）	500		1150
线路结构	单回路	双回路	单回路
一条线路的走廊宽度（m）	45	45	90
输送 8GW 所需线路条数	6	3	1
需要的走廊总宽度（m）	270	135	90

在我国的设计规程中，未对交流输电线路走廊宽度规定具体数值，500kV 及以上线路是遵循下列原则来处理民房拆迁和线路走廊问题的：

（1）以两侧边相导线在地面的垂直投影为基线，向外推出一距离 S 处的两条平行线之间的区域称为"核心区"，其宽度为 C（参阅图 11 - 3），这个区域内的民房必须拆除。

（2）从核心区两侧边线到地面场强（测量点离地高度规定为 1.5m）下降到 4kV/m 处的走廊外边线之间的区域称为"边缘区"，其总宽度为 B。这个区域内的民房，只要其地面场强不超过 4kV/m，可以保留不拆；如果超过 4kV/m，应该拆除，但也可通过采取增加杆塔高度等措施，使得房屋所在位置的地面场强下降到 4kV/m 以下，就可以不拆该房屋。

图 11 - 3 中以单回路酒杯塔为例，展示上述区域的划定。表 11 - 5 为 1000kV 和 600kV 线路的各参数值的比较，其中 D 为两边相导线之间的距离。

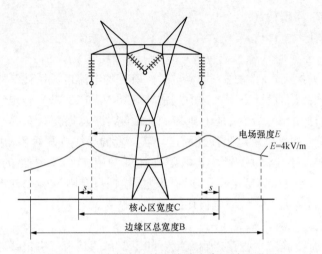

图 11 - 3　我国交流输电线路走廊区域展示图

表 11 - 5　　　　　　　　　　　我国线路走廊参数比较

输电电压（kV）	边相导线距离 D（m）	外推距离 S（m）	核心区宽度 C（m）	边缘区总宽度 B（m）
500	26	5	36	52
1000	51	7	65	96

5. 显著节省投资

在输电总容量相同的情况下，采用 1000kV 比采用 500kV 来输送至少可节省投资 25%。

6. 限制交流系统短路容量的需要

随着 500kV 电网规模的扩大，系统短路容量将不断增大，可能出现短路电流超过断路器的开断电流上限（约为 63kA）的情况。提高输电电压是解决这个问题的有效措施。

第三节　国外特高压交流输电发展概况

出于不同的考虑和原因，从 20 世纪 60 年代中期开始，先后有几个国家对特高压交流输电技术开展了试验研究，建立了包括试验线段在内的试验研究基地，取得了一些可贵的研究成果和经验，其中苏联/俄罗斯和日本建成了实际工程，有关情况见表 11 - 6。

表 11 - 6　　　　　　　　　　各国发展特高压交流输电概况

国家	工程单位	电压等级（kV）	输电功率（MW）	输送距离（km）	输电地区	建成投运年份
意大利	ENEL/CESI	1000	5000～6000	300～400	南部核电站—北部工业区	计划为 2000 年，后放弃
美国	AEP/ASEA	1500	＞5000	400～500	—	计划为 1990 年后，后未实现
	BPA	1100	8000～10 000	300～400	—	计划为 2000 年，后未实现

国家	工程单位	电压等级（kV）	输电功率（MW）	输送距离（km）	输电地区	建成投运年份
加拿大	—	800～1500	10 000	1200	勒格朗德河—蒙特利尔	已放弃
苏联/俄罗斯	—	1150	5500	2350	西伯利亚—哈萨克斯坦—乌拉尔	1985 年投运 495km，后共建成 2350km，其中 900km 长的一段曾以 1150kV 运行，累计约运行 4 年时间
		1800～2000	20 000	400m 试验线段	—	早已放弃
日本	东京电力公司（TEPCO）	1000	5000～13 000	南—北线：190km	南新泻—东山梨	1993 年建成，一直以 500kV 降压运行
				东—西线：240km	西群马—南磐城	1999 年建成，一直以 500kV 降压运行

（1）美国。研究特高压输电最早的国家。由于美国不同地区存在着两种主干输电电压，500kV 和 765kV，因而上一级电压也分别选择了 1100kV 和 1500kV。它们的输送距离虽均不大，但输电容量都很大，需要采用特高压。不过后来它们都没有付诸工程实践，主要是因为美国后来对能源结构、电源布局、输电方式的思路发生了变化。

（2）意大利。于 1976 年建成包括 1000kV 试验线段的 Suvereto 特高压试验基地，开展和完成不少试验研究工作，受到国际上的重视。但最后没有再推向工程实践，主要是南部核电站的建设计划有变。

（3）苏联/俄罗斯。由于幅员辽阔、动力资源丰富，是最需要采用特高压交、直流输电的国家之一。从 20 世纪 70 年代初开始研究特高压交流输电技术，并在 1985 年建成投运第一段 1150kV 交流输电线路（长 495km），此后又将线路总长增为 2350km，其中 900km 长的一段线路连同三座变电站曾以全电压（1150kV）断续运行，累计运行时间约有 4 年，其余时间则以 500kV 降压运行。但从 1992 年到现在，该线一直降压为 500kV 运行，主要原因是苏联在 20 世纪 90 年代初解体后，经济长期衰退，电源建设停滞，没有这么多电能需要用特高压来输送。

（4）日本。该项目为了将东京东北部和西北部的核电站所发出的电力输送到东京用电中心，距离虽不远，但输电容量很大，且该地区人口稠密、线路走廊用地极为紧缺，非采用更高一级电压不可。1978 年成立了由政府、大学、电力公司、电气设备制造厂的专家组成的"UHV 输电特别委员会"，组织和推动相关的试验研究，并于 1993 年建成 1000kV南—北线，1999 年建成 1000kV 东—西线，但建成后一直以 500kV 降压运行。

综观国外发展特高压交流输电的历史和现状，可得出以下几点：

（1）国外对特高压交流输电技术的试验研究已有 50 年的历史，已取得不少有价值的成果和经验，可供我国发展此项技术时作为借鉴和参考。

（2）有些国家曾对特高压交流输电的经济性进行过研究。苏联对 1150kV 和 500kV 输变电设备按不同容量参数和成本比率进行比较，结论是输送相同容量 1150kV 输电成本约为同容量 500kV 输电成本的 0.66 倍。美国的研究结果是输送同样容量时，1100kV 输电成本约为

500kV 输电成本的 0.6~0.7 倍。日本主要从节约线路走廊用地和解决东部 500kV 电网日益增大的短路电流问题而研究特高压交流输电技术，结论是 1000kV 线路按环境要求的线路走廊宽度约为 90m，与输送相同容量的 500kV 线路相比，只有后者的 1/4~1/2。

（3）将试验研究推进到工程实践的只有苏联/俄罗斯和日本两国，它们的实践证明了特高压交流输电在技术上是可行的。但日本建成 1000kV 输电线路后一直降压为 500kV 运行；苏联/俄罗斯建成部分 1150kV 输电工程后，也只有 4 年左右的全电压运行记录，而电流和输送容量未达设计值。可见国外的特高压交流输电工程还没有进行过全电压、满负荷真正意义上的商业运行，实际运行经验还很有限。

（4）进入 20 世纪 90 年代后，特高压交流输电在国际上渐趋沉寂，工程应用更处于停滞状态，主要原因是有关国家的经济和用电的增长速度都比预期低很多，远距离大容量送电的必要性下降。不过今后随着电力需求的增长，这种局面仍会发生变化，例如俄罗斯幅员辽阔、动力资源与负荷中心分布的基本格局并未改变，所以将来仍是世界上为数不多的需要发展特高压交、直流输电的国家之一。日本的特高压交流输电线路也曾计划在 2015 年左右东北部福岛地区的核电站群全部建成后再升压到 1000kV 运行，不过 2011 年发生的地震/海啸/核灾难对该地区核电站群今后的建设产生了极大的影响，所以"升压"一事最后是否会实现，尚有待观察。

（5）目前除我国已建成的十多条 1000kV 交流输电线路外，还有几个国土面积较大、电力工业规模较大的国家（如印度、巴西、南非等）也在不同程度上开展着特高压交流输电技术的前期研究。但到目前，我国仍是世界上唯一已建成特高压交流输电工程并投入商业运行的国家。

第四节　我国发展特高压交流输电的必要性与可行性

早在 20 世纪 80 年代初期，国际电力界某些有识之士就曾预言：中国将成为直流输电大国和最有必要发展特高压交、直流输电的国家之一。进入 21 世纪后，在我国已成为名副其实的直流输电大国的同时，全国电力工业建设与用电需求的规模终于促使我们积极考虑和及时启动在我国发展特高压交、直流输电。

一、我国发展特高压交流输电的必要性

我国能源资源和电力负荷分布状况的严重不均衡性，决定了我国电力流向的基本格局是"大容量远距离西电东送"。正是这一格局决定了除超高压交、直流输电外，我国还必须发展输电能力更强的特高压交、直流输电。

自特高压输电技术于 2005 年在我国进入工程实践阶段以来，时至今日，仍存在争议，焦点之一为特高压交流输电的适用场合问题。

虽然因幅员辽阔、发输电的体量巨大、能源资源与用电中心在地理上的逆向分布等因素，决定了我国成为世界上为数不多的需要发展特高压输电的国家，但究竟选择特高压交流、还是特高压直流来输电仍是一个问题。

毋庸讳言，特高压交流输电的适用场合的确具有某些局限性，例如：

（1）在远距离大功率输电的场合，特高压交流（如 1000kV）输电虽然要比超高压（如 500kV）交流输电具有输送能力强、损耗小、节省投资、节省线路走廊用地等优点，但相较起特高压直流输电不具优势。

（2）在用作大区交流电网之间的联络线时，特高压直流输电线路也要比特高压交流输电线路优越许多（参阅第十二章第一节）。

有些学者因此认为我国只要发展特高压直流输电就够了，可不必再发展特高压交流输电。其实不然，我国的幅员辽阔，各大区电网的发展水平、系统结构不尽相同，仍存在不少特高压交流输电的适用场合，例如：

（1）在某些人口高度密集的地区出现中、短距离大功率输电的需要时，采用超高压交流输电是不可能的，采用特高压直流输电在经济上也是难以接受的，所以采用特高压交流输电几乎是唯一的选择。日本东京地区当年决定建设 1000kV 特高压双回路交流输电线路就是一个典型实例。它建成后之所以降低至 500kV 运行，是因为原定的福岛核电站群建设计划未实现（没有那么多的电能要送）。

（2）在输电容量很大、输电距离也很长，但沿线需要分供电力给当地用户的场合，采用特高压交流输电也是唯一的选择，因为直流输电中途落点分电的经济代价是难以接受的。

总的来说，在需要输送巨量电能时，是采用特高压直流还是特高压交流方案，应进行全面的技术—经济比较，并考虑沿线地区的具体条件和要求，再作出决定。

二、　我国发展特高压交流输电的可行性

国内外的经验均表明，每发展一级新的输电电压时，一般都要经历三个阶段：

（1）建设新输电电压试验研究基地（包括试验线段），对该电压等级的各种基础特性和主要技术问题进行较全面的试验研究；

（2）建设工业性试验线路和变电站；

（3）建设正式的输变电系统。

这三个阶段一般需要 10～20 年时间。

（1）我国从 20 世纪 80 年代即开始特高压交流输电方面的调研工作，成立有关组织，开始收集资料和信息，跟踪这一技术在国外的发展。

（2）与此同时，武汉高压研究所开始建设特高压户外试验场，到 1996 年正式建成投入使用，使我国有了自己达到世界规模的特高压试验研究基地，主要设施如下。

1）串级工频高压试验装置：2250kV，4A。

2）冲击电压发生器：5400kV，527kJ。

3）真型 1000kV 级 UHV 试验线段：长 200m。

（3）我国的电工制造业已有 30 多年自制 500kV 级超高压输变电设备的经验，之后又成功研制了 750kV 级成套输变电设备，这些都是我国自己试制 1000kV 级设备的技术基础。

（4）我国的电力系统在一定程度上积累了 500kV 输电系统的设计、建设、运行方面相当丰富的经验，并已完成西北地区第一条 750kV 线路的设计、建设和投运，所以发展 1000kV 级特高压输电还是有基础的、可行的。

（5）为了更好地开展特高压交流线路电晕放电及其各种派生效应的特性、特高压线路的电磁环境、特高压设备的长期带电考核、特高压外绝缘（特别是在高海拔、重污秽、严重覆冰等特殊地理气象条件下）等一系列特高压技术问题的研究，为特高压输变电工程的设计和建设提供科技基础，我国于 2008 年底在武汉市郊新建成一座世界领先的特高压交流试验基地，主要由以下几部分组成：单回和同塔双回特高压交流试验线段、特高压交流设备带电考核场、环境气候实验室、电磁环境测量实验室、特高压交流电晕笼、7500kV 户外冲击试验场等。这座基地的综合试验研究功能极为完备和先进，创造了多项世界第一，包括特高压交流试验线段和杆塔的试验功能，单回和同塔双回线段电磁环境测量试验条件，模拟海拔高达 5500m 处的外绝缘特性试验条件，特高压交流绝缘子串全尺寸污秽试验能力，特长绝缘子串的覆冰或融冰闪络试验能力，特高压 GIS/AIS 全电压、全电流带电考核场的规模与功能；工频谐振试验装置的试验电压与容量，全天候电磁环境监测系统的性能，对特高压交流输电工程的运行、检修、带电作业人员进行综合培训的功能和条件等。与这座试验基地相配合，我国还建设了具有世界领先水平的特高压直流试验基地（北京昌平）、特高压杆塔试验基地（河北霸州）、4300m 高海拔试验基地（西藏羊八井）。这四座试验基地的建成投运，为我国发展特高压交、直流输电技术提供了重要的试验研究物质基础和科学支撑。

（6）建设特高压交流试验工程是验证特高压交流输电技术的可行性和考核特高压输变电设备的重要途径。由我国自主研发、设计和建设的 1000kV "晋东南—南阳—荆门" 特高压交流试验工程于 2009 年 1 月建成投运。该工程起于山西省长治市境内的晋东南 1000kV 变电站，经河南省南阳市境内的南阳 1000kV 开关站，止于湖北省荆门市境内的荆门 1000kV 变电站，整个工程包括两座特高压变电站、一座特高压开关站和一条全长约 640km 的单回 1000kV 交流线路，自然输送功率 5000MW，变电容量 2×3000MVA，主接线如图 11-4 所示。虽然该工程带有工业性中间试验的性质，但已成为世界上第一个以全电压和设计容量作商业运行的特高压交流输电工程。

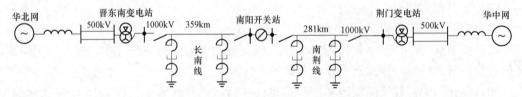

图 11-4　"晋东南—南阳—荆门" 特高压交流试验工程主接线图

我国第二条 1000kV 特高压交流线路（淮南—浙北—上海）于 2013 年 9 月建成投运，它是同塔双回路线路，输送距离 648.7km，远期送电能力为 10 000MW。第三条 1000kV 特高压交流线路（浙北—福州）于 2014 年底建成投运，输送距离 603km，变电容量为 18 000MVA。

2016～2023 年底，我国又加速建成投运一系列新工程，使我国在作商业运行的 1000kV 特高压交流输电工程总数达到 14 项，还有在建工程一项，相关数据见表 11-7。

在建的川渝工程是世界上海拔最高的特高压交流输电工程，它包括在重庆、成都等城市新建四座特高压变电站和两回特高压交流输电线路，将为我国西南地区构建特高压骨干网架奠定基础。

表 11 - 7 我国已建成投运及正在建设中的特高压交流输电工程

类别	工程名称	额定电压 （kV）	导线分裂数及截面积 （mm²）	新增变电容量 （MVA）	线路回路数及 输电距离（km）	投运年份
建成投运	晋东南—南阳—荆门	1000	8×500	18 000	1×640	2009
	淮南—浙北—上海	1000	8×630	21 000	2×656	2013
	浙北—福州	1000	8×630 8×500	18 000	2×603	2014
	淮南—南京—上海	1000	8×630	12 000	2×780	2016
	锡盟—山东	1000	8×630	15 000	2×730	2016
	蒙西—天津南	1000	8×630	24 000	2×616	2016
	榆横—潍坊	1000	8×630	15 000	2×1049	2017
	锡盟—胜利	1000	8×630	6000	2×240	2017
	雄安—石家庄	1000	8×630	15 000	2×228	2019
	潍坊—临沂—枣庄— 菏泽—石家庄	1000	8×630	15 000	2×816	2020
	蒙西—晋中	1000	8×630		2×308	2020
	张北—雄安	1000	8×630	6000	2×315	2020
	驻马店—南阳	1000	8×630	6000	2×190	2020
	驻马店—武汉	1000		3100	2×281	2023
建设中	川渝	1000			2×658	预计 2025

需要特别指出，表 11 - 7 中"淮南—南京—上海"特高压交流输电线路在 2016 年 11 月建成投运时，在苏通长江大桥上游处以架空线跨越长江。后经统筹考虑各种因素，将过江段从架空线改为设置在江底的综合管廊中的气体绝缘线路（GIL），即苏通 1000kV 交流 GIL 综合管廊工程。2019 年 9 月 26 日，该工程建成投运，是目前世界上电压等级最高、输电容量最大、技术水平最高的超长距离 GIL，也是我国在特高压输电领域领先世界的又一成果。

第五节 特高压交流架空线路和输变电设备的特点

将特高压交流输电技术推向工程实践的关键在于架设特高压交流架空线路和制造出合格的特高压输变电设备。

本节内容的重点将放在特高压线路和输变电设备的特点和可能的解决方案上。

一、 特高压交流架空线路

在对特高压线路的导线、绝缘子串、空气间隙、杆塔进行选型、设计、架设、运行时，必须全面地综合考虑它们的电气特性、机械特性和经济指标，它们都比超高压线路的相应部件更复杂、要求更高、影响更大。

1. 导线

与超高压线路相比，特高压线路的导线具有以下特点：

（1）特高压线路的导线结构（包括分裂数、分裂距、子导线直径、子导线的排列方式等）虽然也是按电晕放电及其派生效应（电晕损耗、无线电干扰、电视干扰、可闻噪声等）来选定，但起决定性影响的因素为导线表面的最大电场强度和可闻噪声（超高压线路为无线电干扰）。

（2）特高压线路的分裂数 n 至少为 8（超高压线路的 n 一般等于或少于 6）。

（3）特高压线路的三相导线可采用不同的分裂数。例如三相导线水平布置时，中相的分裂数可选得稍大，例如采用 8-9-8 方案。

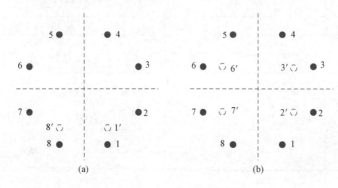

图 11-5　沉陷型分裂导线

（a）降低雨天电晕损耗；（b）减轻 RI，年均 CL 也能降低 10%

（4）特高压线路的子导线不一定均匀排列在一个圆周上，例如为了降低导线表面最大场强、减小电晕损耗或干扰水平，可考虑采用非圆排列的沉陷型结构，图 11-5 即为其一例。

（5）已建特高压线路均采用等距结构（例如其分裂距均为 40cm），但美国的研究表明，若采用图 11-6 所示的子导线不等距排列方式，可以显著降低可闻噪声水平。

图 11-7 为施工人员在我国第一条 1000kV 线路上用的 8 分裂导线上行走的实景图。

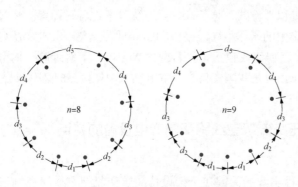

图 11-6　不等距排列的分裂导线

$d_5/d_4 = d_4/d_3 = d_3/d_2 = d_2/d_1$；

$d_5/d_1 = 2.0$

图 11-7　施工人员在我国第一条 1000kV 线路上用的 8 分裂导线上行走的实景图

2. 绝缘子

特高压线路对绝缘子的电气特性、机械性能都提出了更多更高的要求。其中主要有：

（1）线路输送容量如此之大，绝缘故障引起的损失将极为严重，因而对线路绝缘运行可靠性提出更高的要求，希望它的绝缘子具有更大的爬距、更好的耐污性能和抗污闪能力、在雷电冲击和操作冲击下也有良好的闪络特性，等等。

（2）由于每相导线的分裂数较多（至少为 8），每根子导线的截面积也较大（例如日本 1000kV 线路的子导线截面积可达 810mm²），因此对绝缘子的机械荷载能力提出了很高的要求，一般都要用大吨位绝缘子，日本 NGK 公司甚至制出了 840kN 的瓷绝缘子。即使采用了大吨位绝缘子，往往也要选用多串并联的方式才能满足悬挂导线的机械荷载（例如日本的悬垂串为 2～3 串并联，耐张串需 4 串并联）。

（3）多串并联绝缘子会带来两个问题：①绝缘子串耐压水平的下降；②多串并联绝缘子串上积雪覆冰现象也将大大严重化，对绝缘子的电气特性究竟有多大影响。

（4）绝缘子串引起的电晕干扰亦应有效地加以抑制。

关于绝缘子的类型有三种可能的选择：

（1）玻璃绝缘子。例如苏联/俄罗斯 1150kV 线路上用的大都是该国生产的 300kN 和 400kN 的玻璃绝缘子。

（2）瓷绝缘子。例如日本 1000kV 线路上用的就是该国 NGK 公司生产的大吨位（300、420、540kN）瓷绝缘子。

（3）合成绝缘子。我国电力系统采用合成绝缘子虽较某些国家为晚，但发展速度很快，在超高压交、直流线路上使用的效果也很好。在特高压线路上当然也会考虑采用此种绝缘子，这时其自重远较另两种绝缘子为轻的优点将更显突出。

特高压交流线路上采用玻璃或瓷绝缘子虽有若干不利方面（耐污性能较差、自重大、串长大、塔头尺寸大、杆塔造价大等），但也有运行经验丰富、机电性能良好、可靠性高等优点，在轻污秽区还是完全可用的；但在Ⅲ、Ⅳ级重污区，则应优先选用合成绝缘子。

我国第一条 1000kV 特高压交流线路采用下述绝缘子配置方案：

（1）采用 300、400kN 和 550kN 三种机械强度的绝缘子。

（2）0 级和Ⅰ级污秽区采用普通型悬式瓷或玻璃绝缘子，Ⅱ级污秽区选用大爬距的三伞型或钟罩型悬式绝缘子，Ⅲ级及以上重污秽区采用合成绝缘子。

（3）Ⅲ、Ⅳ级重污区采用的合成绝缘子的结构高度为 9750mm，爬电距离为 30 000mm。

（4）为减小塔窗尺寸和横担长度，直线塔上三相悬垂串采用 IVI 型布置方式。按照机械荷载大小的不同，分别选用单联Ⅰ串或双联Ⅰ串，单联Ｖ串或双联Ｖ串，片数或长度相同，双联串的联间距离取 600mm。

特高压线路的绝缘子串及金具的电晕问题更加突出，为了改善沿串电位分布及限制金具起晕，利用了三维仿真计算成果和试验验证确定绝缘子串的均压和屏蔽方案。

3. 空气间隙

人类之所以能利用架空线路输送电力，实乃基于一个重要的自然特性，即围绕在导线和绝缘子周围的空气是绝缘媒质而不是导电媒质。作为绝缘材料，空气最大的优点是取之不尽、无需资费，且其电气强度亦不低（在均匀电场中，可达 30kV/cm 左右）；但它也有自己的问题和局限性，即电气强度与电极型式、气隙长度、电压类型等因素密切相关，以电气强度最差的"棒—板"气隙在正极性操作冲击下的击穿特性为例（参阅图 11-2），当气隙长度 $d=1m$ 时，其击穿电压约为 350kV（平均击穿场强 $\approx$ 350kV/m）；当 $d=10m$ 时，其击穿电压约为 1800kV，相应的平均击穿场强变得只有 180kV/m，几乎比 1m 气隙时降低了一半，只有均匀电场时的击穿场强的 6% 左右。

关于"棒—板"气隙在正极性操作冲击和工频电压下的击穿特性具有显著的"饱和现象"问题，在本书第二章第二节和本章第一节都有较详细的介绍，从图 2-7、图 2-12 和图 11-2 中的击穿特性曲线都可看到，饱和现象开始变得明显的拐点大致处于 $d=5\sim6m$ 的范围内。

　　架空输电线路上的空气间隙包括导线对地的空气间隙、平行导线之间的空气间隙、导线对杆塔的空气间隙等。由于它们的最低击穿特性都出现在正极性操作冲击下，所以特高压线路空气间距的选择都取决于操作过电压的要求。

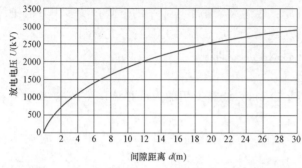

图 11-8　"棒—板"气隙在正极性操作冲击下的击穿特性

　　苏联、意大利、美国、加拿大等国都曾对超/特高压架空线路的空气间隙在各种电压下的击穿特性进行过大量实验研究，我国武汉高压研究所等单位也积累了自己的测试数据，图 11-8 与图 11-9 即为部分成果。从图 11-9 可知，不同电极形状的长气隙在操作冲击下的击穿特性差别甚大，可见采用典型电极（"棒—棒""棒—板"）击穿特性来代替实际电极（如"导线—杆塔"）击穿特性的办法在特高压的情况下会造成很大的误差和浪费，因而根据具体条件进行实际气隙击穿特性的实验研究实为必不可少。

　　4. 杆塔

　　输电线路的杆塔型式除了取决于使用条件外，还与电压等级、回路数、地形地质等因素有关，需进行综合技术经济比较后，择优选用。特高压线路杆塔的机械荷载、杆塔高度和塔头尺寸、塔身质量都要比超高压线路杆塔大得多，所以在结构设计时必须充分注意设计荷载的选取和结构设计的优化。

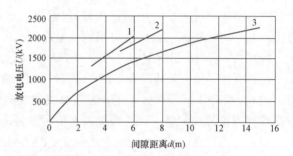

图 11-9　实际气隙与典型气隙在正极性操作
冲击下的击穿特性比较
（1、2 两条曲线为武汉高压所的试验结果）
1—"6 分裂导线—杆塔"；2—"8 分裂导线—杆塔"；
3—"棒—板"

　　除苏联和日本曾建成实际的特高压线路外，美国、意大利、加拿大、巴西等国也分别建设过不同规模的特高压试验线段，进行过包括特高压杆塔在内的理论—实验研究。虽然不少国家在前期研究和工程设计中曾经提出过不少新颖的杆塔结构方案，但苏联和日本最后实际选用的仍然是传统的塔型。

　　苏联 1150kV 直线塔采用最多的是带拉线的 V 型塔（见图 11-10），其特点是质量轻、塔高小（44.4m），但占地面积大。由于其国土辽阔、土地资源极其丰富，且线路所经地区为人烟稀少的平丘草原，故有条件采用这种塔型。

　　日本为节约线路走廊用地，1000kV

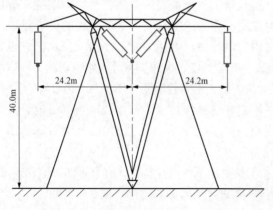

图 11-10　苏联 1150kV 线路的直线塔

线路采用的是双回路高塔（见图 11-11），塔高 88～148m（平均 111m）。这样大的塔高给该线的杆塔结构设计与施工、防雷保护等方面都提出了更高的要求。

我国从自己的具体条件出发，在已建超高压线路杆塔丰富的使用经验的基础上，在特高压交流输电线路上仍选用猫头塔或酒杯塔（单回路）和鼓型塔或伞型塔（双回路），如图 11-12 所示。

二、 特高压输变电设备

制造特高压输变电设备首先要着重解决的当然是它们的绝缘问题。众所周知，随着电气设备所需绝缘水平的提高，设备制造的难度和造价并非简单地按比例增大，这里也存在一个超线性的快速增长问题。

由此可知，对于特高压输变电设备来说，适当选择应有的绝缘水平具有何等重要的意义。还应指出：特高压设备的绝缘水平不仅指它们的操作冲击和雷电冲击耐受电压，还要考虑它们长期运行时可能受到的最大工作电压和短时工频电压升高的要求，保证其内绝缘不致遭受长期局部放电的损害，其外绝缘不致发生污闪事故。

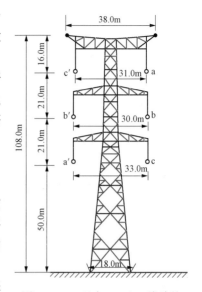

图 11-11 日本 1000kV 线路的
双回路直线塔

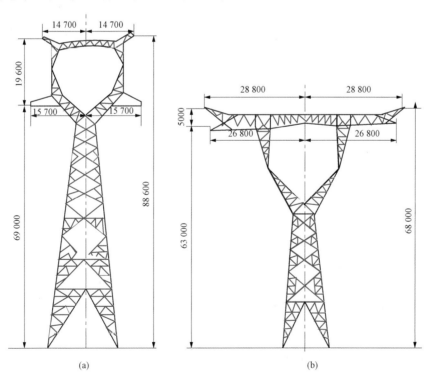

图 11-12 我国特高压（1000kV）交流线路的典型杆塔（一）
（a）猫头塔；（b）酒杯塔

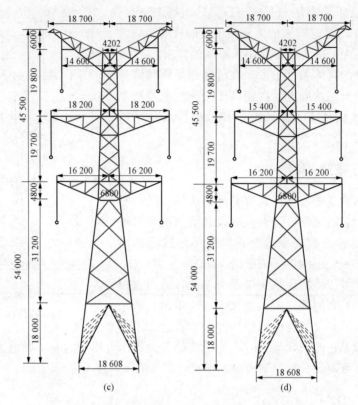

图 11 - 12 我国特高压（1000kV）交流线路的典型杆塔（二）

（c）鼓型塔；（d）伞型塔

参考国际电工委员会（IEC）对特高压设备绝缘水平所提出的建议方案和各国曾经采用过的绝缘水平，我国第一个 1000kV 特高压交流试验工程的设备所采用的绝缘水平见表 11 - 8。

表 11 - 8 1000kV 特高压交流设备的绝缘水平

设 备 名 称	雷电冲击耐受电压 （kV，峰值）	操作冲击耐受电压 （kV，峰值）	工频耐受电压 （kV，有效值）
变压器、电抗器	2250（截波 2400）	1800	1100（5min）
GIS（断路器、隔离开关）	2400	1800	1100（1min）
支柱绝缘子、隔离开关（敞开式）	2250	1800	1100（1min）
开关设备断口间	2400＋900	1675＋900	1100＋635（1min）

1. 变压器

特高压电力变压器具有下列特点：

（1）容量很大，一般三相组合容量均达数千兆伏安，为 500kV 变压器的 3～4 倍。

（2）绝缘水平很高，其基准冲击绝缘水平（BIL）高达 1950～2250kV 或更高，绝缘难度大。

（3）以上特点决定了它的质量和体积必然很大（如苏联生产的单相变压器带油质量为390～480t），导致其运输问题极其严峻。

（4）运行可靠性要求极高，不能让某些超高压电力变压器运行中的问题［例如油流带电、GIS中的特快速瞬态过电压（VFTO）引起变压器绝缘故障等］在特高压变压器中再现。

（5）由于特高压变压器两个绕组之间的绝缘较厚，因而其短路阻抗也较大，一般在15％左右。

（6）就绝缘技术难度而言，在变压器和其他设备的各个组成部件中，以特高压套管最为困难。

2. 开关设备和 GIS

在特高压开关设备中，最重要和最复杂的器件当然是断路器。特高压断路器通常采用 SF_6 断路器，只有在某些气候非常寒冷的地区，因 SF_6 可能液化而采用压缩空气断路器。

特高压断路器除了要具备一般高压断路器的功能外，还必须采取特殊措施（例如加装分闸和合闸电阻），尽可能减小在它运作时引起的操作过电压，以降低线路和变电设备的绝缘水平和造价。

特高压断路器的难点往往还不是它的灭弧室功能，因为这可以通过增加断口的数目来解决。但在特高压作用下，要想可靠地灭弧，需要把触头的分离速度提高到 11～12m/s，因而对断路器操作机构的性能提出了非常高的要求。

GIS 具有一系列突出优点（见第二章第五节），在特高压电网中，这些优点更显重要，所以采用 GIS 应是现代特高压电气设备的发展趋势。由于特高压 GIS 的占地面积和体积都很可观，所以一般均采用户外型和分箱型。

特高压 GIS 的制造和运行还具有以下特点：

（1）为了增大 GIS 内部绝缘的电气强度，特高压 GIS 中的 SF_6 额定气压被提高到0.4MPa（一般设备）和 0.6MPa（断路器和高速接地开关），从而对特高压 GIS 的密封性提出更高的要求（一般年漏气率不得大于1％）；采用更高气压会受到 SF_6 液化温度升高的限制。

（2）应该用性能最好的金属氧化物避雷器来保护特高压 GIS，并将避雷器安装在线路引出端、母线和变压器近旁，以尽量缩小装置的整体尺寸。

总之，未来的特高压 GIS 必将采用当今世界最为先进的技术，力求达到小型化、高可靠性、高度自动化、无人管理的目的。

3. 特高压避雷器

特高压避雷器的保护特性决定了特电压电网中可能出现的过电压幅值，因而也决定了特高压设备应有的绝缘水平，可见进一步改善避雷器的保护特性（最主要是它的残压）对特高压电网的绝缘配合具有很大的意义。

此外，在过电压下动作时，通过避雷器的能量与电压的平方成正比，所以特高压避雷器还必须具有很强的通流能力。

特高压避雷器必然是金属氧化物避雷器。日本曾大力改进其特高压避雷器的性能，例如采用四组优质阀片并联的办法使保护比降低到 1.38、吸收能量的能力提高到 55MJ以上。

4. 特高压套管

套管是电气设备中一个较复杂而又很重要的配件。由于它的法兰直径不可能太大，而其导电芯柱的直径也不可能太小，因而它们之间的绝缘层的厚度受到严格的限制，随着工作电压的提高，绝缘层中的工作场强势必加大，带来极大的技术难度。

目前全世界只有少数几家厂商能制造 1000kV 及以上的特高压套管，它往往成为特高压设备制造的一个制约环节。

第六节　特高压交流输电中的若干高电压技术问题

特高压交流输电首先要解决的当然是各种绝缘问题，但也提出了不少别的高电压技术问题，现略举数例。

一、　潜供电弧及其熄灭

正如第八章中所指出：电力系统发生的事故中，因线路的雷击跳闸所引起者占有很大的比重，最常见的故障形式是沿绝缘子串表面的单相对地闪络。如能采取措施使单相闪络后出现的工频电弧很快自熄，就能使雷击闪络不至于发展成停电事故，从而可大大提高电网运行的可靠性。

工频电弧的熄灭决定于弧道恢复场强和电弧电流的充分抑制。对于中性点非有效接地系统的配电线路，前者决定于绝缘子串的泄漏比距，而单相工频电弧电流乃是两个健全相对地电容电流之和，称为电网电容电流。第九章已介绍过，如果此配电网中线路总长度不太大，这一电容电流较小，接地电弧一般能够自熄，配电网中性点采用不接地方式即可；如电容电流较大，电弧不能自熄，就要采用中性点经消弧线圈接地的方式了。

中性点有效接地系统的高压和超、特高压输电线路则不然，雷击闪络之后出现的单相故障电流（一次工频短路电流，primary current）很大，可达数千安至数万安，如此巨大电流的电弧一般是不可能自熄的。对此目前普遍采用单相自动重合闸，在其动作的第一阶段，故障相两侧的断路器跳闸，切除一次短路电流，如果这时接地电弧能顺利自熄了，断路器第二阶段的单相重合动作即可获成功，线路恢复正常运行。但是实际情况则往往不然，其原因在于：一次短路电流被切除后，由于两健全相导线对被开断相导线之间的静电耦合和电磁耦合，接地弧道中仍会通过一定大小的工频电弧电流，称为二次电流（secondary current），我国称为潜供电流，用 I_q 表示，并由静电（相间电容）感应分量 I_j 和电磁（相间互感）感应分量 I_d 两部分构成。如果 I_q 过大，电弧仍不能自熄，单相重合将会失败，造成三相跳闸和全线停电，进而危及全系统的稳定运行。因此研究单相重合过程中潜供电流的大小和抑制方法，保证潜供电弧的顺利熄灭和故障相的成功重合，乃是十分重要的。

先看静电感应（电容传递）电流 I_j。图 11 - 13 所示为长度等于 l 的三相线路，电源的中性点有效接地，正常运行时的三相对地电压为 $U_A=U_B=U_C=U$，正序负载电流为 I_A、I_B 和 I_C。假定电弧接地在离 A 相首端 xl 处发生，该相两侧的断路器断开，切除故障大电流，而 B、C 相导线的对地电压可认为维持原有的大小不变，它们各自通过对故障相的相间电容 $C_m l$ 产生故障点的接地电流，两者之和就是静电感应电流 $\dot{I}_j$，则

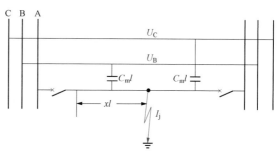

$$\dot{I}_j = (\dot{U}_B + \dot{U}_C)j\omega C_m l = -j\dot{U}_A\omega C_m l$$

$$(11-2)$$

可见 $\dot{I}_j$ 比故障相的原有电压 $\dot{U}_A$ 滞后

图 11-13　相间电容传递电路

90°，与线路长度 l 成正比，而与故障点 xl 的位置无关。

再看电磁感应（互感传递）电流 $\dot{I}_d$。接地相两侧断路器的跳闸使得 $I_A=0$，B、C 相电流亦可认为保持原有大小不变。令每千米长导线的对地电容为 C_0，自感抗为 X_{ZG}，相间互感为 L_m，则故障点左、右侧导线的对地电容分别为 $C_0 xl$ 和 $C_0(1-x)l$，将它们分别画成 II 形电路（两侧电容各占一半），可得图 11-14 所示的三相接线方式，故障点的接地电流就是 I_d。

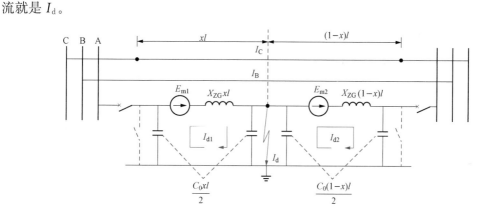

图 11-14　相间互感传递电路

令 $\dot{E}_{m1}$ 和 $\dot{E}_{m2}$ 为故障点前、后线段中由健全相负载电流传递过来的互感电动势，即

$$\dot{E}_{m1} = (\dot{I}_B + \dot{I}_C)j\omega L_m xl = -j\dot{I}_A\omega L_m xl, \quad \dot{E}_{m2} = -j\dot{I}_A\omega L_m(1-x)l$$

这里 $\dot{I}_A$ 为故障前 A 相的负载电流。由于图 11-13 中故障线路的自感抗 $X_{ZG}l$ 远比对地容抗为小，可予忽略，而回路电流 $\dot{I}_{d1}$ 和 $\dot{I}_{d2}$ 在故障点处于反向，可以写出电磁感应电流

$$\dot{I}_d = \dot{I}_{d1} - \dot{I}_{d2} = \frac{j\omega C_0 l}{2}[x\dot{E}_{m1} - (1-x)\dot{E}_{m2}] = \frac{\dot{I}_A\omega^2 l^2 L_m C_0(2x-1)}{2} \quad (11-3)$$

可知 $\dot{I}_d$ 与 $\dot{I}_A$ 同相，其值与故障点的位置有关。当故障点从线路始端变化到末端时，I_d 值将按直线规律变化，故障点位于线路两端（$x=0$，$x=1$）时，I_d 最大；故障点位于线路中点（$x=0.5$）时，I_d 为零。此外，传输自然功率时的 I_A 最大，即 $I_A=U/Z$，Z 为导线波阻抗，此时的 I_d 达到最大值 I_{dm}。相量 $\dot{I}_{dm}$ 与 $\dot{I}_j$ 互相垂直，总最大潜供电流 I_{qm} 就等于两者的均方值。此外，当线路较短时，I_j 远比 I_{dm} 大。

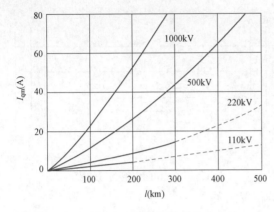

图 11 - 15　不同电压等级和线路长度时的 I_{qm}

图 11 - 15 给出了若干计算曲线。可见随着线路额定电压的提高，潜供电流越来越大。显然，超、特高压线路的 I_{qm} 一般都很大，需加以抑制；而 220kV 及以下的高压线路则因电压较低、线路较短，故 I_{qm} 较小而显得并不重要。

潜供电弧的自熄决定于诸多随机因素，最后归结为 I_{qm} 的最大容许值和必需的断路器停电间隔时间 Δt。苏联是最早兴建超、特高压交流输电线路的国家，曾经提供过 500kV 线路的一个 I_{qm} 与 Δt 的关系式：$\Delta t = 0.25 \times (0.1 I_{qm} + 1)$。例如，若 $I_{qm} = 30A$，则 $\Delta t = 1s$。对于我国目前的超、特高压线路，在 $I_{qm} = 30 \sim 35A$ 时，可取 $\Delta t = 0.7 \sim 1s$；220kV 线路取 $\Delta t = 0.5s$；110kV 线路则不设单相重合闸。

超、特高压线路一般很长，I_{qm} 需加抑制，目前采取的方法是利用线路中已有的三个单相星形接线的并联电抗器（感抗 X_L），在其中性点对地之间接入一小容量电抗器 X_N，如图 11 - 16 （a）所示。这种四极接线方式可等效为图 11 - 16 （b）、（c）所示的两组并联电抗器，取其中的 $X_{LM} = 1/\omega C_m l$，即可形成相间并联谐振（隔断相间电容联系）而抑制 I_j。经推导得 $X_L/X_N = TC/C_m - 3$，C 为导线正序电容，$C = C_0 + 3C_m$，T 为电抗器的正序导纳对线路正序容纳的补偿度，即 $T = 1/X_L \omega C l$。可见，应有 $T \geqslant 3C_m/C \approx 1/3$，否则 X_N 为容抗，这是不容许的。

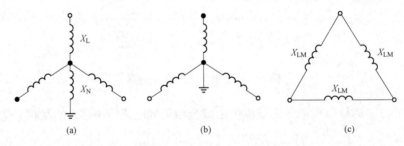

图 11 - 16　并联电抗器的四极接线图及其等效图
(a) 四极接线图；(b)、(c) 等效图

在不设并联电抗器的较短线路中，如果需要抑制 $\dot{I}_q$，有些国家在线路两侧设置三相常开的分相动作的高速接地开关（图 11 - 13 中用虚线画的两个开关设备即为故障相的高速接地开关），在单相电弧接地和该相两侧断路器跳闸后，故障相的此两接地开关立即闭合，熄灭潜供电弧，并经短促的时间间隔后跳开，两侧断路器的重合可获成功。电弧熄灭的原理如下：

由于附设接地开关的接地点分别连至两侧变电站的接地网，其接地电阻几乎为零，远比弧道电阻小，则静电感应电流 I_j 实际上全被此两侧接地开关所分流。

此外，两个 II 形电路中的对地容抗全被接地开关和故障弧道所短接，则有 $E_{m1}/xX_{ZG} = E_{m2}/(1-x)X_{ZG}$，即 $I_{d1} = I_{d2}$，$I_d = 0$，可见电磁感应电流也同样被完全抑制。

应当指出，仅在线路一侧设置接地开关是不容许的，因为这会使得潜供电流显著增大至 I_{d1} 或 I_{d2} 值。

更详细的分析可参考文献 [20]。

二、 特高压交流线路的防雷保护

在超/特高压输电的发展史上，有一个有趣的现象，即从世界上出现第一条 400kV 线路（古比雪夫—莫斯科）起，每当出现一个新的电压等级（如 500、750、1150kV）时，人们都声称自己的新线路绝缘水平很高，因而将会是完全耐雷的。以苏联/俄罗斯的超/特高压线路为例，它们的绝缘水平见表 11-9，确实已达很高的数值。

表 11-9　　　　　　　　　　500～1150kV 架空线路绝缘水平　　　　　　　　　单位：kV

额定电压	绝缘子串的冲击放电电压		
	导线极性		预放电时间为
	正，$U_{50\%(+)}$	负，$U_{50\%(-)}$	$2\mu s$ 时的 $U_{50\%(2)}$
500	2150	2350	3150
750	3000	3350	4400
1150	4500	5000	6750

但是，后来的运行记录表明：它们的雷击跳闸率往往远大于设计值，一次又一次地证明它们虽然绝缘水平很高，但仍不是完全耐雷的。当然，随着输电电压和绝缘水平的提高，线路的雷击跳闸率和总跳闸率的绝对值是越来越小了，但是雷击跳闸次数在总跳闸次数中所占的比重却越来越大，见表 11-10（引自俄罗斯 1999 年版《6～1150kV 电网雷电和内部过电压防护导则》）。

表 11-10　　　　　　　　俄罗斯 110～750kV 架空线路雷击跳闸运行指标

电压（kV）	每 100km·年的运行跳闸率				雷击跳闸所占比重（%）	
	n（总跳闸率）		n_1（雷击跳闸率）			
	变化范围	平均	变化范围	平均	变化范围	平均
110	3.5～14.4	9.0	0.33～2.3	1.0	4.5～22.5	12
220	1.3～5.8	3.0	0.03～1.2	0.45	1.2～30.0	15
330	0.4～3.0	2.0	0.10～0.66	0.20	4.3～51.1	10
500		0.6		0.08	—	15
750		0.24		0.07	—	30

注　各地区 110～330kV 架空线的耐雷性能运行指标之间的差别如此之大是因为各地区的雷电活动水平和土壤特性不同，杆塔结构也各不相同。

苏联/俄罗斯的 1150kV 线路的实际运行经验表明，它的总跳闸率约为 500kV 线路的 25%、约为 750kV 线路的 65%，但雷击跳闸在总跳闸中所占比重竟高达 94%。可见特高压输电线路也不是完全耐雷的。为了提高其运行可靠性，必须加强研究其雷击闪络机理和防雷措施。

对 750kV 和 1000kV 及以上的超/特高压线路耐雷性能不像想象中那么好、雷击跳闸率仍较高的事实，曾提出过不同的解释和分析，但大多数研究者认为，750kV 和 1000kV 及以上线路的绝缘水平和耐雷水平均已很高，雷击塔顶和避雷线所引起的反击跳闸已很难发生，雷害事故的主因应是绕击导线所造成的跳闸。

在输电线路防雷技术的发展过程中，有关避雷线对导线的屏蔽作用的评估方法曾经历三个阶段：计算绕击率的第一个公式只考虑一个因素——保护角 α；后来又引入杆塔高度 h_t 的影响，计算公式变成下面的形式

$$\lg P_\alpha = \frac{\alpha \sqrt{h_t}}{k_1} - k_2 \tag{11-4}$$

式（8-7）与式（8-8）即为二例。

进入特高压的范畴，需要再加上一个新因素，即导线上的工作电压已如此之高，与雷云极性相反的导线上会提前出现向上发展的迎面先导而引起绕击，从而增大绕击率。这一新因素在上述俄罗斯 1999 年制订的《导则》所提出的绕击率关系式中得到了反映，即

$$P_\alpha = F(U_N, \Delta h, \Delta d, h_{gw}, r_c, h_{av.c}) \tag{11-5}$$

式中　U_N——线路额定电压，kV；

　　　Δh——导地线悬点高度差，m；

　　　Δd——导地线水平方向位移，m；

　　　h_{gw}——避雷线悬点高度，m；

　　　r_c——导线半径（如为分裂导线，则为等效半径），m；

　　　$h_{av.c}$——导线平均对地高度，m。

仔细分析式（11-5），不难发现它反映了三个影响因素：一是保护角 $\alpha \left(\dfrac{\Delta d}{\Delta h} = \tan\alpha \right)$；二是避雷线悬点高度 h_{gw}，即杆塔高度 h_t；三是与导线上出现迎面先导有关的几个参数 U_N、r_c、$h_{av.c}$。因为它们一起决定着导线表面的电场强度。

由上述可知，随着线路额定电压的提高，绕击率会增大，这就可以阐释为什么电压等级很高的超/特高压线路仍不可能做到完全耐雷。

总的来说，特高压交流输电线路的防雷保护具有以下特点：

（1）由于杆塔与避雷线对地高度都很高，线路落雷次数显著增多、感应雷击过电压分量也增大。

（2）导地线间的空气间距增大，耦合系数变小。

（3）由于杆塔高、导线上的工作电压又很高，导致绕击率增大。

（4）由于线路绝缘水平已很高，雷击塔顶或其附近避雷线而引起反击的雷电流（耐雷水平）已很大，我国国家标准 GB/T 24842—2018《1000kV 特高压交流输变电工程过电压和绝缘配合》推荐："在一般土壤电阻率地区（$\rho \leqslant 500\Omega \cdot m$），线路的反击耐雷水平不宜低于 200kA。"可见出现概率很小，所以特高压线路的反击跳闸率不大，远小于 500kV 线路。

（5）在特高压线路上，档中导地线间的气隙长度并没有按电压成比例增大，因而雷击档中避雷线而导致导地线间气隙被击穿的可能性增大，在某些情况下会成为不可忽略的因素。

（6）由于线路本身的造价已很高，因而为改善其耐雷性能而采取的各种技术措施（诸如减小保护角、有选择地加装线路避雷器、加装引弧金具、降低杆塔接地电阻等）都不会显著影响线路的经济指标。

（7）特高压交流输电线路的杆塔埋入地下的部分及其基础的尺寸都很大，成为良好的自然接地极，因而即使在土壤电阻率较大的地区，也不难将杆塔接地电阻降至 $10\sim15\Omega$ 以下。

下面再探讨一下特高压交流输电线路防雷措施的特点：

（1）从认为绕击是雷击跳闸主因的观点出发，应该大大改善避雷线的屏蔽性能，减小保护角（如≤5°），甚至采用负保护角（如日本的 1000kV 线路采用−7°保护角）；

（2）虽然苏联的 1150kV 线路以全电压运行的经验不多，但已证实必须重视和改善耐张塔、转角塔等处的防绕击措施；

（3）应适当加大档中导地线间的空气间距，以消除雷击档中避雷线上而引发的导地线间气隙击穿事故；

（4）可考虑将特高压输电线路的杆塔接地电阻限制到 $10\sim15\Omega$ 以下。

由于特高压线路的输送容量很大，对它的运行可靠性要求很高，虽然线路本身的绝缘水平和耐雷水平已很高，仍需加强其防雷保护。在我国第一条 1000kV 特高压交流试验线路上采用了下列措施来提高其耐雷性能：

（1）平丘地区直线塔的保护角小于 5°；

（2）山区直线塔的保护角为−5°；

（3）变电站进线段 2km 范围内采用保护角为−5°的酒杯塔，并加装第 3 根避雷线。

这样一来，计算所得的雷击跳闸率为 0.1 次/（100km·年），该值约为我国 500kV 线路平均运行值的 70% 左右。

三、 特高压交流输电系统中的操作过电压

操作过电压是确定特高压交流输电系统绝缘水平的决定性因素。无论从减轻特高压线路和输变电设备的绝缘难度，或者从缩减整个系统的建设费用来说，降低操作过电压水平（减小其倍数）的意义都十分重大。

对各种电压等级输电系统中的操作过电压的控制目标为：

500kV	2.0～2.5p. u.
750kV	2.0p. u.
1000kV 及以上	1.6～1.7p. u.

应该指出，特高压交流输电系统中各种操作过电压在产生原因和发展机理上与超高压输电系统差别不大。对特高压系统绝缘水平影响最大的仍是切断和合上空载线路时出现的切空线和合空线过电压。

随着现代断路器制造水平的提高和性能的改善，现在已能生产出在开断空载线路时不会出现触头间电弧重燃的断路器，从而使切空线过电压的危害性大减。这样一来，合闸（合空线）过电压就上升为影响特高压输电系统绝缘水平的首要因素。

正像第九章第二节所介绍的那样，在不采取降压—限压措施的情况下，合闸过电压的倍数为 2.0（空载线上无剩余电荷时）或 3.0（重合闸过电压），可见要将特高压输电系统的最大操作过电压倍数控制到 1.6～1.7 倍，实在是非常困难的。为此，应综合采取多种技术措施：

（1）应采用高压并联电抗器或可控高压并联电抗器，并选用合理的系统结构和运行方

式来降低和限制工频电压升高；

（2）随着制造水平的提高，现代金属氧化物避雷器的保护性能不断改善，已成为限制操作过电压的主要手段之一；

（3）在断路器内装设阻值为 $400\sim600\Omega$ 的合闸电阻来降低合闸过电压；

（4）采用断路器的相角控制技术来实现等电位合闸，更能有效地降低合闸过电压。

各国用来限制特高压输电系统过电压的措施不尽相同（见表 11-11），内部过电压水平见表 11-12。

表 11-11   限制特高压输电系统过电压的一些措施

国别及机构	苏联	日本	美国（BPA）	意大利
合理的最长单段线路长度（km）	500 左右	—	400 左右	400 左右
高压电抗器	采用	不用	采用	未用
可控或可调节高压电抗器	高压电抗器火花间隙接入	不用	—	—
两端联动跳闸	—	采用	—	—
断路器合闸电阻	采用	采用	采用	采用
断路器分闸电阻	不采用	采用	不采用	采用
断路器并联电阻值（Ω）	378	700	300	500
避雷器	采用	采用	采用	采用

表 11-12   各国特高压输电系统所控制的内部过电压水平

国别及机构	美国 AEP	苏联/俄罗斯 NIIPT	日本 TEPCO	意大利 CESI	中国（拟议值）
额定电压（kV）	1500	1150	1000	1000	1000
最高工作电压（kV）	1575	1200	1100	1050	1100
工频电压升高（p.u.）	1.3	1.4	1.3～1.5	1.35	1.3～1.4
操作过电压（p.u.）	1.6	1.6～1.8	1.6～1.7	1.7	1.6（线路侧 1.7）

四、 特高压交流输电的环境影响问题

随着输电电压的提高、输电容量的增大和公众环境意识的增强，输电工程的环境影响问题越来越受到人们的关注，并成为决定工程设计方案和建设费用的重要因素。为妥善解决特高压交流输电的环境影响问题，美国、苏联、日本、意大利和我国均曾建立相应的试验研究基地，开展过大量的试验研究工作。

输电工程的环境影响主要包括两个方面：①工频电场和磁场对人类和动植物所产生的生理生态影响；②电晕放电及其派生效应对环境的影响。对于特高压输电工程来说，重点应为可闻噪声和地面电场强度两项。

环境影响的限值选择是一个很重要的问题，因为如限值取得过高，环保部门将难以接受，公众也会抱怨或投诉；若限值取得过低，则线路走廊用地和工程造价都将增大到电力企业难以接受的程度。

（一）工频电场和磁场对生理生态的影响

导线上的电荷将在空间产生工频电场，导线内的电流将在空间产生工频磁场。特高压输电工程的额定电压很高、输电容量（或额定电流）也很大，因而导线上的电荷量和导线内的电流也大，导线周围的工频电场和磁场都比超高压输电工程更强。在离导线同样距离和方位的空间，特高压输电工程所造成的电场和磁场强度会比超高压输电工程更大。工频电场和磁场对人和动植物的生理生态影响的程度取决于电场强度和磁场强度的大小。

1. 工频电场

输电线路周围的工频电场可以通过计算和实测进行分析研究。

一般情况下，公众是不会警觉到他们已暴露在电场之下，公众更不可能采取预防措施去减少或避免受电场影响。基于这一考虑，应对一般公众采用比专业人员更为严格的暴露限制。

在环境评估中，通常采用离地面1.0～1.5m处的电场强度的垂直分量作为评价量。线路下地面最大电场强度一般出现在边相导线外侧附近。提高导线对地高度是减小地面电场强度最有效的办法，在单回路时将三相导线布置成倒三角形，在双回路时将导线按逆相序布置，也能够有效地减小地面电场强度和线路走廊宽度。

线路下工频电场强度的限值原则上应远小于对人和动物产生有害影响的电场强度阈值，但各国都从自己的具体国情和环保政策出发，规定出不同的电场强度限值，见表11-13。

虽然各国的规定有些不同，但可大致归纳为：

（1）电场强度的最大限值（或农业地区的限值）：10～15kV/m；

（2）跨越公路处的限值：7～10kV/m；

（3）公众活动区或民房旁的限值：≤5kV/m。

我国500kV交流输电线路的工频电场基本上就是按此控制的。

表 11 - 13　各国规定的输电线路附近离地面 1m 处的电场强度限值

国家及地区		电场强度限值（kV/m）	场合
捷克		10	线路跨越公路处
日本		3	人口稠密区
波兰		10	
苏联/俄罗斯		15	非公众活动区
		10	跨越公路处
		5	公众活动区
南非		10	
美国	明尼苏达州	8	—
	蒙大拿州	7	跨越公路处
	纽约州	11	跨越私人公路处
		7	跨越公路处
	俄勒冈州	9	人们容易接近的区域
丹麦		10	农业区
		5	交通繁忙的区域
西班牙		20	
德国		20	

在决定我国特高压交流输电线路的工频电场限值时，吸取了上述世界有关国家的经验并参考我国超高压输电线路的相关规定，按下述方法来确定1000kV交流输电线路下1.5m处的工频电场强度限值：

（1）对于一般地区，如公众容易接近的地区、线路跨越公路处，场强限值取7kV/m；对于人烟稀少的偏远地区、跨越农田处，场强限值可增大至10kV/m，以避免由放电引起的不适应感和避免超过允许摆脱的电流值。

（2）对于非大众活动或偶尔有人经过的区域，场强限值可放宽至 12～15kV/m。

（3）我国的输电线路邻近民房问题比较突出，应引起足够重视。建议房屋所在位置离地 1m 处的最大未畸变场强取 4kV/m。

由此可知，我国的 1000kV 特高压交流输电线路的工频电场限值水平实际上与我国 500kV 交流输电线路相同。

2. 工频磁场

输变电工程的载流体（如带有负载的母线、导线、变压器、电抗器等）在其周围一定范围内产生磁场，而工频磁场强度的大小主要与两个因素有关：一是用电负荷，即电流大小；二是与载流导体的距离，随着距离的增加，工频磁场强度快速降低。

国际上有较多国家认为工频磁感应强度的限值应为 0.1mT（长时间暴露）和 1mT（短时间暴露）。我国在建设特高压输电工程时，采用了《限制时变电场、磁场和电磁场暴露的导则》（ICNIRP 导则）给出的限制值 0.1mT 作为线路工频磁感应强度的限值。这与我国环境评价标准中对居民区工频磁场的限值相同。

针对超/特高压输电线路的塔高、导线对地高度和不同的额定电流所进行的计算表明：线路下方离地 1m 处的工频磁感应强度均小于 $20～35\mu T$，可见工频磁场基本上不会产生危害影响。

（二）电晕放电及其派生效应

如果超/特高压输电线路按在好天气时不出现电晕放电设计，将不符合经济原则。所以超/特高压线路在正常运行时往往都有一定程度的电晕放电，它的一些派生效应（无线电干扰、可闻噪声等）就会产生一定的环境影响，在坏天气时更加严重得多。这个问题往往成为线路设计时的重要考虑因素。对 750kV 及以下的超高压线路而言，起决定作用的通常是无线电干扰（RI），因为这时只要能满足 RI 方面的要求，可闻噪声（AN）方面一般就不会有什么问题；但对于 1000kV 及以上的特高压线路来说，AN 却上升为控制因素了。

1. 无线电干扰

第一章中已介绍过 RI 对环境的影响和 500kV 及以下线路的 RI 限值。就特高压线路而言，RI 虽然已不像 AN 那样起决定作用，但仍是线路设计中需要校核的重要项目。

美国、日本、加拿大和苏联等都对特高压交流输电线路的 RI 问题进行过研究。我国在 1000kV 特高压交流试验工程投运后，针对两种导线排列方式，分别在晴天条件下测试了它们的无线电干扰横向分布特性，结果在两种典型档距内，边相导线对地投影外 20m 处的无线电干扰场强基本上都在 53～54dB 之间，这表明晴天条件下的无线电干扰水平均小于 55dB，能满足相关环保限值的规定。

2. 可闻噪声

关于特高压交流线路设计时应采用的可闻噪声限值，国际上尚无统一的标准。美国根据公众的调查数据，曾提出一个 Perry 准则，即认为在离线路中心线 30m 处的 AN 水平若为 52.5dB(A) 以下，则基本上不会有投诉；若为 52.5～59dB(A)，只会有少量投诉；若达到 59dB（A）以上，将有大量投诉。

有关各国自行决定的特高压交流线路的可闻噪声设计取值见表 11-14。

表 11-14   各国特高压交流线路可闻噪声的设计取值

国别	额定电压（kV）	导线分裂方式	测量点到边相的距离	可闻噪声设计取值［dB(A)］
苏联/俄罗斯	1150	8×φ24.1mm	45m	55
日本	1000	8×φ38.4mm 8×φ34.8mm	线路下方	50
美国	1100 1500	9×φ42.4mm 未定	走廊边缘 38m	55 55
意大利	1000	8×φ31.5mm 4×φ56.25mm	15m	56～58

可以看出，国外选用的 AN 限值处于 50～60dB（A）的范围内，在借鉴国外研究成果和考虑我国具体国情（如人口密度大等）的基础上，我国在设计第一批 1000kV 交流线路时采用了与 500kV 交流线路相同的 AN 限值——55dB（A），但测量点取在边相导线对地投影外 20m 处。

根据以上所述，可将我国已采用和拟采用的超/特高压输电线路环境影响各项限值综合制成表 11-15。

表 11-15   我国已采用和拟采用的超/特高压输电线路环境影响各项限值

额定电压（kV）		500	750	1000
地面 1.0m 处工频电场强度限值（kV/m）	非公众活动区	10	11	10
	公众活动区	4	4	4
地面 1.0m 处工频磁感应强度限值（mT）		0.1	0.1	0.1
线路边沿处无线电干扰限值（dB）		55(15m)	55～58(15m)	55(20m)
线路边沿处可闻噪声限值［dB（A）］		—	55～58(15m)	55(20m)

为了满足环境保护的要求、符合各项环境影响限值的规定，各国的具体做法不尽相同，在降低可闻噪声和无线电干扰方面，比较一致的做法是增大分裂数（$n \geqslant 8$）、增大子导线半径以减小导线表面电场强度；在改善线路下的工频电磁环境方面，可采取增大导线对地高度、选用三相导线倒三角布置和紧凑型杆塔等措施。选择合适的分裂距，也有利于线路电磁环境的达标。

第十二章　直流输电中的高电压技术

在输电技术的发展史上，最初出现的工程就是用直流来输送电力的，不过那时的直流输电没有换流环节，而是从直流发电机通过直流线路直接送到直流负荷，即发电、输电和用电均为直流电。此后随着三相交流发电机、变压器和感应电动机的发明与应用，发电和用电两个环节很快就被交流电所取代，因为它的优点太明显了，再加上交流电压可以很方便地用变压器加以改变，因而使输电这个环节也变成以交流为主了。

但是，由于直流输电仍具有交流输电所不能替代的某些作用和优点，因而并未消失。在发电与用电两个环节均采用交流电的情况下，要采用直流来输电，势必要解决换流问题，因此直流输电的发展必然与换流技术的进步密不可分。20世纪70年代初出现的用晶闸管（又称可控硅）组成的晶闸管换流阀取代了原先的汞弧阀后，直流输电进入了一个全新的快速发展阶段。

现代直流输电技术建立在四大知识板块的基础之上，它们是电力电子学（特别是晶闸管换流技术）、电力系统、高电压技术和自动控制技术。

到目前为止，国外已有60余个高压直流输电工程投入运行，在远距离大容量输电、海底电缆线路和地下电缆线路输电以及电力系统联网工程中得到了较大的应用和发展，其中架空线路17个，电缆线路8个，架空和电缆混合线路12个，背靠背直流输电工程26个。在采用架空线路的直流输电工程中，以一回线路计，巴西伊泰普直流输电线路的电压最高（±600kV）和输送容量最大（3150MW）；南非英加—沙巴直流输电线路的输送距离最长（1700km）；在采用电缆输电的直流输电工程中，英法海峡直流输电线路的输送容量最大（2000MW）；瑞典—德国的波罗的海直流输电线路的电压最高（450kV）和距离最长（250km）；背靠背工程容量最大的是俄罗斯—芬兰之间的维堡直流输电工程（1065MW）。直流输电的输送容量的年平均增长率，在1960～1975年期间为460MW/年，1976～1980年期间为1500MW/年，1981～1998年期间为2096MW/年。

苏联虽然建设过一条±750kV的特高压直流架空线路，原设计的输送功率为6000MW、输送距离达2414km，但有一端换流站始终未建成，因而未曾投运。

国外已建成投运的±500kV及以上直流输电工程见表12-1。关于直流输电电压等级的分段问题，到目前为止尚无定论。较多专家建议将±300～±600kV划为超高压，±600kV以上（如±750kV、±800kV等）为特高压。

我国在高压直流输电方面起步较晚，但发展很快，自1987年舟山直流输电工程投入运行开始，到2014年底为止，已有25个高压直流输电工程投入运行。表12-2为我国已建成及正在建设中的直流输电工程的有关情况。

从表12-1和表12-2可以看出：我国在全世界超/特高压直流输电工程总量中已占有

274

很大的比重，直流输电在我国"西电东送"和全国联网工程中已发挥了重要的作用。特别是在 2010 年下半年后又先后建成投运了±800kV"云南—广东"特高直流输电工程、±800kV"向家坝—上海"特高压直流输电工程、±500kV"呼伦贝尔—辽宁"直流输电工程、±660kV"宁东—山东"直流输电工程、±400kV 青藏联网直流输电工程和±800kV"锦屏—苏南"特高压直流输电工程等工程后，我国高压和超/特高压直流输电总容量已接近 50 000MW，直流输电线路总长度达 13 350km。这标志着我国已成为世界上直流输电总容量和单回线路容量最大、输电电压最高和发展速度最快的国家。就发展前景来说，我国还将建设更多的±500kV 超高压和±800kV（甚至±1100kV）特高压直流输电线路，每条特高压线路的输送功率高达 6400～10 000MW，送电距离 1000～3000km。

表 12 - 1   国外±500kV 及以上直流输电工程

工程名称	国家	额定电压 （kV）	额定功率 （MW）	输电距离 （km）	投运年份
Cabora Bassa	南非	±533	1920	1456	1975/1998
Inga-Shaba	刚果	±500	1120	1700	1981
Nelson River（Bipole 2）	加拿大	±500	2000	930	1985
Inter Mountain	美国	±500	1920	785	1986
Pacific Intertie（Expansion）	美国	±500	1100	1362	1989
Itaipu	巴西	±600	6300	1590	1990
East-South Interconnection Ⅱ	印度	±500	2000	1450	1989/2003/2007
Rihand-Delhi	印度	±500	1568	814	1992
Pacific Intertie（Upgrading）	美国	±500	2000	1360	—
Sylmar East Valve Reconstruction	美国	±500	825	1200	1995
Chandrapur-Padghe	印度	±500	1500	736	1998
SAPEI	意大利	±500	1000	435（420km 电缆线路）	—
Fenno-Skan 2	瑞典—芬兰	500	800	303（200km 电缆线路）	—
纪伊海峡	日本	±500	2800	51（架空）+51（电缆）	2000
Neptune RTS	美国	500	660	105（电缆）	2007
Ekibastuz-Tambov	俄罗斯	±750	6000	2414	未建成投运
Ballia-Bhiwadi Interconnector	印度	±500	2500	800	2010
Rio Madeira	巴西	±600	3150	2500	2012
Mundra-Haryana	印度	±500	2500	960	2012
North-East Agra	印度	±800	6000	1728	2015
占城 - 库鲁克舍特拉	印度	±800	3000	1350	2015
赖加尔—普加卢尔—特里苏尔	印度	±800	6000	1830	2019
美丽山Ⅰ期	巴西	±800	4000	2029	2017
美丽山Ⅱ期	巴西	±800	4000	2539	2019
默蒂亚里—拉合尔	巴基斯坦	±660	4000	886	2020

表 12 - 2　　　　　　　　　　　　中国直流输电工程一览表

类别	工程名称	换流站地址	额定电压（kV）	额定功率（MW）	输电距离（km）	投运年份
已建成投运	舟山	舟山—镇海	100	50	54（其中电缆线路12）	1987
	葛上	葛洲坝—南桥	±500	1200	1046	1990
	天广	天生桥—广州	±500	1800	986	2001
	三常	龙泉—政平	±500	3000	890	2003
	三广	江陵—鹅城	±500	3000	975	2004
	贵广Ⅰ回	安顺—肇庆	±500	3000	899	2004
	灵宝Ⅰ	灵宝	120	360	0	2005
	三沪	宜都—华新	±500	3000	1088	2007
	贵广Ⅱ回	兴仁—深圳	±500	3000	1194	2007
	高岭Ⅰ	高岭	125	1500	0	2008
	灵宝Ⅱ	灵宝	166.7	750	0	2009
	云广	楚雄—穗东	±800	5000	1373	2010
	呼辽	伊敏—穆家	±500	3000	900	2010
	宝德	宝鸡—德阳	±500	3000	574	2010
	向上	复龙—奉贤	±800	6400	1907	2010
	葛沪	荆门—枫泾	±500	3000	1106	2011
	宁东	银川—青岛	±660	4000	1348	2011
	青藏	格尔木—拉萨	±400	1200	1038.7	2011
	锦苏	裕隆—同里	±800	7200	2059	2012
	高岭Ⅱ	高岭	125	1500	0	2012
	黑河	黑河	125	750	0	2012
	糯扎渡—广东	普洱—江门	±800	5000	1413	2014
	哈密南—郑州	哈密—郑州	±800	8000	2210	2014
	溪广	昭通—从化	±500	6400（同塔双回）	1223	2014
	溪浙	宜宾—金华	±800	8000	1680	2014
	宁东—浙江	灵州—绍兴	±800	8000	1720	2016
	酒泉—湖南	酒泉—湘潭	±800	8000	2383	2017
	晋北—江苏	晋北—南京	±800	8000	1119	2017
	锡盟—泰州	锡盟—泰州	±800	10 000	1620	2017
	内蒙古—山东	上海庙—山东	±800	10 000	1238	2017
	扎鲁特—山东	扎鲁特—青州	±800	10 000	1233.8	2017
	滇西北—广东	云南新松—广东东方	±800	5000	1928	2018
	准东—皖南	昌吉—古泉	±1100	12 000	3293	2019
	昆柳龙	云南：昆北 广西：柳北 广东：龙门	±800	8000	1452	2020
	青海—河南	海南州—驻马店	±800	8000	1587	2020
	雅中—江西	雅砻江—鄱阳湖	±800	8000	1696	2021
	白鹤滩—江苏	白鹤滩—虞城	±800	8000	2087	2022

续表

类别	工程名称	换流站地址	额定电压 (kV)	额定功率 (MW)	输电距离 (km)	投运 年份
已建成 投运	白鹤滩—浙江	白鹤滩—钱塘江	±800	8000	2121	2023
建设中	宁夏—湖南	中宁—衡阳	±800	8000	1634	预计 2025
	陇东—山东	庆阳—泰安	±800	8000	926	预计 2025
	金上—湖北	卡麦 帮果 }—大冶	±800	8000	1901	
	哈密—重庆	巴里坤—渝北	±800	8000	2290	

表 12-2 中"准东—皖南"特高压直流输电工程在 2019 年 9 月 26 日建成投运后即为当前世界上输电电压等级最高（±1100kV）、输送容量最大（12 000MW）、输电距离最远（3293km）、技术水平最先进的直流输电工程。

此项工程作为国家实现西部煤电基地的电能直供东部地区负荷中心的重要通道，建成后有力推动了新疆能源基地的火电、风电、太阳能发电一起打包外送，保障华东地区的可靠供电，并对大气污染防治、拉动新疆经济增长等均具有十分重要的作用，是我国特高压输电技术发展过程中的重要里程碑。

第一节　直流输电系统概述

为了更好地说明和理解直流输电中的高电压技术问题，必须先对直流输电系统的构成、优缺点和特点、应用场合等问题有基本的认识。

一、直流输电系统的构成

直流输电系统由整流站、直流线路和逆变站三部分组成，如图 12-1 所示。图中交流电力系统Ⅰ和Ⅱ通过直流输电系统相连。交流电力系统提供换流器正常工作所必需的交流电源，图中已设定交流电力系统Ⅰ为送电端，Ⅱ为受电端。这个直流输电系统是这样工作的：由交流系统Ⅰ送出交流功率给整流站的交流母线，经换流变压器 1，送到整流器，把交流功率变换成直流功率，然后由直流线路把直流功率输送给逆变站内的逆变器，逆变器把直流功率变换成交流功率，再经换流变压器 2，将交流功率送入受电端的交流电力系统Ⅱ。

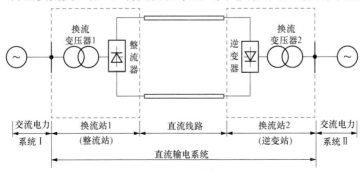

图 12-1　直流输电系统接线示意图

　　整流站与逆变站统称换流站，整流器与逆变器统称换流器。

　　直流输电系统的构成可分为二端系统和多端系统两大类。由于直流断路器至今仍处于应用研究阶段，从而限制了多端直流输电系统的发展。到目前为止，世界各国已建和在建的直流输电工程绝大多数都是二端直流输电系统。它的构成又可分为单极、双极和背靠背换流站三类，具体的构成方式及特点见表 12 - 3。

表 12 - 3　　　　　　　　　　　　　　　二端直流输电系统的构成方式

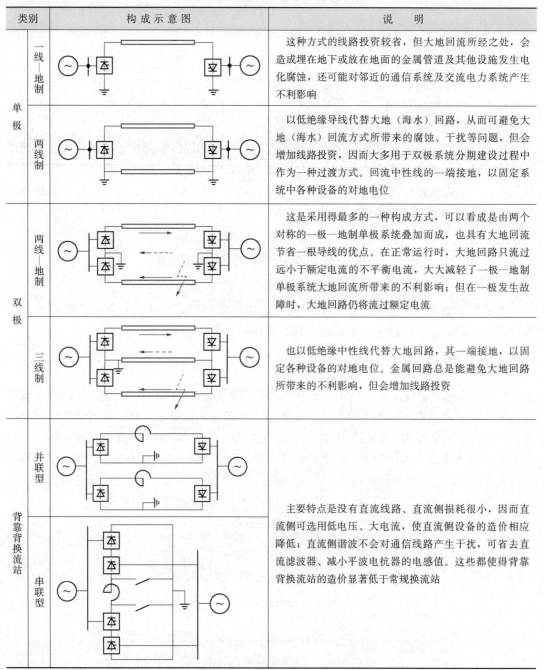

类别		构　成　示　意　图	说　　明
单极	一线—地制		这种方式的线路投资较省，但大地回流所经之处，会造成埋在地下或放在地面的金属管道及其他设施发生电化腐蚀，还可能对邻近的通信系统及交流电力系统产生不利影响
	两线制		以低绝缘导线代替大地（海水）回路，从而可避免大地（海水）回流方式所带来的腐蚀、干扰等问题，但会增加线路投资，因而大多用于双极系统分期建设过程中作为一种过渡方式。回流中性线的一端接地，以固定系统中各种设备的对地电位
双极	两线地制		这是采用得最多的一种构成方式，可以看成是由两个对称的一极—地制单极系统叠加而成，也具有大地回流节省一根导线的优点。在正常运行时，大地回路只流过远小于额定电流的不平衡电流，大大减轻了一极—地制单极系统大地回流所带来的不利影响；但在一极发生故障时，大地回路仍将流过额定电流
	三线制		也以低绝缘中性线代替大地回路，其一端接地，以固定各种设备的对地电位。金属回路总是能避免大地回路所带来的不利影响，但会增加线路投资
背靠背换流站	并联型		主要特点是没有直流线路、直流侧损耗很小，因而直流侧可选用低电压、大电流，使直流侧设备的造价相应降低；直流侧谐波不会对通信线路产生干扰，可省去直流滤波器、减小平波电抗器的电感值。这些都使得背靠背换流站的造价显著低于常规换流站
	串联型		

单极系统只有一根极导线，回流可以通过大地（包括海水）回路（一极—地制），也可以通过金属回路（两线制）。极导线的极性可正可负，但实际中往往采用负极性。因为负极性导线引起的电晕无线电干扰和可闻噪声均较轻，而且由于雷电大多数为负极性，因此负极性线路雷击闪络的概率也较小。

双极系统有两根极导线，极性一正一负，而电压绝对值相同，两端中性点接地（大地回路）或用中性线相连（金属回路）。当一极发生故障时，另一健全极仍可继续正常运行，输送一半甚至更多的电力，这是它的一大优点和特点，也是国内外已建直流输电工程大多采用这一方案的主要原因。此外，在分期建设的情况下，可先建其中的一极，并先以单极运行，以便尽早收益和实现分期投资。

背靠背换流站是一种无直流线路的特殊二端直流输电系统，主要用来连接两个非同步运行（不同频率，或频率虽相同但相位不同步）的交流电力系统，因而又称非同步联络站，如果两个交流系统的频率不同时（如 50Hz 和 60Hz），也可称为变频站。

二、交、直流输电的比较

在考虑远距离大容量输电、交流电力系统间的互联、用海底电缆为海岛送电、向用户密集的大中城市供电等工程项目时，往往需要进行交流输电与直流输电两种方案的全面技术—经济比较，以选定合理的输电方案。

（一）交、直流输电的经济比较及等价距离

1. 架空线路投资比较

直流输电一般采用双极两线—地制构成方式，因而只需要 2 根极导线，而三相交流线路则需要 3 根相导线。为使二者具有可比性，假设交、直流线路的导线截面相等，电流密度也相等，则每根导线输送的直流电流 I_d 等于交流电流有效值 I_a；假定交、直流线路具有相同的对地绝缘水平，则近似地可认为直流线路对地电压 U_d 等于交流线路相电压有效值的 U_a 乘以 $\sqrt{2}$。则直流线路每根导线输送功率为 $U_d I_d$，直流线路输送的总功率为

$$P_d = 2U_d I_d \qquad (12-1)$$

交流线路输送的总功率为

$$P_a = 3U_a I_a \cos\varphi \qquad (12-2)$$

在交流远距离输电情况下，线路输送功率的功率因数一般较高，若 $\cos\varphi = 0.95$，则

$$\frac{P_d}{P_a} = \frac{2U_d I_d}{3U_a I_a \cos\varphi} = \frac{2(\sqrt{2}U_a)I_a}{3U_a I_a \times 0.95} \approx 1$$

由此可见，在同样截面和绝缘水平的条件下，2 根极导线的直流线路所能输送的功率和 3 根相导线的交流线路所能输送的有功功率几乎是相等的。直流线路的绝缘子、金具也都比交流线路节省约 1/3；而且还减轻了杆塔的荷重，节省了钢材；由于只有两根导线，而且直流电晕所产生的环境影响（RI、AN 等）均较电压等级相同的交流线路电晕所产生者为轻，因而直流线路走廊的宽度可减小很多。所以直流输电线路的单位长度造价比交流线路有较大幅度的降低。在输送相同功率和距离的条件下，直流架空线路的投资一般为交流架空线路投资的 60%～70%。

2. 电缆线路比较

由于电缆绝缘在直流电压和交流电压下的电位分布和击穿机理都不相同，电缆绝缘用

于直流时的容许工作电压几乎等于交流时的 3 倍。例如 35kV 的交流电缆，容许在 100kV 左右的直流电压下工作。换言之，如果直流工作电压与交流相同时，直流电缆的造价远低于交流电缆。

3. 直流换流站与交流变电站投资比较

换流站的设备比交流变电站复杂很多，它除了必须有换流变压器之外，还要有价格昂贵的晶闸管换流器，以及换流器的控制调节装置、滤波装置、平波电抗器和其他附属设备。因此，换流站的投资大大高于同等容量和相应电压的交流变电站。例如需要输送的功率为 1200MW 时，用交流 500kV 输送，工程的变电站部分的投资大约只有 ±400kV 直流换流站投资的 2/3。

4. 交、直流输电的等价距离

既然直流输电换流站的造价要比交流变电站高出很多，那么直流输电之所以在经济上仍有竞争力，一定是直流线路的单位造价远低于交流线路，但只有当线路足够长时，从直流线路上节省下来的投资才能抵偿换流站的额外投资，这时直流输电才具有经济上的优势。这个关系通常用等价距离来表示，如图 12-2 所示。对于一定的输电容量，当线路长度大于等价距离时，采用直流输电就比较经济了。等价距离与交、直流输电线路的造价、交流变电站和直流换流站的造价等经济指标密切相关。对于不同的国家，这些经济指标各不相同，因此不可能有一个统一的等价距离。根据统计，当架空线路输送功率为 540～2160MW 时，等价距离为 640～960km；电缆线路价格昂贵，特别是交、直流电缆的价格差值又很大，所以电缆线路的等价距离要比架空线路短得多，地下电缆为 56～90km，而海底电缆只有 24～48km，这正是许多必须使用电缆送电的场合优先选用直流输电的主要原因。

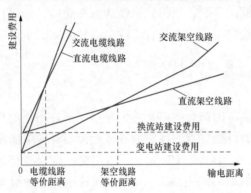

图 12-2　交、直流输电的等价距离

随着科学技术的进步，换流设备不断得到改善，不但提高了运行可靠性，而且降低了造价，从而使上述交、直流输电的等价距离得以不断缩短。例如国外双极 ±400kV 直流架空线路的等价距离已从 1973 年时的 750～800km 缩短至现在的 500km 左右。

5. 综合经济比较

以上所述仅是从建设费用的角度来比较交、直流输电的经济性，在实际方案比较中，还必须考虑线路及设备的折旧维护费用和电能损耗费用，即年运行费用等动态因素。

(1) 线路和设备的年折旧维护费用主要包括输电线路、两端站内设备在运行中每年需提取的折旧费用，以及日常维护（小修、大修）每年所需的费用。根据国外的运行经验，线路和站内设备的年折旧维护费用占工程建设费的百分数，交流与直流大体相近，例如日本为 26%～28%，瑞典为 18%～19%。

(2) 年电能损耗费用系指线路部分和变电站或换流站部分的年电能损耗与电能成本的乘积。交流输电主要计算线路和两端变电站中变压器的年电能损耗；直流输电除了计算线路和两端换流站的换流变压器的年电能损耗外，还必须计入两端换流器的年电能损耗。据统计，每端换流站的功率损耗占额定输送功率的比值，20 世纪 70 年代为 $1.2\%\sim1.4\%$，目前已下降至 1.0% 以下。换流变压器和换流器两部分电能损耗之和通常占换流站总电能损耗的 $80\%\sim90\%$。至于输电线路的功率损耗，由于直流线路不存在充电电流和集肤效应，在导线截面相同、输送有功功率相等的条件下，直流线路的电阻损耗只有交流线路的 2/3 左右；而电晕损耗方面，在交流与直流线路导线的表面电场强度相同的情况下，双极直流线路的年平均电晕损耗只有交流线路的 $50\%\sim65\%$。

综合经济比较是将上述建设费用和年运行费用两方面综合起来作比较。

（二）直流输电的优缺点

交流与直流输电方案作比较时，除了经济方面以外，还应从技术方面分析方案的优缺点，进行全面的比较。它们的优缺点往往是互补的，也就是说，直流输电的优点往往就是交流输电的缺点，而直流输电的缺点也往往正好是交流输电的特长所在。

1. 直流输电的优点和特点

直流输电除了线路造价低、输电的电能损耗小以外，在技术方面尚有以下优点和特点：

（1）直流输电不存在两端交流系统之间同步运行稳定性问题，因而它的输送容量和输送距离均不受同步运行稳定性的限制。这一优点对远距离大容量输电十分有利。

（2）用直流输电联网，便于分区调度管理，有利于故障时交流系统间的快速紧急支援和限制事故扩大；可不因联网后扩大了容量而需要调换遮断容量不够的交流断路器。

（3）直流输电控制系统目前一般主要用计算机元件构成，响应快速，调节精确，操作方便，能实现多目标控制。

（4）直流输电线路沿线电压分布平稳，没有电容电流，不需要并联电抗补偿。

（5）在需要用电缆送电的场合，采用直流输电在技术上还有一些重要优点：①电缆绝缘的容许工作电位梯度在直流下要比交流下高很多；②由于电缆的对地电容要比架空线路大得多，如果采用交流输电，会产生很大的电容电流，从而降低了芯线输送负荷电流的能力；如采用直流输电，就不会有这方面的问题了；③在直流下介质损耗很小。

（6）一条双极直流线路的运行可靠性优于一条三相交流线路，因为一极发生故障时，另一健全极仍可继续运行（利用大地作为回流电路），输送一半或更大的功率。

2. 直流输电的缺点和局限性

除了前述换流站投资远大于交流变电站外，直流输电在技术方面也有一些缺点：

（1）换流器在工作时需要消耗较多的无功功率（一般占直流输送功率的 $40\%\sim60\%$），因此每座换流站均需装设无功补偿设备。

（2）晶闸管的过载能力较低，如需考虑换流器具有较大的过载能力，则必须选用大功率，在长期正常工况下元件得不到充分利用。

（3）直流输电会产生谐波，从而需要加装滤波器。

（4）直流输电在以大地或海水作回流电路时，会对沿途地下或海水中的金属设施造成腐蚀，必要时尚需采取阴极保护等防护措施；此外，还会对通信和航海磁罗盘产生干扰。

（5）直流电流不像交流那样有过零点，因而灭弧比较困难。到目前为止直流断路器的制造问题尚未很好解决，限制了多端直流输电系统的发展，再加上换流站设备的造价昂贵，所以直流输电只能用作点对点的直达传输，中途无法落点，而这正是交流输电的重要优点。

三、 直流输电的应用

由于直流输电具有上述优点和特点，它在以下两种情况下应用比交流输电具有明显的优势。一是采用交流输电在技术上有困难或根本不可能，而只能采用直流输电的场合。例如，不同频率（如 50、60Hz）交流电力系统之间的互联、向不同频率的电力系统送电、长距离电缆送电等。二是在技术上采用交、直流输电方式均能实现，但采用直流输电比交流输电具有更好的经济性。对于这种情况则需要对工程的输电方案进行全面的比较和论证，最后根据比较的结果作出决定。

下面将探讨直流输电的应用场合和发展前景。

1. 远距离大功率输电

这是直流输电最重要和最能显示其优越性的应用领域。直流输电已经在我国西电东送的大格局中发挥很大的作用，而且随着云南等地一系列巨型水电站的开发和建成，必将在这方面发挥更大的作用。

2. 海底电缆线路送电

凡是必须利用电缆线路送电的场合（如跨海为海岛送电），采用直流输电的优越性十分明显。我国海岸线很长，沿海有许多岛屿，如舟山群岛和海南省等，它们与大陆电力系统相连时，采用直流输电应是首选方案。

3. 用作两个交流电网之间的联络线

与采用交流输电线路相比，采用直流输电线路作为两个交流电网之间的联络线，具有下列突出优势：

（1）不存在同步运行稳定性问题，它所实现的是交流电网之间的非同步联络。直流输电在这方面的应用得到了很大的发展。以美国为例，已投运和正在拟议筹建中的直流工程共 19 项，其中 12 项就是为了实现国内区网间或国际的电力系统非同步互联。直流输电也应用于不同额定频率（如 50、60Hz）交流电网之间以及变频与恒频系统之间的耦合，当两个换流站设备背靠背合装在一地时即成变频站，此时没有直流线路环节。

（2）能有效抑制短路电流的增大，因而不必调换遮断容量不够的断路器，也不需要增设限流装置。

（3）节约线路走廊用地的效果更好。

（4）从网络结构上彻底消除产生低频震荡的可能性。

（5）从网络结构上隔断交流系统故障的传递和扩大，避免发生连锁反应，因而也是预防大面积停电事故的一项有效措施。

不过交流联网也不是完全没有适用场合，例如巴西的电力系统原先由南、北两大电网构成，1999 年进一步实现了两大电网的同步互联，因为考虑到联络线所经过的中部地区的经济发展和用电需要，选择的就是交流联网方案，而不是直流联网方案。

4. 向用户密集的大城市供电

随着城市现代化建设的发展，大城市人口稠密，电力负荷集中，向城市供电的线路走廊越来越拥挤，环境保护的要求也日趋严格，城市供电线路的发展趋势是采用高压地下电缆等。当供电距离超过交、直流地下电缆的等价距离时，用高压直流电缆向城市供电将更为经济，同时直流输电方式还可以作为限制城市供电网短路电流增大的措施。

四、　柔性直流输电

表 12 - 2 中已建成投运的"昆柳龙工程"是为了将金沙江上的乌东德水电站发出的电力输送到广东和广西的负荷中心，采用的是特高压多端混合型直流输电技术，送端昆北换流站（8000MW）采用的是常规直流换流器，即基于晶闸管的电网换相换流器（LCC）；而受端的龙门换流站（5000MW）和柳北换流站（3000MW）则采用基于双向可控器件的模块化多电平换流器（MMC），且通过全桥子模块与半桥子模块相混合构成。这个工程推动了多项直流输电技术的创新，实现一系列世界第一，诸如世界上首项特高压柔性直流输电工程、世界上单站容量最大的柔性直流输电换流站、世界上第一项具有架空线故障自清除及再启动能力的柔性直流输电工程，等等。

表 12 - 2 中的"白鹤滩—江苏"±800kV 直流输电工程也是一项同时采用柔性直流输电和常规直流输电的混合型特高压直流输电工程，线路全长 2087km，输送功率 8000MW。送端白鹤滩换流站（8000MW）采用的是常规直流换流器 LCC；而受端虞城换流站（8000MW）则采用 LCC 与 3 个并联 MMC 相级联的结构，LCC 为额定直流电压 400kV 的高电压端换流器，3 个并联 MMC 组成额定直流电压为 400kV 的低电压端换流器，且 3 个并联 MMC 都由半桥子模块构成。此种混合型直流输电系统结构也是世界首创。

纵观历史，直流输电技术的发展过程经历了三次技术上的革新，其主要推动力都是组成换流器的基本元件发生了颠覆性的突破。

第一代直流输电技术采用的换流元件是汞弧阀，所用的换流器拓扑是 6 脉动 Graetz 桥，其主要应用时期是 20 世纪 70 年代以前。

20 世纪 70 年代初，晶闸管阀开始应用于直流输电系统，标志着第二代直流输电技术的诞生。第二代直流输电技术采用的换流元件虽已改为晶闸管，但其换流器拓扑仍然是 6 脉动 Graetz 桥，因而其换流理论仍与第一代直流输电技术相同，其应用时期从 20 世纪 70 年代初一直延续很长的一段时间。

通常将基于 Graetz 桥式换流器的第一代和第二代直流输电技术称为常规直流输电技术，其运行原理是电网换相换流理论。因此也将常规直流输电所采用的 Graetz 桥式换流器称为"电网换相换流器（LCC）"。

这里必须明确一个概念，有人将电流源换流器（CSC）与电网换相换流器（LCC）混淆起来，这是不对的。LCC 属于 CSC，但 CSC 的范围要比 LCC 宽广得多，基于绝缘栅双极型晶体管（IGBT）构成的 CSC 目前也是业界研究的一个热点。

1990 年，基于电压源换流器（VSC）的直流输电概念首先由加拿大 McGill 大学的 Boon - Teck Ooi 等人提出。在此基础上，ABB 公司于 1997 年 3 月在瑞典中部进行了首次工业性试验（3MW，±10kV），标志着第三代直流输电技术的诞生。

国际权威学术组织国际大电网会议（CIGRE）和国际电气电子工程师学会（IEEE）将这种以可关断器件和脉冲宽度调制（PWM）技术为基础的第三代直流输电技术，命名为"VSC - HVDC"，即"电压源换流器型直流输电"。

2006 年 5 月，由中国电力科学研究院组织国内权威专家在北京召开"轻型直流输电系统关键技术研究框架研讨会"，与会专家一致建议我国将基于电压源换流器技术的直流输电（第三代直流输电）统一命名为"柔性直流输电"。而 ABB 公司将其称之为"轻型高压直流输电（HVDC Light）"，并作为商标注册；西门子公司则将其称之为"HVDC Plus"。

柔性直流输电技术采用的换流元件是既可以控制导通又可以控制关断的双向可控电力电子器件，其典型代表是绝缘栅双极型晶体管（IGBT）。

柔性直流相较常规直流的技术优点有：①没有无功补偿问题；②没有换相失败问题；③可以为无源系统供电；④可同时独立调节有功功率和无功功率；⑤谐波水平低；⑥适合构成多端直流系统；⑦占地面积小。

柔性直流相较常规直流的技术缺点包括：①损耗较大；②设备成本较高；③过载能力较弱。

柔性直流输电换流器的运行原理完全不同于电网换相换流原理，实际上柔性直流输电技术本身到目前为止也可以划分成两个发展阶段。

第一个发展阶段是 20 世纪 90 年代初到 2010 年，这一阶段柔性直流输电技术基本上由 ABB 公司垄断，采用的换流器是二电平或三电平电压源换流器（VSC），其基本理论是脉冲宽度调制（PWM）理论。

第二个发展阶段是 2010 年以后，其基本标志是 2010 年 11 月在美国旧金山投运的"Trans Bay Cable"柔性直流输电工程；该工程由西门子公司承建，采用的换流器是模块化多电平换流器（MMC）。MMC 的运行原理不是 PWM，而是阶梯波逼近。

第二阶段柔性直流相对第一阶段柔性直流的技术优点主要是：①制造难度下降，避免了 IGBT 等双向可控器件的直接串联；②损耗成倍下降，目前已接近于常规直流水平；③阶跃电压降低；④波形质量高；⑤故障处理能力强。

第二阶段柔性直流相对第一阶段柔性直流的技术缺点有：①所用器件数量多；②控制更复杂。

需要指出的是，柔性直流输电存在一个对架空线路的适用性问题。在用架空线输电的场合，导线裸露在空气中，线路上容易发生闪络、短路等暂时性故障，而目前基于半桥子模块的柔性直流输电还无法像常规直流输电那样单纯依靠换流器的动作来完成直流侧暂时性故障的清除和快速恢复送电。解决这个问题的可行技术途径主要有两种：一是采用直流断路器；二是采用具有故障自清除能力的柔性直流换流器。对于特高压等级的柔性直流输电系统，采用具有故障自清除能力的柔性直流换流器更具现实意义。"昆柳龙"工程和"白鹤滩—江苏"工程就是采用具有故障自清除能力的柔性直流换流器来清除架空线路暂时性故障的两个典型实例。

为了有助于形成整体概念，在表 12-4 中对柔性直流输电与常规直流输电的功能、优缺点作集中的综合比较。

表 12-4　　　　　　　　　柔性直流输电与常规直流输电的综合比较

比较项目	常规直流输电	柔性直流输电
核心电力电子器件	晶闸管器件/半控型	IGBT 器件/全控型
可否向无源系统供电	否	可
有无换相失败风险	交流系统故障可能导致换相失败	无
是否需要无功补偿	需要无功补偿装置	不需要
滤波装置	需要	谐波水平低，不需要或仅需少量装置

比较项目	常规直流输电	柔性直流输电
有功和无功功率控制	有功和无功功率不能独立控制	有功和无功功率可以独立控制
输电损耗	较小	较大
潮流反转	换流站需要退出运行，改变控制策略	可以快捷实现，无需改变控制策略
实现多端直流电网	难	易
设备成本	低	较高
换流站容量	大	相对小（注）
占地面积	大	小
是否适合远距离架空线路输电	适合	基于半桥子模块的 MMC 不太适合

注　目前换流站最大容量还只有 5000MW（昆柳龙工程中的龙门换流站）。

从发展趋势来看，柔性直流输电技术将会在不太长的时间内取代常规直流输电技术，其主要应用场合包括新能源接入电网（特别是远海风电接入电网）、远距离大容量直流输电、直流异步联网、构成多端直流电网等。

第二节　直流输电中的高电压技术问题示例

在直流输电电压提高到 ±500kV 及以上的情况下，必然会在直流线路和换流站的设计、建设、运行和设备制造等各个方面涌现出大量高电压技术问题，有待我们去研究和解决。而我国已经建成的 ±800kV 和 ±1100kV 特高压直流输电工程更对高电压技术和绝缘技术提出了新的更高的要求。

下面将列举一些直流输电中的高电压技术问题，诸如：

（1）直流电晕与直流电场效应；

（2）直流电弧与直流断路器；

（3）各种电介质及绝缘结构在含有直流分量的高电压作用下的电气特性；

（4）高压直流架空线路的绝缘；

（5）高压直流电缆线路的绝缘；

（6）直流输电系统中的过电压及其防护；

（7）直流输电系统绝缘配合；

（8）直流输电系统的回流电路和直流接地极；

（9）直流高电压试验技术。

这一系列技术问题目前仍未在高电压学科内涵、高校相关课程的内容和教科书中得到适当的反映，甚至使不少高校毕业生在进入电力系统就业时，需要从头开始进行一番培训，这不是正常的现象。时至今日，已经是让传统的"高电压技术"（实际上它只能称为"交流高电压技术"）全面涵盖交流输电和直流输电两个领域的时候了。

限于篇幅，将选择上列内容中一些最重要以及与交流输电差异很大的课题分节加以介绍。

第三节　直流电晕与直流电场效应

直流电晕与直流电场效应是超/特高压直流架空线路产生环境影响的主要根源，所以是超/特高压直流架空线路设计中重要的一环，特别是对于导线结构（分裂数、分裂距、子导线直径、子导线的排列方式等）的选择、杆塔尺寸（极导线间距离、导线悬点高度等）的确定以及线路走廊宽度和线路路径的选择、住户动迁规模等都有重要的或决定性的影响。

直流电晕与交流电晕、直流电场效应与交流电场效应当然有很多相同或相似之处，但也有不少显著的差异。

一、直流线路的类别

就基本结构而言，直流输电线路可分为架空线路、电缆线路、架空—电缆混合线路三种类型，它们分别用于不同的场合。

直流架空线路又可分为如下几种（见图 12 - 3）。

（1）单极线路：只有一极导线，一般以大地（或海水）作为回流电路。

（2）同极线路：具有两根同极性导线，也利用大地（或海水）作为回流电路。

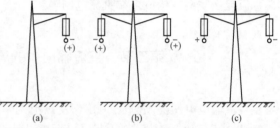

图 12 - 3　直流架空线路
(a) 单极线路；(b) 同极线路；(c) 双极线路

（3）双极线路：具有两根不同极性的导线，有些采用大地（或海水）回流（两线—地制），也有一些采用金属回流（三线制）。

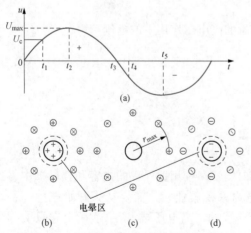

图 12 - 4　交流电晕空间电荷的运动模式
(a) 交流电压；(b) $t=t_2$；(c) $t=t_3$，$r \rightarrow r_{max}$；(d) $t=t_5$
U_c—电晕起始电压；U_{max}—电压幅值

二、直流电晕放电

（一）直流电晕的特点

交、直流电晕在发展机理上的最大差别在于空间电荷的影响不同。

在交流电压下，电晕产生的空间电荷只在导线附近一个相当小的范围内往返运动，大部分外围空间（可简称"外区"）并不存在空间电荷。

空间电荷往返运动时所能达到的最大离线距离 r_{max} 可大致估计如下（见图 12 - 4）：

假设在整个半周期内，导线表面场强保持不变并等于 E_c。无论是挂在离地某一高度 h 处的单根导线，还是彼此相距 s 的两根平行导线，只要 $h \gg r_0$ 或 $s \gg r_0$（r_0 为导线半径），导线附近一段空间内的电场 E 与同轴圆柱电容器的电场是相似的，因而可利用后者的表达式，即

$$E = \frac{U}{r \ln \dfrac{R}{r_0}} \qquad (12-3)$$

式中　R——同轴圆柱电容器的外筒内半径。

可见，$Er =$ 常数，即 $Er = E_c r_0$，因而

$$E = E_c \frac{r_0}{r}$$

离子的移动速度

$$v = \frac{\mathrm{d}r}{\mathrm{d}t} = kE = kE_c \frac{r_0}{r}$$

式中　k——离子的迁移率。

上式可改写成
$$\mathrm{d}t = \frac{r \mathrm{d}r}{kE_c r_0}$$

就半周期 $T/2$ 进行积分，即可得

$$\frac{T}{2} = \frac{r_{max}^2 - r_0^2}{2kE_c r_0}$$

因为 $r_{max} \gg r_0$，所以上式可简化为

$$r_{max} \approx \sqrt{kTE_c r_0} \qquad (12-4)$$

上式中 $T = 0.02\mathrm{s}$，如取 $r_0 \approx 1.25\mathrm{cm}$，$k = 1.8\,\dfrac{\mathrm{cm/s}}{\mathrm{V/cm}}$，$E_c \approx 30\mathrm{kV/cm}$，代入式（12-4）可得

$$r_{max} \approx 37\mathrm{cm}$$

可见交流电晕中的离子在往返运动中最多只能到达离导线数十厘米的空间，更远的外区中没有空间电荷。

下面将转而介绍直流电晕的特点。在直流单极电晕的情况下，整个电极空间（导线—大地）充斥着符号与导线极性相同的空间电荷，由于导线上的电压极性保持不变，所以这些空间电荷将使导线附近的电场变弱，使外区的电场增强（见图 12-5），从而使整个电场变得较为均匀，这就是空间电荷所产生的"屏蔽效应"。

在双极线路上，同一基杆塔上悬挂着正、负两种极性的导线。这时产生的"双极电晕"将不等同于两个彼此无关的"单极正电晕"与"单极负电晕"的简单叠加。这可以用图 12-6来加以说明。

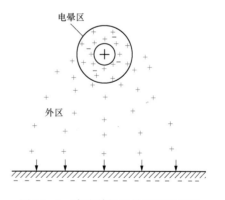

图 12-5　直流单极电晕的空间电荷

在双极电晕的情况下，两根极性相反的极导线同时发生电晕，每根导线都将与自己同极性的空间电荷排斥到外区，使得公共的外区充斥着两种符号的空间电荷，有两股相对流动的离子流，它们在外区互相混合，这时会有一部分离子与异号离子相复合，另一部分则

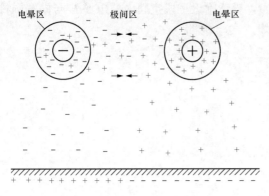

图 12-6　直流双极电晕的空间电荷

穿过极间外区，渗透到对面电极的电晕区中去，彼此削弱了对方的屏蔽效应，加强了对方电极附近的电离过程。两根极导线上的电晕过程的相互影响是如此之大，以致双极电晕成为另一种直流电晕放电形式，而不是两个彼此无关的正、负单极电晕过程的简单叠加。

上面介绍的直流电晕放电发展机理的特点（"屏蔽效应"和"双极效应"）将有助于我们理解各种直流电晕派生效应的特点和实测结果。

（二）直流电晕的派生效应

1. 电晕损耗

（1）在交流或直流电压作用下，电晕放电几乎是在同样的电压值（指幅值相等）下开始出现的，不过随着电压进一步提高，交流下的电晕损耗增加得比在直流下快得多，如图 12-7 所示。这是直流线路的重要优点之一，所加电压超过电晕起始电压越多，这一优点就越显著。

（2）和交流电晕相比，直流电晕（包括单极、同极、双极线路）损耗与电压的相关性都稍小，与气候条件的相关性更要小得多，而且几乎和导线直径的大小（如在 15～50mm 的范围内）以及是否为分裂导线无关。

（3）单极线路电晕损耗：负极性约等于正极性的 2 倍。

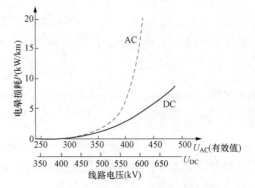

图 12-7　交、直流电晕损耗特性的比较
（$r_0 = 1.9\text{cm}$）

（4）双极线路电晕损耗要比两种极性的单极线路电晕损耗之和大得多（3～5 倍）。

（5）与交流线路的情况相反，直流线路的全年电晕损耗基本上取决于好天气时的数值。这一点可以用下述事实来解释：在坏天气时（雨、湿雪、大雾等），直流线路的电晕损耗不过比晴天时增加几倍，而交流线路则增加几十倍，甚至上百倍。

（6）当导线表面电场强度相等时，双极直流线路的年平均电晕损耗仅为交流线路的 50%～65%；如取年平均电晕损耗相同，那么直流线路的导线表面电场强度可比交流线路大 5%～10%。

2. 无线电干扰

（1）交流的电晕干扰主要是在电压为正的半周内产生的。在直流下，无论在晴天或是雨天，正极性导线产生的无线电干扰也要比负极性导线强得多，这是单极线路一般均采用负极性的原因之一。

（2）在交流下，雨天时的电晕无线电干扰要比晴天时大 15～25dB；但在直流下，正极性电晕所产生的无线电干扰水平在雨天时反而低于晴天。

（3）双极直流线路的无线电干扰水平要比正极性单极线路为高。

3．可闻噪声

（1）正极性导线上的电晕是直流架空线路可闻噪声的主要来源。

（2）雨水能使直流线路的可闻噪声稍微减轻一些，下雪时的噪声水平和晴天差别不大。

（3）距正极性导线的横向距离每增加 1 倍时，直流线路的可闻噪声约衰减 2.6dB（A）。

三、 直流电场效应

关于电对人和生物的生理生态影响，可以从电磁场和电流两个方面来探讨。以前研究得比较多的是电流（包括交流电流和直流电流）和极高频电磁场（微波）对人体的作用。在工频交流电磁场方面，则偏重于超高压交流线路所产生的工频交流电场的影响，因为工频交流磁场的影响极为有限。

在直流下，只有直流电场的环境影响值得关注，因为直流在周围空间不会造成交变磁通，因而就不会产生影响了。

交流线路下存在的是亚稳态静电场，而直流线路下是离子化直流电场，它的总场强 E_{dc} 是由静电场强 E_0 和空间电荷（离子）场强 E_i 叠加而成，因而直流线路下的电场强度一般都大于电压等级相当的交流线路。

线路下的物体接收到的电流也不一样，交流线路下是位移电流 I_c；而直流线路下如未产生电晕，就不会有电流，如存在电晕，则为离子流 I_i，其数值要比交流下的 I_c 小几个数量级。

在生理效应方面，直流电场和直流电流的可感阈值均较交流时为高，所以直流电场效应（包括由它引起的直流电流效应）在很多方面（如稳态电击）都较交流电场效应为轻。

关于直流线路场强的设计标准，目前国际上尚无统一的规定。美国能源部颁布的有关标准规定各种电压等级的直流架空线路下的静电场强 E_0（该标准称为"标称场强"）最大不能超过 15kV/m，一般采用 7.5～15kV/m，线路走廊边界处为 2kV/m。我国"葛洲坝—上海" ±500kV 直流线路则以总场强 E_{dc} 作为设计准则，具体取值如下：

（1）非居民区：$\quad E_{dc} \leqslant 30 \sim 38 \mathrm{kV/m}$。

（2）居民区：$\quad E_{dc} \leqslant 26 \mathrm{kV/m}$。

（3）线路走廊边界处：$E_{dc} \leqslant 20 \mathrm{kV/m}$；
$$E_0 \leqslant 5 \mathrm{kV/m}。$$

对直流电场强度 E_{dc} 影响最大的因素是导线对地高度 H，在其他参数保持不变的条件下，地面场强 E_{dc} 几乎随 H 的增大而成反比地减小（见图 12-8）。

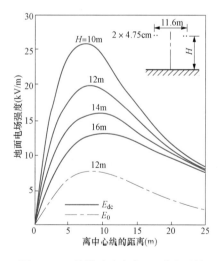

图 12-8　导线对地高度 H 对地面总场强 E_{dc} 的影响

第四节　高压直流架空线路的绝缘

在选择和设计直流线路绝缘时，必须关注它在运行条件、结构型式、设计原则等方面有别于交流线路的特点，诸如：

(1) 直流绝缘子的污染过程特点；

(2) 直流绝缘子金属部件的电腐蚀；

(3) 直流绝缘子的结构和运行特点；

(4) 作用在线路绝缘上的过电压波形；

(5) 直流绝缘子类型和片数选择；

(6) 直流线路各种空气间距的确定，等等。

对直流架空线路绝缘的基本要求可分为下列三个方面：

(1) 能够长期耐受运行电压。直流下绝缘子染污速度快、电气强度下降得多，腐蚀问题严重，所以应采用特殊的直流绝缘子。

(2) 能够耐受正常操作及故障所引起的操作过电压。

(3) 应该使直流架空线路的雷击故障率处于容许值以下。

一、直流线路绝缘子

直流线路绝缘子的运行条件和技术要求与交流线路绝缘子是有差别的，它的集尘效应强、污闪电压降低多、老化快、钢脚的电腐蚀严重，等等，因而一种性能良好的交流绝缘子不一定就是好的直流绝缘子。

一般认为，在同样条件下，直流绝缘子比交流绝缘子更易受到污染。在实验室内进行的对比试验表明：绝缘子直流电压下的污染度约为交流电压下的2倍。但在室外试验场进行的观测表明：两者相差没有这样大，这也许是雨水冲刷和风吹等因素的影响。

实测结果还表明：在交流下，绝缘子表面各点的污染度是比较均匀的；在直流下，不但总的污染度大于交流，而且绝缘子下表面的污染度要比上表面大得多。就全串而言，导线侧各元件污染最严重，接地侧各元件次之，中间部分各元件的污染度最小。此外，正极性导线的绝缘子串要比负极性导线的绝缘子串吸附更多的污秽，这反映了污染特性中也有极性效应。

绝缘子的直流耐压随污染度的增大而降低，而且比交流时下降得更多。在同样条件下，绝缘子串的负极性直流闪络电压比正极性直流闪络电压低10%～20%，所以通常取负极性作为耐压试验条件。

直流绝缘子在运行中还会遇到的一个突出的问题是电腐蚀现象。电腐蚀导致绝缘子损坏，是由于两方面的过程所致：①钢脚变细，导致绝缘子的机械强度大幅度下降；②电腐蚀生成物在体积上的膨胀导致瓷体或玻璃件受压破裂。为了解决这个问题，目前最通用的办法是在钢脚上加锌套，如图12-9和图12-10所示。它一般可使直流绝缘子的寿命延长1倍左右。

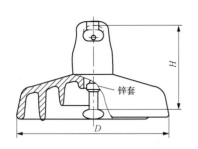

图 12 - 9　法国 SEDIVER 公司
F160PD. C. 型直流玻璃绝缘子

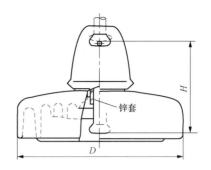

图 12 - 10　日本 NGK 公司 CA -
735（745）EZ 型直流瓷绝缘子

已建成的直流线路所采用的绝缘子大都是玻璃绝缘子或瓷绝缘子，但在近年来新建的直流线路上采用合成绝缘子也越来越多，特别是我国已成为世界上使用直流合成绝缘子最多的国家。

直流绝缘子的结构型式一般均为耐污型，即具有较长的表面泄漏距离，以利于缩短绝缘子串的总长度。美国的研究表明，理想的直流绝缘子的泄漏距离 l 与高度 H 的比值 $\left(\dfrac{l}{H}\right)$ 范围为 2.5~3.2（普通交流绝缘子只有 2.0 左右）。此外，直流绝缘子还应具有良好的自洁性能。

图 12 - 9 与图 12 - 10 给出了现代直流绝缘子的两个典型示例，它们的主要尺寸见表 12 - 5。

表 12 - 5　　　　　　　　　　　　　直流绝缘子的主要尺寸

型号	盘径 D（mm）	高度 H（mm）	泄漏距离 l（mm）	l/H
F160PD. C.	320	170	540	3.1
CA - 735（745）EZ	320	170	545	3.2

直流线路的实际运行经验表明：在大气严重污秽的地区（如海滨或某些工业区），单靠增大泄漏距离往往仍不能使泄漏电流减小到足够低的水平，还需要采取一些其他的辅助措施以减小泄漏电流。例如：

（1）涂硅脂。在绝缘子表面涂上硅脂，能使其绝缘性能显著改善、泄漏电流大大减小，因为这种材料具有憎水性和埋置外来固体微料的特性，从而能阻止表面上连续导电层的形成。不过，当所埋微粒达到某一饱和状态时，硅脂将突然丧失其限制表面电导的性能；所以，涂层必须定期清除和更新，其周期可为数月到数年，这取决于该地区的污秽程度。

（2）加强停电清洗或带电清洗。美国太平洋联络线的南段（该地区雨水较少、干燥期较长），投运后曾因汽车废气污染而导致频繁的污闪，后来采取补救措施，除将绝缘子从 27 片增加到 30 片，使泄漏比距增大为 3.43cm/kV 外，还把绝缘子的清洗周期缩短到 60 天左右。

（3）在某些工程中（如日本的"北—本线"），当污染特别严重、气候又特别恶劣时，还曾试用"降压运行"这样的应急措施来避免污闪事故的发生。

显然，上述几种辅助措施都会增加运行单位工作量和成本，而且它们的作用也是有限的。所以，在建设直流输电工程时，应注意把换流站址和线路路径选得离工业区和其他污染源远一些。

二、空气间隙

直流架空线路上的空气间隙包括极导线间、导地线间、导线对地、导线—杆塔间的空气间隙。正确选择应有的气隙长度（空气间距）是一个十分重要的问题，它对杆塔型式及尺寸、线路走廊宽度、线路建设费用、线路运行可靠性都有很大的影响，在超/特高压线路的情况下尤为突出。

为此，不少研究者曾对几种典型电极构成的典型气隙的击穿特性进行了实验研究，下面将引用其中一些成果。但如直流输电电压达到 $\pm 600\text{kV}$ 以上的特高压范畴时，仍应结合实际工程开展实际气隙的击穿特性研究，以免采用典型气隙数据可能造成的浪费。

在介绍各种气隙的击穿特性之前，需要先说明试验电压的波形。迄今为止，国际上还

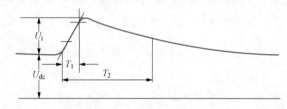

没有统一的用于直流输电系统的试验电压标准波形。但从直流输电系统绝缘上可能受到的过电压波形出发，有较多国家采用由一直流电压分量 U_{dc} 与一冲击电压分量 U_{i} 叠加而成的试验电压波形，如图 12-11 所示。其中冲击电压分量 U_{i} 又可分为两类：

图 12-11　直流输电系统绝缘的试验电压波形

（1）雷电冲击波：波前时间 T_1 为若干微秒，半峰值时间 T_2 为 $50\mu\text{s}$ 左右。

（2）操作冲击波：波前时间 $T_1 = 100 \sim 300\mu\text{s}$，半峰值时间 $T_2 = 1000 \sim 4000\mu\text{s}$。

下面就来介绍一些典型气隙击穿特性的实验结果：

（1）"棒—板"气隙与"棒—棒"气隙在正极性直流电压下的击穿特性实际上都是直线（试验进行到 1600kV 为止），如图 12-12 与图 12-13 所示。

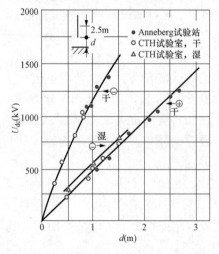

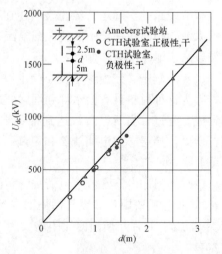

图 12-12　"棒—板"气隙的直流击穿特性　　　　图 12-13　"棒—棒"气隙的直流击穿特性

在干燥的标准大气条件下，它们的击穿梯度分别约为：

"棒—板"气隙：4.8kV/cm。

"棒—棒"气隙：5.5kV/cm。

（2）在正极性操作波和正极性直流电压相叠加的情况下，"棒—板"气隙的击穿电压要比单纯的正极性操作波下（$U_{dc}=0$）的击穿电压来得高（二者的差别在直流分量超过400kV时才开始显著起来），但比单纯的直流电压下（$U_i=0$）为低（见图12-14）。

（3）在上述组合波形的作用下，"棒—棒"气隙在所用试验电压范围内的击穿电压与在单纯的操作波下（$U_{dc}=0$）的数据十分接近（参见图12-15）。

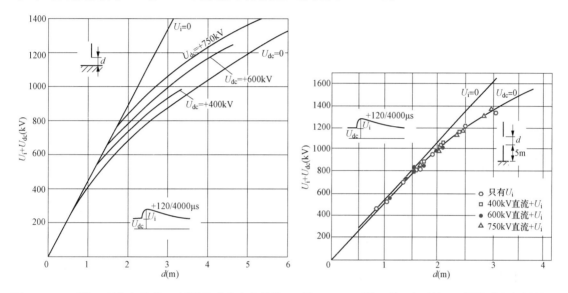

图12-14　"棒—板"气隙的50%操作冲击击穿特性
（正极性；操作冲击波分量的波形为+120/4000μs）

图12-15　"棒—棒"气隙的50%操作冲击击穿特性
（正极性；操作冲击波分量的波形为+120/4000μs）

（4）空气间隙在雷电冲击波和直流电压相叠加的波形作用下，耐压水平与在单纯的雷电冲击波下（$U_{dc}=0$）相等。

第五节　高压直流电缆线路的绝缘

一、概述

在已建成投运的直流电缆线路中，除英国的金思诺斯工程用作陆地地下送电外，其余均为海岛供电或跨海峡联网。在已建成的直流电缆线路中，额定电压最高者为400kV，输电容量最大者已达640MW。

由于特殊原因（如需要跨越水域、难以解决架空线路走廊用地问题等）而不得不采用电缆线路来送电时，往往需要采用直流输电。其主要理由如下：

首先，电缆在直流电压作用下的绝缘强度几乎等于交流下的3倍，所以同样一根电缆用于直流输电，其工作电压可取得比交流输电时高得多，输电容量亦相应增大。由于这个原因，再加上电缆本身的制造价格十分昂贵，所以电缆线路的交、直流输电等价距离要比架空线路小得多（只有几十千米）。

其次，众所周知，电缆线路的电容是相当大的，因此交流下的电容电流也很可观，每相电容电流为

$$I_C = U_N \omega C_0 l \quad (A) \tag{12-5}$$

式中　C_0——单位长度电缆线路每相的电容量，F/km；

　　　　l——电缆线路长度，km；

　　　U_N——额定电压，V。

电流 I_C 通过缆芯，势必减小它的有效负载能力。因此，当需要敷设的电缆线路长度超过一定数值（如 35～40km）时，如果用于交流，必然出现的电容电流将占用电缆线路芯线的全部有效负载能力。

实际上，对每一种交流电缆线路，都可以求出某一临界长度 l_{cr}，这时的电容电流 I_C 正好等于容许负载电流 I_p，所以

$$l_{cr} = \frac{I_p}{U_N \omega C_0} \quad (km) \tag{12-6}$$

由此可知，临界长度 l_{cr} 随电压 U 的提高而缩短，在一般条件下，其数量级只有数十千米。与此形成对照的是直流电缆线路的容许长度几乎没有什么限制，因为在直流下，其稳态电容电流仅由纹波电压所引起，数值甚小。

除了上述主要优点外，在跨越海峡的场合采用直流电缆线路输电还有一个好处，即在必要时，可仅用一根单芯电缆利用海水作为回流电路，来输送一定的电力。

目前实际使用的高压直流电缆有下列几种：

（1）黏性浸渍纸绝缘电缆。这种直流电缆采用得最早，也用得最多。它的结构简单、价格也较便宜，但其工作场强只能达到 25kV/mm 左右，这一限制决定了这种电缆的额定电压只能制造到 250～300kV 为止。这种电缆适合于作长距离海底敷设，因为不需要附加的供油或供气设备，而且海水的良好冷却作用能避免浸渍剂的流动。这种电缆不宜作大落差敷设，因为在这种条件下运行，容易发生浸渍剂的流失。

（2）充油电缆。它具有较好的绝缘性能、较高的工作场强和较高的运行温度。所以，当额定电压超过 250kV 时，大多采用这种电缆。近年来，由于较好地解决了长距离供油技术问题，更加扩大了它的应用范围。

（3）充气电缆。它的电介质通常选用高密度浸渍纸再充以压缩气体（如氮气）组成，有较高的绝缘强度，其工作场强可达 25kV/mm 以上。它适宜于作长距离海底敷设及大落差敷设，例如新西兰库克海峡直流输电工程就采用了这种电缆。但是，由于增大充气压力并不能使绝缘的冲击击穿场强显著提高，而对电缆及其附件的密封性与机械强度却提出了很高的要求，所以它没有获得广泛的采用。

（4）挤压塑料电缆。这种电缆的绝缘层采用挤压成型的聚乙烯或交联聚乙烯，结构简单而坚固，工艺过程也简单，用作海底电缆是比较合适的。

总的来说，迄今为止，实际采用的直流电缆绝大多数是黏性浸渍纸绝缘电缆与充油电缆。但是，挤压塑料电缆由于在某些方面具有突出优点，所以在近年来亦受到广泛的关注。

二、直流电缆绝缘工作条件的特点

直流电缆及其接头盒与交流电缆及其接头盒的工作条件差别很大，尤其是它们的绝缘层中的介质现象迥然不同。说明直流电缆绝缘工作条件特点的最好方法是将交、直流电缆进行对比。

1. 电位分布

在交流电缆中下，介质中的电位分布取决于电容率 ε（与电容率成反比关系）；而在直流电缆中，稳态电位分布取决于电阻率（正比关系），这是一个首要的特点。

众所周知，当温度和电场强度在运行条件的范围内变化时，电容率 ε 基本上保持不变，不受影响，可见交流电缆中的电位分布几乎与温度及场强无关。与此相反，在直流电缆的情况下，绝缘电阻与温度及场强的关系很密切。当缆芯中流过负荷电流时，绝缘层内各处的温度不等，因而电位分布也随之发生显著的变化。此外，当电缆受到过电压（它们随时间而快速变化）的作用时，电位分布却又取决于电容率 ε，而不是取决于绝缘电阻。因此，直流电缆中的电位分布问题要比交流电缆复杂得多，必须对无负荷、有负荷、直流工作电压、过电压等不同情况分别考虑。在油浸纸绝缘电缆中，由于纸和油的电阻率与电容率各不相同，所以在直流电压下，强电场出现在纸质部分，而在电压瞬时大幅度变化或过电压下，强电场则出现在油层部分。

2. 最大电场强度

在交流电缆中，最大场强总是位于电缆芯线表面处；而在直流电缆中，最大场强可以出现在电缆芯线表面处，也可以出现在绝缘层外边界处（如有铅包护套时，即出现在铅包内表面），视温度或温度梯度的条件而定。通常在空载时，最大场强位于导电芯线外表面，带负荷时则转移到铅包内表面，如图 12-16 所示。在电压瞬时大幅度变化或过电压下，最大场强一般均出现在芯线侧。

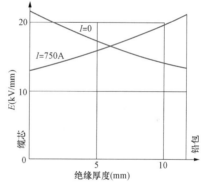

图 12-16　直流电缆中的场强

3. 耐压强度

电缆绝缘的直流耐压强度要比交流耐压强度大得多，所以直流电缆的工作场强往往可取交流电缆的 2.0~2.5 倍，甚至更大。这是直流电缆的突出优点之一。

4. 温度极限

交流电缆的温度极限是按材料的物理特性与敷设方式规定出来的，而直流电缆的温度极限不仅受到材料与结构的限制，而且还取决于温度改变时介质中场强的变化情况。

5. 作用电压

除了直流电压外，直流电缆绝缘在运行中还会受到与交流系统中相似的雷电过电压（全程均用直流电缆的线路例外）和某些内部过电压的作用。尤其要强调的是：在直流系统中还会出现一些特有的内部过电压（如直流电压分量和操作波叠加在一起的内部过电压）和潮流反向使电压极性反转等特殊工作条件，这是在研究直流电缆绝缘问题时必须特别注意的。

三、 高压直流电缆的结构

1. 导电芯线

导线芯线的材料一般为铜。截面积按额定电流、容许电压、短路容量等因素选定。在选择芯线结构时，应着重考虑发生故障时海水通过芯线内缝隙渗透的问题，一般可采取压紧、焊接、涂水密材料等堵水措施。

2. 绝缘层

直流电缆绝缘层的厚度取决于所用的绝缘材料和绝缘结构，并应满足以下四方面的要求：

（1）在额定直流电压下，空载时芯线表面处的场强应在容许值以下；

（2）在额定直流电压下，在最大容许超载时铅包内表面处的场强应在容许值以下；

（3）能耐受冲击试验电压的作用；

（4）在额定电流下，芯线表面处的温度不超过容许值。

3. 外护层

电缆外护层结构的选择与敷设条件有关，直流电缆大多为水下敷设，所以下面以海底电缆为例进行介绍。海底电缆的外护层包括：

（1）金属护套。从耐蚀性、可挠性等要求出发，海底电缆不宜用铝护套，而改用铅包，铅护套的厚度一般为 2.5～3.0mm。

（2）防蚀层。通常只要加一层由塑料制成的护套，即可防止电腐蚀，但一旦塑料防蚀层受损伤，将出现局部性的加速腐蚀，所以有些电缆用浸沥青绝缘胶的纸带组成轻防蚀层，或在几层橡胶带之间涂上沥青绝缘胶。

（3）铠装。由于海底电缆在敷设过程中会受到很大的张力，敷设后又会受到潮汐、波浪的磨损、锚具、渔具等也可能造成其外伤，所以对于海底电缆的铠装必须十分重视，一般可用直径为 6～8mm 的镀锌钢丝作铠装。受外伤的可能性较大者，更需采用双层铠装。

海底电缆在敷设和捞起检修时，由于电缆的自重很大，会使电缆受到很大的机械应力；同时，在复杂的海洋环境中，电缆还会受到海水和海洋生物等的侵蚀、潮水和波浪造成的磨损、锚具和渔具的伤害。这一切都对海底电缆的外护层提出了很高的要求。实际运行经验表明，外护层的质量直接影响海底电缆的使用寿命和运行可靠性。

4. 结构实例

目前世界上运行中的高压直流电缆线路的技术数据见表 12 - 6。可以看出：额定电压在 250kV 及以下者均采用价格比较便宜的黏性浸渍电缆，超过 250kV 时，大多采用充油电缆。

表 12 - 6　　　　　运行中的高压直流电缆线路技术数据

工 程 名 称		额定电压（kV）	额定容量（MW）	电缆类型	缆芯截面积（mm²）	绝缘厚度（mm）	最大工作场强（kV/mm）	电缆长度（km）	海底深度（m）	敷设年份	备注
哥特兰岛（瑞典）		100/150	20/30	黏性浸渍	90	7	25	95	100	1954/1970	
英法海峡	英侧	±100	160	黏性浸渍	340	9.3	13.5	65	50	1961	
	法侧					7.5	18.5				
伏尔加格勒—顿巴斯（苏联）		±400	720	充油	700	21.0	42.5	—	陆地	1962～1965	

续表

工程名称		额定电压(kV)	额定容量(MW)	电缆类型	缆芯截面积(mm²)	绝缘厚度(mm)	最大工作场强(kV/mm)	电缆长度(km)	海底深度(m)	敷设年份	备注
康梯—斯堪	瑞典—莱索岛	250	250	黏性浸渍	625	16	25.5	60	60	1965	
	莱索岛—丹麦			充油	2×310	12.4	33.0	23	30		双芯扁形
库克海峡（新西兰）		±250	600	充气	516	14.2	25.0	40	270	1965	氮气压力：30kg/cm²
撒丁岛（意大利）		200	200	黏性浸渍	420	11.2	25.0	121	450	1967	椭圆形缆芯
温哥华岛（加拿大）		260	312	黏性浸渍	400	18.5	25.0	33	200	1968、1969	椭圆形缆芯
金思诺斯（英国）		±266	640	充油	800	10.2	33.0	82	陆地	1975	
斯卡格拉克（挪威—丹麦）		±250	500	黏性浸渍	800	16	23.2	130	550	1976	
温哥华岛（扩建）		280	370	充油	400	—	—	32	200	1976	
北海道—本州（日本）		250	300	充油	600	14.5	40.0	44	290	1979	
舟山岛（中国）		100	50	黏性浸渍	300	7.5	18.4	11	120	1987	

作为结构实例，图12-17给出了我国舟山直流输电工程所用100kV黏性浸渍纸绝缘直流海底电缆的结构图。

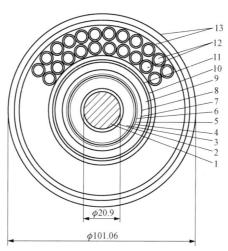

图 12-17　我国舟山直流输电工程用 100kV 黏性浸渍纸绝缘直流海底电缆结构图
1—缆芯；2—缆芯屏蔽；3—绝缘；4—厂名纸；5—绝缘屏蔽；6—铜带；7—铅包；8—黏合剂；
9—聚乙烯护套；10—镀锌钢带；11、13—沥青油麻；12—挤塑钢丝

第六节　直流输电系统中的过电压及其防护

与交流输电系统相比，直流输电系统中的过电压更为复杂。但为了便于研究，不妨仍将直流输电系统中的过电压分为雷电过电压和内部过电压两大类。直流输电系统的内部过电压，无论就其产生机理来说，还是从幅值、波形及出现频度来看，都与交流输电系统有

很大的差别。直流避雷器的运行条件、工作原理、结构、保护性能等也与交流避雷器有所不同。凡此种种均表明有必要对直流输电系统的过电压问题作专门的研究。

一、直流输电系统防雷保护

（一）直流架空线路的防雷保护

直流架空线路上的雷电过电压的产生机理和交流架空线路无异，但由于雷击引起绝缘闪络后，交流和直流架空线路的保护动作反应方式完全不同，因而使交、直流输电线路的雷击闪络后果、耐雷性能指标、防雷保护的要求和特点也有很大的差别。

（1）雷击闪络后的保护动作反应方式不同。在交流架空线路上，一旦发生雷击闪络并建弧后，继电保护立即启动，跳开线路两侧的断路器，切断故障电流，供电也暂时中断。如果配备有自动重合闸，它将在设定的时间内进行重合闸操作，如能成功就可使线路恢复送电。

直流架空线路的情况有很大的不同：由于没有直流断路器，当雷击闪络（即直流架空线路发生接地故障）后，根本不存在断路器跳闸过程，而是由直流输电线路的控制保护系统启动，将整流侧的触发角移相，自动迅速完成降压、去能、灭弧、再启动等程序，消除故障，恢复正常送电；为了提高再启动的成功率，如有需要，还可以采用"多次自动再启动"或"降压再启动"。其间只要在架空线路去能以后保证有一段无电压时间（0.2～0.5s），让弧柱充分去游离而恢复其绝缘强度就可以了。例如，巴西的伊泰普±600kV直流输电工程采用的措施是：当线路上发生接地故障时，将有三次序列化再启动，其去游离时间分别整定在0.05～1.0s的范围内，如均未能成功，还可再试行一次"降压再启动"，在其他运行条件不变的情况下，将运行电压降为额定值的75%，以利于灭弧和再启动的成功。

（2）雷击闪络后果与耐雷性能指标不同。交流架空线路上的雷击闪络将引起断路器跳闸，即使因有自动重合闸而不一定造成停电事故，但断路器的跳闸次数是有限制的，当跳闸次数超过一定数量后，就需要对断路器进行停役检修，加重了运行维护工作量。所以，交流输电线路的耐雷性能要用"雷击跳闸率"作为控制指标，特别是对于早期的少油断路器设备，为了尽量减少断路器的动作次数，对交流架空线路的雷击跳闸率指标有严格的要求。另外，雷击架空线路造成绝缘闪络后，由于工频电弧的作用，有时会烧坏绝缘子。所以，每次雷击跳闸后，线路运行人员要寻找故障点，必要时还要更换线路绝缘子，这也是必须控制交流架空线路雷击跳闸率的因素之一。

在直流架空线路的情况下，由于是通过整流侧移相来切断故障电流，而直流输电系统的控制保护系统没有动作次数的限制，所以不用跳闸率作为耐雷性能的控制指标。不过虽然直流短路电流较交流系统为小，但有时也会烧坏绝缘子，因此每次雷击闪络后也要寻找故障点，必要时也要更换线路绝缘子，所以直流架空线路的雷击闪络率也不宜过大。

（3）防雷保护的要求和特点不同。总的来说，直流架空线路发生雷击闪络的后果不像交流架空线路那么严重，直流输电系统处理故障的手段也比较多样化，因而可适当降低对其耐雷性能的要求——减小耐雷水平、增大容许的雷击闪络率（不包括特高压直流架空线路）。

以500kV级超高压线路为例，交流架空线路的耐雷水平，日本取150kA，我国一般要求不低于120～160kA（较大值适用于平原线路、多雷区线路及大跨越档）；而直流架空线路取100～120kA应该是足够的了。在进行直流架空线路的防雷设计时，一个可参考的数据是将雷击引起的一极故障率典型值取为0.63次/（100km·年）可能是适当的。

对于特高压直流架空输电线路的防雷保护，除上述因素外，还有一点也是必须注意的：由于特高压直流架空输电线路的送电容量远大于常规的±500kV直流架空输电线路，因而直流架空线路雷击闪络对两侧交流电网的扰动是不容忽视的。所以，对特高压直流架空线路的耐雷性能必须要给予特别的重视。

如果直流架空线路是双极线路，那么它在防雷方面还有一个重要的特点，即极性效应：因为雷闪的极性通常为负（占90%以上），所以在绕击时，一般会选择正极线，造成它的绝缘子串闪络；当雷闪击中杆塔或地线时，横担上将出现一极性与雷云相同的冲击电压，由于两根极导线上的工作电压极性不同，与雷云极性相反的异极性导线的绝缘子串上受到的将是这一冲击电压与直流工作电压之和，而另一极导线的绝缘子串上受到的电压为两者之差。由于超/特高压直流架空线路的工作电压和绝缘子串的耐压值相比，并非无足轻重，故其影响不容忽视，所以在雷电流超过线路耐雷水平时，也是正极线的绝缘子串将首先发生反击闪络，结果负极线通常就不会再发生绝缘闪络了。表12-7列出的我国两条±500kV直流架空线路的雷击闪络统计数据，很好地证明了这些推论。由于直流输电系统的两极具有运行上的独立性，即使正极线上的雷击闪络导致永久性故障，迫使正极线退出运行，负极线仍能通过大地回路继续正常送电（可送一半容量或更多）。由此可知，一条双极直流架空线路天然地具有不平衡绝缘的特性，它的运行可靠性可以与同杆架设并采用不平衡绝缘的双回路交流架空线路相媲美。

表12-7　　　　　　　我国两条±500kV直流架空线路雷击闪络统计数据

线路名称	雷击时间	闪络导线极性	雷击类型	再启动
±500kV 天一广线	2003.8.23	+	绕击	不成功
	2004.8.11	+	绕击	成功
	2004.8.23	+	绕击	成功
	2004.9.19	+	反击	成功
	2004.9.21	+	绕击	成功
	2006.6.2	+	绕击	成功
±500kV 贵一广线	2006.5.4	-	绕击	成功
	2006.6.16	+	不明	成功

直流架空线路的耐雷性能分析在很大程度上可以沿用交流架空线路的做法，但须注意三个特点。

（1）工作电压的影响问题。众所周知，DL/T 620—1997《交流电气装置的过电压保护和绝缘配合》所推荐的交流架空线路耐雷性能计算方法，完全不考虑工作电压的影响。如果说这种简化对于电压等级较低的线路（如220kV及以下）尚无大碍的话，那么对于330kV及以上的超高压线路来说就不够妥当了。因为在后一种情况下，工作电压几乎已占绝缘子串闪络电压的10%，其作用已不容忽视。

在直流架空线路的情况下，工作电压对线路耐雷性能的影响更显得重要，主要原因如下：

1）交流架空线路上的工作电压系按正弦规律变化，它随雷击瞬间的不同而具有不同的瞬时值与极性。虽然在三相导线中必定有一相或两相的极性与雷闪极性相反，但其电压值不应取相电压幅值 U_φ，而可按统计观点取半周期内的平均值，即

$$U = \frac{\int_0^{\frac{T}{2}} u(t)\mathrm{d}t}{\frac{T}{2}} = 0.637U_\varphi = 0.637 \times \frac{U_{ac} \times \sqrt{2}}{\sqrt{3}} = 0.52U_{ac} \qquad (12\text{-}7)$$

式中　　U_{ac}——交流架空线路的额定电压有效值，kV。

直流架空线路上的工作电压恒定不变，在双极线路的情况下，必有一极的极性与雷闪相反，故起作用的电压

$$U' = U_{dc} \qquad (12\text{-}8)$$

由此可知，在额定电压相等（$U_{ac} = U_{dc}$）的情况下，直流下的工作电压分量几乎等于交流下的 1.9 倍。

2）在三相交流下，三相导线之间的最大电位差为

$$U_{max} = \sqrt{2}U_{ac}$$

而在直流下，两极导线之间的电位差永远为 $2U_{dc}$，等于交流的 1.4 倍。

由以上分析可知，当雷击塔顶时，直流架空线路两极绝缘子串同时发生闪络的概率远小于三相交流线路两相绝缘子串同时闪络的概率，从而显示出良好的不平衡绝缘的特性；而在交流架空线路上，为了收到不平衡绝缘的效果，两回路的绝缘子片数或串长必须相差悬殊，由于有一回路的绝缘水平低得较多，可能使线路运行的可靠性反而降低了。

试验结果表明：无论在干燥还是淋雨的条件下，异极性直流电压的存在使 50% 冲击闪络电压降低的数值均略小于该直流电压，在 $U_{dc} = 300 \sim 600\mathrm{kV}$ 的范围内，可近似地求得 50% 冲击闪络电压值为

$$U'_{50\%} = U_{50\%} - U_{dc} + 100 \qquad (12\text{-}9)$$

式中　　$U'_{50\%}$，$U_{50\%}$——有 U_{dc} 与无 U_{dc} 时的绝缘子串 50% 冲击闪络电压，kV。

计入直流工作电压的影响后，就可以借用交流架空线路的方法来估算直流架空线路的耐雷水平了。如果沿用我国有关规程针对交流架空线路所推荐的耐雷水平计算公式［式（8-18）］，超高压直流架空线路的耐雷水平应为

$$I = \frac{U_{50\%} - U_{dc} + 100}{(1-k)\beta R_i + \left(\frac{h_a}{h_t} - k\right)\beta \frac{L_t}{2.6} + \left(1 - \frac{h_g}{h_c}k_0\right)\frac{h_c}{2.6}} \quad (\mathrm{kA}) \qquad (12\text{-}10)$$

式中　　k_0——导、地线间的几何耦合系数；

k——导、地线间的耦合系数；

β——杆塔分流系数；

R_i——杆塔冲击接地电阻，Ω；

L_t——杆塔电感，μH；

h_a——横担高度，m；

h_t——杆塔高度，m；

h_c——导线的平均对地高度，m；

h_g——避雷线的平均对地高度，m。

（2）建弧率问题。因为直流架空线路的工作电压与故障电流都没有过零现象，所以冲

击闪络一般均导致建弧，尤其是超/特高压直流架空线路更是如此，因而应取建弧率等于 100%。

由此可见，在直流架空线路的情况下，"雷击闪络率"亦即"雷击故障率"，二者可以通用，但不宜采用"雷击跳闸率"这个术语，因为直流架空线路上没有断路器，无闸可跳。

（3）雷击引起的双极闪络（故障）率的验算问题。当击中塔顶或地线的雷电流很大时，即使一极导线已发生逆闪络，塔顶电压仍将继续升高，从而有可能导致另一极随后也发生闪络。由于双极直流线路天然地具有不平衡绝缘的特性，所以在分析双极直流架空线路的耐雷性能时，除了和交流架空线路一样，要计算雷击塔顶引起一极闪络的故障率外，还应该对其双极闪络（故障）率进行验算，并在选择防雷措施时结合在一起加以考虑。这也是直流架空线路防雷设计中需要重视的一大特点。

双极闪络率的计算方法与一极闪络率基本相似，但也应注意下列差别：由于大多数雷闪的极性为负，所以首先发生逆闪络的往往是正极线，只有在它发生闪络后塔顶电压仍继续升高并达到负极线的闪络值，才可能发生第二极（负极）的逆闪络。由此可知，在计算造成第二极闪络的最小雷电流时，应注意：

1）工作电压的影响相反（一加一减）；

2）引起双极闪络的塔顶电压较高；

3）一极闪络后，杆塔的分流系数将变小；

4）一极闪络后，耦合系数将变大。

（二）入侵换流站的雷电过电压

雷电过电压波在直流架空线路上的传播规律与交流架空线路上的情况相似，最后将入侵换流站。

换流站也都装有避雷针对直接雷击进行防护，因而换流站内出现的雷电波一般都是从交直流架空线路侵入的。交流电网中产生的雷电过电压可以通过换流变压器绕组间的电磁耦合与静电耦合传递到换流器上来。但是，变压器瞬变过程的时间常数与雷电波的波长相比是很大的，阀侧对地电容与变压器绕组间的耦合电容相比也是很大的，所以传递过来的过电压波幅值不会太大，不足为害。沿直流架空线路传播的雷电波到达装有电容器组的终端站时，将引起衰减振荡型过电压，这种振荡是由电容器组的电容和连线的电感引起的。雷电过电压的波头越陡，这种过电压的幅值就越大。从直流架空线路侵入换流站的雷电过电压是穿过平波电抗器进来的。通常在直流架空线路的进线段装有避雷线，它和直流架空线路避雷器相配合，可将入侵过电压的幅值与陡度限制到对换流站设备无害的程度。

如图 12-18 所示，换流站的交流侧接有交流滤波器 Fac，某些直流架空线路上也接有直流滤波器 Fdc，换流器和直流架空线路之间有换流变压器 T 隔开，换流器和直流架空线路之间串接有平波电抗器 L，这些因素使侵入换流站的雷电过电压波的幅值和陡度均显著减小，加上换流站内还装有各种可靠的过电压保护装置（交流避雷器 A，直流避雷器 B、D，冲击波吸收电容器 C 等），从而使雷电过电压对于大多数换流站设备来说，并不构成威胁。

不过，以上说明并不意味着换流站内就不会出现速变型（雷电型）暂态电压。实际上，某些内部过电压（如站内接地故障引起的过电压）也可能具有很陡的波前；此外，当直流架空线路上出现陡度很大的雷电过电压时，它们也可以通过平波电抗器的纵向杂散电

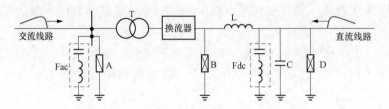

图 12-18　雷电过电压入侵换流站示意图

容窜入换流站。由此可知，换流站设备接受雷电冲击试验仍然是完全必要的。

二、直流输电系统内部过电压

与第九章所介绍的交流电力系统中的内部过电压相似，直流输电系统中的内部过电压也包括操作过电压和谐振过电压，但从出现的频度、幅值（倍数）、对绝缘的影响程度等方面考虑，下面将关注点放在操作过电压上。

（一）直流输电系统操作过电压的分类与特点

1. 直流输电系统操作过电压的分类

按照此类过电压存在地点的不同，可以大体分为直流输电线路上和换流站内两大类；或再细分为交流侧、阀厅内、直流场上、直流输电线路上的操作过电压。

按照此类过电压的起因又可分为运行操作和故障引发两大类；或细分为全电压启动、线路上一极接地故障、站内接地故障、交流侧甩负荷等。

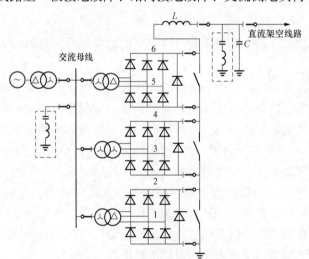

图 12-19　三桥串联式换流站一极的电路图

下面先简单介绍各个地点可能出现的各种操作过电压。图 2-19 为三桥串联式换流站一极的电路图，图中用数字标出了各计算点的位置。

（1）交流侧操作过电压。这种过电压是指在换流站交流母线及其所连接设备上出现的操作过电压。交流母线上连接的设备主要由交流母线避雷器来保护，它安装在紧靠换流变和每大组交流滤波器的母线上。交流系统中发生的各种故障或运行操作，如交流系统单相接地、三相接地故障及清除、逆变侧丢失交流电源、投切交流滤波器等，均会在交流侧相关设备上产生较高的过电压。

（2）阀厅内操作过电压。阀厅内的操作过电压最需重视的是作用在换流阀不同端点之间和换流器母线上的操作过电压。该过电压也是选择安装在各处避雷器特性时的重要依据。

（3）直流场操作过电压。直流场包括直流极线、中性母线、直流滤波器、转换开关等设备。直流场操作过电压包括直流极线过电压、中性母线过电压和直流滤波器过电压。

（4）直流输电线路操作过电压。最重要的有线路一极接地过电压、全电压启动过电压等。

2. 直流输电系统操作过电压的特点

（1）直流输电系统中存在着许多电感和电容元件，诸如平波电抗器、滤波装置、过电压波吸收电容器等，当系统发生故障或进行操作时，由于系统参数和运行条件的改变，会引起电容和电感间的电磁能量转换，造成操作过电压。

（2）由于换流器采用元器件串联结构，在输电电压很高时更需要采用双 12 脉动换流器，如再加上将平波电抗器分置于直流极线与中性母线上等原因，使得换流阀操作过电压具有一些与交流电气设备中的操作过电压不同的特点。例如需要分段计算多个端子之间的过电压，比较复杂。

（3）为降低换流器母线上的电压谐波分量，往往采用平波电抗器分置的方案，即在直流极线和中性母线上都安装了平波电抗器，这样就需要对中性母线平波电抗器两侧的过电压分别进行计算。换言之，在采用平波电抗器分置方案的直流输电系统中，中性母线将以平波电抗器为界分为两段具有不同过电压的母线段，并配用不同保护水平的避雷器。

（4）直流输电系统通过换流变压器与交流侧电网相连，在交流侧电网中产生的操作过电压会通过换流变压器传入直流输电系统，产生传递过电压。严重时还会在直流输电系统电感、电容元件所形成的振荡回路中引起谐振，使电压变得更高。

（二）引起操作过电压的故障类型

直流输电系统的操作过电压大多数由系统内各类故障所引起，这些故障主要可以分为以下几类：

1. 换流站内短路故障

换流站内会引起操作过电压的短路故障按其发生地点可分为：

（1）换流变阀侧出线接地。该故障主要会造成严重的阀过电压或中性母线过电压，也会造成极线过电压，但并不很严重。

（2）换流器顶部接地。该故障主要会造成严重的中性母线过电压。

（3）12 脉动换流器中点及上下 12 脉动换流器之间接地。该故障主要会造成中性母线过电压。

（4）极母线接地。该故障主要会造成严重的中性线过电压。

（5）换流变阀侧出线间短路。该故障在系统中造成的过电压并不明显，但会造成换流变过流。

（6）换流器阀顶部对中性线短路。该故障直接导致中性线过电压，该情况下过电压并不严重，但对换流器的绝缘仍可能有些威胁。

（7）6 脉动换流器两端短路。发生在最低端的 6 脉动换流器时会直接造成中性线过电压，该情况下过电压并不严重，但会威胁换流器。

（8）12 脉动换流器两端短路。与 6 脉动换流器两端短路类似，发生在低端 12 脉动换流器两端时会造成中性线过电压，该情况下过电压虽并不严重，但会威胁换流器运行安全。

2. 直流控制系统故障

可引起过电压的直流控制系统故障有两种：逆变侧开路时全电压起动和逆变侧闭锁旁通对未解锁。这两种故障都会导致严重的操作过电压。

3. 交流侧操作过电压波

交流侧因操作、故障等原因造成的操作过电压波，在某些条件下会通过换流变及换流器导通的阀向部分未导通的换流阀两端施加过电压。

4. 交流侧甩负荷

该故障发生时，逆变侧会因换流变与交流滤波器发生电磁振荡而在交流侧产生过电压。

（三）直流输电系统的三种操作过电压示例

从出现频度较多、幅值（倍数）较大、对绝缘的影响较大等方面来考虑，选择下述三种操作过电压作详细分析。

1. 全电压启动过电压

这种过电压与交流架空系统中的合空线过电压及阶跃电压突然加到一串联的 L-C 回路上的暂态过程有些相似。

当直流线路正常投入时，控制系统中的启动装置会调节触发角使直流电压从零经一定的时间间隔（数百毫秒或更大）逐渐升到额定值，在这样的软启动过程中不会出现过电压。但是，如果全部整流桥在误动作的情况下，突然作全电压启动，而直流架空线路的末端又处于断开状态，则在平波电抗器和导线的电感对系统中电容所组成的回路中将发生振荡。其等效电路如图 12-20 所示。

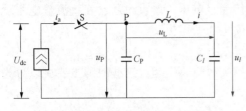

图 12-20　全电压启动时的等效电路

当电压波从开路末端反射回始端时，全线的对地电压都上升到 $2U_{dc}$，由于整流器不可能让反向电流通过，阀电流 i_a 立即间断（相当于图 12-20 中的开关 S 打开），接下去的过程就是充电到 $2U_{dc}$ 的线路电容 C_l 通过平波电抗器与部分线路电感合成的等效电感 L 对极电容 C_P 进行放电。由于线路上的电压 U_l（$=2U_{dc}$）只能通过沿绝缘子的泄漏和电晕放电慢慢下降，而且 $C_l \gg C_P$，所以在过电压发展过程中，可认为 U_l 一直保持着 $2U_{dc}$ 的对地电压，而在放电振荡过程中极电压 U_P 将超过 U_l。实际得到的极电压最大值 U_P 可达 $2.2U_{dc}$ 左右，如图 12-21 所示。

由于这种过电压的幅值较大，所以控制调节系统应尽可能避免出现全电压启动的情况。

2. 一极接地在另一健全极上引起的过电压

在双极直流架空线路上，两极导线间存在电容耦合和电磁耦合，因此当一极发生接地故障时，会在另一极（健全极）导线上引起电压的突变，它叠加在该极的正常工作电压上就会引起过电压。

图 12-21　全电压启动所造成的过电压

就电容耦合而言，可设图 12-22 中的负极线上的 P 点发生接地故障，这时在 P 点突然出现一幅值为 $+U_{dc}$ 的电压波，从接地点 P 向两侧传播，所到之处，负极线的对地电压均变为零。这一电压波通过电容耦合在正极线上感应出来的电压波幅值应为 kU_{dc}（k 为耦合系数）。这一电压波将在线路终端发生反射，反射波的幅值大小与线路终端的性质（如感性终端或容性终端）有关。如为感性终端或终端

开路时，两端反射波未到达 P′点之前，$U_{P'}$ 为

$$U_{P'} = U_{dc} + kU_{dc} = (1+k)U_{dc}$$

反射波到达 P′点之后，健全极上的过电压将超出 $(1+2k)U_{dc}$，即

$$U_{P'} > (1+2k)U_{dc}$$

由此就不难理解以下几种现象：

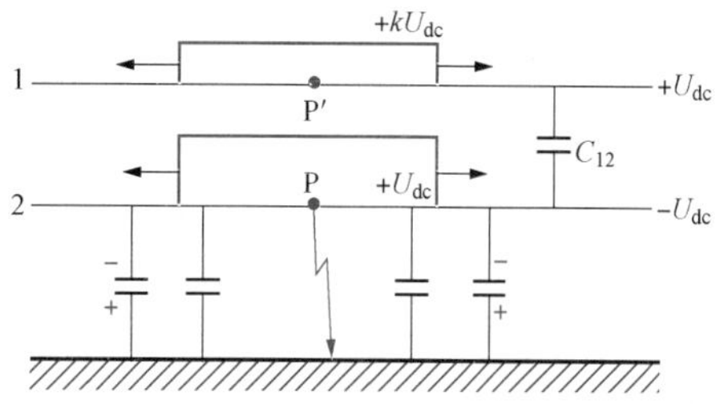

（1）此种过电压的幅值与波形随故障点位置的不同而有相当大的差别，最严重的条件是接地故障发生在线路中点 M 处，这时过电压的幅值最大，并将出现在健全极导线的中点 M′处。

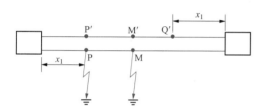

图 12 - 22　一极接地过电压的电容耦合分量

（2）如果接地故障发生在图 12 - 23 中的 P 点处，最大过电压将出现在健全极导线的 Q′点处（Q′点为 P′点的镜像）。这可以解释为：电压波从 P′点向两端传播并在终端反射后，两反射波正好在 Q′点迎面相逢，形成最大过电压。

这种过电压还有另一个分量，即电磁耦合分量。不难判断，这一分量与上述电容耦合分量是同极性的，也会抬高健全极 P′点上的过电压。

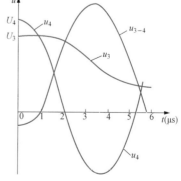

图 12 - 23　一极接地过电压的镜像定位

关于合成后的过电压最大幅值，不同研究者所提供的数据差异较大，处于 $1.7 \sim 2.2$ 倍的范围内。这种过电压的波形大致为在直流运行电压上叠加一个同极性的冲击电压波。这个冲击电压波的波前时间 T_1 处于零（故障点）到数千微秒（离故障点数千米处）的范围内。换言之，必然会在离故障点某一距离 l_c 的地方出现 $T_1 = 100 \sim 300 \mu s$ 的最不利操作波形（见图 12 - 11）。

3. 换流站内接地故障所引起的过电压（站内接地过电压）

换流站内发生接地故障的可能性虽然不大，但还是有可能的，特别是在绝缘子或套管被严重污染时。

例如在每极三桥串联的换流站内，当图 2 - 19 中的 4 处接线发生接地故障时，换流站内各点的对地电压将发生变化：出现故障的导线的对地电压 u_4 发生了振荡式截断，由原先的 U_4 急剧下降，而且会产生振荡，如图 12 - 24 中的 u_4 曲线所示。由于电感的阻隔，其他计算点的电位在最初的数微秒内还来不及做相应的改变，例如变压器阀侧绕组出线端的电压（u_3）就是如此，它的变化要比 u_4 慢得多。

这时接在 3、4 两点之间的设备（换流阀）就会受到冲击电压 $u_{3-4}(= u_3 - u_4)$ 的作用。

图 12 - 24　站内接地过电压

这种过电压具有很陡的波前（波前时间 $T \approx 0.3 \sim 3.0 \mu s$）和很短的半峰值时间，所以不像标准雷电波（$1.2/50 \mu s$），可能用 $1/5 \mu s$ 冲击短波来模拟更为合适。由于换流阀的绝缘对陡波的作用特别敏感，所以这种过电压将是换流阀最危险的运行条件。

这种过电压的存在，是晶闸管阀的高压试验项目中必须包括雷电冲击高压试验和陡波试验的主要理由。有不少已建直流工程的晶闸管阀就曾采用波前陡度为 $1200\text{kV}/\mu\text{s}$ 的短波进行试验。

（四）直流输电系统操作过电压小结

（1）高压直流输电（HVDC）系统操作过电压的产生与其工况密切相关，其起因可以是线路故障、突然起停、换流器本身故障、在异常工况（逆弧、栅极闭锁或解锁的失灵、潮流突然反转等）下出现共振现象。

（2）HVDC 系统的操作过电压幅值大都小于运行电压的 2 倍，由于采用了控制极的闭锁与导通来消除故障，操作过电压可进一步减小，所以通常在绝缘设计和作绝缘配合时选用的计算倍数为 $1.7\sim2.0$ 倍（在超高压交流输电系统中，操作过电压的计算倍数为 $2.1\sim2.5$ 倍）。

（3）操作过电压的试验波形。各种操作过电压的实际波形是多种多样的，但绝大多数是在一个相当大的直流电压分量上叠加一个单极性冲击波，或叠加一个衰减振荡波，或叠加一个包含高次谐波的工频交流电压分量而组成。

为了实用目的，总得规定出一种简单而又具有代表性的典型试验电压波形。如果像交流输电系统那样，采用常规的操作冲击试验波形（如 $250/2500\mu\text{s}$）作为标准试验电压波形（即不考虑直流分量的有利影响），则条件过于苛刻。比较恰当的还是采用图 12-11 所示的直流电压分量与长波前冲击波相叠加的合成波形，不过此时后一分量的波前时间 T_1 仍应取对空气绝缘最不利的数值（$100\sim300\mu\text{s}$）。这种波形在高压试验室里不难产生。

国际上比较倾向于采用下面的试验波形：

1）操作冲击试验波形 $U_{\text{dc}}+u_{\text{s}}$（$100\sim300/1000\sim4000\mu\text{s}$）；

2）国际大电网会议（CIGRE）推荐的是 $U_{\text{dc}}+u_{\text{s}}$（$120/4000\mu\text{s}$）。

三、过电压防护措施

（一）概述

降低绝缘水平，特别是降低主要设备（如晶闸管阀、高压直流电缆等）的绝缘水平，对于节约直流输电系统的建设费用具有重要的意义。要想降低设备的绝缘水平，就得先设法降低或限制作用在绝缘上的过电压幅值。

与交流变电站比较，直流输电系统过电压防护的特点为：

（1）保护的重点对象不同。交流变电站为主变压器，换流站为晶闸管阀。

（2）保护措施的多样化。

（3）直流避雷器与交流避雷器在运行条件、性能要求等方面均有很大的差别。

（4）避雷器的安装原则、接线方式有很大的不同。

（二）降压减陡措施

（1）妥善设计控制调节系统。例如要求控制调节系统能防止全电压启动，防止电流间断，防止针对不同类型的故障选用移相、闭锁、投旁通对等措施。

（2）采用阻尼装置。在直流系统中，各种阻尼装置也有助于降低过电压。例如换流器换相结束时的关断振荡就可以通过选择适当的阻尼回路加以抑制。

（3）利用平波电抗器降低过电压。它能减小从直流架空线路入侵的过电压波的幅值和陡度。

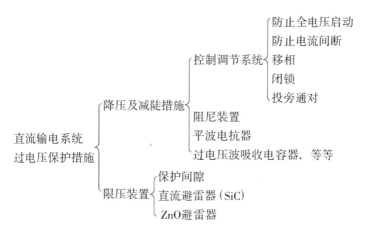

（4）加装冲击波吸收电容器。它对过电压的作用与平波电抗器相似。

（三）限压装置

HVDC 系统的限压装置曾经历三个发展阶段：

（1）直流避雷器问世之前（1966 年以前，主要采用保护间隙）；

（2）直流 SiC 避雷器研制成功之后（1966 年以后）；

（3）金属氧化物避雷器（MOA）问世后（1973 年以后）。

1. 保护间隙

保护间隙结构简单、价格便宜、坚固、几乎具有无限的通流能力，但是其放电电压不稳定，而且没有自灭弧能力。在现代直流避雷器问世以前，某些早期的直流输电工程曾采用保护间隙作为主要的保护装置，虽然它没有自灭弧能力，但只要有完善的控制调节系统与之配合，它的动作并不至于造成停电事故。

2. 直流避雷器运行条件的特点

直流避雷器的运行条件和工作原理与交流避雷器有很大的差别，这主要是交流避雷器有电流经过自然零值的时机可利用来切断续流，而直流避雷器没有这样的时机可资利用，只能依靠磁吹使火花间隙中的电弧拉长、冷却，以提高其电弧电阻与电弧电压，采取强制形成电流零值的灭弧方式。由于直流输电系统中电流不过零，电压中含有高次谐波，再加上直流架空输电线路很长或接有较长的电缆段，所以直流避雷器的负担是很重的。

3. 对直流避雷器的技术要求

（1）直流避雷器的火花间隙应具有稳定的击穿电压值。如前所述，在换流站的各个部位可能出现的过电压波形及其延续时间的变化范围很大，直流避雷器对于各种波形的过电压都应可靠地发挥限压作用。

（2）直流避雷器要具有足够大的泄放电荷的能力（即通流能力或泄能容量）。避雷器动作后，应能容许直流输电系统中储存的巨大能量通过避雷器耗散。

（3）要具有很强的自灭弧能力，在直流电压或含有很大直流分量的电压下，应能可靠地切断续流。

（4）直流避雷器动作时，对系统的扰动不应太大，在切断直流续流时也不应在电感元件上引起过高的截流过电压。

（5）在过电压作用下动作时，直流避雷器的残压不应超过特定值。

307

（6）在直流输电系统通过直流避雷器泄放电荷的过程中，避雷器上的总压降不能超过特定值。

上述各方面的要求有些是互相制约甚至是直接矛盾的。——解决或处理好这些矛盾是避雷器设计者的任务。

4. 直流 SiC 避雷器

为了在直流电压下灭弧，要求直流避雷器的火花间隙能实现很高的灭弧电压，所以一般均需采用带磁吹的限流间隙，所用的阀片均为 SiC 阀片。

在很长的直流架空线路（特别是电缆线路）通过避雷器放电的情况下，放电电流可高达 1500～2500A，延续时间可长达 10ms 以上，这已大大超出一般直流避雷器的泄能容量。为获得很大的通流能力而又不损害其直流灭弧能力，曾研制和生产了双循环避雷器、多柱式避雷器等多种型式直流避雷器。

5. 直流 ZnO 避雷器

20 世纪 70 年代开始发展起来的 MOA（主要是 ZnO 避雷器）给直流输电系统的过电压保护带来了新前景。对保护直流系统的避雷器所提出的要求是非线性好、灭弧能力强、通流能力（耗能容量）大、结构简单、体积小，而这些正好是 ZnO 避雷器的突出优点。

具体地说，在直流输电系统中应用时，ZnO 无间隙避雷器的主要优点是：

（1）非线性好、不需要火花间隙，因而也不存在间隙击穿电压的散度带，伏秒特性平坦、保护水平低，从而使换流站设备的绝缘水平也得以降低。

（2）耗能容量大。ZnO 阀片的热容量远大于 SiC 阀片，再加上 ZnO 阀片在中压范围内具有正的电阻温度系数，虽数值很小，但有利于多柱并联使用，以增大泄能容量。这是由于通过某个柱的电流较大时，其电阻将增大，因此这个柱的电流将有所减小，从而使各柱电流的分配将能自动调节，趋于均匀。所以 ZnO 避雷器的能量耗散能力远远大于 SiC 避雷器，设计时可取其泄能容量为 $150～200J/cm^3$。这意味着 ZnO 避雷器的体积可以设计得很紧凑。

（3）由于 ZnO 避雷器采用无串联间隙的结构，所以它的耐污性能也较 SiC 有间隙避雷器为好。这一点对于瓷套外表面吸污现象严重的直流避雷器来说，也是不容忽视的优点。

总之，采用 ZnO 避雷器给现代换流站的绝缘配合带来了多方面的深刻影响，并为降低整个换流站的绝缘水平创造了条件。虽然在直流 ZnO 避雷器的运行中，也还存在着极化、劣化、老化等问题，有待于进一步研究与改善，但是，它在直流输电系统中的应用前景是毋庸置疑的，它正在逐步淘汰传统的 SiC 有间隙避雷器，而成为直流输电系统理想的过电压保护装置。

第七节 直流输电线路和换流站的绝缘配合

直流输电系统绝缘配合的根本目的也是以最小的绝缘和过电压防护措施总费用来达到某一可以接受的绝缘故障率，这和交流输电系统的情况相似。其绝缘配合的最终任务也是合理地确定各种电气设备的绝缘水平，具体说，也就是要决定系统中各种设备的绝缘结构在进行各种耐压试验时所取的试验电压水平。

为了正确处理绝缘配合问题，一定先要掌握系统中过电压的特性及其保护装置（主要是避雷器）的性能，也要了解各种绝缘结构在直流输电系统各种电压作用下的电气特性。

一、 直流输电线路的绝缘配合

1. 绝缘子串的选择

在选择绝缘子串中的元件片数时，原则上应同时满足工作电压、内部过电压和雷电过电压三方面的要求，但是，实际上工作电压才是决定性因素，其原因如下：

（1）由于有换流器的控制系统、平波电抗器、冲击波吸收电容器、直流滤波器等的有利作用，直流线路上常见的内部过电压水平一般不超过 1.5～1.7 倍，远较交流线路为小。此外，绝缘子串的操作冲击耐压为直流耐压的 2.2～2.3 倍，可见凡是能满足工作电压要求的绝缘子串一定也能符合内部过电压方面的要求。

（2）按工作电压的要求选出来的绝缘子串，其总泄漏距离和片数均大大超过同样电压等级的交流线路。但是染污并不会使绝缘子串的雷电冲击闪络电压降低很多，所以按工作电压要求选得的绝缘子串，在冲击电压下往往处于"过绝缘"状态，因而耐雷水平很高。

由此可知，不仅大气污秽地区的线路，即使是洁净地区的直流线路，其绝缘子串的选择也取决于工作电压的要求。

按污染条件和工作电压的要求选择绝缘子片数的方法有好几种，下面仅介绍最常用的泄漏比距法。

众所周知，传统的交流线路在按工作电压选择绝缘子片数时，应用了以实际运行经验为基础的"泄漏比距"这一指标。虽然直流线路的运行经验不像交流线路那样丰富，但绝大多数已建成的直流工程仍沿用了泄漏比距这一指标来选择绝缘子片数。

各国所采用的泄漏比距值不尽相同，瑞典 ASEA 公司的推荐值见表 12 - 8。

表 12 - 8　　　　　　　　　　　　　线路绝缘子的泄漏比距

地区类别		适 用 范 围	泄漏比距（cm/kV）		
			交流线路 λ_{ac}	直流线路 λ_{dc}	$\lambda_{dc}/\lambda_{ac}$
Ⅰ	洁净地区	林区、农村	1.6	2.2	1.38
Ⅱ	一般地区	工业区外围、远离海岸处	2.3	4.0	1.74
Ⅲ	污秽地区	工业区、滨海区	3.0	5.2	1.73
Ⅳ	严重污秽区	化工厂、火电厂等附近	4.0	7.0	1.75

从表 12 - 8 中可以看出，除 Ⅰ 类地区外，λ_{dc} 基本上都等于 $\sqrt{3}\lambda_{ac}$，可见它是沿用了交流线路的运行经验，把交流线路的泄漏比距换算为对地电压的对应值，然后用于直流线路。

不少直流架空线路的实际运行经验表明，表 12 - 8 中洁净地区的 λ_{dc} 值偏小，按 $\lambda_{dc}=$ 2.2cm/kV 设计的直流线路曾多次出现污闪事故。因此可以认为，把表 12 - 8 中洁净地区的 λ_{dc} 从 2.2cm/kV 增大为 $1.6\sqrt{3}\approx2.8$（cm/kV），将是比较合适的。

选定各类地区应有的 λ_{dc} 值后，即可利用下式求得所需的绝缘子片数

$$n = \frac{\lambda_{dc} U_{dc}}{l} \qquad\qquad (12 - 11)$$

式中 l——一片绝缘子的表面几何泄漏距离，cm；

U_{dc}——线路额定直流电压，kV。

2. 空气间距的确定

在确定直流架空线路的绝缘要求时，适当选择带不同电位的部件之间的空气间距是一个十分重要的问题，它对线路运行可靠性、杆塔型式及尺寸、线路建设费用等都有很大的影响，在超/特高压的情况下尤为突出，所以必须重视。

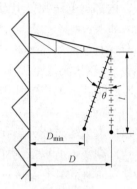

从原则上来说，最终选定的空气间距也应同时满足直流工作电压、内部过电压和雷电过电压三方面的要求，这一点和交流线路是相似的。由此出发，先分别计算出工作电压所要求的最小间距 D_{1min}、内部过电压所要求的最小间距 D_{2min} 和雷电过压所要求的最小间距 D_{3min}，然后按各自不同的计算风速求出相应的风偏角 θ_1、θ_2 和 θ_3，即可计算出应有的空气间距值（见图 12-25）

$$\left.\begin{aligned} D_1 &= D_{1min} + l\sin\theta_1 \\ D_2 &= D_{2min} + l\sin\theta_2 \\ D_3 &= D_{3min} + l\sin\theta_3 \end{aligned}\right\} \qquad (12\text{-}12)$$

图 12-25 计算空气间距的参考图

最后选其中最大的 D 值作为实际的空气间距，由此确定横担长度和两根极导线间的距离。

应该注意的是：在计算雷电过电压所要求的 D_{3min} 时，不应简单套用交流线路的做法，即要求 D_{3min} 的临界冲击击穿电压 $U_{50\%(l)}$ 与绝缘子串的临界冲击闪络电压 U_{CFO} 相配合，如第十章式（10-14）所示（取配合比为 0.85），即

$$U_{50\%(l)} = 0.85U_{CFO}$$

上述配合方法之所以不能应用于直流线路，其原因是：直流线路绝缘子串片数系按直流工作下不发生污闪的要求选得，由于直流电压下集尘效应强、污染使直流闪络电压下降较多，因而直流线路所采用的泄漏比距和总泄漏距离要比同电压等级的交流线路大得多。但是表面染污并不会使绝缘子串的雷电冲击闪络电压有显著的降低，因而按直流工作电压的要求选得的绝缘子串，在冲击电压下往往处于"过绝缘"状态，如果再要求空气间距和这种"过绝缘"的绝缘子串相配合，显然是不合理的，即使取配合比等于 0.85，选的空气间距仍然过大，不必要地增加了杆塔的钢材消耗量和线路投资。

在一般情况下，直流架空线路的塔头空气间距取决于内部过电压的要求，并可采用下述简单程序选得：

（1）确定直流架空线路的内部过电压计算值。通常可取直流架空线路的内部过电压计算倍数等于 1.7，如考虑最大工作电压可能比额定电压 U_{dc} 高出 5%，则内部过电压计算值为

$$U_s = 1.7 \times 1.05 \times U_{dc} = 1.8U_{dc} \qquad (12\text{-}13)$$

（2）经过修正的内部过电压计算值为

$$U_s' = K_aK_sU_s = 1.8K_aK_sU_{dc} \qquad (12\text{-}14)$$

式中 K_a——裕度系数，可取 1.15～1.20；

K_s——操作波形换算系数，可取 1.1。

如有足够可靠的"导线—杆塔"气隙的操作冲击击穿特性可资利用，即可查得相应的最小空气间距 $D_{2\min}$ 值，并进而确定应有的塔头空气间距 D_2 之值。

应用上述程序选得的不同电压等级的直流架空线路所需的塔头最小间距值见表 12-9。

总之，直流架空线路空气间距的选择，一般取决于内部过电压的要求，由于直流输电系统中内部过电压的倍数小于交流系统中的倍数，所以直流架空线路的塔头空气间距

表 12-9　不同电压等级的直流架空线路塔头最小间距

线路额定电压 U_{dc}(kV)	250	400	500	600	750
塔头最小间距值 $D_{2\min}$(m)	1.2	2.15	2.9	4.0	6.0

可取得比交流线路更小一些，这是直流线路的又一优点。

二、换流站的绝缘配合

换流站绝缘配合的主要内容是避雷器配置方案的选择、各种避雷器的特性参数选择、换流站设备绝缘水平的确定。以下的介绍将以采用晶闸管换流器和 ZnO 避雷器的现代换流站作为对象。

众所周知，从绝缘配合的观点出发，电气设备的绝缘可分为自恢复型和非自恢复型两大类。但晶闸管阀的情况比较特殊：一方面，阀内的晶闸管元件一旦在某一种电压下发生了击穿，其绝缘性能就完全丧失或严重劣化，不可能再自行恢复。从这一点出发，晶闸管阀的绝缘基本上可归入非自恢复型这一类。然而另一方面，它的绝缘特性又和一般的非自恢复型绝缘有所不同。晶闸管阀中不但有一定数量的冗余元件，当损坏元件数未超过冗余度时，整个阀仍可继续运行；而且元件的电气性能在运行中受到连续或定期的监视，严重老化或已经损坏了的元件可以及时检测出来并可方便地加以更换。因此，一般把晶闸管阀的绝缘称为"可更新绝缘"。

与一般电气设备相比，晶闸管阀的绝缘具有以下特点：

(1) 对速变型电压极为敏感，伏秒特性很平坦，陡波下的冲击系数接近于 1.0，甚至小于 1.0。

(2) 绝缘易于更新。

(3) 其绝缘强度及其他电气特性均与晶闸管元件的结温密切相关。

(4) 容许一定数量的冗余晶闸管元件损坏。为了充分利用其绝缘易于更新这一优点，同时也为了确保晶闸管阀具有足够的运行可靠性，阀内均配置一定数量的冗余元件，因而容许该阀在某些元件发生损坏的条件下仍能继续运行一段时间。

(5) 绝缘裕度可取得较小。对于晶闸管阀而言，可不必考虑绝缘老化这一因素（因为特性劣化的元件均及时予以更换），所以它的绝缘裕度可取得比其他电气设备小一些（如取 10%～15%）。

(6) 保护措施比较完善。

在现代换流站的绝缘配合中认真考虑上述晶闸管阀绝缘的种种特点，无疑是十分重要的。

在设计换流站的过电压防护接线或选择避雷器的配置方案时，应遵循下列原则：

(1) 交流侧产生的过电压，应尽可能在交流侧加以限制，就地解决，这主要依靠接在交流母线上的避雷器来实现。这样做可以减轻串联的阀桥对换流变压器网侧过电压所引起

的累加、放大作用及其所造成的后果。

（2）对于从直流侧入侵换流站的过电压，应预先由直流线路避雷器、直流母线避雷器和中性线避雷器加以限制。

（3）由于换流站内各种设备所受到的电压应力差别很大，各节点的对地电位也各不相同，因此不可能像交流变电站那样，用一组或若干组规格相同的避雷器来实施对各种设备的一揽子保护。

由于长期以来国际上没有通用的设计规范和标准方案，世界上已建直流输电工程的换流站过电压防护方案各不相同。图 12 - 26 是当每极由两套 12 脉波换流器串联组成时，一个可能的避雷器配置方案。该方案比较完整和典型，但在设计具体的直流工程时，出于不同的考虑和经验，其中有些避雷器可以不装。例如，有些工程省去了平波电抗器避雷器 G，另一些工程省去了直流母线避雷 B 或换流器组避雷器 C 及极一地中性点直流母线避雷器 D，等等。

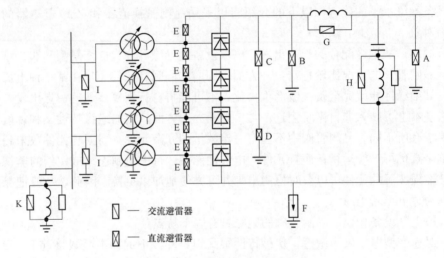

图 12 - 26 换流站避雷器配置图

对于每极只有一套 12 脉波或 6 脉波换流器的换流站和背靠背联络站来说，其过电压防护接线也与上述方案大同小异。

为简明起见，现将用来保护换流站各设备及各节点的避雷器或其组合方案列于表 12 - 10 中。

表 12 - 10 换流站的避雷器保护

保护对象	保护用避雷器	备 注
交流母线及换流变压器网侧绕组	交流母线避雷器（I）	
交流滤波器的电感元件	交流滤波器避雷器（K）	
晶闸管阀端子间	阀避雷器（E）	
换流器端子间	（1）换流器组避雷器（C） （2）中性点直流母线避雷器和中性线避雷器（D＋F）	

保护对象	保护用避雷器	备注
中性点直流母线	中性点直流母线避雷器（D）	
直流母线及平波电抗器的阀侧	（1）直流母线避雷器（B） （2）换流器组避雷器和中性点直流母线避雷器（C+D）	（1）保护水平较低 （2）避雷器上应力较低
中性线	中性线避雷器（F）	
平波电抗器的直流线路侧	直流线路避雷器（A）	
平波电抗器端子间	平波电抗器避雷器（G）	
换流变压器阀侧 交流各相对地 下部换流器 下部变压器	阀避雷器和中性线避雷器（E+F）	
换流变压器阀侧 交流各相对地 下部换流器 上部变压器	（1）两台阀避雷器和中性线避雷器（2E+F） （2）中性点直流母线避雷器（D）	（1）具有解锁换流器时 （2）具有闭锁换流器时
换流变压器阀侧 交流各相对地 上部换流器 下部变压器	阀避雷器和中性点直流母线避雷器（E+D）	
换流变压器阀侧 交流各相对地 上部换流器 上部变压器	（1）两台阀避雷器和中性点直流母线避雷器（2E+D） （2）直流母线避雷器（B）	（1）具有解锁换流器时 （2）具有闭锁换流器时
直流滤波器的电感元件	直流滤波器避雷器（H）	

下面将进一步探讨 ZnO 无间隙避雷器特性参数和换流站设备绝缘水平的选择原则。

通常认为，ZnO 避雷器的保护水平 $[PL]$ 取决于它在特定波形与幅值的冲击电流下的残压，即

$$[PL] = U_R \tag{12-15}$$

典型的冲击电流波形有两种：$8/20\mu s$（对应于雷电波）和波前时间大于 $30\mu s$ 的冲击电流（对应于操作波）。虽然操作波的波前时间一般远大于 $30\mu s$，但因波前时间超过 $30\mu s$ 后，残压的大小已和波前时间的长短无关了，所以取 $30\mu s$ 即可。

至于对确定保护水平起决定性作用的冲击电流（可称为配合电流）的幅值，可根据不同的避雷器安装位置和不同的电流波形做出不同的选择。在初步设计阶段，对于大多数避雷器和波形，均可采用 1kA 的配合电流，但对于交流母线避雷器（I）和直流线路避雷器（A），雷电波下的配合电流应取得较大（如 10kA）。当然，在最后设计阶段，应具体计算各台避雷器上可能出现的最大冲击电流。

在求得设备安装点的过电压幅值或过电压保护装置的保护水平后，设备的绝缘水平也就不难确定了。

高压直流换流站设备的绝缘配合一般均采用惯用法，但对一部分外绝缘也曾尝试采用统计法。在惯用法中，关键的问题是选择绝缘裕度。当然，它不应小于为保证安全运行所需之值，也不能大到经济上不合理的程度。

国际大电网会议提出的《高压直流换流站绝缘配合与避雷器保护应用导则》中推荐的绝缘裕度值见表 12-11。

表 12 - 11 　　　　　　　　　　　　　　　　绝 缘 裕 度 推 荐 值

冲击类别	设 备 与 装 置	裕度值（％）
操作冲击	全部设备及空气绝缘装置	15
雷电冲击	晶闸管阀	15
	其他设备	20
陡波前冲击	晶闸管阀及其他设备	20
	直流侧的空气绝缘装置（如支柱绝缘子、套管、隔离开关、直流滤波器及测量装置）	25

晶闸管阀的裕度之所以可取得较小的理由主要有：①每台晶闸管阀都有直接跨接在阀上的优质阀避雷器来保护；②不必考虑它的绝缘老化因素，因为严重老化或损坏的晶闸管元件均可及时检查出来并加以更换，因此可以认为，在每次检修之后，晶闸管阀的绝缘强度都能恢复到它的原始值。

设备的基准雷电冲击绝缘水平（BIL）和基准操作冲击绝缘水平（BSL）可用下式估计

$$BIL = K_l [PL]_l \qquad\qquad (12 - 16)$$
$$BSL = K_s [PL]_s \qquad\qquad (12 - 17)$$

式中　　$[PL]_l$，$[PL]_s$——过电压保护装置在雷电冲击与操作冲击下的保护水平；

　　　　K_l，K_s——雷电冲击与操作冲击下的绝缘裕度系数（＝1＋裕度值）。

在最后确定 BIL 与 BSL 之值时，一般设备均可按上述计算值在国际电工委员会（IEC）提出的优选标准值中选取最接近的高一档标准值。但对于晶闸管阀来说，不必采用优选标准值，其原因是阀的造价和阀内损耗都几乎与它的 BIL 和 BSL 值成正比，选取最接近的高一档标准值从经济上来看是不合适的。

图 12 - 27 是非同步联络站主要设备的接线图，图中也表明了避雷器配置的情况。表 12 - 12 是和图 12 - 27 相配合的，表中所列的直流系统绝缘配合数据是一个比较典型的例子。从绝缘配合的角度而论，联络站和一般直流输电工程的差别仅仅在于少了直流架空线路。在站中，分别作为整流器和逆变器运行的两个换流器之间的直流连接线很短，而且往往装在阀厅之内，所以不存在雷电冲击波沿着直流线路入侵联络站的情况。

在表 12 - 12 和图 12 - 27 中，以保护换流阀为主的避雷器（标号为2）为例，当避雷器配合电流为 1kA 时，它为所保护的换流阀提供了 82kV 的操作冲击保护水平。因此保护水平与 95kV 的换流阀基准操作冲击绝缘水平（BSL）之间有 15％的裕度值；与 100kV 的空气间隙的 BSL 之间有 20％的裕度值。配置在其他地点的避雷器为被保护的设备所提供的保护水平，及其与 BIL 和 BSL 之间的裕度等绝缘配合数据见表 12 - 12，供参考。

表 12 - 12 　　　　　　　　　　　　　　　　绝 缘 配 合 典 型 示 例

避雷器装设地点	标号	雷电冲击保护水平（kV）	配合电流（kA）	基准雷电冲击绝缘水平 BIL (kV)／裕度值（％）			操作冲击保护水平（kV）	配合电流（kA）	基准操作冲击绝缘水平 BSL (kV)／裕度值（％）		
				充油设备	阀	空气间隙			充油设备	阀	空气间隙
阀	2	83	0.5	—	100/20	105/25	82	1.0	—	95/15	100/22
阀组	4 或 5	83	0.5	—	100/20	105/25	82	1.0	—	95/15	100/22

避雷器装设地点	标号	雷电冲击保护水平（kV）	配合电流（kA）	基准雷电冲击绝缘水平 BIL (kV)/裕度值（%）			操作冲击保护水平（kV）	配合电流（kA）	基准操作冲击绝缘水平 BSL (kV)/裕度值（%）		
				充油设备	阀	空气间隙			充油设备	阀	空气间隙
下变压器	2	83	0.5	250/200	200/140	—	82	1.0	208/154	95/15	—
上变压器	2+4	167	0.5	250/52	200/20	210/25	164	—	208/26	190/15	200/22
电抗器（线对地）	4+5	167	0.5	250/52	200/20	210/25	164	1.0	208/26	190/15	200/22
交流母线	1	512	10	750/46	—	750/46	452	3.0	623/38	—	623/38
跨接于平波电抗器	3	164	0.5	250/52	—	210/25	164	1.0	208/26	—	210/25
滤波器	6	200	30	—	—	250/24	160	3.0	—	—	208/30

　　注　标号与图 12-26 相对应。

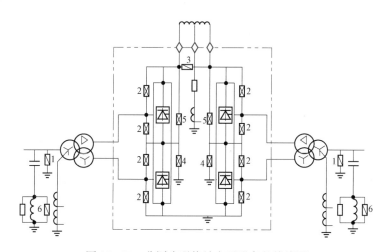

图 12-27　非同步联络站主要设备的接线图

第八节　回流电路和直流接地极

　　要实现电力的传输，必然要有闭合的回流电路。直流输电的回流电路有三种：

（1）金属回路（用导线或电缆回流）；

（2）大地回路；

（3）海水回路（实质上是海水与大地并联回流）。

　　交流输电不能利用大地作为回流电路，主要是通信干扰问题难以解决。可以利用大地或海水作为回流电路，是直流输电的一大优点和特点，不但能节省投资，而且可减小运行中的能量损耗；但是，利用大地（或海水）来导通数千安的直流工作电流，而且有可能持续很长的时间，必然要对直流接地极提出很高的技术要求，并会产生一些不利的影响。

　　选用大地（或海水）回路的单极线路与同极线路，通常在正常运行时就持续利用大地

（或海水）作为回流电路；而采用大地回路的双极线路，在正常运行时只有很少一部分电流（不平衡电流）流入大地，但在一极发生故障时，另一极仍可利用大地作为回路继续运行，这时大地起着备用导线的作用。所有这些长期或临时利用大地（或海水）作为回流电路的直流线路，都可称为带大地回路的线路。

直流接地极的设计、施工和运行是一个相当复杂和十分重要的问题，各国直流输电工程的实际运行经验表明：直流接地极系统是引发运行事故的重要原因，直流输电系统的运行可靠性在很大的程度上与直流接地极系统的状态有关。

一、 金属回路

虽然大多数直流输电工程采用大地（包括海水）回路，但也有一部分直流输电工程选用金属回路。

金属回路有几种不同的制式：

（1）有些单极和同极线路正常运行时就一直采用一根金属导线来回流，见表 12 - 3 中的单极两线制（如日本的北本线Ⅰ期）；

（2）有些双极线路不采用大地回路，而在两端换流设备的中性点之间加接一条回流导线（或电缆），见表 12 - 3 中的双极三线制（如日本的北本线Ⅱ期）；

（3）有些直流输电工程设计成在一极换流设备发生故障停运，但该极导线完全正常时，将该极导线换接到中性点上去，作为金属回路来使用，从而使健全极以单极金属回路的模式继续长期运行，输送一半或更多的额定功率，如图 12 - 28 所示（如美国±500kV 太平洋联络线、中国±500kV 天广线等）。

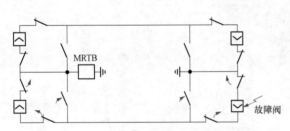

图 12 - 28　大地回路到金属回路的转换
MRTB—金属回路转换开关（以大地回路
运行时合上，以金属回路运行时打开）

采用金属回路大多是为了避免大地回路某些不利影响而做出的选择，所有金属回路都有一个共同的特点，即只有一侧中性点接地，其目的仅仅是固定该点的地电位。

二、 大地回路

（一）大地的结构层次与地中电流分布

大地实际上是很不均匀的（见图 12 - 29），一般地说，它的最上层是土壤，其厚度只有数米到数十米，电阻率只有 $30\sim1000\Omega\cdot m$。在这一层的下面是全新世地层，平均厚度约 1000m，电阻率为 $100\sim4000\Omega\cdot m$。从地层的电气特性来看，这两层合起来是大地上层的地表土壤层。再下面是中层的原始岩层，平均厚度约 17km，电阻率为 $10^4\sim10^8\Omega\cdot m$。地表层和中层均属于地壳，然后是下层，包括地幔和地核。地幔是地壳下面的炽热层，它的厚度达数千千米，并具有良好的导电性，在近似分析中，可取其电阻率等于零。最后就是由融化状态岩石组成的地核了，它的电阻率也很小。

为了很好地理解采用大地回路所带来的种种问题和正确地设计直流接地极，有必要先来考察一下直流电流在地中的分布状况。

交、直流在地中的分布状况最大的不同在于交流下有集肤效应，电流大多在大地表层流动；而直流下无集肤效应，电流有可能流到很深的地方。

在讨论接地极附近大地中的直流电流场时，一般可以认为近区内各向电阻率都是相同的，即为"均匀大地"。但在研究大范围的地中电流分布时，与大地相比，电极尺

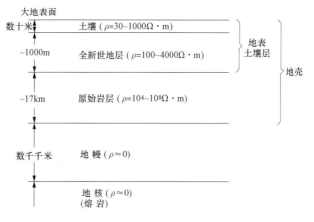

图 12-29　大地的结构层次示意图

寸总是很小，可以不考虑接地极型式的影响，但要考虑三层地（上层地表土壤层，中层原始岩层和下层炽热熔岩层）电特性对地中电流分布的影响。由于地表土壤层比中层原始岩层薄得多，而且原始岩层的电阻率很大，所以在每单位长度上由上层流入中层的电流是很小的，在距离接地电极几千米的范围内，入地电流几乎全部在上层土壤中流动；而在距离电极几千米处（具体远近因地而异），可以认为入地的直流电流已基本上全部转入地球深处的炽热熔岩层中流动。

（二）采用大地回路的利弊

利用大地作为回流电路具有下列好处：

（1）与同样长度的金属回路相比，大地回路具有较小的电阻和较小的损耗，投资也较省。

（2）采用大地回路，就可以根据输送容量的逐步增大而进行分期建设。第一期可以先按一极导线加大地回路的方式作单极运行，第二期再架设另一极导线，使之成为双极线路。

（3）在双极线路中，当一极导线或一组换流器停止工作时，仍可利用另一极导线和大地回路输送一半或更多的电力，提高了供电可靠性。

但是，采用大地回路也会带来一系列问题和副作用，诸如：

（1）接地电极的材料、结构和埋设方式必须因地制宜加以选择、设计和施工，其中有不少技术问题解决起来相当困难；

（2）在接地电极附近产生可能会危及人、畜的危险电位梯度；

（3）地中电流对地下金属物体（特别是电缆、水油气管道等伸长物体）的电解腐蚀；

（4）地中电流对其他电系统（如交流电力系统、通信系统等）的干扰影响；

（5）海底电缆的电流对磁罗盘读数的影响；

（6）回流电流对鱼群等水生物的影响。

三、　直流接地极

（一）直流接地极的特点及技术要求

与交流输电系统中大量存在的交流接地装置相比，直流接地极具有一系列特点，其中主要有：

（1）直流接地极在直流输电系统以大地为回流电路作单极运行时，需能长期通过很大的工作电流（如数千安），因此工作条件要比交流接地装置严酷得多；

（2）由于没有集肤效应，直流下地后，可以深入到很深的地层，因此通流面上的地质条件更为复杂，往往需要采用多层地的模型来处理；

（3）在运行中，大地犹如一个巨大的电解槽，两端换流站的直流接地极就像电解槽中的两个电极，其中阳极就会按法拉第定律不断消融，从而出现直流接地极本身的严重电腐蚀问题；

（4）土壤是不良的导热体，直流接地极附近大地中的电流密度很大，它在土壤中产生的焦耳热损耗必然使土壤的温度上升，使其中所含的水分汽化蒸发，导致该处土壤电阻率增大，发热更加严重，这样的恶性循环有时会导致"热不稳定"，危及直流接地极的安全运行；

（5）直流接地极的电流场会对周围环境产生别的影响，例如对地下金属物体的腐蚀，对其他电系统（如交流电力系统、通信系统）的影响，对海洋、江河中生物的生态影响，甚至出现危及人、畜、鱼类的危险电位梯度，等等。

由于运行条件的复杂和严酷，必然对直流接地极的材料、结构型式、埋设地点、埋设方式等提出一些特殊的要求。在设计直流接地极时，应考虑满足以下几方面的技术要求：

（1）低接地电阻；

（2）足够的泄流容量；

（3）维修成本低；

（4）便于检修或更换；

（5）对其他设备或系统的损害不大；

（6）保证人、畜、鱼类的安全。

低接地电阻是低损耗运行的保证，设置在低电阻率土壤中的大尺寸接地极可以达到这一要求，同时它也具有较大的泄流容量，避免地下水的汽化蒸发。一般将直流接地极设置在远离换流站及其他设备的地方（如 10km 以外），以保证大地回流对其他系统的损害或干扰处于容许值以下。

（二）直流接地极的结构型式

比较常用的直流接地极结构型式有四种。

1. 浅层水平接地极

最经常遇到的土壤模型是，接近地表的薄层土壤的电阻率较低，其下则有电阻率较高的岩层。基于这种理由和施工维修的方便及节约，大多数已投入运行的陆地接地极都是浅埋的，其埋深由最浅的 1.2m 到最深的 8m，依据实际的土壤情况及冻土深度而定。浅层接地极可布置成连续的水平型式，附以连续的或间断的溢流元件。浅层水平接地极按其形状又可分为直线形、圆环形和星形等，如图 12-30 所示。它们的几何尺寸都很大，以我国±500kV"葛—南"工程的直流接地极为例，葛洲坝侧，圆环形，直径达 500m；南桥

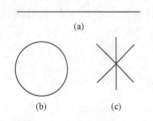

图 12-30 浅层水平接地极
(a) 直线形；(b) 圆环形；(c) 星形

侧，直线形，长 640m。

2. 垂直接地极

垂直接地极由一些主轴是垂直的分散元件构成，由水平连接导体连在一起。垂直接地极也有浅层（10m 以内）埋设的，但更多的是埋到 60m 或更大的深度，其目的是为了能埋设在土壤电阻率比地表层更低的土层中，并将地电流从可能受到干扰的物体上引开。垂直接地极元件的平面排列可以因地制宜，单线式、双线式、圆形和网格形都是可行的。

3. 岸边接地极

因为海水为传输地电流提供了最佳通道，而跨越水域又是高压直流输电的主要应用范畴之一，所以直接与水接触的接地极在直流输电系统中也是很重要的。在许多情况下，将接地极建造在海岸边是适当的选择。

4. 海水接地极

在找不到合适的场地，或者需要避免波浪的作用，或者为了减小通过大地的电流而不宜采用陆地或岸边接地极时，可将接地极置于距岸边一定距离的海水中。海水接地极可能是一种很经济的选择，特别是对仅仅用作阴极的接地极，这时可以用一根简单的裸导体敷设在海底。但当打算至少有部分时间将接地极作为阳极运行时，则必须在其周围设置保护封套，这封套也作为鱼类的屏蔽罩。

（三）直流接地极的运行

直流接地极运行中会出现两个重要的特殊问题。

1. 接地极周围土壤的发热问题

前面已经提到，当直流电流经由接地极注入大地时，接地极附近的土壤温度将因发热而导致"热不稳定"情况，甚至会使接地极不能工作而导致停电。

2. 阳极的电腐蚀问题

当电流从埋设在土壤中的金属电极流出时（即作为阳极工作时），电极会被严重腐蚀。这是因为电流离开金属阳极时，实质上是土壤内电解液中的负离子移动到阳极表面与金属相结合并形成了电化学作用的生成物。例如在铁阳极处的电化学反应为

$$Fe^{2+} + 2OH^- \longrightarrow Fe(OH)_2$$

即生成了氢氧化亚铁，然后再进一步变为氢氧化铁 $Fe(OH)_3$，反应式为

$$4Fe(OH)_2 + 2H_2O + O_2 \longrightarrow 4Fe(OH)_3$$

它是一种红褐色的疏松物质。可见阳极金属不断地受到腐蚀。

当电流从大地流入金属电极时（相当于作为阴极运行时），电极不会受到腐蚀，因为此时的反应式为

$$2H^+ + 2e^- \longrightarrow H_2 \uparrow$$

这一反应过程只是使阴极表面附有一层氢气而已（析氢反应）。

上述土壤发热问题是决定接地电阻和接地极形状及尺寸的主要因素，而阳极腐蚀问题则决定着接地极的材料和埋设方式。

（四）直流接地极的材料

为了使接地极在设计年限内有效地运行，接地极材料的选择是很关键的问题之一。用作接地极的材料必须具有良好的电气性能（如电导率）及其他物理性质（如对机械损害和电化腐蚀的耐受能力）。

通常，接地极材料可分为可溶性材料（如铁、铜、铝等金属材料）、难溶性材料（如

石墨、高硅铁类合金）和不溶性材料（如铂、镀铂钛）三大类。

（1）不溶性金属材料虽具有很高的耐蚀性，但由于价格昂贵很少在直流输电中采用。

（2）普通钢铁（如低碳钢）等可溶性材料由于价格低廉，曾获得广泛的应用，但作直流接地阳极使用，腐蚀问题十分严峻，难以接受，故只能用作阴极。

（3）标准高硅铁（含 14.5% 的硅和 0.7% 的锰）是一种耐蚀合金，其优点是表面氧化后形成二氧化硅薄膜，能减缓腐蚀。在高硅铁中加入 4.25% 的铬而形成的高硅铬铁合金具有更强的耐受卤族气体腐蚀的能力。所以高硅铁类合金既可用作陆地接地阳极，也可用作海水接地阳极。

（4）石墨是非离子晶体，它不会被电解而形成离子，因此石墨阳极的电化学反应只是在阳极处析出氧气或氯气，不存在电解腐蚀。特别是石墨接地极在海水中的溶解速度要比土壤中慢得多。因此，它适宜用作海水接地极。

（五）直流接地极的场地选址

陆地接地极的埋设场地应选在：

（1）土壤电阻率 ρ 较小的地方，一般要求 $\rho < 100\Omega \cdot m$。如果把直流接地极埋设在 ρ 值为数千欧·米的土壤中，电极尺寸将大到难以接受的程度。

（2）距离其他埋地金属物体超过 $8 \sim 10km$ 的地方，以避免过大的电化腐蚀或干扰影响。特别应注意直流接地极不能埋设在换流站的附近，否则会严重腐蚀换流站的接地网或使变压器的铁芯饱和。通常直流接地极埋设点到换流站的距离取 $8 \sim 50km$，有些甚至超过 $100km$，见表 12-13，到市镇、管道、电缆等的距离也要数千米以上。

（3）在选址时，也需同时考虑架设连接线的条件和交通条件。

表 12-13 直流接地极到换流站的距离

线路名称	额定电压（kV）	换流站	直流接地极到换流站的距离（km）
葛南线	±500	葛洲坝	34
		南 桥	30.2
天广线	±500	天生桥	52
		广 州	38
龙政线	±500	龙 泉	42
		政 平	32
三广线	±500	江 陵	20.3
		鹅 城	45.8
贵广Ⅰ回	±500	安 顺	46.4
		肇 庆	66.1
三沪线	±500	宜 都	60.5
		华 新	44.3
贵广Ⅱ回	±500	兴 仁	77.4
		深 圳	189

续表

线路名称	额定电压（kV）	换流站	直流接地极到换流站的距离（km）
云广线	±800	楚 雄	106.2
		穗 东	94.2
向上线	±800	复 龙	75
		奉 贤	91
宁东—山东	±660	银川东	69.5
		青 岛	49.5
锦苏线	±800	裕 隆	147
		同 里	42
溪浙线	±800	宜 宾	76
		金 华	23.5

四、 大地回路的环境影响

直流电流经大地回流会产生一系列的环境影响问题，其中最主要的是：

1. 地下金属物体的腐蚀问题

图 12-31 画出了当直流接地极附近埋有金属物体时地中电流的流向。由图可见，从电极流出的电流有一部分会流经电极附近的金属埋设物，从埋设物的一部分表面（图中 A 面和 C 面）流入（这部分金属表面将成为阴极），从另一部分表面（图中 B 面和 D 面）流出。作为阳极的 B 面和 D 面将受到腐蚀，其腐蚀速度与金属物体表面所流出的电流密度有关。减小金属表面接收和流出的电流密度的最好办法是埋设物远离直流接地极。如难以做到这一点，就需要采用保护措施，例如阴极保护、加绝缘涂层、采用电导率较大的回填料等。

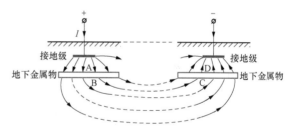

图 12-31　电流在接地极附近金属物体中的分布

2. 对交流电力系统的影响问题

如图 12-32 所示，当地中有直流电流流过时，会有一部分直流电流进入交流系统变压器接地的中性点，通过星形接线的三相绕组、交流输电线的三相导线到另一端的电力变压器星形接线的三相绕组，并经那台变压器的接地中性点再入地。在这种情况下，直流电流在变压器中产生了直流磁通，使得铁芯发生直流偏磁，使磁化曲线的运行部分变得不对称，从而加剧了铁芯的饱和，将导致噪声的增大，甚至会引起变压器铁芯、金属紧固件、外壳等的过热。在直流电流

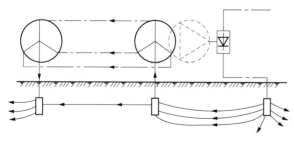

图 12-32　地中直流电流对交流电力系统的影响

离开交流接地网处也会发生电化腐蚀。

避免这类影响的基本办法是使直流接地极远离中性点直接接地的电气设备。一般直流接地极应设置在离可能被影响的交流系统中性点接地点 10km 以外处。

3. 对水中生物的影响

海水中的电极可在其周围的水中产生一定的电位梯度，研究表明，海水电极对水中生物的影响为：

（1）鱼类有向阳极聚集和从阴极离开的倾向。

（2）海水中的电位梯度在 1.25V/m 以下时，对人和大鱼都是安全的，但当电位梯度为 2.5V/m 时，在海水中的人就会感到不舒服。鱼类在接近电极周围 1m 的范围内（加压 2~3V 时）将出现假死状态，但当在 4min 内除去电压时，仍能复苏。

（3）大鱼容易出现假死状态，但当它逐渐游近电极而感到危险时会自动离开。

（4）在阳极附近生成氯气，会导致不能游动的生物死亡。因此作为阳极的海水电极必须有一定的保护措施，例如设置隔离围栏等。

4. 对船舶磁罗盘的干扰

当直流海底电缆跨海送电并以海水作为回流电路时，由于返回电流的分布范围极广，所以与电缆电流所产生的磁场不能互相抵消，从而使经过电缆上方的船只的磁罗盘指示受到影响，但这种影响仅出现在海底电缆上方不大的一个水域内。不过现代大型船舶通常均采用回转罗盘，磁罗盘只作为后备之用，所以还不致发生大问题。

第九节　特高压直流输电的发展现状和前景

正如前述，我国是世界上为数不多的最需要发展特高压直流输电技术的国家之一。在已建成投运 10 多条 ±500kV 超高压直流输电线路的基础上，我国在近十多年内又建成 16 条 ±800kV 和 1 条 ±1100kV 特高压直流线路。

一、科研工作

为解决 ±800kV 直流输电工程的建设问题，国家电网公司于 2005 年初启动了 ±800kV 特高压直流输电可行性研究和关键技术研究，组织电力系统各科研、咨询、设计单位和高等院校，开展下列 UHVDC 方面的重大课题的研究：

（1）过电压与绝缘配合；

（2）外绝缘特性；

（3）长绝缘子串污闪特性试验；

（4）覆冰条件下绝缘子串闪络特性研究；

（5）直流输电系统电磁环境；

（6）线路对地磁台和无线电台站的影响及防护研究；

（7）特高压直流换流器接线方式；

（8）多条直流线路共用直流接地极问题。

这些研究的成果有不少已在随后的 ±800kV 直流输电线路和换流站的设计、建设中获得应用，并为主要电气设备的设计、制造提供了技术依据。

二、 建成世界领先水平的特高压直流试验基地 （北京）

为使工程建立在更可靠的科学技术的基础之上，解决特高压直流输电的关键技术问题，我国于 2008 年底全面建成了特高压直流试验基地（北京），可开展高达 $\pm1000kV$ 的特高压直流输电各种关键技术的试验研究。它主要由以下几部分组成：特高压直流试验线段、电晕笼、户外试验场、试验大厅、污秽及环境试验室、电磁环境试验场、绝缘子试验室、避雷器试验室。这座试验基地的综合试验研究功能达到世界领先水平，有多项设施的指标和试验功能居世界第一，包括特高压直流双回试验线段总长达 1080m，同塔双回线段的电压等级，试验大厅的冲击、工频、直流试验装置的综合试验性能指标和试验大厅的电磁屏蔽性能，人工气候罐的规模；两厢式电晕笼的尺寸，避雷器试验室综合试验能力，绝缘子试验室所装备的大型电液伺服弯扭机和热机试验装置及测控系统等，都是世界最大和最先进的设施。

今后，该试验基地的主要任务为：

（1） 超/特高压直流绝缘特性的研究；

（2） 超/特高压直流线路电磁环境的试验研究；

（3） 特高压输电新技术的研究（如同杆多回，交、直流线路同走廊等问题）；

（4） 特高压直流输电领域各种技术标准和规程的研究与制订；

（5） 运行维护人员的培训，等等。

三、 我国在特高压直流输电领域的世界领先地位

从我国在 2005 年决定启动大规模特高压输电的工程实践以来，截至 2020 年底，已先后建成投运 16 项 $\pm800kV$ 及以上的特高压直流输电工程。它们的有关技术数据见表 12 - 2。国外已建成投运的特高压直流输电工程的有关数据见表 12 - 14。

表 12 - 14　　　　　　国外已建成投运的特高压直流输电工程

国家	工程名称	电能类型	额定电压 （kV）	额定功率 （MW）	输电距离 （km）	投运年份
印度	阿萨姆邦—阿格拉	水电	±800	6000	1728	2015
	占城—库鲁克舍特拉	火电	±800	3000	1350	2015
	赖加尔—普加卢尔—特里苏尔	火电、风电	±800	6000	1830	2019
巴西	美丽山水电输出Ⅰ期	水电	±800	4000	2029	2017
	美丽山水电输出Ⅱ期	水电	±800	4000	2539	2019

表 12-14 中巴西美丽山水电站是巴西的第二大水电站，装机容量 11 000MW。该水电站第一期输出工程于 2014 年由我国国家电网公司与巴西国家电力公司组成联营体中标，建设工作主要由中方承担，于 2017 年建成投运，但主要设备采用的是西门子公司的产品；第二期输出工程于 2015 年由我国国家电网公司独立中标，总承包工程建设和设备配置，于 2019 年建成投运。

这两项工程是我国将特高压输电技术在国内的研发成果和工程实践经验推向国际市场

的成功开局。

显而易见，我国是世界上启动建设特高压直流工程最早、建成工程数最多、输电电压最高、输送功率最大、输电距离最远的国家，在这一领域居世界领先地位。

四、 我国直流输电设备的国产化进程

20 世纪 80 年代，我国以国产设备建成了舟山直流输电工程（电压等级为 ±100kV），当时我国在这方面的设备技术水平和生产能力与国外先进国家相比，存在很大的差距。第一个 ±500kV 直流工程（葛洲坝—南桥）的主要设备均不得不从国外购进。为了适应亟待建设更多超高压直流输电工程的客观需要，我国坚持以引进吸收与自主创新相结合的开发研制路线，力求尽快实现超高压直流设备的国产化，从第二个 ±500kV 直流工程起，在引进国外设备的同时，就开始部分采用国产设备。到 2006 年投运 ±500kV "三—沪"直流输电工程时，设备国产化率即已达到了 70%。其后的 ±500kV 直流工程的设备均实现了全部国产化。不仅如此，国内某些企业还完成了 ±800kV 特高压直流输电工程用的晶闸管换流阀、换流变压器、平波电抗器、直流场设备及控制系统等的研制，2010 年建成投运的第一批 ±800kV 特高压直流输电工程（"云—广"线和"向—上"线）就有部分设备由国内自己设计和制造了。此后陆续建设的工程所用设备的国产化程度不断提高，时至今日，除个别部件和设备（如特高压直流套管、电缆）外，基本已完全实现了国产化。

五、 发展前景

在未来的若干年内，超/特高压直流输电在我国还将有一个高速发展阶段，为了将西南的水电输往华东、华南和华中用电中心，以及满足一些煤电、风电、太阳能电力的远送和从国外进口电力的需要，我国将可能再建设多项 ±500kV 和 ±660kV 超高压直流输电工程、多项 ±800kV 特高压直流输电工程，它们的送电距离为 1000～2500km，总的输电容量约达 100 000MW；另外，还会建设几项 ±1000kV 或更高的特高压直流输电工程，每项的输送功率将达 12 000MW。

目前除我国正在大力建设特高压交、直流输电工程外，还有几个经济增长较快和国土面积较大的国家（如俄罗斯、印度、巴西、南非等）也在不同程度上继续开展着特高压交、直流输电技术的科学研究和工程实践。

附录 A　标准球隙放电电压表

附表 A-1、附表 A-2 均为：

（1）一球接地。

（2）标准大气条件（101.3kPa，293K）。

（3）电压均指峰值，kV。

（4）括号内的数字为球隙距离大于 0.5D 时的数据，其准确度较低。其中 D 为铜球直径。

附表 A-1　　　　　　　　　球隙放电电压表

球隙距离	球　直　径（cm）											
（cm）	2	5	6.25	10	12.5	15	25	50	75	100	150	200
0.05	2.8											
0.10	4.7											
0.15	6.4											
0.20	8.0	8.0										
0.25	9.6	9.6										
0.30	11.2	11.2										
0.40	14.4	14.3	14.2									
0.50	17.4	17.4	17.2	16.8	16.8	16.8						
0.60	20.4	20.4	20.2	19.9	19.9	19.9						
0.70	23.2	23.4	23.2	23.0	23.0	23.0						
0.80	25.8	26.3	26.2	26.0	26.0	26.0						
0.90	28.3	29.2	29.1	28.9	28.9	28.9						
1.0	30.7	32.0	31.9	31.7	31.7	31.7	31.7					
1.2	(35.1)	37.6	37.5	37.4	37.4	37.4	37.4					
1.4	(38.5)	42.9	42.9	42.9	42.9	42.9	42.9					
1.5	(40.0)	45.5	45.5	45.5	45.5	45.5	45.5					
1.6		48.1	48.1	48.1	48.1	48.1	48.1					
1.8		53.0	53.5	53.5	53.5	53.5	53.5					
2.0		57.5	58.5	59.0	59.0	59.0	59.0	59.0	59.0			
2.2		61.5	63.0	64.5	64.5	64.5	64.5	64.5	64.5			
2.4		65.5	67.5	69.5	70.0	70.0	70.0	70.0	70.0			
2.6		(69.0)	72.0	74.5	75.0	75.5	75.5	75.5	75.5			
2.8		(72.5)	76.0	79.5	80.0	80.5	81.0	81.0	81.0			
3.0		(75.5)	79.5	84.0	85.0	85.5	86.0	86.0	86.0	86.0		
3.5		(82.5)	(87.5)	95.5	97.0	98.0	99.0	99.0	99.0	99.0		
4.0		(88.5)	(95.0)	105	108	110	112	112	112	112		
4.5			(101)	115	119	122	125	125	125	125		
5.0			(107)	123	129	133	137	138	138	138	138	

球隙距离 (cm)	球 直 径（cm）											
	2	5	6.25	10	12.5	15	25	50	75	100	150	200
5.5				(131)	138	143	149	151	151	151	151	
6.0				(138)	146	152	161	164	164	164	164	
6.5				(144)	(154)	161	173	177	177	177	177	
7.0				(150)	(161)	169	184	189	190	190	190	
7.5				(155)	(168)	177	195	202	203	203	203	
8.0					(174)	(185)	206	214	215	215	215	
9.0					(185)	(198)	226	239	240	241	241	
10					(195)	(209)	244	263	265	266	266	266
11						(219)	261	286	290	292	292	292
12						(229)	275	309	315	318	318	318
13							(289)	331	339	342	342	342
14							(302)	353	363	366	366	366
15							(314)	373	387	390	390	390
16							(326)	392	410	414	414	414
17							(337)	411	432	438	438	438
18							(347)	429	453	462	462	462
19							(357)	445	473	486	486	486
20							(366)	460	492	510	510	510
22								489	530	555	560	560
24								515	565	595	610	610
26								(540)	600	635	655	660
28								(565)	635	675	700	705
30								(585)	665	710	745	750
32								(605)	695	745	790	795
34								(625)	725	780	835	840
36								(640)	750	815	875	885
38								(655)	(775)	845	915	930
40								(670)	(800)	875	955	975
45									(850)	945	1050	1080
50									(895)	(1010)	1130	1180
55									(935)	(1060)	1210	1260
60									(970)	(1110)	1280	1340
65										(1160)	1340	1410
70										(1200)	1390	1480
75										(1230)	1440	1540
80											(1490)	1600
85											(1540)	1660
90											(1580)	1720
100											(1660)	1840
110											(1730)	(1940)
120											(1800)	(2020)
130												(2100)
140												(2180)
150												(2250)

注　本表适用于：①工频交流电压；②负极性冲击电压；③正、负极性直流电压不适用于 10kV 以下的冲击电压。

附表 A-2   球隙放电电压表（适用于正极性冲击电压）

球隙距离 (cm)	球直径 (cm)											
	2	5	6.25	10	12.5	15	25	50	75	100	150	200
0.05												
0.10												
0.15												
0.20												
0.25												
0.30	11.2	11.2										
0.40	14.4	14.3	14.2									
0.50	17.4	17.4	17.2	16.8	16.8	16.8						
0.60	20.4	20.4	20.2	19.9	19.9	19.9						
0.70	23.2	23.4	23.2	23.0	23.0	23.0						
0.80	25.8	26.3	26.2	26.0	26.0	26.0						
0.90	28.3	29.2	29.1	28.9	28.9	28.9						
1.0	30.7	32.0	31.9	31.7	31.7	31.7	31.7					
1.2	(35.1)	37.8	37.6	37.4	37.4	37.4	37.4					
1.4	(38.5)	43.3	43.2	42.9	42.9	42.9	42.9					
1.5	(40.0)	46.2	45.9	45.5	45.5	45.5	45.5					
1.6		49.0	48.6	48.1	48.1	48.1	48.1					
1.8		54.5	54.0	53.5	53.5	53.5	53.5					
2.0		59.5	59.0	59.0	59.0	59.0	59.0	59.0	59.0			
2.2		64.5	64.0	64.5	64.5	64.5	64.5	64.5	64.5			
2.4		69.0	69.0	70.0	70.0	70.0	70.0	70.0	70.0			
2.6		(73.0)	73.5	75.5	75.5	75.5	75.5	75.3	75.5			
2.8		(77.0)	78.0	80.5	80.5	80.5	81.0	81.0	81.0			
3.0		(81.0)	82.0	85.5	85.5	85.5	86.0	86.0	86.0	86.0		
3.5		(90.0)	(91.5)	97.5	98.0	98.5	99.0	99.0	99.0	99.0		
4.0		(97.5)	(101)	109	110	111	112	112	112	112		
4.5			(108)	120	122	124	125	125	125	125		
5.0			(115)	130	134	136	138	138	138	138	138	
5.5				(139)	145	147	151	151	151	151	151	
6.0				(148)	155	158	163	164	164	164	164	
6.5				(156)	(164)	168	175	177	177	177	177	
7.0				(163)	(173)	178	187	189	190	190	190	
7.5				(170)	(181)	187	199	202	203	203	203	
8.0					(189)	(196)	211	214	215	215	215	
9.0					(203)	(212)	233	239	240	241	241	
10					(215)	(226)	254	263	265	266	266	266
11						(238)	273	287	290	292	292	292
12						(249)	291	311	315	318	318	318
13							(308)	334	339	342	342	342
14							(323)	357	363	366	366	366
15							(337)	380	387	390	390	390
16							(350)	402	411	414	414	414
17							(362)	422	435	438	438	438
18							(374)	442	458	462	462	462
19							(385)	461	482	486	486	486
20							(395)	480	505	510	510	510
22								510	545	555	560	560
24								540	585	600	610	610
26								570	620	645	655	660

续表

球隙距离 (cm)	球 直 径（cm）											
	2	5	6.25	10	12.5	15	25	50	75	100	150	200
28								(595)	660	685	700	705
30								(620)	695	725	745	750
32								(640)	725	760	790	795
34								(660)	755	795	835	840
36								(680)	785	830	880	885
38								(700)	(810)	865	925	935
40								(715)	(835)	900	965	980
45									(890)	980	1060	1090
50									(940)	1040	1150	1190
55									(985)	(1100)	1240	1290
60									(1020)	(1150)	1310	1380
65										(1200)	1380	1470
70										(1240)	1430	1550
75										(1280)	1480	1620
80											(1530)	1690
85											(1580)	1760
90											(1630)	1820
100											(1720)	1930
110											(1790)	(2030)
120											(1860)	(2120)
130												(2200)
140												(2280)
150												(2350)

附录 B 阀式避雷器电气特性

阀式避雷器电气特性见附表 B-1~附表 B-4。

附表 B-1 普通阀式避雷器（FS 和 FZ 系列）的电气特性

型 号	额定电压有效值（kV）	灭弧电压有效值（kV）	工频放电电压有效值（干燥及淋雨状态）（kV）		冲击放电电压（预放电时间 1.5~2.0μs）（kV）不大于		冲击残压（波形 8/20μs）（kV）不大于				备 注
							FS 系列		FZ 系列		
			不小于	不大于	FS 系列	FZ 系列	3kA	5kA	5kA	10kA	
FS-0.25	0.22	0.25	0.6	1.0	2.0		1.3				
FS-0.50	0.38	0.50	1.1	1.6	2.7		2.6				
FS-3（FZ-3）	3	3.8	9	11	21	20	(16)	17	14.5	(16)	
FS-6（FZ-6）	6	7.6	16	19	35	30	(28)	30	27	(30)	
FS-10（FZ-10）	10	12.7	26	31	50	45	(47)	50	45	(50)	
FZ-15	15	20.5	42	52		78			67	(74)	组合元件用
FZ-20	20	25	49	60.5		85			80	(88)	组合元件用
FZ-30J	30	25	56	67		110			83	(91)	组合元件用
FZ-35	35	41	84	104		134			134	(148)	
FZ-40	40	50	98	121		154			160	(176)	110kV 变压器中性点保护专用
FZ-60	60	70.5	140	173		220			227	(250)	
FZ-110J	110	100	224	268		310			332	(364)	
FZ-154J	154	142	304	368		420			466	(512)	
FZ-220J	220	200	448	536		630			664	(728)	

注 残压栏内加括号者为参考值。

附表 B-2 电站用磁吹阀式避雷器（FCZ 系列）电气特性

型 号	额定电压有效值（kV）	灭弧电压有效值（kV）	工频放电电压有效值（干燥及淋雨状态）（kV）		冲击放电电压（kV）不大于		冲击电流残压（kV）（波形 8/20μs）不大于		备 注
			不小于	不大于	预放电时间 1.5~2.0μs 及波形 1.5/40μs	预放电时间 100~1000μs	5kA 时	10kA 时	
FCZ-35	35	41	70	85	112	—	108	122	110kV 变压器中性点保护专用
FCZ-40	—	51	87	98	134	—	—①	—	
FCZ-50	60	69	117	133	178	—	178	205	
FCZ-110J	110	100	170	195	260	(285)②	260	285	
FCZ-110	110	126	255	290	345	—	332	365	
FCZ-154	154	177	330	377	500	—	466	512	
FCZ-220J	220	200	340	390	520	(570)	520	570	
FCZ-330J	330	290	510	580	780	820	740	820	
FCZ-500J	500	440	680	790	840	1030	—	1100	

① 1.5kA 冲击残压为 134kV。

② 加括号者为参考值。

附表 B-3　　　　保护旋转电机用磁吹阀式避雷器（FCD 系列）电气特性

型　　号	额定电压有效值（kV）	灭弧电压有效值（kV）	工频放电电压有效值（干燥及淋雨状态）（kV）		冲击放电电压（预放电时间 1.5～2.0μs 及波形 1.5/40μs）（kV）不大于	冲击电流残压（kV）（波形 8/20μs）不大于		备　　注
			不小于	不大于		3kA 时	5kA 时	
FCD-2	—	2.3	4.5	5.7	6	6	6.4	电机中性点保护专用
FCD-3	3.15	3.8	7.5	9.5	9.5	9.5	10	
FCD-4	—	4.6	9	11.4	12	12	12.8	电机中性点保护专用
FCD-6	6.3	7.6	15	18	19	19	20	
FCD-10	10.5	12.7	25	30	31	31	33	
FCD-13.2	13.8	16.7	33	39	40	40	43	
FCD-15	15.75	19	37	44	45	45	49	

附表 B-4　典型的电站和配电用 ZnO 避雷器参数（参考）

单位：kV

避雷器额定电压 U_r（有效值）(kV)	避雷器持续运行电压 U_c（有效值）	标称放电电流 20kA 等级 电站避雷器 陡波冲击电流残压（峰值）不大于	雷电冲击电流残压（峰值）不大于	操作冲击电流残压 不大于	直流 1mA 参考电压 不小于	标称放电电流 10kA 等级 电站避雷器 陡波冲击电流残压（峰值）不大于	雷电冲击电流残压（峰值）不大于	操作冲击电流残压 不大于	直流 1mA 参考电压 不小于	标称放电电流 5kA 等级 电站避雷器 陡波冲击电流残压（峰值）不大于	雷电冲击电流残压（峰值）不大于	操作冲击电流残压 不大于	直流 1mA 参考电压 不小于	配电避雷器 陡波冲击电流残压（峰值）不大于	雷电冲击电流残压（峰值）不大于	操作冲击电流残压 不大于	直流 1mA 参考电压 不小于
5	4.0	—	—	—	—	—	—	—	—	15.5	13.5	11.5	7.2	17.3	15.0	12.8	7.5
10	8.0	—	—	—	—	—	—	—	—	31.0	27.0	23.0	14.4	34.6	30.0	25.6	15.0
12	9.6	—	—	—	—	—	—	—	—	37.2	32.4	27.6	17.4	41.2	35.8	30.6	18.0
15	12.0	—	—	—	—	—	—	—	—	46.5	40.5	34.5	21.8	52.5	45.6	39.0	23.0
17	13.6	—	—	—	—	—	—	—	—	51.8	45.0	38.3	24.0	57.5	50.0	42.5	25.0
51	40.8	—	—	—	—	—	—	—	—	154.0	134.0	114.0	73.0	—	—	—	—
84	67.2	—	—	—	—	—	—	—	—	254	221	188	121	—	—	—	—
90	72.5	—	—	—	—	264	235	201	130	270	235	201	130	—	—	—	—
96	75	—	—	—	—	280	250	213	140	288	250	213	140	—	—	—	—
(100)*	78	—	—	—	—	291	260	221	145	299	260	221	145	—	—	—	—
102	79.6	—	—	—	—	297	266	226	148	305	266	226	148	—	—	—	—
108	84	—	—	—	—	315	281	239	157	323	281	239	157	—	—	—	—
192	150	—	—	—	—	560	500	426	280	—	—	—	—	—	—	—	—
(200)*	156	—	—	—	—	582	520	442	290	—	—	—	—	—	—	—	—
204	159	—	—	—	—	594	532	452	296	—	—	—	—	—	—	—	—
216	168.5	—	—	—	—	630	562	478	314	—	—	—	—	—	—	—	—
288	219	—	—	—	—	782	698	593	408	—	—	—	—	—	—	—	—
300	228	—	—	—	—	814	727	618	425	—	—	—	—	—	—	—	—
306	233	—	—	—	—	831	742	630	433	—	—	—	—	—	—	—	—
312	237	—	—	—	—	847	760	643	442	—	—	—	—	—	—	—	—
324	246	—	—	—	—	880	789	668	459	—	—	—	—	—	—	—	—
420	318	1170	1046	858	565	1075	960	852	565	—	—	—	—	—	—	—	—
444	324	1238	1106	907	597	1137	1015	900	597	—	—	—	—	—	—	—	—
468	330	1306	1165	956	630	1198	1070	950	630	—	—	—	—	—	—	—	—

* 过渡。

习　　题

第　一　章

1-1　解释下列术语：

(1) 气体中的自持放电；

(2) 电负性气体；

(3) 放电时延；

(4) 50%冲击放电电压；

(5) 爬电比距。

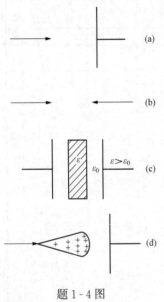

题 1-4 图

1-2　汤逊理论与流注理论对气体放电过程和自持放电条件的观点有何不同？这两种理论各适用于何种场合？

1-3　在一极间距离为 1cm 的均匀电场气隙中，电子碰撞电离系数 $\alpha = 11\mathrm{cm}^{-1}$。今有一初始电子从阴极表面出发，求到达阳极的电子崩中的电子数。

1-4　试绘出题 1-4 图的各种空气间隙的电压与电场强度沿气隙的分布曲线 $[$即 $U = f(x), E = f(x)]$。

1-5　试述"局部放电"和"电晕放电"两个术语之间的关系和异同。

1-6　试近似估算标准大气条件下半径分别为 1cm 和 1mm 的光滑导线的电晕起始场强。

1-7　气体介质在冲击电压下的击穿有何特点？其冲击电气强度通常用哪些方式来表示？

1-8　试述 50%冲击击穿电压和 50%伏秒特性两个术语中的"50%"所指的意义有何不同？这两个术语之间有无关系？

1-9　设某一"球—球"气隙和某一"棒—板"气隙的静态击穿电压均为 U_s，它们的伏秒特性分别如题 1-9 图中的曲线 a 与 b 所示。试回答：

(1) 它们的伏秒特性有何差别？为什么有这样的差别？

(2) 图中"棒—板"气隙的伏秒特性处于"球—球"气隙之上，这是否说明"棒—板"气隙的绝缘强度优于"球—球"气隙？为什么？

1-10　试分别用汤逊理论和流注理论说明空气如何在足够强的电场作用下一步步由电介质变成导体。

1-11　在一根玻璃管表面套上两个环状金属电

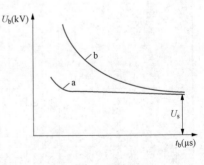

题 1-9 图

极 A 和 B，设 B 极接地，在 A 极上施加工频高电压，如题 1-11 图所示。在这种情况下，可以得出一个极间工频闪络电压值；如将一根表面包有铝箔的木棍插入玻璃管内，闪络电压会不会发生变化？如再将铝箔与接地电极 B 相连，沿面放电现象和闪络电压又会有何变化？如果所加电压换成直流高电压，情况又将如何？试利用沿面放电等效电路，对上述各个问题做出定性的解释。

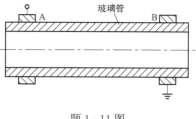

题 1-11 图

1-12　简述绝缘子污闪的发展机理和防止对策。

1-13　试运用所学的气体放电理论，解释下列物理现象：

(1) 大气的湿度增大时，空气间隙的击穿电压增高，而绝缘子表面的闪络电压下降；

(2) 压缩气体的电气强度远较常压下的气体为高；

(3) 沿面闪络电压显著地低于纯气隙的击穿电压。

第 二 章

2-1　试用经验公式估算极间距离 $d=2\text{cm}$ 的均匀电场气隙在标准大气条件下的平均击穿场强 E_b。

2-2　试证明同轴圆柱电极在外电极半径 R 保持不变而改变内电极半径 r 时，其最大的自持放电电压将出现在 $R/r=e$ 的条件下。（提示：按内电极表面电场强度出现极小值的情况）

2-3　在线路设计时已确定某线路的相邻导线间气隙应能耐受峰值为 $\pm1800\text{kV}$ 的雷电冲击电压，试利用经验公式近似估计线间距离至少应为若干？

2-4　在什么条件下，长空气间隙的击穿特性（击穿电压与间隙长度的关系曲线）会呈现明显的饱和现象？

2-5　一家位于平原地区的绝缘子制造厂接受一座位于 4000m 高原地区的变电站订购一批 110kV 支柱绝缘子。这批绝缘子出厂前要进行 1min 工频耐压试验，问应施加多高的试验电压？（各种电压等级的设备在平原地区的标准绝缘水平可从表 10-1 查得）

2-6　在 $p=755\text{mmHg}$，$t=33℃$ 的条件下测得一气隙的击穿电压峰值为 108kV。试近似求取该气隙在标准大气条件下的击穿电压值。

2-7　某 110kV 电气设备的外绝缘应有的工频耐压水平（有效值）为 260kV。如该设备将安装到海拔 3000m 的地方运行，问出厂时（工厂位于平原地区）的试验电压应增大到多少？

2-8　为避免额定电压有效值为 1000kV 的试验变压器的高压引出端发生电晕放电，在套管上部安装一球形屏蔽极。设空气的电气强度 $E_0=30\text{kV/cm}$，试决定该球形电极应有的直径。

2-9　为什么 SF_6 气体具有特别高的电气强度并成为除空气外应用得最广泛的气体介质？试述 GIS 有哪些主要优点。

2-10　220kV GIS 的雷电冲击耐压为 950kV，短时工频耐压（有效值）为 395kV，已知 SF_6 气体在这种电极结构下的冲击系数 $\beta\approx1.25$。试校核该 GIS 的绝缘尺寸取决于哪一种耐压要求。

第 三 章

3-1 某双层介质绝缘结构，第一、二层的电容和电阻分别为：$C_1=4200\text{pF}$、$R_1=1400\text{M}\Omega$；$C_2=3000\text{pF}$、$R_2=2100\text{M}\Omega$。当加上 40kV 直流电压时，试求：

（1）当 $t=0$ 合闸初瞬，C_1、C_2 上各有多少电荷？

（2）到达稳态后，C_1、C_2 上各有多少电荷？绝缘的电导电流为多大？

3-2 电介质的电导与金属导体的电导有何不同？试比较之。

3-3 某设备的对地电容 $C=3200\text{pF}$，工频下的 $\tan\delta=0.01$，如果所施加的工频电压等于 32kV，求：

（1）该设备绝缘所吸收的无功功率和所消耗的有功功率各为多少？

（2）如果该设备的绝缘用并联等效电路来表示，则其中电阻值 R 为若干？如果用串联等效电路来表示，则其中电容值 C_s 和电阻值 r 各为若干？

3-4 为什么要选择介质损耗角正切 $\tan\delta$ 作为测试、判断电介质的绝缘状态优劣的判据？其他还有些什么判据？以 $\tan\delta$ 作为判据较其他判据有何优点和特点？

3-5 试比较气体、液体和固体介质击穿过程的异同。

3-6 一充油的均匀电场间隙距离为 30mm，极间施加工频电压 300kV。若在极间放置一个屏障，其厚度分别为 3mm 和 10mm，求油中的电场强度各比没有屏障时提高多少倍？（设油的 $\varepsilon_{r1}=2$，屏障的 $\varepsilon_{r2}=4$）

3-7 一根 220kV 交流单芯电力电缆的芯线外半径 $r_0=20.5\text{mm}$，油纸绝缘层厚度 $d=18\text{mm}$，分阶成两层，分阶半径 $r_2=30\text{mm}$，内层的介电常数 $\varepsilon_1=4.3$，外层的 $\varepsilon_2=3.5$，试求在额定相电压的作用下：

（1）内层绝缘的最大工作场强和利用系数；

（2）外层绝缘的最大工作场强和利用系数。

3-8 随着额定电压的提高，在各种高压电气设备或部件中，对绝缘技术要求特别高，绝缘难度最大者是哪些设备或部件？为什么？

第 四 章

4-1 测量绝缘电阻能发现哪些绝缘缺陷？试比较它与测量泄漏电流试验项目的异同。

4-2 简述西林电桥的工作原理。为什么桥臂中的一个要采用标准电容器？这一试验项目的测量准确度受到哪些因素的影响？

4-3 综合比较本章中介绍的各种非破坏性试验项目的效能和优缺点。（能够发现和不易发现的绝缘缺陷种类、检测灵敏度、抗干扰能力、局限性等）

4-4 根据绝缘预防性试验的结果来判断电气设备绝缘状态时，除了要重视每一项试验的结果外，为什么还要进行综合分析判断？当其中个别试验项目不合格，达不到规程的有关要求时，应如何处理。

第 五 章

5-1 怎样选择试验变压器的额定电压和额定容量？设一被试品的电容量为 4000pF，

所加的试验电压有效值为 400kV。试求进行这一工频耐压试验时流过试品的电流和该试验变压器的输出功率。

5-2 当题 5-2 图中的球隙 F 击穿时，试验变压器 T 的一次绕组所接的电压表 PV 的读数约为若干？

5-3 为什么有些高压交流电气设备要用直流高压来做耐压试验？

5-4 试以近似计算法初步选定冲击电压发生器的各个参数，并选定高压电容器的规格与数量（设冲击电容 C_1 与波前电容 C_2 的比值为 10）原始数据如下：

(1) 波形 $1.2/50\mu s$；

(2) 能实际得到的冲击电压幅值为 1000kV；

(3) 每次放电的能量为 $0.5 \times 10^4 W \cdot s$；

(4) 高压脉冲电容器的额定电压为 200kV。

5-5 试比较绝缘的非破坏性试验和耐压试验的效能和特点。

5-6 试列表比较各种高电压测量装置的特点，包括能够测量的电压类型、所测得的是何种电压值、能够测量的最高电压、缺点或局限性等。

5-7 为什么选用球隙而不是其他形状的间隙（特别是消除了边缘效应的平板电极）来测量高电压？

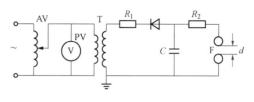

题 5-2 图

AV：380V/0～400V；T：400V/100kV；

F：$\phi 6.25cm$，$d = 3cm$

第 六 章

6-1 一条电容为$0.007\,78\mu F/km$、电感为 $0.933mH/km$ 的架空线路和一根电容为 $0.187\mu F/km$、电感为 $0.155mH/km$ 的电缆线路相连。当一峰值为 50kV 的电压波沿着电缆线路传播到架空线上去，求节点上的电压峰值。

6-2 为什么线路波阻抗 Z 在集中参数等效电路中要用一阻值等于 Z 的电阻 R 来代替，而不是用一数值相等的阻抗来代替？

6-3 试题 6-3 图所示变电站母线上的电压幅值。图中 Z 为架空出线的波阻抗（约 400Ω），Z' 为电缆出线的波阻抗（约 32Ω）。从一条架空线上入侵的过电压波幅值$U_0 = 600kV$。

6-4 一幅值等于 1000A 的冲击电流波从一条波阻抗 $Z_1 = 500\Omega$ 的架空线路流入一根波阻抗 $Z_2 = 50\Omega$ 的电缆线路，在二者连接的节点 A 上并联有一只阀式避雷器的工作电阻 $R = 100\Omega$（见题 6-4 图）。试求：

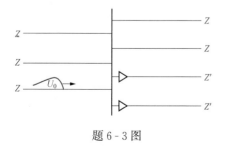

题 6-3 图

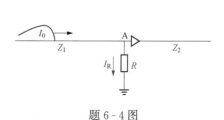

题 6-4 图

(1) 进入电缆的电压波与电流波的幅值；

(2) 架空线上的电压反射波与电流反射波的幅值；

(3) 流过避雷器的电流幅值 I_R。

6-5 一幅值 $U_0 = 90\text{kV}$、波前陡度 $a_0 = 45\text{kV}/\mu\text{s}$ 的斜角平顶波从一条波阻抗 $Z_1 = 400\Omega$ 的架空线路流入一根波阻抗 $Z_2 = 20\Omega$ 的电缆线路，在节点 A 之前 75m 处接有一管式避雷器 FT（见题 6-5 图）。试求作用在 FT 上的电压波形及幅值。

（注：①架空线路上的波速 v_1 可近似地取为 $300\text{m}/\mu\text{s}$；②不必考虑电缆线路末端的反射。）

6-6 一条波阻抗等于 500Ω 的架空线路经一串联电阻 R 与一根波阻抗等于 50Ω 的电缆线路相连（见题 6-6 图）。设原始波 U_0、I_0 为已知，从架空线路传入电缆线路，而电阻 R 之值对应于所吸收的功率为最大时，试求：

(1) 流入电缆线路的电压折射波与电流折射波；

(2) 节点 A 处的电压反射波与电流反射波；

(3) 因反射而返回架空线路的功率和串联电阻所吸收的功率。

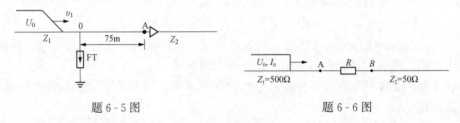

题 6-5 图   题 6-6 图

6-7 设有三根平行导线，其自波阻抗均为 500Ω、互波阻抗均为 100Ω。试决定当三根导线的首端同时进波时，三根导线并联后的综合（三相）波阻抗及每根导线的等效波阻抗。

6-8 在一条长架空输电线（波阻抗 $Z_1 = 400\Omega$）与一座变电站之间接有一段长 1km、波阻抗为 80Ω 的电缆线路，设变电站中各种设备的影响相当于一只 10 000Ω 的电阻。在架空线上出现了一个幅值为 90kV 的电压波并传入电缆线路和变电站，波在该电缆线路中的传播速度约为 10^5km/s。问在设备节点 B（见题 6-8 图）上出现第二次电压升高时，该处电压为若干？出现这一现象与原始波 U_0 到达架空线和电缆线路间节点 A 的瞬间，相隔多少时间？

6-9 一条长架空线与一根末端开路、长 1km 的电缆线路相连（见题 6-9 图），架空线电容为 11.4pF/m，电感为 $0.978\mu\text{H/m}$；电缆线路具有电容 136pF/m、电感 $0.75\mu\text{H/m}$。一幅值为 10kV 的无限长直角波沿架空线传入电缆线路，试计算在原始波抵达电缆线路与架空线连接点 A 以后 $38\mu\text{s}$ 时，电缆线路中点 M 处的电压值。

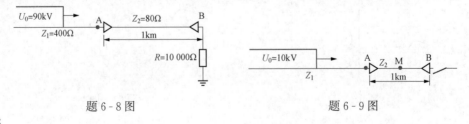

题 6-8 图   题 6-9 图

6-10　一条110kV架空线路采用上字型杆塔,各有关尺寸如题6-10图所示。导线直径为21.5mm,弧垂为5.3m;单地线的直径为7.8mm,弧垂为2.8m。试计算:

(1) 地线0、导线2的自波阻抗和它们之间的互波阻抗;

(2) 导地线之间的耦合系数 k_{20}。

6-11　当接成星形的变压器三相绕组有两相进波时(见题6-11图),试画出电压沿绕组的分布图,并求出中性点最大电压极限值。

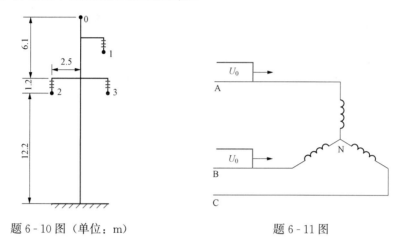

题6-10图(单位:m)　　　　　　　　　　题6-11图

6-12　试将输电线路、变压器绕组、旋转电机绕组中波过程的特点作综合比较。

第 七 章

7-1　为了保护烟囱及附近的构筑物,在一高73m的烟囱上装设一根长2m的避雷针,烟囱附近构筑物的高度和相对位置如题7-1图所示,试计算各构筑物是否处于该避雷针的保护范围之内。

7-2　校验题7-2图所示铁塔结构是否能保证各相导线都受到避雷线的有效保护。

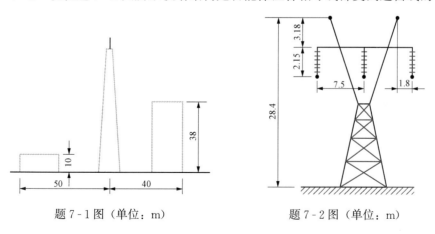

题7-1图(单位:m)　　　　　　　　　　题7-2图(单位:m)

7-3　一双回路杆塔的尺寸如题7-3图,其中 A、B、C 为一回路的三相导线,A′、B′、C′为另一回路的三相导线,G 为避雷线,其半径 $r_g=5.5$mm。试求:

(1) 哪一相导线的绕击率 P_α 最大?其值为若干?

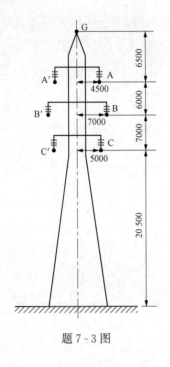

题 7-3 图

（2）哪一相导线与避雷线间的几何耦合系数 k_0 最小？其值为若干？

7-4　在学习过避雷针、避雷线、避雷器的结构、工作原理和保护功能以后，你认为这三个名词术语定得是否妥当？有什么问题？你认为有更合适的名称吗？

7-5　阀片的伏安特性通常用 $u=Ci^\alpha$ 表示，如何利用这一关系式用实验的方法求出阀片的非线性指数 α？

7-6　说明阀式避雷器的残压、灭弧电压、保护水平、切断比、保护比、荷电率等术语的定义和表示避雷器在哪些方面的电气特性？

7-7　如果要求一阀式避雷器既能对雷电过电压，又能对操作过电压实施绝缘保护，它在性能、结构上应有什么特殊的有别于普通阀式避雷器的地方？

7-8　在 ZnO 避雷器中为何可省去串联火花间隙？这会带来哪些好处？

第 八 章

8-1　解释下列术语，并写出它们的常用计量单位：

（1）输电线路耐雷水平；

（2）输电线路雷击跳闸率；

（3）输电线路避雷线保护角；

（4）线路绝缘的建弧率。

8-2　某平原地区 220kV 架空线路所采用的杆塔型式及尺寸如题 8-2 图所示。各有关数据如下：

避雷线半径 $r_g=5.5\text{mm}$，其悬点高度 $h_g=32.7\text{m}$；

上相导线悬点高度 $h_{w(U)}=25.7\text{m}$；

下相导线悬点高度 $h_{w(L)}=20.2\text{m}$；

避雷线在 15℃时的弧垂 $f_g=6.0\text{m}$；

导线在 15℃时的弧垂 $f_w=10\text{m}$；

线路长度 $L=120\text{km}$；

绝缘子串：$13\times X-4.5$ 型盘型绝缘子，其冲击放电电压 $U_{50\%}=1245\text{kV}$；每片绝缘子的高度 $H=0.146\text{m}$；

杆塔的冲击接地电阻 $R_i=10\Omega$；

线路所在地区的雷暴日数 $T_d=50$。

求这条线路的耐雷水平、雷击跳闸率及实际年雷击跳闸次数。

8-3　全面分析避雷线在提高线路耐雷性能中的作用。

8-4 某变电站的一支独立避雷针与邻近构架的相对位置及其接地装置的结构如题8-4图所示。试回答：

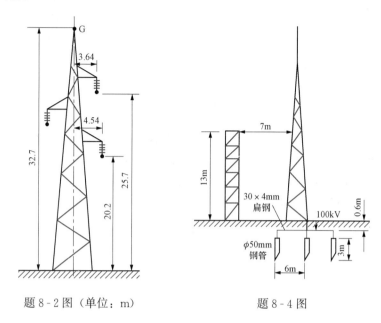

题8-2图（单位：m）　　　　　题8-4图

（1）估算此独立避雷针的冲击接地电阻值（设该处土壤电阻率 $\rho = 500\,\Omega \cdot m$）；

（2）从避雷针对不向构架发生反击的条件来看，此接地装置能否满足要求？

8-5 某110kV变电站内所装的FZ-110J型阀式避雷器到变压器的电气距离为50m，运行中经常接有两路出线，其导线的平均对地高度 $h_c = 10m$，试决定应有的进线保护段长度。

8-6 安装在终端变电站的220kV变压器的冲击耐压水平 $U_{w(i)} = 945kV$，220kV阀式避雷器的冲击放电电压 $U_{is} = 630kV$。设进波陡度 $a = 450kV/\mu s$，求避雷器安装点到变压器的最大容许电气距离 l_{max}。

8-7 试述电缆线路段在旋转电机防雷保护接线中的作用，怎样才能充分发挥电缆线路段的作用？

第 九 章

9-1 本书正文中采用分布参数电路和行波法分析了切空线过电压。请读者再试用集中参数等效电路和暂态计算方法来分析此种操作过电压，并将两种分析方法所得结果进行比较。

9-2 本书正文中采用集中参数等效电路和暂态计算方法分析了合空线过电压。请读者再试用分布参数电路和行波法来分析此种操作过电压，并将两种分析方法所得结果进行比较。

9-3 一根波阻抗为 Z、长度为 l 的末端开路导线预先充电到某一电压"$+U_\varphi$"，现将该导线突然合闸到某一电压等于"$-U_\varphi$"的直流电源上去，如题9-3图所示。试完成：

（1）绘出不同瞬间的电压波与电流波沿线分布图（时间绘到末端第二次反射波抵达线

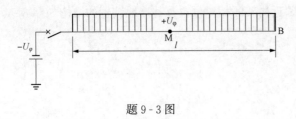

路中点 M 瞬间为止）；

（2）绘出该线的开路末端 B 和中点 M 的电压和电流随时间而变化的波形图 ［取开关合闸瞬间为时间起算点（$t=0$），以 $\tau\left(=\dfrac{l}{v}\right)$ 作为时间的单位，其中 v 为波速］。

题 9-3 图

9-4 一台 220kV、120MVA 的三相电力变压器，其空载励磁电流 I_L 等于额定电流 I_N 的 2%，高压绕组每相对地电容 $C=5000$pF。求切除这样一台空载变压器时可能引起的最大过电压极限值及倍数 ［提示：最大可能截流值为空载励磁电流的幅值 $I_{L(m)}$］。

9-5 试述消除断续电弧接地过电压的途径。

9-6 铁磁谐振过电压是怎样产生的? 它与线性谐振过电压有什么不同?

第 十 章

10-1 解释下列术语：

（1）绝缘的爬电（泄漏）比距；

（2）统计绝缘耐压；

（3）统计过电压。

10-2 一座 500kV 变电站，所用避雷器在雷电冲击波下的保护特性为：

（1）10kA 下的残压为 1100kV；

（2）标准冲击全波下的放电电压峰值为 840kV；

（3）陡波放电电压峰值为 1150kV。

试求：

（1）该避雷器雷电冲击保护水平 $U_{p(l)}$；

（2）该变电站 500kV 级设备应有的基本冲击绝缘水平（BIL）。

10-3 一条 220kV 架空输电线路位于大气洁净区，采用导线水平排列的门型铁塔和 X-4.5 型绝缘子。试作此线路的绝缘配合；

（1）决定绝缘子串应有的片数；

（2）分别求出工作电压、操作过电压、雷电过电压所要求的塔头净空气间距值。

［注：①每片 X-4.5 型绝缘子的泄漏距离 $L_0=29$cm；②X-4.5 型绝缘子串的雷电冲击放电电压 U_{CFO} 可近似地按 $U_{CFO}=100+84.5n$（kV）计算，其中 n 为绝缘子片数。］

10-4 试用惯用法大致估计 220kV 电气设备应有的雷电冲击耐压（BIL）和短时工频耐压有效值。设：

（1）保护用阀式避雷器为 FZ-220J 型；

（2）雷电波配合系数 $K_l=1.28$，操作波配合系数 $K_s=1.25$，雷电冲击系数 $\beta_l=1.48$，操作冲击系数 $\beta_s=1.38$。

第 十 一 章

11-1 何谓 "特高压（UHV）"? 它有哪些有别于 "超高压（EHV）" 的特征?

11-2 简述特高压交流输电的优点和特点。

11-3 试述特高压交流线路的导线、绝缘子串、空气间隙、杆塔有哪些与超高压交流线路不同的特点。

11-4 为什么说我国是世界上少数几个最有必要发展特高压交流输电的国家之一？

11-5 高压/超高压交流线路上也有潜供电弧问题，为什么在特高压交流线路上，这个问题会变得更加严重和突出？有哪些解决措施？

11-6 试述特高压交流架空线路防雷保护的特点和所采用的措施。

11-7 特高压交流输电会引起哪些环境问题？在设计中如何控制？

第 十 二 章

12-1 解释下列术语：

（1）交、直流输电的等价距离；

（2）两线—地制双极直流输电系统；

（3）离子流；

（4）空间电荷的"屏蔽效应"；

（5）全电压启动过电压；

（6）可更新绝缘。

12-2 综合比较交、直流输电的优缺点。

12-3 简述在直流高压作用下，下列物理、化学过程中的"极性效应"（仅需说明有何影响及影响的程度，不必分析原因）：

（1）"棒—板"气隙的击穿电压；

（2）电晕损耗；

（3）电晕无线电干扰；

（4）电晕可闻噪声；

（5）绝缘子表面的污染度；

（6）绝缘子串的闪络电压；

（7）接地极的电解腐蚀。

12-4 直流线路绝缘子与交流线路绝缘子在工作条件、运行特性、结构等方面有何不同？

12-5 有一条三相交流 110kV 海底电缆线路，长 50km，每相芯线的对地电容 $C_0 = 0.375\mu F/km$，每相芯线的长期通流能力为 500A（rms）。试求：

（1）此电缆在三相交流输电下可能输送的最大有功功率 P_{AC}（假定负荷的功率因数为 1.0，对电缆线路的电容电流不采取任何补偿措施）；

（2）如利用此电缆线路作直流输电，其中两根芯线用作正、负极线，第三根芯线用作金属回路，其输电电压可提高为 $\pm 200kV$，求此时能输送的最大功率 P_{DC} 为若干？

12-6 为什么 ZnO 避雷器特别适宜用作直流输电换流站的过电压保护？

12-7 试分别求出某一 $\pm 500kV$ 换流站的晶闸管阀与换流变压器应有的雷电冲击绝缘水平（BIL）和操作冲击绝缘水平（SIL）。已知保护它们的 500kV ZnO 直流避雷器的保护特性如下：

（1）最大雷电冲击残压：1090kV；

（2）最大操作冲击残压：960kV。

12-8　试比较 HVDC 系统和 HVAC 系统的过电压及绝缘配合之异同。

12-9　为什么要将直流接地极的埋设地点选在远离换流站的地方？

12-10　柔性直流输电与常规直流输电有何差别？

参 考 文 献

[1] GB/T 2900.19—1994《电工术语　高电压试验技术和绝缘配合》. 北京：中国标准出版社，1994.

[2] GB/T 26218.1—2010《污秽条件下使用的高压绝缘子的选择和尺寸确定　第1部分：定义、信息和一般原则》. 北京：中国标准出版社，1996.

[3] GB 311.1—2012《绝缘配合　第1部分：定义、原则和规则》北京：中国标准出版社，2012.

[4] GB/T 16927.1～16927.2—2011《高电压试验技术》. 北京：中国标准出版社，2011.

[5] DL/T 620—1997《交流电气装置的过电压保护和绝缘配合》. 北京：中国电力出版社，1997.

[6] DL/T 596—2005《电气设备预防性试验规程》. 北京：中国电力出版社，2005.

[7] DL/T 621—1997《交流电气装置的接地》. 北京：中国电力出版社，1998.

[8] 邱毓昌，等. 高电压工程. 西安：西安交通大学出版社，1995.

[9] 周泽存，等. 高电压技术. 3版. 北京：中国电力出版社，2007.

[10] 严璋，朱德恒. 高电压绝缘技术. 3版. 北京：中国电力出版社，2015.

[11] 刘炳尧. 高电压绝缘基础. 长沙：湖南大学出版社，1986.

[12] 张仁豫，等. 高电压试验技术. 2版. 北京：清华大学出版社，2003.

[13] 华中工学院，上海交通大学. 高电压试验技术. 北京：水利电力出版社，1983.

[14] 解广润. 电力系统过电压. 2版. 北京：中国电力出版社，2018.

[15] 张纬钹，等. 过电压防护及绝缘配合. 北京：清华大学出版社，2002.

[16] 吴维韩，等. 金属氧化物非线性电阻特性和应用. 北京：清华大学出版社，1998.

[17] 刘振亚. 特高压电网. 北京：中国经济出版社，2005.

[18] 张仁豫. 绝缘污秽放电. 北京：水利电力出版社，1994.

[19] 邱毓昌. GIS装置及其绝缘技术. 北京：水利电力出版社，1994.

[20] 陈维贤. 超高压电网稳态计算. 北京：水利电力出版社，1993.

[21] 周浩，等. 特高压交直流输电. 杭州：浙江大学出版社，2017.

[22] 徐政，等. 柔性直流输电系统. 2版. 北京：机械工业出版社，2017.

[23] 赵智大. 电力系统中性点接地问题. 北京：中国工业出版社，1965.

[24] 浙江大学发电教研组直流输电科研组. 直流输电. 北京：电力工业出版社，1982.

[25] 赵智大. 略论超高压与特高压的特征——兼及电压等级的分段问题. 高电压技术，1982 (2)：19-25.

[26] ［加］E. 库弗尔，等. 高电压工程基础. 邱毓昌，等，译. 北京：机械工业出版社，1984.

[27] ［苏］B. Π. 拉里昂诺夫，高电压技术·电力系统绝缘与过电压. 赵智大，等，译. 北京：水利电力出版社，1994.

[28] Kuffel E. et al. High-voltage Engineering. Pergamon Press，1970.

[29] Naidu M S. et al. High Voltage Engineering. Tata McGraw-Hill，1982.

[30] Hao Zhou et al. Ultra-high Voltage AC/DC Power Transmission. Springer Press，2018.

[31] Разевиг Д В. Техника Высоких напряжений. ГЭИ，1963.

[32] Верещагин И П. и др. Электрофизические основы техники высоких напряжений. Энергоатомиздат，1993.

[33] Кучинский Г С. и др. Изоляция установок высокого напряжения. Энергоатомиздат，1987.

[34] Базуткин В В. и др. Перенапряжения в электрических системах и защита от них. Энергоатомиздат，1995.